# DICTIONNAIRE AGRO-ALIMENTAIRE

ANGLAIS—FRANÇAIS / FRANÇAIS—ANGLAIS

ENGLISH—FRENCH / FRENCH—ENGLISH

# DICTIONARY OF FOOD SCIENCE AND INDUSTRY

GW00690186

# DICTIONARY OF
## ENGLISH—FRENCH / FRENCH—ENGLISH
# FOOD SCIENCE AND INDUSTRY

Jean **ADRIAN**

*With assistance of*

**Nicole Adrian    Kathryn Harper**

**Lavoisier Publishing Inc**

175 Fifth Avenue
New York, N.Y. 10010, USA

# DICTIONNAIRE

## ANGLAIS—FRANÇAIS / FRANÇAIS—ANGLAIS

# AGRO-ALIMENTAIRE

Jean **ADRIAN**

*Avec la collaboration de*

**Nicole Adrian   Kathryn Harper**

Chaire
de biochimie industrielle
et agro-alimentaire
du
C.N.A.M.

**Technique et Documentation — Lavoisier**

11, rue Lavoisier
F-75384 Paris Cedex 08

© **Technique et Documentation - Lavoisier, 1990**
*11, rue Lavoisier - F 75384 Paris Cedex 08*

**ISBN : 2-85206-576-2**

# AVANT-PROPOS

La finalité de l'agriculture est de fournir à l'homme des ressources variées comme le bois, les textiles et – pour une part importante – ses denrées alimentaires.

La situation a considérablement évolué depuis l'âge de la cueillette et de la chasse où la consommation suivait la récolte d'une façon plus ou moins immédiate.

Assez rapidement, l'homme entreprit de conserver la partie excédentaire d'une production fortuitement abondante. Pour cela il a conçu des systèmes et des techniques lui permettant d'accroître la durée pendant laquelle une matière alimentaire demeurait disponible et comestible.

*Le Théâtre d'Agriculture* d'Olivier de Serres constitue une documentation d'intérêt exceptionnel pour quiconque veut connaître les techniques empiriques de conservation des ressources alimentaires. Les opérations demeurèrent en usage jusque vers le 19e siècle qui vit alors se développer des procédés basés sur une connaissance scientifique.

Par ailleurs, l'homme apprit à transformer les productions agricoles de manière à les rendre d'une consommation plus aisée et plus agréable. Jusqu'à l'aube du 20e siècle, ce secteur d'activités demeura sous la coupe étroite des traditions : la récolte, la conservation, la transformation des ressources de l'agriculture s'élaboraient artisanalement dans un cadre familial ayant ses us et coutumes ; chacun des membres du groupe était affecté à des tâches définies.

La fin du 19e siècle et – plus encore – le début du 20e siècle s'accompagnèrent d'un bouleversement spectaculaire de l'alimentation dû à la fois à des progrès techniques, à des découvertes scientifiques et à une révolution dans le domaine sociologique.

Les rendements agricoles commencèrent à progresser rapidement en raison de l'emploi des engrais, des nouvelles techniques agricoles et du développement de la génétique. Cette évolution se poursuit de nos jours sans que l'on en soit parfaitement conscient : en France, le rendement du blé à l'hectare a triplé depuis la Seconde Guerre mondiale.

Les développements de la physiologie et de la biochimie ont abouti notamment à la découverte et aux rôles des vitamines, des acides aminés et des autres nutriments. Ainsi est née une nouvelle discipline, la nutrition, qui étudie tout à la fois les besoins nutritionnels et les conséquences découlant des déséquilibres alimentaires.

Enfin, depuis la guerre de 1914-18, la population féminine se consacre largement à une activité professionnelle se surajoutant à ses tâches maternelles, ménagères et familiales traditionnelles.

Les conséquences de ces bouleversements ne peuvent qu'être multiples. A titre d'illustration, nous en citerons deux exemples choisis dans des domaines très différents.

Pour la première fois dans l'Histoire, de vastes régions agricoles décidèrent d'un commun accord de limiter les capacités de leur production laitière, faute d'avoir trouvé une forme de « troc » leur permettant de faire bénéficier d'autres populations de leurs surplus.

Dans le même temps, la réalité sociologique – urbanisation intense et travail féminin – a suscité un essor considérable de l'industrialisation dans le domaine alimentaire. Au point qu'environ les trois-quarts de notre alimentation nous parviennent après passage par un circuit industriel plus ou moins complexe, assurant la stabilisation et la transformation des matières premières agricoles en des préparations de plus en plus « prêtes à l'emploi ».

Simultanément, la diffusion des connaissances par de multiples canaux a répandu une information diététique et a fait naître un concept de qualité alimentaire, perçu à la fois par un public élargi et par le secteur industriel concerné.

Tous ces phénomènes ont contribué, chacun à leur façon, à la naissance d'une filière continue et logique regroupant :
• l'agriculture, productrice des ressources alimentaires brutes,
• la technologie alimentaire qui prend en charge une part grandissante dans la création des produits alimentaires finis,
• l'alimentation et la nutrition qui ont pour ambition de maintenir une population dans le meilleur état physiologique et psychologique possible.

Ce vaste secteur est habituellement désigné par le terme d'agro-alimentaire, néologisme retenant à la fois le point de départ – l'agriculture – et la finalité – l'alimentation – d'une succession complexe d'étapes variées.

Le dictionnaire que nous présentons tend à englober l'ensemble des termes employés tout au long du circuit parcouru par une production agricole destinée à fournir au consommateur une efficacité nutritionnelle, accompagnée d'une qualité organoleptique et hygiénique aussi élevée que possible.

Le vocabulaire ainsi réuni espère répondre aux interrogations de ceux qui, appartenant à des disciplines très diverses, sont confrontés à des problèmes de traduction touchant l'agriculture, les opérations technologiques de conservation et de transformation, l'alimentation et la physiologie nutritionnelle.

# FOREWORD

The ultimate purpose of agricultre is to provide man with various resources such as wood, fabrics and of course food products.

Patterns of food consumption have considerably evolved since the hunting and gathering age when what man ate depended upon what he would immediately harvest. From early times man began conserving the excesses when there was an abundance of food, thus developing systems and techniques to extend the period during which foodstuffs could be kept.

Olivier de Serre's, *Théatre d'Agriculture* (1600) provides excellent reference material for those interested in the empiric conservation of food resources in the past. The procedures described in this volume continued until the 19th century when they were gradually replaced by techniques of a more scientific nature.

Man has also learned how to transform raw agricultural products for easier and more enjoyable consumption. Up to the dawn of the 20th century, this activity retained an artisanal character with production, conservation and transformation of foodstuffs taking place within the family structure, each member often responsible for a defined task.

The turn of the century accompanied a profound transition in alimentary consumption and production because of technical and scientific developments as well as sociological changes. Agricultural yields began to increase significantly as a result of the use of fertilizers, new agricultural methods and developments in genetics. Although we might not be aware of it, these developments have never ceased to advance : in France the wheat yield per hectare has tripled since World War II.

Advances in physiology and biochemistry resulted in the discovery of vitamins and amino acids and other nutrients and led to increasing interest in their functions. Thus was created the domaine of nutrition which had for its purpose to study both the nutritional needs of man and the consequences of nutritional deficiencies.

The First World War brought with it the beginning of an important sociological shift : that of women taking an increased role in the work force, leaving less and less time to consecrate to traditional female roles : household and child-rearing activities.

There have been different consequences to these various changes as illustrated by the examples below :

For the first time in history, vast farming regions have, by common assent, decided to limit their milk production because of their inability to find satisfactory trade arrangements by which other populations could benefit from their surplus yields.

Changes in society – intensive urbanization, women in the work force – have resulted in the considerable growth of industrialization in the food sector to the extent that approximately three quarters of our food passes through more or less complex industrial processing, increasingly taking the form of « ready to eat » products, before reaching the table.

Through numerous sources, awareness of the principles of nutrition have become widespread, creating standards of quality affecting both the consumers and producers of foodstuffs.

All these elements have contributed to the logical and coherent regrouping of the following areas :
• agriculture, production of raw food resources,
• the food industry which is taking an increasing role in the creation of prepared food products
• diet and nutrition for optimizing our physiological and psychological well-being.
into vast sector referred to as the *Agriculture and Food Industry* or *Agro-food Sector*.

This dictionary has been created in order to assemble the vocabulary from the diverse stages in foodstuff production destined to provide the consumer with nutritional efficiency accompanied by the highest standards of quality and safety possible. It is an attempt to respond to a demand from people of many backgrounds, confronted with translation problems in relation to agriculture, preservation and processing technologies, diet and nutritional physiology.

# Remarques générales
# sur le vocabulaire anglo-saxon

## PLURIEL DES SUBSTANTIFS

a) cas usuel :

Le pluriel se forme en ajoutant un **s**, quand le substantif se termine par une consonne ou une voyelle : *shops* (magasins), *horses* (chevaux).

b) substantifs se terminant par **o, q, x, s, z, sh, ch** :

Dans ce cas, le pluriel est marqué par l'addition de la désinence **es** : *masses* (masses), *boxes* (boîtes), *dishes* (plats), *potatoes* (pommes de terre).

c) substantifs se terminant par **y** :

• si **y** est précédé par une voyelle, le pluriel se forme simplement par l'addition d'un **s** : *clays* (argiles),

• si **y** est précédé par une consonne, le pluriel se marque par la substitution du **y** par **ies** : *supplies* (fournitures)

d) substantifs se terminant par **f** ou **fe** :

• certains pluriels sont indiqués par la désinence **ves** en remplacement de **f** ou de **fe** : *calves* (veaux), *loaves* (pains), *leaves* (feuilles),

• d'autres pluriels se marquent simplement par l'addition d'un **s** : *wharfs* (quais)

e) pluriel invariable :

Des noms d'animaux (*sheep* = mouton, *swine* = porc, *beef* = bœuf), surtout de gibier et de poisson, demeurent invariables au pluriel.

f) pluriel de noms latins :

les pluriels correspondent à ceux de la langue latine : *bacilli (bacillus), formulae (formula), calculi (calculus)* en médecine... mais *calculuses*, en mathématiques

g) pluriel des noms grecs :

les pluriels correspondent à ceux de la langue grecque : *phenomena (phenomenon), theses (thesis), stigmata (stigma)*

h) il existe enfin des pluriels irréguliers tels que : *men* (hommes), *women* (femmes), *feet* (pieds), *teeth* (dents), *oxen* (bœufs), *geese* (oies), *mice* (souris)

## FORMES ANGLAISES ET AMERICAINES

Les vocabulaires anglais et américain manifestent certaines particularités que l'on voit apparaître dans les désinences et dans certaines syllabes propres à chacun d'entre eux. Toutefois ces divergences ne peuvent être considérées comme de nouvelles règles d'orthographe de portée générale.

En ce qui concerne le vocabulaire technique, les distinctions majeures entre les deux vocabulaires sont les suivantes :

| | forme anglaise | forme américaine |
|---|---|---|
| a) substantif se terminant par :<br>exemple : | -re<br>metre, litre | -er<br>meter, liter |
| b) substantif se terminant par :<br>exemple : | -our<br>colour, behaviour | -or<br>color, behavior |
| c) substantif comportant la syllabe :<br>exemple : | -ae-<br>haemoglobin | -e-<br>hemoglobin |
| d) verbe se terminant par :<br>exemple : | -ise<br>to organise | -ize<br>to organize |
| e) verbe se terminant par une syllabe non accentuée en *l* ou *p* :<br>exemple :<br><br><br>autre exemple : | -il<br>to distil<br>distilled<br>distilling<br>to travel<br>travelled<br>travelling | -ill<br>to distill<br>distilled<br>distilling<br>to travel<br>traveled<br>traveling |

## MASCULIN ET FEMININ DES NOMS D'ANIMAUX

Les animaux des deux sexes se désignent selon des modalités très diverses :

a) pour les espèces les plus usuelles, il existe un terme générique et des substantifs propres pour désigner les différents individus. C'est ainsi que l'on distingue chez le porc *(pig, swine)*, *the boar* (mâle entier), *the hog* (mâle castré) et *the sow* (femelle) ; chez le cheval *(horse)*, les termes sont respectivement *the stallion, the gelding* et *the mare* de même que chez les bovins *(cattle)* on reconnait *the bull, the ox* et *the cow* ou pour le mouton *(sheep)*, *the ram, the wether* et *the ewe*. Pour la volaille *(fowl)*, il existe *the cock* (mâle entier), *the capon* (mâle castré), *the hen*.

b) en tant que géniteurs, les animaux sont définis par l'appellation de *sire* (mâle) et de *dam* (femelle).

c) assez souvent, les animaux en croissance de chacun des sexes sont désignés par un vocable propre : *the bullock* (jeune taureau), *the heifer* (génisse), *the steer* (GB) (bouvillon), *the colt* (poulain) ou *the filly* (jeune pouliche).

d) pour les espèces moins usuelles – qu'elles soient d'élevage ou sauvages – on a recours à un préfixe, qui varie selon l'espèce animale :
• pour les gros animaux, on utilise le préfixe *bull-* pour le mâle et *cow-* pour la femelle,
• pour les espèces de taille moyenne, on fait appel aux préfixes *he-* pour le mâle et *she-* pour la femelle,
• pour les oiseaux, les préfixes sont respectivement *cock-* et *hen-*.

e) dans certains cas, le terme générique est utilisé également pour la femelle, le mâle étant désigné par un autre substantif : *the goose* désigne l'oie et l'oie femelle tandis que *the gander* correspond à l'oie mâle ou jars. il en sera de même pour *the duck* (canard, cane) et *the drake* (canard mâle).

f) enfin, une désinence peut permettre de distinguer la femelle du mâle : *the lion* (lion mâle), *the lioness* (la lionne).

## LES ANIMAUX D'ELEVAGE ET LES VIANDES

Des termes distincts sont appliqués aux animaux vivants et aux viandes qu'ils fournissent. C'est ainsi que le substantif *ox* désigne le bœuf en tant qu'animal alors que *beef* correspond à la viande. Il en est de même pour le mouton (respectivement *sheep* et *mutton*), pour le porc (*pig* ou *swine* et *pork*) et pour le veau (*calf* et *veal*).

# General comments
# on the French vocabulary

## GENDER

The gender of French nouns (masculine or feminine) is indicated in this dictionary. There are certain rules concerning gender in French but there are also numerous exceptions and irregularities.

In general, masuline nouns end with : *-age, -art, -as, -at, -ateur, -er, -ier, -et, -in, -isme, -iste, -oir,* and *-on*. Masculine nouns are preceded by the article « le ».

Feminine nouns end generally with : *-ade, -aie, -aille, -aine, -aison, -anse, -ée, -use, -esse, -ette, -ie, -ille, -ise, -ison, -té, -tion,* and *-tion*. Feminine nouns are preceded by the article « la ».

Nouns ending with *-e, -elle,* or *-oire* can be masculine or feminine.

Certain nouns possess both a masculine and feminine form. Without presenting an exhaustive list, we present the more common forms below :

a) nouns indicating occupation or function often end in *-eur* when applied to men and *-trice* or *-euse* when applied to women (*director : directeur* (m), *directrice* (f) – *vintager : vendangeur* (m), *vendangeuse* (f). There are, however, some exceptions (*servant : serviteur* (m), *servante* (f)). For a number of occupations the masculine form is used for both men and women (*researcher : chercheur* (m)).

b) masculine nouns ending with *-an, -en, -in, -on* usually end with *-ne* in their feminine form (*farmer : paysan* (m), *paysanne* (f) – *physicist : physicien* (m), *physicienne* (f)).

c) some masculine nouns ending in *-er* and *-ier* appear with *-ère* and *-ière* in their feminine forms (*butcher : boucher* (m), *bouchère* (f))

d) some masculine nouns ending in *-eau,* end with *-elle* in their feminine forms (*camel : chameau* (m), *chamelle* (f)) (*twin : jumeau* (m), *jumelle* (f)).

e) masculine nouns ending in *-p* and *-f,* end with *-ve* in their feminine forms (*wolf : loup* (m), *louve* (f)).

f) as in English, often feminine forms of animal names are very irregular (*ox : bœuf* (m), *cow : vache* (f) – *cock : coq* (m), *hen : poule* (f) – *colt : poulain* (m), *filly : pouliche* (f) – *bullock : bouvillon* (m), *heifer : génisse* (f), etc.)

## NOUN FORMATION

In the scientific domaine, vocabulary drawn from a wide range of sources can be used in different ways. As a result the same word can be used as a noun, an adjective, a participle or a proper name.

a) Many adjectives are used as nouns. Originally used to describe characteristics or qualities, they soon become used to designate the object which corresponds to the criteria. This is very common in technical and abstract language :

| adjective | noun |
|-----------|------|
| pesticide, a | un pesticide |
| végétal, a | un végétal |
| vide, a | le vide |
| physique, a | la physique |

b) present and past participles form nouns

| participle | noun |
|-----------|------|
| négociant | un négociant |
| ruminant (ruminer) | un ruminant |
| composé (composer) | un composé |
| rôti (rotir) | un rôti |
| résumé (résumer) | un résumé |

c) the proper names of cities, regions, or people are used as nouns to designate objects associated with them :

| proper name | noun |
|-------------|------|
| Champagne (region) | le champagne (wine) |
| Camembert (town) | le camembert (cheese) |
| Poubelle (person) | une poubelle (for waste) |

## ADJECTIVE GENDER

a) Adjectives modifying feminine nouns (thus becoming feminine adjectives) are usually formed by adding an -e to the masculine form of the adjective : pure : pur (m), pure (f) ; medical : médical (m), médicale (f) ; raw : brut (m), brute (f).

b) Masculine adjectives ending in -c or -s, end in -che in the feminine form : white : blanc (m), blanche (f) ; fresh : frais (m), fraîche (f). If the adjective ends in -f, the feminine form ends in -ve : new : neuf (m), neuve (f).

c) In general the feminine ending corresponds to a specific masculine ending of the adjective :

| masculine | feminine | example |
|-----------|----------|---------|
| -eux | -euse | juteux, juteuse (juicy) |
| -ieux | -ieuse | pluvieux, pluvieuse (rainy) |
| -er | -ère | cher, chère (expensive) |
| -eil | -eille | pareil, pareille (same) |
| -et | -ette | violet, violette (violet) |
| -ien | -ienne | bactérien, bactérienne (bacterial) |
| -on | -onne | bon, bonne (good) |
| -eur | -euse | joueur, joueuse (playful) |

e) Many irregular adjectives are of Latin origin :

| masculine | féminine | |
|-----------|----------|---|
| gros | grosse | (fat) |
| épais | épaisse | (thick) |
| mou | molle | (soft) |
| doux | douce | (sweet) |
| beau | belle | (beautiful) |
| bénin | bénigne | (benign) |
| malin | maligne | (malignant) |

## COMPOUND WORDS

Compound nouns are joined by a hyphen indicating that the two words together form a single concept : *chou-fleur* (cauliflower), *nouveau-né* (new-born), *petit-beurre, petit-four* (biscuits), *café-crème* (white coffee), *eau-de-vie* (spirits), *arrière-goût* (after-taste), *facteur-limitant* (limiting factor). There are exceptions such as *pomme de terre* (potato) which are written without hyphens.

The plural of these compound nouns is formed on the basis of the nature of their parts : noun, adjective, verb or derivative, etc. This is a particularly difficult grammatical point and for certain words there is no clear consensus.

If the compound word is made up of a noun and adjective, each conserving its own meaning, an *-s* is added to both words : *petits-fours*. This is also the case with two nouns each conserving its own meaning : *camions-citernes* (tank truck).

When on of the terms is invariable or becomes a qualifier for the other, only the principal term (the term being modified) takes an *-s* in plural form. Take for example *petit-beurre* (a biscuit made with butter, although the butter is an present in the biscuit, its sense is subordinale to « petit » . Therefore the plural form is written : *petits-beurre*. The following terms follow the same rule : *des nouveau-nés, des facteurs-limitant, des arrières-goûts*.

When a compound word is composed of a verb or a derivative *(garde-manger, brise-glace)* it can either remain invariable in the plural form, or an *-s* can be added to the noun form. Sometimes both words take an *-s* : *des gardes-malades* to indicate that several people take care of several patients.

Length : 1 inch = 2,54 cm
1 foot = 30,48 cm
1 yard = 0,914 m
1 mile (earthen) = 1,6093 km
1 mile (nautical) = 1,852 km

Longueur : 1 cm = 0.3937 inches
1 m = { 3.2808 feets / 1.094 yards
1 km = { 0.6214 land miles / 0.5400 nautical miles

Volume : 1 ounce (cubic) = 28,4 ml
1 pinte (US) = 0,473 l
1 pinte (GB) = 0,568 l
1 quart (US) = 0,946 l
1 quart (GB) = 1,136 l
1 gallon (US) = 3,7853 l
1 gallon (GB) = 4,5460 l
1 quarter (GB) = 290,9 l

Volume : 1 ml = 0.0352 cubic ounces
1 l = { 0.2200 gallons GB / 0.2642 gallons US / 0.8803 quarts GB / 1.0571 quarts US / 1.7606 pintes GB / 2.1142 pintes US
1 hl = 0.3438 quarter GB

Mass : 1 ounce
(avoir du pois) = 28,35 g
1 ounce (troy) = 31,1035 g
1 pound (lb) = 453,597 g
1 quarter (US) = 11,34 kg
1 quarter (GB) = 12,70 kg
1 net ton ⎱ = 907,194 kg
1 short ton ⎰
1 metric ton = 1 000,00 kg
1 gross ton ⎱ = 1016,057 kg
1 long ton ⎰

Masse : 1 g = { 0.03215 troy ounces / 0.03527 avoir du pois ounces
1 kg = { 2.2046 pounds GB / 0.07874 quarters GB / 0.08818 quarters US
1 t = { 0.9842 gross tons, long tons / 1.000 metric tons / 1.1023 short tons, net tons

Temperature : (°F − 32) x 5/9 = °C
example : 100°F = 37,8°C

Température : 9/5 x °C + 32 = °F
exemple : 37 °C = 98.6 °F

# Abréviations usuelles

| | |
|---|---|
| **ACIA** | Association des Chimistes des Industries Alimentaires |
| **AFNOR** | Association Française de Normalisation |
| **AOC** | Appellation d'Origine Contrôlée |
| **BEA** | Brevet d'Enseignement Agricole |
| **BTA** | Brevet de Technicien Agricole |
| **BTS** | Brevet de Technicien Supérieur |
| **CNAM** | Conservatoire National des Arts et Métiers |
| **CU** | Charge Utile |
| **cv** | cheval-vapeur ; curriculum vitae |
| **DEA** | Diplôme d'Etudes Approfondies |
| **DES** | Diplôme d'Etudes Supérieures |
| **DUT** | Diplôme Universitaire de Technologie |
| **D Sc** | Docteur ès Sciences |
| **ENSA** | Ecole Nationale Supérieure d'Agronomie |
| **ENSBANA** | Ecole Nationale Supérieure de Biologie Appliquée à la Nutrition et l'Alimentation |
| **ENSIA** | Ecole Nationale Supérieure des Industries Alimentaires |
| **FMI** | Fonds Monétaire International |
| **FNSEA** | Fédération Nationale des Syndicats d'Exploitants Agricoles |
| **IAA** | Industries Agricoles et Alimentaires |
| **INA P-G** | Institut National Agronomique Paris-Grignon |
| **INRA** | Institut National de la Recherche Agronomique |
| **INSEE** | Institut National de la Statistique et des Etudes Economiques |
| **INSERM** | Institut National de la Santé et de la Recherche Médicale |
| **IUT** | Institut Universitaire de Technologie |
| **JO** | Journal Officiel de la République Française |
| **MKS** | système Mètre Kilogramme Seconde |
| **ONU** | Organisation des Nations Unies |
| **pc** | pour cent |
| **p ex** | par exemple |
| **PME** | Petites et Moyennes Entreprises |
| **PMI** | Petites et Moyennes Industries |
| **PNB** | Produit National Brut |
| **RD** | Recherche et Développement |
| **TIR** | Transports Internationaux Routiers |
| **tpm** | tours par minute |
| **VDQS** | Vin Délimité de Qualité Supérieur |

# Common abbreviations

| | |
|---|---|
| **AMA** | American Medical Association |
| **ASA** | American Standards Association |
| **av** | avoirdupois ; average |
| **BSc** | Bachelor of Science |
| **BSI** | British Standards Institution |
| **CAP** | Common Agricultural Policy |
| **DES** | Department of Education and Science |
| **EFTA** | European Free Trade Association |
| **eg** | exempli gratia (for example) |
| **eng** | engineer ; engineering |
| **FDA** | Food and Drug Administration |
| **FTC** | Federal Trade Commission |
| **GATT** | General Agreement on Tariffs and Trade |
| **GNP** | Gross National Product |
| **guar** | guaranteed |
| **hp** | high pressure ; horse-power |
| **ILO** | International Labour Organization |
| **IFM** | International Monetary Fund |
| **MB** | Medicinae Baccalaureus |
| **MD** | Medicinae Doctor |
| **MIT** | Massachusetts Institute of Technology |
| **MS, MSc** | Master of Sciences |
| **NFU** | National Farmers' Union |
| **pa** | per annum |
| **Ph D** | Doctor of Philosophy |
| **R and D** | Research and Development |
| **rpm** | revolutions per minute |
| **sp gr** | specific gravity |
| **sq ft** | square foot |
| **std** | standard |
| **tsp** | teaspoonful |
| **UNO** | United Nations Organization |
| **vs** | versus (*contre*) |
| **wt** | weight |
| **y** | year |

# FRANÇAIS

## FRENCH - ENGLISH

# ANGLAIS

# A

**Abaissement** *m* : lowering ; reduction in

**Abaisser** : to lower

**Abats** *m pl* : offal *(bœuf, porc)* ; giblets *(volaille)*

**Abattage** *m* : slaughtering ; slaughter *(animal)* ; cutting down *(arbre)*

**Abattoir** *m* : slaughterhouse

**Abattre** : to slaughter *(bétail)* ; to cut down *(arbre)*

**Abcès** *m* : abscess

**Abdomen** *m* : paunch *(animal)* ; abdomen

**Abdominal** *a* : abdominal

**Abeille** *f* : bee, *pl :* bees ; honey bee

**Abérrant** *a* : aberrant

**Abérration** *f* : aberration

**Abimé** *a* : spoilt, damaged

**Ablation** *f* : removal ; resection ; resectomy ; excision

**Abondance** *f* : abundance

**Abondant** *a* : abundant

**Abortif** *a* : abortive

**Abrasif** *a* : abrasive

**Abrasion** *f* : abrasion

**Abreuver** : to water

**Abreuvoir** *m* : watering trough ; drinking trough

**Abricot** *m* : apricot

**Abrine** *f* : abrine

**Abscisse** *f* : abscissa
  **Axe des** ~ : axis of abscissas

**Absinthe** *f* : wormwood ; absinth

**Absolu** *a* : absolute
  **Alcool** ~ : absolute alcohol

**Absorbant** *a* : absorbent

**Absorber** : to absorb ; to incept ; *(physiologie)* ; to imbibe *(physique)*

**Absorption** *f* : absorption ; absorbing ; inception *(physiologie)* ; binding *(physique)*
  **Bande d'**~ : absorption band
  **Capacité d'**~ : absorbency
  **Raie d'**~ : absorption line
  **Spectre d'**~ : absorption spectrum

**Abstinence** *f* : abstemiousness ; abstinence

**Acacia** *m* : acacia

**Académie** *f* : academy

**Acaricide** *m* : acaricide

**Acarien** *m* : mite

**Accessoires** *m pl* : accessories, *pl* ; aids, *pl* ; ancillaries, *pl* ; appliances, *pl*

**Acclimatation** *f* : acclimatization ; acclimatation ; acclimation *(US)* ; naturalization ; naturalizing ;

**Accord** *m* : agreement

**Accouchement** *m* : parturition

**Accouplement** *m* : mating

**Accoutumance** *f* : acclimatization ; habituation

**Accoutumé** *a* : accustomed to

**Accroissement** *m* : increase ; growth ; accrescence *(botanique)* ; extension

**Accroître ; s'accroître** : to enlarge

**Accumulation** *f* : accumulation ; build up ; accumulating ; storage

**Accumuler** : to accumulate ; to store
  **s'**~ : to increase ; to build up

**Acétal** *m* : acetal ; acetaldehyde

**Acétique** *a* : acetic
  **Acide** ~ : acetic acid

**Acétoine** *f* : acetoin

**Acétone** *f* : acetone

**Acétonurie** *f* : acetonuria

**Acétylcholine** *f* : acetylcholine

**Acétyle** *m* : acetyl
  **Indice d'**~ : acetyl value

**Acétyler** : to acetylate

**Achat** *m* : purchase ; purchasing ;
buying
  **Pouvoir d'**~ : purchasing power ;
buying power
  **Prix d'**~ : purchase cost

**Acheter** : to buy ; to purchase ; to secu-
re provisions

**Acheteur** *m* : buyer ; purchaser

**Achromatine** *f* : achromatin

**Achromatique** *a* : achromatic

**Acide** *m, a* : acid ; sour, a *(aliment)* ;
tart, a *(goût)*
  ~ **aminé** : amino acid
  ~ **biliaire** : bile acid
  ~ **désoxyribonucléique** : deoxyribonucleic acid
  ~ **gras** : fatty acid
  ~ **gras volatil** : volatile fatty acid
  ~ **insaturé** : insaturated acid
  ~ **à nombre impair de C** : odd num-
bered acid
  ~ **ramifié** : branched acid
  ~ **ribonucléique** : ribonucleic acid
  ~ **saturé** : saturated acid
  **Crème** ~ : sour cream

**Acidémie** *f* : acidaemia

**Acidifiant** *m* : acidifier

**Acidifiant a** : acidifying ; acid-producing
*(bactérie)*

**Acidification** *f* : acidification ; acidifying ; souring *(aliment)*

**Acidifié** *a* : soured *(aliment)* ; cultured
*(lait)*

**Acidifier** : to acidify ; to sour (aliment)

**Acidimétrie** *f* : acidimetry

**Acidité** *f* : acidity ; acidness ; sourness
*(fruit)*
  **Degré d'**~ : acid value
  **Indice d'**~ : acid value

**Acidophile** *a* : acidophil ; acidophilic

**Acido-résistant** *a* : acid fast ; acid-
resistant

**Acidose** *f* : acidosis ; ketosis

**Acidulé** *a* : acidulous

**Aciduler** : to acidulate

**Acidurie** *f* : aciduria

**Acier** *m* : steel

**Acrodynie** *f* : acrodynia

**Acroléine** *f* : acrolein

**Acrylique** *a* : acrylic

**Actif** *a* : activated
  **Charbon** ~ : activated carbon

**Actine** *f* : actin

**Actinique** *a* : actinic
  **Rayon** ~ : actinic ray

**Activateur** *m* : activator

**Activé** *a* : activated
  **Boue activée** : activated sludge

**Activer** : to activate

**Activité** *f* : activity
  ~ **inhibitrice** : blocking activity

**Actomyosine** *f* : actomyosin

**Acylation** *f* : acylation

**Acylique** *a* : acylic

**Acyle** *m* : acyl

**Acyler** : to acylate

**Adaptation** *f* : adaptation ; adjustment
*(biologie)*

**Adapté** *a* : accustomed to ; adapted to ;
suitable

**Additif** *m* : additive
  ~ **alimentaire** : food additive

**Addition** *f* : addition

**Adducteur** m : adductor (muscle)

**Adénine** f : adenine

**Adhésif** m : adhesive

**Adhésivité** f : stickiness

**Adipeux** a : adipic ; adipose (tissu) ; fatty (tissu) ; greasy (consistance)

**Adipique** a : adipic

**Adipocyte** m : adipocyte ; lipocyte ; fat cell

**Adiposité** f : adiposity

**Adjuvant** m : adjuvant

**Admissible** a : permissible

**Admission** f : inlet (machine) ; input (matière) ; admission

**Adolescence** f : youth ; adolescence

**Adoucir** : to soften (eau) ; to sweeten (aliment)

**Adoucissement** m : softening

**Adoucisseur** m : softener

**Adragante** a : tragacanth (gomme)

**Adrénaline** f : adrenalin

**Adrénergique** a : adrenergic

**Adsorbant** a : adsorbent

**Adsorbat** m : adsorbate

**Adsorber** : to adsorb

**Adsorption** f : adsorption

**Adultération** f : adulteration

**Adultérer** : to adulterate

**Aération** f : aeration ; airing

**Aérer** : to aerate : to ventilate

**Aérien** a : aerial

**Aérobie** m : aerobe
  ~ **facultatif** : facultative aerobe
  ~ **strict** : obligate aerobe

**Aérobie** a : aerobic

**Aérobiose** f : aerobiosis

**Aérobique** a : aerobic

**Aérophagie** f : aerophagia

**Aérosol** m : aerosol

**Affaiblir** : to weaken

**Affaiblissement** m : weakening ; weakness

**Affamé** a : starved

**Affilé** a : sharp

**Affinage** m : ripeness ; ripening ; maturing
  ~ **complet, à cœur** : full ripeness

**Affiné** a : matured (fromage, vin)

**Affiner** : to cure (viande, fruit) ; to ripen (fromage) ; to age (vin)

**Affinité** f : affinity (chimie)

**Affouragement** m : feeding ; foddering
  ~ **en vert** : green drop feeding

**Affourager** : to feed ; to fodder

**Affûtage** m : sharpening

**Affûter** : to sharpen

**Aflatoxicol** m : aflatoxicol

**Aflatoxine** f : aflatoxin

**Agalactie** f : agalactia

**Agar** m : agar

**Agar-agar** m : agar

**Agé** a : elderly (humain) ; old

**Agent** m : agent
  ~ **chimique** : chemical agent
  ~ **de flaveur** : flavouring
  ~ **mouillant** : wetting agent
  ~ **de texture** : texturing agent

**Agglomérant** m : binder

s'**Agglomérer** : to clump ; to clod ; to clot (lait, sang)

**Agglutination** f : agglutination

**Agglutinine** f : agglutinin

s'**Agglutiner** : to clump ; to agglutinate

**Agitateur** m : shaker ; stirrer ; churn ; stirring rod (chimie)

**Agitation** f : shaking ; stirring

**Agiter** : to shake ; to stir ; to agitate ; to churn (crème)

**Agneau** m : lamb
~ **d'un an** : hogget
~ **de boucherie** : fattening lamb
~ **châtré** : wether lamb
~ **femelle** : ewe lamb
~ **de lait** : stock lamb ; sucking lamb
~ **mâle** : ram lamb
**Côtelette d'~** : lamb chop
**Côtelette de filet d'~** : sirloin chop
**Epaule d'~** : shoulder of lamb
**Gigot d'~** : leg of lamb
**Poitrine d'~** : breast of lamb

**Agnelage** m : lambing

**Agneler** : to lamb

**Agnelet** m : small lamb ; lambkin

**Agrandir ; s'agrandir** : to enlarge (physiologie) ; to magnify (physique)

**Agrandissement** m : enlargment ; enlarging

**Agrégation** f : aggregation

**Agréger ; s'agréger** : to aggregate

**Agricole** a : agricultural
**Chimie** ~ : agricultural chemistry
**Comice** ~ : agricultural show
**Domaine** ~ : farm
**Exploitation** ~ : farm ; farming
**Ingénieur** ~ : agricultural graduate ; agricultural engineer
**Législation** ~ : agricultural act
**Loi** ~ : agricultural act ; agricultural law
**Ouvrier** ~ : farm worker
**Propriétaire** ~ : farm owner
**Terre** ~ : farm land

**Agriculteur** m : farmer (propriétaire) ; farm labourer (employé)

**Agriculture** f : agriculture ; farming ; husbandry ; culture (plante)

**Agro-alimentaire** m : agro-food sector ; agro-alimentation sector ; agriculture and feeding sector

**Agro-alimentaire** a : agro-alimentary

**Agro-industrie** f : agro-food industry ; agriculture and food industry

**Agronome** m : agronomist

**Agronome** a : agricultural
**Ingénieur** ~ : agricultural engineer

**Agronomie** f : agronomics ; agronomy

**Agronomique** a : agricultural ; agronomic
**Institut** ~ : agricultural college
**Recherche** ~ : agricultural research

**Agrume** m : citrus

**AGV** : VFA

**Aigre** a : sour (lait) ; soured ; cultured (crème)

**Aigrelet** a : sourish ; vinegarish (vin)

**Aigreur** f : sourness

**Aigrir** : to sour (aliment)

**Aigu** a : sharp ; whetted (objet)

**Aiguille** f : needle

**Aiguisage** m : whetting ; sharpening

**Aiguisé** a : whetted ; sharpened

**Aiguiser** : to whet ; to sharpen
**Pierre à** ~ : whetstone

**Aiguiseur** m : sharpener ; grinder

**Ail** m : garlic

**Air** m : air
**Admission d'~** : air supply
**Appareil à ~ chaud** : air heater
**Chauffage à ~ chaud** : air heating
**Classification par l'~** : air classification
**Entrée d'~** : air inlet ; air intake
**Epurateur d'~** : air purifier
**Evacuation d'~** : air outlet
**Filtre d'~** : air filter ; air purifier
**Filtre à ~** : air filter
**Humidificateur à ~** : humidifier
**Humidification de l'~** : air humidifying
**Injection de l'~** : air injection
**Refroidissement par l'~** : air cooling
**Refroidi par l'~** : air cooled
**Séchage à l'~** : air drying
**Séparateur à ~** : air separator
**Sortie d'~** : air outlet

**Aire** f : area ; range

**Airelle** f : bilberry ; huckleberry (US) ; whortleberry
~ **rouge** : cranberry ; red whortleberry

**Ajonc** *m* : furze ; gorse

**Ajustable** *a* : adjustable

**Ajustement** *m* : adjustment *(appareilla- ge)*

**Ajuster** : to adjust

**Alambic** *m* : alembic ; distiller ; still

**Alanine** *f* : alanine

**Albumen** *m* : albumen

**Albumine** *f* : albumin

**Albumineux** *a* : albuminous

**Albuminurie** *f* : albuminuria

**Alcali** *m* : alkali

**Alcalimétrie** *f* : alkalimetry

**Alcalin** *a* : alkaline ; alkalous
  **Réserve alcaline** : alkaline reserve

**Alcalinisant** *a* : alkali-forming *(bactérie)*

**Alcalinisation** *f* : alcalinization

**Alcaliniser** : to alkalify ; to alkalize ; to basify

**Alcalinité** *f* : alkalinity ; basicity
  **~ du sang** : alkalemia

**Alcaloïde** *m* : alkaloid

**Alcalose** *f* : alkalosis

**Alcane** *m* : alkane

**Alcool** *m* : alcohol ; spirit ; strong drink *(boisson)*
  **~ absolu** : absolute alcohol ; pure alcohol
  **~ à brûler** : methylated alcohol
  **~ dénaturé** : denaturated alcohol ; methylated spirit
  **~ éthylique** : ethyl alcohol ; ethanol
  **~ de fruit** : fruit spirits *(générique)* ; liqueur ; brandy *(prune, poire, pêche)*
  **~ de grain** : grain alcohol ; whisky
  **~ méthylique** : methyl alcohol ; methanol
  **~ sans eau** : raw spirits ; neat *(bois- son)*
  **~ de vin** : spirit of wine
  **Distillateur d'~** : alcohol distiller ; still ; spirit distiller
  **Distillerie d'~** : alcohol distillery : spirit distillery
  **Fabrication d'~** : alcohol manufac- ture ; spirit manufacture
  **Rectification d'~** : spirit rectification

**Alcoolat** *m* : alcoholate

**Alcoolique** *a* : alcoholic
  **Degré ~** : alcohol strength ; alcohol degree
  **Fermentation ~** : alcohol fermentation

**Alcoolisme** *m* : alcoholism

**Alcoolmètre** *m* : alcoholmeter ; alcoho- lometer *(US)* ; alcoholmetre *(GB)*

**Alcoolyse** *f* : alcoholysis

**Aldéhyde** *m* : aldehyde

**Aldéhydique** *a* : aldehydic

**Aldol** *m* : aldol

**Aldolase** *f* : aldolase

**Aldose** *m* : aldose

**Aldostérone** *f* : aldosterone

**Aleurone** *m* : aleurone

**Alevin** *m* : alevin ; young fish ; fingerling

**Alevinage** *m* : fish rearing ; spawning breeding ; fish stocking

**Alginane** *m* : alginan

**Alginate** *m* : alginate

**Algine** *f* : algin

**Alginique** *a* : alginic

**Algue** *f* : alga, *pl* : algae
  **~ microscopique** : micro alga

**Aliment** *m* : food ; pabulum *(homme)* ; feed ; fodder *(animal)*
  **~ aggloméré** : pelleted feed
  **~ d'allaitement** : milk replacer ; milk substitute *(animal)*
  **~ complet** : complete food ; whole food *(homme)*
  **~ composé** : compound feed *(ani- mal)*
  **~ de croissance** : starter feed ; growth feed *(animal)*
  **~ de démarrage** : starter feed *(ani- mal)*
  **~ d'élevage** : rearing feed *(animal)*
  **~ infantile** : baby food *(homme)*

~ **liquide** : slop *(animal)*
~ **d'origine marine** : seafood
~ **service** : food service

**Aliments** *m pl* : food ; nourishment
*(homme)* ; feed *(animal)*

**Alimentaire** *a* : dietary ; edible *(comestible)* ; dietetic ; alimentary
**Bol** ~ : alimentary bolus
**Régime** ~ : diet

**Alimentation** *f* : nourishment ; feeding ;
food supply *(ravitaillement)*

**Alimenter** : to nourish ; to feed ; to supply food *(fournir)*

**Aliphatique** *a* : aliphatic ; acylic

**Aliquote** *f* : aliquot

**Alkylation** *f* : alkylation

**Alkyle** *a* : alkyl

**Allaitement** *m* : suckling *(animal)* ; nursing ; breast feeding *(enfant)* ; lactation
~ **artificiel** : bottle feeding
~ **au sein** : breast feeding

**Allaité** *a* : suckling *(animal)* ; nursing
(enfant)

**Allaiter** : to suckle *(animal)* ; to breast
feed ; to nurse *(enfant)*

**Allantoïne** *f* : allantoin

**Alléger** : to lighten

**Allergène** *m* : allergen

**Allergie** *f* : allergy

**Allergique** *a* : allergic
**Maladie** ~ : allergosis

**Allergisant** *a* : allergenic

**Alliacé** *a* : alliaceous

**Allongement** *m* : elongation ; lengthening

**Allonger** : to lengthen ; to extend ; to
thin *(sauce)*

**Allose** *m* : allose

**Allotropie** *f* : allotropy

**Allotropisme** *m* : allotropism

**Allumer** : to light *(feu, chauffage)* ; to
turn on *(appareil)*

**Allumettes** *f pl* : matches, *pl*
~ **au fromage** : cheese straws ;
chesse sticks

**Alluvion** *f* : alluvion ; wash

**Alopécie** *f* : alopecia

**Alose** *f* : allice-shad ; alosa

**Aloyau** *m* : sirloin ; loin

**Alpaga** *m* : alpaga

**Altération** *f* : alteration ; change ;
decay ; decomposition ; adulteration ;
spoilage ; spoiling ; taint

**Altérer** : to spoil ; to taint
**s'**~ : to become tainted ; to become
spoiled

**Alumine** *f* : alumina

**Aluminium** *m* : aluminium *(GB)* ; aluminum *(US)*

**Alvéographe** *m* : alveograph

**Alvéolaire** *a* : alveolar ; alveolate

**Alvéole** *f* : alveolus, pl : alveoli ; faveolus socket *(anatomie)*

**Alvéolé** *a* : ⇨ alvéolaire

**Amaigrissement** *m* : weight reducing ;
thinning *(médecine)*

**Amande** *f* : almond
~ **amère** : bitter almond
~ **en coque** : unshelled almond
~ **grillée** : grilled almond ; burnt
almond
~ **pelée** : shelled almond
**Huile d'**~ : almond oil
**Lait d'**~ : almond milk
**Pâte d'**~ : almond paste
**Pelage des** ~ : almond peeling

**Amasser** : to gather ; to store up

**Ambiant** *a* : ambient

**Améliorant** *m* : improver *(boulangerie)* ;
aging

**Amélioration** *f* : improvement ; improving ; soil conditionning *(agriculture)*

**Améliorer** : to improve

**Amender** : to improve *(sol)*

**Amer** *a* : bitter ; acrid

**Amertume** *f* : bitterness

**Amiante** *f* : asbestos ; mineral flake

**Amide** *f* : amide

**Amidon** *m* : starch
  ~ **de blé** : wheat starch ; amylum
  ~ **gélatinisé** : gelatinized starch
  ~ **modifié** : modified starch
  **Colle d'~** : starch paste

**Amidonner** : to starch

**Amidonnerie** *f* : starch factory ; starch manufacture

**Amine** *f* : amine
  ~ **biogène** : biogenic amine ; pressor amine

**Aminoacidémie** *f* : aminoacidemia

**Aminogramme** *m* : aminogram

**Aminoptérine** *f* : aminopterin

**Ammoniacal** *a* : ammoniacal

**Ammoniaque** *f* : ammonia

**Ammoniaqué** *a* : ammoniated

**Ammonium** *m* : ammonium

**Amnios** *m* : amnion ; amniotic sac

**Amniotique** *a* : amniotic

**Amorçage** *m* : promoting *(chimie)*

**Amorcer** : to promote

**Amorphe** *a* : amorphous
  **Etat ~** : amorphousness

**Amortir** : to lessen *(effet)*

**Amortissement** *m* : depreciation
  **Taux d'~** : depreciation rate

**Ampholyte** *m* : ampholyte

**Amphotère** *a* : amphoteric

**Amygdaline** *f* : amygdalin

**Amylacé** *m* : amylaceous matter

**Amylacé** *a* : amylaceous ; starchy

**Amylase** *f* : amylase ; amylopsin

**Amylodextrine** *f* : amylodextrin

**Amylographe** *m* : amylograph

**Amylolyse** *f* : amylolysis

**Amylolytique** *a* : amylolytic

**Amylose** *m* : amylose

**Anabolique** *a* : anabolic

**Anabolisme** *m* : anabolism

**Anaérobie** *m* : anaerobe
  ~ **facultatif** : facultative anaerobe
  ~ **strict** : obligate anaerobe

**Anaérobie** *a* : anaerobic

**Anaérobiose** *f* : anaerobiosis

**Anaérobique** *a* : anaerobic

**Analyse** *f* : analysis
  ~ **bactériologique** : bacteriological analysis
  ~ **bibliographique** : abstract
  ~ **chimique** : chemical analysis
  ~ **élémentaire** : elementary analysis
  ~ **globale** : proximate analysis
  ~ **gravimétrique** : gravimetrical analysis
  ~ **organoleptique** : organoleptic evaluation
  ~ **pondérale** : ponderal analysis
  ~ **qualitative** : qualitative analysis
  ~ **quantitative** : quantitative analysis
  ~ **sensorielle** : sensorial evaluation
  ~ **séquentielle** : sequential analysis ; sequencing analysis
  ~ **spectrale** : spectral analysis
  ~ **thermique** : thermal analysis
  ~ **volumétrique** : volumetrical analysis

**Analyser** : to analyse ; to decompose *(chimie)*

**Analyseur** *m* : analyser

**Analyste** *m* : analyst

**Analytique** *a* : analytic ; analytical

**Anaphylactique** *a* : anaphylactic

**Anatomie** *f* : anatomy

**Anatomique** *a* : anatomical

**Anatto** *m* : anatta ; anatto ; arnotto

**Anchois** *m* : anchovy
  **Beurre d'~** : anchovy paste

**Andouille** f : chitterlings ; andouille

**Androgène** m : androgen

**Androgen** a : androgenic

**Ane** m : donkey ; ass ; jackass (US)

**Anesse** f : female donkey ; she-ass ; jenny ; jennet (US)

**Anémie** f : anemia

**Aneth** m : dill

**Anéthol** m : anethol

**Aneurine** f : thiamin ; vitamin B1

**Angélique** f : angelica

**Angiosperme** m : angiosperm

**Anguille** f : eel ; garfish

**Angulaire** a : angular

**Anhydre** a : anhydrous (chimie) ; waterless ; water-free

**Anhydride** m : anhydride
~ **sulfureux** : sulfur dioxide

**Animal** a m : animal
~ **d'un an** : yearling
~ **à sang chaud** : hematherm ; warmblooded animal
~ **à sang froid** : poikilotherm ; coldblooded animal
~ **coprophage** : scavenger
~ **à réformer** : cull
**Graisse animale** : animal fat ; animal grease
**Noir** ~ : animal charcoal

**Anion** m : anion

**Anionique** a : anionic

**Anis** m : anise
~ **étoilé** : star anise

**Anneau** m : ring ; annulus

**Année** f : year ; vintage (vin)
~ **civile** : calendar year

**Annuaire** m : directory ; yearbook

**Annuel** a : yearly ; annual ; per year
**Rente annuelle** : annuity

**Annuellement** : yearly

**Annuité** f : annuity

**Annulaire** a : annular

**Anode** f : anode

**Anodique** a : anodic ; anodal
**Compartiment** ~ : anode compartment
**Courant** ~ : anode current
**Réaction** ~ : anode reaction
**Tension** ~ : anode voltage

**-anoïque** : -anoic

**Anomalie** f : abnormality ; anomaly

**Anorexie** f : anorexia

**Anorexique** a : anorexic ; anorectic ; anoretic

**Anormal** a : abnormal

**Anotto** m : arnotto

**Anoxie** f : anoxia

**Anse** f : loop (intestin, microbiologie)

**Antagonisme** m : antagonism

**Antagoniste** a : antagonist ; antagonistic

**Anthelmintique** a : anthelmintic

**Anthocyanidine** f : anthocyanidin

**Anthocyanine** f : anthocyanin ; anthocyan

**Anthocyanogène** m : anthocyanogen

**Anthoxanthine** f : anthoxanthin

**Anthrax** m : carbuncle

**Antiacide** m : antacid ; antiacid

**Antibactérien** a : antibacterial

**Antibiotique** a : antibiotic

**Anticorps** m : antibody ; immune body

**Antidiurétique** a : antidiuretic

**Antidote** m : antidote

**Antifongique** m : antimould ; antifungus

**Antifongique** a : antifungal

**Antigène** m : antigen

**Antigénique** a : antigenic

**Antilope** f : antelope

**Antimoine** *m* : antimony

**Antimoussant** *a* : antifoaming

**Antimousse** *m* : antifoamer ; defoaming

**Antioxydant** *m* : antioxidant

**Antioxydant** *a* : antioxidative

**Antioxygène** *m* : antioxygen

**Antirachitique** *a* : antirachitic

**Antirouille** *m* : rust proofing ; rust preventive

**Antiseptique** *a* : antiseptic

**Antisérum** *m* : antiserum

**Antitoxine** *f* : antitoxin

**Antitrypsique** *a* : antitrypsic ; antitryptic

**Anurie** *f* : anuria

**Aperçu** *m* : overview ; survey ; synopsis *(article)*

**Apiculteur** *m* : apiarist ; beekeeper

**Apiculture** *f* : apiculture ; beekeeping

**Apoferritine** *f* : apoferritin

**Apogée** *m* : peak ; apogee *(courbe)*

**Appareil** *m* : apparatus ; machine ; appliance ; device ; system *(anatomie)* ; tract *(anatomie)*
~ **automatique** : automatic apparatus
~ **digestif** : digestive tract ; gastro-intestinal tract
~ **électrique** : electrical apparatus
~ **frigorifique** : refrigerator
~ **scientifique** : scientific apparatus
~ **à agiter** : shaker
~ **de contrôle** : tester
~ **à cueillette** : gathering machine
~ **à décortiquer** : scalper
~ **à dégermer** : screening machine *(brasserie)*
~ **de déminéralisation** : demineralizer
~ **de démonstration** : demonstration apparatus
~ **à distiller** : still ; distiller
~ **à eau distillée** : water still ; water distiller
~ **à éplucher** : peeler
~ **de mesure** : gauging instrument
~ **de pesage** : scale ; weigher
~ **à purifier** : purifier

~ **à récolter** : gathering machine ; harvester machine
~ **à rectifier** : rectifier *(chimie)* ; rectifying apparatus
~ **pour redistillation** : secondary still
~ **à redresser** : rectifier *(électricité)*
~ **à rincer** : rinsing machine
~ **à tamiser** : screening machine ; sifting machine *(céréale)*
~ **à trier** : separating machine ; sorting machine

**Apparence** *f* : appearance ; aspect

**Apparent** *a* : apparent

**Apparenté** *a* : related ; to have affinities

**Appât** *m* : bait *(pêche)* ; soft food

**Appauvrir** : to emaciate *(sol)*

**Appellation** *f* : appellation ; designation
~ **controlée** : guaranteed vintage *(vin)*
~ **d'origine** : designation of origin ; indication of origin

**Appendice** *m* : appendix

**Appertisation** *f* : canning *(US)* ; tinning *(GB)*

**Appertisé** *a* : canned *(US)* ; tinned *(GB)*

**Appertiser** : to sterilize

**Appétence** *f* : palatability

**Appétent** *a* : palatable

**Appétibilité** *f* : palatability

**Appétissant** *a* : appetizing ; savoury

**Appétit** *m* : appetite

**Appétits** *m pl* : chives, *pl (aromate)*

**Appliqué** *a* : applied *(science)*

**Apport** *m* : supply
~ **d'engrais** : fertilization ; fertilizing

**Appréciation** *f* : estimate

**Apprêter** : to season *(repas)* ; to prepare

**Approché** *a* : approximate *(données)*

**Approprié à** *a* : useful

**Approvisionnement** *m* : supply ; supplies, *pl* ; provisions, *pl (aliment)* ; stock ; store ; storing

**Approvisionner** : to store ; to feed *(aliment)*
~ **en fourrage** : to fodder

**Approximatif** *a* : approximate ; approximative

**Approximation** *f* : approximation

**Apre** *a* : acrid ; harsh ; tart

**Aptitude** *f* : ability ; qualification *(profession)*

**Aquaculture** *f* : fish farming ; aquafarming ; fish culture ; aquaculture

**Aqueduc** *m* : aqueduct

**Aqueux** *a* : hydrous *(chimie)* ; aqueous ; waterish ; watery

**Arabinose** *m* : arabinose

**Arabitol** *m* : arabitol

**Arable** *a* : arable

**Arachide** *f* : peanut *(US)* ; groundnut *(GB)*

**Arachidique** *a* : arachidic

**Arachidonique** *a* : arachidonic

**Arborescence** *f* : arborescence

**Arborescent** *a* : arborescent

**Arboriculture** *[f ]* **fruitière** : fruit tree culture ; arboriculture

**Arbouse** *f* : arbutus berry

**Arbre** *m* : tree
~ **sur pied** : standing tree
**Tronc d'~** : tree trunk

**Arbrisseau** *m* : shrub

**Arc** *m* : arc
**Lampe à ~** : arc lamp

**Ardeur** *f* : mettle *(animal)*

**Arête** *f* : bone *(poisson)*
~ **dorsale** : backbone
**Sans ~** : boneless

**Argile** *f* : clay

**Aride** *a* : arid

**ARN** : RNA
~ **messager** : messenger RNA
~ **ribosomique** : ribosomal RNA
~ **de transfert** : transfer RNA

**Aromate** *m* : spice

**Aromatique** *a* : aromatic

**Aromatisant** *m* : flavouring

**Aromatisation** *f* : aromatization

**Aromatisé** *a* : flavoured

**Aromatiser** : to aromatize ; to flavour

**Arôme** *m* : aroma ; odour *(GB)* ; odor *(US)*

**Arranger** : to arrange ; to trim *(objet)*

**Arrière** : back
**En ~** : back
~ **goût** : aftertaste

**Arrivée** *f* : inlet ; input *(matière)*

**Arriver** : to occur *(événement)*

**Arrondir** : to approximate *(nombre)*

**Arrosage** *m* : moistening ; irrigating ; watering ; wetting

**Arrosé** *a* : watered

**Arroser** : to water ; to irrigate ; to wet ; to moisten *(légèrement)* ; to besprinkle *(asperger)*

**Arrowroot** *m* : arrowroot

**Arsénic** *m* : arsenic

**Arsénical** *a* : arsenical

**Arsénieux** *a* : arsenious

**Artefact** *m* : artefact ; artifact

**Artère** *f* : artery *(anatomie)*

**Artériel** *a* : arterial

**Artésien** *a (puits)* : artesian *(well)*

**Artichaut** *m* : artichoke

**Articulation** *f* : joint *(anatomie)*

**Articulé** *a* : jointed

**Artificiel** *a* : artificial
**Brouillard ~** : artificial fog
**Fibre artificielle** : artificial fibre

**Aryle** *m* : aryl

**Ascorbique** *a* : ascorbic

**Asepsie** *f* : asepsis

**Aseptique** *a* : aseptic

**Aseptiser** : to sanitize ; to asepticize

**Asexué** *a* : asexual

**Asparagine** *f* : asparagine

**Aspartique** *a* : aspartic

**Aspect** *m* : appearance ; aspect

**Asperge** *f* : asparagus
  **Botte d'~** : bundle of asparagus ;
  bunch of asparagus
  **Pointe d'~** : asparagus tip

**Asperger** : to sprinkle ; to spray

**Aspirateur** *m* : aspirator ; vacuum ; elevator *(céréale)*

**Aspiration** *f* : suction ; aspiration ;
exhaustion *(gaz)*
  **~ des poussières** : dust suction

**Aspirer** : to suck up *(liquide)* ; to
vacuum ; to inhale *(homme)*

**Assainir** : to cleanse ; to purify ; to sanitize

**Assainissement** *m* : cleansing

**Assaisonnement** *m* : seasoning

**Assaisonner** : to season

**Assiette** *f* : plate
  **Chauffe-assiettes** : plate-warmer

**Assiettée** *f* : plateful

**Assimilation** *f* : assimilation

**Assimiler** : to assimilate

**Assombrir** : to darken

**Assortiment** *m* : assortment

**Assurance** *f* : insurance
  **~ contre la casse** : insurance against
breakage
  **~ contre la grêle** : insurance against
damage by hail
  **~ contre les risques de transport** :
insurance against damage in transit
  **Police d'~** : insurance policy
  **Prime d'~** : insurance premium

**Assurer** : to insure

**Asthénie** *f* : asthenia

**Asticot** *m* : vermicule ; maggot

**Astringence** *f* : astringency

**Astringent** *a* : astringent

**Asymétrie** *f* : dissymmetry ; asymmetry

**Asymétrique** *a* : asymmetric ; asymmetrical ; unsymmetrical

**Asynchrone** *a* : asynchronous

**Asynchronisme** *m* : asynchronism

**Ataxie** *f* : ataxia

**Atelier** *m* : workshop

**Athérosclérose** *f* : atherosclerosis

**Atmosphère** *f* : atmosphere

**Atmosphérique** *a* : atmospheric ;
atmospherical ; aerial
  **Pression ~** : atmospheric pressure ;
air pressure

**Atome** *m* : atom

**Atomicité** *f* : atomicity

**Atomique** *a* : atomic
  **Nombre ~** : atomic number
  **Poids ~** : atomic weight

**Atomisation** *f* : atomization ; spraying;
fogging *(liquide)*
  **Séchage par ~** : spray dryer
  **Tour d'~** : spray tower

**Atomiser** : to atomize ; to fog ; to spray

**Atomiseur** *m* : spray dryer ; sprayer ;
atomiser ; nebulizer

**Atoxique** *a* : atoxic

**Atre** *m* : hearth *(cheminée)*

**Atriche** *a* : hairless ; glabrous

**Atrophie** *f* : atrophy ; hypotrophy ;
obsolescence *(biologie)*

**Atropine** *f* : atropine

**Attendrir** : to soften ; to tenderize
*(viande)*

**Attendrissement** *m* : softening ; tenderization *(viande)*

**Attendrisseur** *m* : softener

**Attrition** *f* : attrition

**Aubergine** *f* : egg plant ; aubergine

**Auge** *f* : trough ; manger
~ **de meule** : grindstone trough

**Augmentation** *f* : raise ; gain *(poids)* ;
increase

**Augmenter** : to increase ; to magnify
*(physique)* ; to enhance *(mécanisme)* ; to raise *(salaire)* ; to scale up
*(production)*

**Autarcie** *f* : self-sufficiency

**Authenticité** *f* : validity ; legality ;
authenticity

**Authentique** *a* : genuine ; authentic

**Autocatalyse** *f* : autocatalysis

**Autoclave** *m* : autoclave ; sterilizer ;
pressure-cooker ; steam sterilizer

**Autoclaver** : to pressure cook ; to
autoclave

**Autofécondation** *f* : self-fertilizing
*(animal)* ; self-pollination *(végétal)*

**Autofertile** *a* : self-fertile

**Autoinfection** *f* : self-infection ;
autoinfection

**Autolysat** *m* : autolysate

**Autolyse** *f* : autolysis

**Autolytique** *a* : autolytic

**Automatique** *a* : automatic

**Automnal** *a* : autumnal

**Automne** *m* : autumn ; fall
**Céréale d'~** : winter cereal

**Autooxydation** *f* : autoxidation

**Autopsie** *f* : autopsy ; post-morten
dissection

**Autorégulation** *f* : self-regulation

**Autosome** *m* : autosome

**Autosomique** *a* : autosomal

**Auxiliaires** *m pl* : auxiliaries, *pl* ; ancillaries, *pl*

**Auxiliaire** *a* : auxiliary

**Auxine** *f* : auxin

**Avarié** : damaged ; faulty ; rotten *(aliment)*

**Avarier** : to damage ; to go bad ; to rot

**Aveline** *f* : filbert

**Avenine** *f* : avenin

**Aveugle** *a* : blind
**Test en ~** : blind test

**Avicole** *a* : avicolous

**Aviculteur** *m* : poultry farmer

**Aviculture** *f* : poultry breeding *(US)* ;
poultry farming *(GB)*

**Avitaminose** *f* : avitaminosis

**Avocat** *m* : avocado *(fruit)*

**Avoine** *f* : oats
~ **décortiquée** : dehulled oats ; hulled oats
~ **nue** : naked oats
**Farine d'~** : oatmeal
**Flocons d'~** : rolled oats

**Avortement** *m* : abortion ; abort *(animal)*

**Avorter** : to abort

**Axe** *m* : axis, *pl* : axes

**Axénique** *a* : germ-free ; axenic

**Azoïque** *a* : azoic
**Colorant ~** : azo dye

**Azote** *m* : nitrogen
~ **non protidique** : non protein nitrogen
**Sous courant d'~** : under nitrogen
stream
**Sans ~** : nitrogen-free

**Azoté** *a* : nitrogenous *(substance)*

**Azotémie** *f* : azotemia

**Azoturie** *f* : azoturia

# B

**Babeurre** *m* : buttermilk

**Bac** *m* : tub *(récipient )* ; trough *(abreuvoir)* ; tank *(industrie)*

**Bacillaire** *a* : bacillary

**Bacille** *m* : bacillus , *pl* : bacilli

**Bacilliforme** *a* : bacilliform ; rod shaped ; rodlike

**Bacitracine** *f* : bacitracin

**Baconner** : to cure

**Bactéricide** *m* : bactericide

**Bactéricide** *a* : bactericidal

**Bactérie** *f* : bacterium , *pl* : bacteria
~ **lactiques** : lactic acid bacteria

**Bactérien** *a* : bacterial
**Infection bactérienne** : bacteriosis
**Maladie bactérienne** : bacteriosis

**Bactériologie** *f* : bacteriology

**Bactériologique** *a* : bacteriological

**Bactériologiste** *m* : bacteriologist

**Bactériophage** *m* : bacteriophage ; phage

**Bactériostatique** *a* : bacteriostatic

**Bactofugation** *f* : bactofugation

**Badiane** *f* : star anise

**Badigeonnage à la chaux** *m* : whitewashing

**Bagasse** *f* : bagasse

**Bague** *f* : annulus ; ring

**Baguette** *f* : French loaf *(pain)*

**Baie** *f* : berry *(fruit)*

**Bain** *m* : bath
~ **marie** : boiling water bath *(laboratoire)* ; double boiler *(cuisine)*

**Baisse** *f* : lowering ; decrease

**Baisser** : to lower ; to decrease

**Balance** *f* : scale ; weigher ; balance *(mesure)*
~ **de précision** : precision balance ; precision scales
~ **publique** : weigh house

**Baleine** *f* : whale *(cétacé)* ; whalebone *(habillement)*
**Blanc de** ~ : spermaceti
**Fanon de** ~ : whale fin
**Huile de** ~ : whale oil ; sperm oil
**Pêche à la** ~ : whaling
**Pêcheur de** ~ : whaler

**Baleinier** *m* : whaler

**Ballast** *m* : ballast ; bulk *(nutrition)* ; filling substance
~ **alimentaire** : bulkage
~ **intestinal** : dietary fiber ; fiber

**Balle** *f* : glume *(céréale)* ; chaff *(céréale)* ; husk *(céréale)* ; bale *(foin, paille, coton)*

**Ballot** *m* : bundle ; package

**Bambou** *m* : bamboo

**Banane** *f* : banana
~ **plantain** : plantain
**Régime de bananes** : bunch of bananas ; hand to bananas

**Banque** *f* : bank
~ **de données** : data bank

**Baobab** *m* : baobab

**Baquet** *m* : trough

**Barattage** *m* : churning *(crème)* ; buttermaking
**Aptitude au** ~ : churnability

**Baratte** *f* : churn

**Baratter** : to churn

**Barbe** *f* **à papa** : candy floss

**Barbeau** *m* : barbel

**Barbillon** *m* : barb

**Barbotage** *m* : bubbling ; stirring

**Barboter** : to bubble *(gaz) ;* to stir

**Barboteur** *m* : bubbler ; bubble chamber

**Barbue** *f* : brill

**Bardeau** *m* : hinny

**Bardot** *m* : hinny

**Baril** *m* : cask ; barrel

**Barillet** *m* : keg

**Baromètre** *m* : barometer

**Barométrique** *a* : barometric

**Barrage** *m* : dam ; barrage *(hydraulique)*

**Barre** *f* : bar *(confiserie)*
~ **de chocolat** : chocolate bar
~ **à l'arachide** ; peanut bar ; peanut square
~ **aux pommes** : apple cake ; apple square
~ **aux raisins** : raisin square

**Barrière** *f* : barrier ; separation

**Barrique** *f* : barrel ; hogshead

**Bas** *a* : low

**Basal** *a* : basal

**Bascule** *f* : scale ; weighing machine ; balance
~ **publique** : weigh house ; weigh station

**Base** *f* : base *(chimie)*
**Métabolisme de** ~ : basal metabolic rate
**Ration de** ~ : basal ration

**Basicité** *f* : alkalinity ; basicity

**Basilic** *m* : basil

**Basique** *a* : basic

**Basophile** *a* : basophil ; basophilic

**Basse-cour** *f* : poultry run ; poultry yard
**oiseau de** ~ : poultry

**Bassin** *m* : reservoir ; receiver ; tank ; vat

~ **de décantation** : precipitation tank

**Bateau** *m* : ship ; boat ; merchant-vessel

**Bathochrome** *a* : bathochrome

**Bathochromique** *a* : bathochromic

**Bathycardie** *f* : bathycardia

**Bâti** *m* : framework ; structure

**Bâtonnet** *m* : rod *(microbiologie)*

**Battage** *m* : threshing *(céréale)*
**Aire de** ~ : threshing floor
**Entrepreneur de** ~ : threshing manager

**Batterie** *f* : battery
~ **de cuisine** : utensils *pl ;* vessels
~ **électrique** : electric battery

**Batter** *m* : beater *(cuisine)*

**Batteuse** *f* : thresher ; threshing machine *(céréale)*

**Battre** : to thresh *(céréale)* ; to beat

**Baudet** *m* : breeding ass

**Baudroie** *f* : angler

**Baume** *m* : balsam

**Bébé** *m* : baby ; infant

**Bec** *m* : beak ; bill *(oiseau)*

**Bécasse** *f* : woodcock

**Béchamelle** *f* : white sauce ; bechamel sauce

**Bêche** *f* : spade

**Bêcher** : to spade

**Bécher** *m* : beaker *(chimie)*

**Becquerel** *m* : becquerel

**Béhénique** *a* : behenic

**Beignet** *m* : doughnut

**Bélier** *m* : ram
~ **châtré** : wether

**Bénin** *a* : benign

**Benne** *f* : truck ; lorry ; tub ; skip

**Benzoïque** *a* : benzoic

**Benzopyrène** *m* : benzopyrene

**Benzyle** *m* : benzyl

**Bergamote** *f* : bergamot

**Berger** *m* : sheepherd

**Bergerie** *f* : sheepfold

**Béribéri** *m* : beriberi
~ **humide** : wet beriberi
~ **sec** : dry beriberi

**Besoin** *m* : requirement ; need
~ **d'entretien** : maintenance requirement
~ **nutritionnel** : nutritional requirement

**Bestiaux** *m pl* : livestock ; cattle
*(bovins)*

**Bétail** *m* : cattle *(bovins)* ; livestock
~ **sur pied** : beef on the hoof
**Unité de gros** ~ : livestock unit

**Bétaïne** *f* : betain

**Bête** *f* **à corne** : horned cattle *(élevage)* ; horned animal *(générique)*

**Bétel** *m* : betel

**Bette** *f* : chard ; Chinese cabbage

**Betterave** *f* : beet ; beetroot*(GB)*
~ **fourragère** : fodder beet ; common
beet
~ **sucrière** : sugar beet
**Alcool de** ~ : beet spirit
**Cosette de** ~ : sugar beet chips
**Coupe-racine de** ~ : beet cutter
**Ensilage de** ~ : beet storing
**Mélasse de** ~ : beet molasses
**Pulpe de** ~ : beet pulp
**Râpe à** ~ : beet rasp
**Sucre de** ~ : beet sugar

**Beurre** *m* : butter
~ **d'anchois** : anchovy paste
~ **de crevette** : shrimp paste
~ **fondu** : melted butter
~ **salé** : salted butter
**Caramel au** ~ : butterscotch
**Coquille de** ~ : roll

**Beurrerie** *f* : butter factory ; butter
manufacturer

**Biberon** *m* : feeding bottle ; baby bottle
*(enfant)* ; suckling bottle *(animal)*

**Bicarbonate** *m* : bicarbonate

**Biche** *f* : deer.

**Bidistillé** *a* : bidistilled

**Bidon** *m* : can *(US)* ; tin *(GB)*

**Bien-être** *m* : well being

**Bière** *f* : beer
~ **blanche** : white beer
~ **blonde** : pale ale ; lager beer
~ **en bouteille** : bottle beer
~ **brune** : brown ale ; stout
~ **de fermentation basse** : bottom
fermented beer
~ **de fermentation haute** : top fermented beer
~ **forte** : strong beer ; double beer ;
stout ; strong ale
~ **de garde** : lager beer
~ **de gingembre** : ginger beer
~ **houblonnée** : bitter beer
~ **jeune** : fermenting beer
~ **de malt** : malt beer
~ **pression** : ⇨ ~ **en tonneau**
~ **de seigle** : kwass
~ **de sorgho** : kaffir beer
~ **de table** : small beer
~ **en tonneau** : draft beer *(US)* ;
draught beer *(GB)* ; beer on draught
*(GB)* ; beer on tap
**Dépôt de** ~ : beer store
**Entrepôt de** ~ : beer store
**Levure de** ~ : brewer's yeast
**Moût de** ~ : beer must ; beer wort ;

**Bifide** *a* : bifid

**Bifteck** *m* **haché** : mince ; minced
beef ; minced steak ; ground beef
*(US)*

**Bigarreau** *m* : bigarreau ; hard cherry

**Bigorneau** *m* : winkle

**Bilan** *m* : balance *(nutrition)* ; balance
sheet *(économie)*
~ **azoté** : nitrogen balance
~ **énergétique** : energy balance

**Bile** *f* : bile ; gall

**Bilharziose** *f* : bilharziosis

**Biliaire** *a* : biliary
**Acide** ~ : bile acid
**Calcul** ~ : gall stone ; bile stone ; bile
calculus *(médecine)*
**Canal** ~ : bile duct ; gall duct
**Pigment** ~ : bile pigment
**Sel** ~ : bile salt
**Vésicule** ~ : gall bladder

**Bilirubine** f : bilirubin

**Biliverdine** f : biliverdin

**Biner** : to hoe

**Bineuse** f : hoe *(machine)*

**Binoculaire** a : binocular

**Biocatalyseur** m : biocatalyst

**Biochimie** f : biochemistry

**Biochimique** a : biochemical

**Bioclimatologie** f : bioclimatology

**Biocytine** f : biocytin

**Biodégradabilité** f : biodegradability

**Biodégradable** a : biodegradable

**Biodynamique** f : biodynamics

**Biogène** a : biogenic ; biogenous ;
biogen
  **Amine** ~ : pressor amine ; biogen
amine

**Biogénèse** f : biogenesis

**Biologie** f : biology

**Biologique** a : biological

**Biologiste** m : biologist

**Biomasse** f : biomass

**Biométrie** f : biometry ; biometrics

**Biométrique** a : biometric

**Biophysicien** m : biophysicist

**Biophysique** f : biophysics

**Biopsie** f : biopsy

**Biosphère** f : biosphere

**Biosynthèse** f : biosynthesis

**Biosynthétique** a : biosynthetic

**Biotechnologie** f : biotechnology

**Biotine** f : biotin

**Biotope** m : biotope

**Biotype** m : biotype

**Biphényle** m **polychloré** : polychlorinated biphenyl

**Bique** f : she-goat ; nanny-goat

**Biréfringence** f : birefringence

**Biréfringent** a : birefractive

**Bisannuel** a : biennial

**Biscotte** f : rusk *(GB)* ; melba toast
*(US)*

**Biscotterie** f : rusk industry ; rusk factory

**Biscuit** m : cake ; cookie ; biscuit
  ~ **d'apéritif** : cracker ; biscuit
  ~ **craquant** : cracker ; crisp
  ~ **croustillant** : crisp ; cracker
  ~ **au fromage** : cheese finger ; cheese
cracker
  ~ **de Savoie** : sponge cake ; angel
cake
  ~ **de soldat** : sea biscuit

**Biscuiterie** f : cake factory ; biscuit factory ; cookie factory

**Bisulfite** m : bisulfite

**Biuret** m : biuret
  **Réaction du** ~ : biuret reaction

**Bivalence** f : bivalence

**Bivalent** a : bivalent

**Bivalve** m : bivalve *(mollusque)*

**Blanc** m : blank *(dosage)* ; blank value
  ~ **de poulet** : breast meat

**Blanc** a : white
  **Fer** ~ : tin-plate ; white iron
  **Fromage** ~ : white cheese
  **Globule** ~ : leucocyte ; white corpuscle ; white cell
  **Pain** ~ : white bread
  **Poisson à chair blanche** : whitefish
  **Sauce blanche** : white sauce ; bechamel sauce
  **Sucre** ~ : white sugar ; refined sugar
  **Vin** ~ : white wine

**Blanchâtre** a : whitish

**Blancheur** f : whiteness

**Blanchiment** m : bleaching ; blanching
*(légumes)* ; scalding
  ~ **à l'ozone** : ozone bleaching

**Blanchir** : to blanch *(légume)* ; to scald
*(légume)* ; to whitewash *(blanchir à la
chaux)*

**Blastomère** m : blastomere

**Blé** *m* : wheat *(US)* ; corn *(GB)*
~ **dur** : hard wheat ; durum wheat ; flint wheat
~ **noir** : buckwheat
~ **tendre** : common soft wheat ; soft wheat
**Brosse à** ~ : wheat brush
**Conditionneur à** ~ : wheat conditioner
**Farine de** ~ : wheat flour
**Grosse farine de** ~ : wheat flour
**Gerbe de** ~ : wheat sheaf
**Humidificateur de** ~ : wheat damper
**Issues de** ~ : wheat offal
**Lavage du** ~ : wheat washing
**Moulin à** ~ : wheat mill
**Nettoyage du** ~ : wheat cleaning
**Paille de** ~ : straw
**Région à** ~ : wheat growing area
**Trieuse de** ~ : wheat sorter ; wheat grader

**Blette** *f* : chard

**Bleu** *a m* : blue
**Fromage** ~ : blue mould cheese ; blue veined cheese ; blue cheese

**Bloc** *m* : block ; clump

**Blocage** *m* : block *(mécanique)*
~ **des prix** : price freeze

**Blutage** *m* : bolting
**Salle de** ~ : sifter loft
**Tissu de** ~ : bolting cloth

**Bluter** : to sieve ; to sift *(céréale)*

**Bluterie** *f* : bolter ; bolting machine

**Bluteur** *m* : sifter

**Blutoir** *m* : plansifter

**Bocal** *m* : jar

**Bock** *m* : beer glass

**Bœuf** *m* : cattle ; ox, *pl* : oxen *(générique)* ; bull *(mâle entier, taureau)* ; steer *(US) (mâle castré)* ; cow *(femelle, vache)* ; beef, *pl* : beef *(viande)*
~ **de boucherie** : beef-cattle ; fat ox ; fattening ox ; feeder ox
~ **en daube** : stewed beef
~ **mode** : stewed beef
**Aloyau de** ~ : beef loin
**Bouillon de** ~ : beef broth ; beef stock ; beef tea
**Collier de** ~ : neck

**Conserve de** ~ : preserved beef
**Culotte de** ~ : beef rumsteak
**Gite de** ~ : beef silverside
**Moelle de** ~ : beef marrow
**Poitrine de** ~ : beef brisket
**Suif de** ~ : beef tallow

**Bogue** *f* : husk *(châtaigne)*

**Boire** : to drink

**Bois** *m* : wood
~ **de chauffage** : firewood
~ **en copeaux** : wood in chips
**Abattage du** ~ : wood cutting ; tree cutting
**Alcool de** ~ : wood spirits ; methanol
**Sciage du** ~ : wood cutting

**Boisé** *a* : woody

**Boisseau** *m* : bushel

**Boisson** *f* : drink ; beverage
~ **alcoolisée** : alcoholic beverage ; hard drink
~ **à l'eau** : long drink
~ **sans alcool** : soft drink
**Commerce de** ~ : bottle shop

**Boîte** *f* : box
~ **de conserve** : tin *(GB)* ; can *(US)*
~ **de fer-blanc** : tin ; tin box ; tin plate ; can ; tin plate container
~ **de Petri** : petri dish

**Bol** *[m]* **alimentaire** : alimentary bolus *(médecine)* ; cud *(ruminant)*

**Bolet** *m* : boletus

**Bombage** *m* : swelling ; widening

**Bombe** *f* **glacée** : ice pudding

**Bonbon** *m* : candy ; sweets, *pl*
~ **acidulé** : lemon drop

**Bonbonne** *f* : demijohn ; carboy
~ **en grès** : stoneware receiver

**Bonite** *f* : bonito

**Bonnet** *m* : honeycomb stomach *(ruminant)*

**Borax** *m* : borax

**Bord** *m* : border

**Bordure** *f* : border ; edge
~ **en brosse** : brush border

**Bore** *m* : boron

**Borique** *a* : boric

**Botanique** *f* : botany ; phytology

**Botanique** *a* : botanic ; botanical

**Botaniste** *m* : botanist

**Botte** *f* : bunch *(légumes)* ; bundle , sheaf, *pl* : sheaves *(foin)*

**Botteler** : to bale

**Botuline** *f* : botulin

**Botulisme** *m* : botulism

**Boucanage** *m* : curing ; smoking *(viande)*

**Boucaner** : to cure ; to smoke *(viande)*

**Bouchage** *m* : corking *(bouteille)*

**Bouche** *f* : mouth

**Bouché** *a* : blocked

**Bouchée** *[f]* **à la reine** : chicken vol-au-vent

**Boucher** : to cork *(bouteille)* ; to stop

**Boucher** *m* : butcher

**Boucherie** *f* : butchery ; butcher shop

**Bouchon** *m* : cork *(liège)* ; rubber cork *(caoutchouc)* ; stopper *(verre)* ; plug *(physiologie)*

**Boucle** *f* : loop *(intestin)*

**Boudin** *m* : black pudding ; blood pudding

**Boue** *f* : sludge ; mud ; slime ; dirt
~ **activée** : activated sludge

**Bouillie** *f* : baby's cereal ; mash ; porridge ; gruel *(avoine)*
~ **lactée** : infant milk formula

**Bouilli** *a* : boiled

**Bouillir** : to boil

**Bouilloire** *f* : boiler ; kettle *(cuisine)*

**Bouillon** *m* : broth ; stock

**Bouillonnement** *m* : bubbling ; ebullition ; seething

**Bouillonner** : to effervesce ; to bubble ; to bubble up ; to seethe

**Boulanger** *m* : baker ; bread maker

**Boulangère** *a* : baking strengh *(force)*

**Boulangerie** *f* : bakery ; bread bakery
~ **industrielle** : bread factory
**Equipement de** ~ : baking equipment
**Four de** ~ : baking oven
**Levure de** ~ : baker's yeast

**Boulet** *m* : ball
**Broyeur à** ~ : ball mill

**Boulette** *f* : ball ; pellet *(pharmacie)*
~ **de viande** : meat ball

**Boulimie** *f* : bulimia

**Boulimique** *a* : bulimic

**Bouquet** *m* : flavour *(GB)* ; flavor *(US)* ; bouquet *(vin)* ; aroma ; bouquet ; bunch *(fleurs)*

**Bouquet** *m* : prawn *(crustacé)*

**Bouquetin** *m* : ibex

**Bourbe** *f* : sludge ; mire ; mud

**Bourbeux** *a* : swampy ; muddy

**Bourgeon** *m* : shoot ; sprout *(plante)* ; carbuncle ; spot ; pimple *(peau)*

**Bourgeonnement** *m* : sprouting ; budding

**Bourgeonner** : to bud ; to sprout

**Bourrer** : to stuff *(cuisine)*

**Bourriche** *f* : hamper ; basket

**Bourse** *f* : stock exchange *(commerce)*
~ **aux grains** : corn exchange *(GB)* ; grain exchange *(US)*

**Bouteille** *f* : bottle *(US)* ; flask *(GB)*
~ **isolante** : insulated bottle ; thermos flask ; vacuum flask *(GB)* ; vacuum bottle *(US)*
~ **à vin** : wine bottle
**Caisse à** ~ : bottle package ; bottle rack
**Mise en** ~ : bottling
**Panier à** ~ : bottle basket ; bottle hamper
**Stérilisateur à** ~ : bottle sterilizer

**Boutique** *f* : store ; shop

**Bouture** *f* : cutting ; slip ; stem sucker

**Bouvillon** *m* : steer *(GB)* ; bull calf ; bullock

**Bovin** m : bovine ; cattle ; horned cattle
~ **de boucherie** : beef cattle
~ **laitier** : dairy cattle
**Peste bovine** : cattle plague
**Race bovine** : cattle breed

**Box** f : stall ; pen

**Boyau** m : gut (intestin) ; entrails

**Boyaux** m pl : casings, pl (saucisse)

**Braconner** : to poach

**Bradycardie** f : bradycardia

**Braiser** : to braise

**Branche** f : branch ; bough

**Branché** a : branched (molécule)

**Branchie** f : branchia, pl : branchiae ; gill

**Brassage** m : brewing (bière) ; stirring
(liquide) ; mixing ; mashing

**Brassé** a : brewed ; stirred ; mixed

**Brasser** : to brew (bière) ; to stir
(liquide) ; to mix

**Brasserie** f : brewery ; brewhouse ; brewery industry
**Drèche de** ~ : brewer's grain
**Orge de** ~ : brewer's barley

**Brasseur** m : brewer

**Brassin** m : brewing ; brew

**Brebis** f : ewe
~ **allaitante** : breeding ewe
~ **laitière** : dairy ewe ; milk sheep

**Brème** f : bream ; sea bream

**Bretzel** m : pretzel

**Breuvage** m : drink ; beverage

**Brevet** m : patent
**Prendre un** ~ : to patent ; to take out
a patent
**Exploitation d'un** ~ : working a patent

**Brevetable** a : patentable

**Brin** [m] **de laine** : wool fiber ; yarn

**Brioche** f : brioche ; bun
~ **plate** : tea cake

**Brique** f : brick ; bar

**Brisure** f : break ; split ; crack
~ **de riz** : broken rice

**Broche** f : spit (cuisine)
**Mettre un poulet à la** ~ : to spit a
chicken

**Brochet** m : pike

**Brochette** f : skewer

**Bromate** m : bromate

**Bromatologie** f : bromatology

**Brome** m : bromine

**Bromure** m : bromide

**Bronche** f : bronchia

**Brossage** m : brushing

**Brosse** f : brush
~ **à son** : bran duster

**Brosser** : to brush

**Brouillard** m : fog ; mist ; smog (atmosphère) ; spray (liquide)
**Former un** ~ : to fog

**Brouter** : to graze (mouton)

**Brownien** a : brownian (mouvement)

**Broyage** m : grinding (meunerie) ; breaking
~ **fin** : fine grinding
~ **grossier** : coarse grinding
~ **à sec** : dry crushing
**Refus de** ~ : break taillings

**Broyer** : to grind ; to break ; to mill

**Broyeur** m : grinding cylinder ; grinding
mill ; crusher ; mixing mill ; jaw
breaker ; break roll (meunerie)
~ **à boulets** : ball mill ; pebble mill
~ **à marteaux** : hammer mill

**Brucellose** f : brucellosis

**Bruche** f : pea weevil

**Brugnon** m : nectarine

**Brûlé** a : burnt

**Brûler** : to burn ; to parch (récolte) ; to
scorch (brûler en surface)

**Brûleur** m : burner

**Brûlerie** f : roasting plant (café) ; distillery (alcool)

**Brûloir** m : roaster (café)

**Brûlure** f : burn ; burnt spot ; scorch
(brûlure superficielle)

**Brume** f : fog

**Brun** a m : brown
**Sucre** ~ : brown sugar

**Brunissement** m : browning ; darkening
~ **enzymatique** : enzymic browning
~ **non enzymatique** : non enzymic
browning

**Brut** a : crude (analyse) ; untreated
(matière) ; rough ; raw (aliment,
matériau)

**Bubonique** a : bubonic
**Peste** ~ : bubonic plague

**Buccal** a : oral ; buccal
**Cavité buccale** : oral cavity

**Par voie buccale** : orally

**Buée** f : steam ; condensation

**Buffle** m : buffalo ; cow-buffalo

**Bulbaire** a : bulbar

**Bulbe** m : bulb

**Bulbeux** a : bulbaceous ; bulbous ;
nodular

**Bulle** f : bubble ; bead

**Bulleur** m : bubbler

**Bunsen (bec)** : bunsen (burner)

**Buse** f : buzzard (oiseau) ; nozzle
(tuyère)

**Bureau** m : office

**Butyreux** a : butyrous

**Butyrique** a : butyric

**Butyromètre** m : butyrometer (US) ;
butyrometre (GB)

**Buvable** a : drinkable

**Buvette** f : beer hall ; refreshment
room ; small bar

**Buveur** m : drinker

# C

**Cabillaud** *m* : cod

**Cabosse** *f* : cocoa pod ; chocolate nut

**Cabri** *m* : kid

**Cacahuète** *f* : peanut *(US)* ; groundnut *(GB)* ; monkey nut *(GB)*

**Cacao** *m* : cocoa
**Beurre de** ~ : cocoa butter
**Coque de** ~ : cocoa husk ; cocoa shell
**Fève de** ~ : cocoa bean
**Pâte de** ~ : cocoa paste
**Pellicule de** ~ : cocoa pellicle
**Poudre de** ~ : cocoa meal ; cocoa powder
~ **en fèves** : cocoa in beans

**Cachalot** *m* : sperm whale

**Cadmium** *m* : cadmium

**Caduque** *a* : deciduous *(botanique)*

**Caecal** *a* : caecal ; ceca ; coecal

**Caecum** *m* : caecum, *pl* : caeca ; blind gut ; cecum

**Café** *m* : coffee
~ **crème** : white coffee ; coffee with cream
~ **express** : expresso
~ **gras** : unclean coffee
~ **grillé** : roasted coffee
~ **moulu** : ground coffee
~ **noir** : black coffee
~ **vert** : green coffee ; raw coffee ; unroasted coffee
~ **en fèves** : coffee in beans

~ **au lait** : white coffee ; coffee with milk
~ **en poudre** : instant coffee
**Cerise de** ~ : coffee berry
**Grain de** ~ : coffee bean
**Marc de** ~ : coffee grounds

**Caféier** *m* : coffee tree ; coffee shrub

**Caféine** *f* : caffeine ⇨ *aussi* **Décaféiné**

**Caféique** *a* : caffeic

**Cage** *f* : crate
~ **à métabolisme** : balance crate

**Caillage** *m* : clotting *(sang)* ; coagulation ; curdling *(lait)*

**Caillé** *m* : coagulum ; curd *(lait)*
~ **acide** : acid curd

**Caillé** *a* : clotted ; cloddy ; curdled

**Caille** *f* : quail

**Cailleboter** : to clot ; to curdle

**Cailler, se cailler** : to clot *(sang)* ; to curdle ; to congeal *(sang)*

**Caillette** *f* : abomasum

**Caillot** *m* : coagulum *(sang)*

**Caisse** *f* : box ; case *(récipient)* ; cash register ; till *(machine)*

**Cajou (noix de** ~**)** : cashew nut

**Cake** *m* : fruit cake

**Calcaire** *m* : limestone ; lime

**Calcaire** *a* : calcareous ; chalky

**Calcémie** *f* : calcemia

**Calciférol** *m* : calciferol

**Calcification** *f* : calcification

**Calcifié** *a* : calcific ; ossified

**Calcifier, se calcifier** : to calcify

**Calcination** *f* : calcination ; calcining

**Calciné** *a* : burnt ; charred *(cuisine)*

**Calciner, se calciner** : to calcine

**Calcinose** *f* : calcinosis

**Calcique** *a* : calcic

**Calcitoine** *f* : calcitonin

**Calcium** *m* : calcium
 **Carence en ~** : acalcerosis

**Calciurie** *f* : calciuria

**Calcul** *m* : *(biologie)* calculus, *pl* : calculi ; stone ; concrement ; calculosis – *(mathématique)* calculus, *pl* : calculuses ; calculation ; computation
 **~ biliaire** : gallstone ; bile stone
 **~ numérique** : digital computer
 **Erreur de ~** : miscalculation

**Calculateur** *m* : calculator ; computer
 **~ intégrateur** : numerical integrator

**Calculatrice** *f* : calculator ; computer *(machine)*

**Calibrage** *m* : classification ; calibration ; sizing ; gauging ; grading ; separation

**Calibre** *m* : size ; gauge ; grade

**Calibrer** : to classify ; to calibrate ; to grade ; to size ; to gauge ; to separate

**Calibreur** *m* : grader

**Calleux** *a* : horny ; callous

**Calmar** *m* : squid ; calamary

**Calorie** *f* : calorie
 **Basses-calories** : calorie-reduced

**Calorifique** *a* : calorific

**Calorifuge** *m* : lagging ; thermal non-conductor

**Calorimétrie** *f* : calorimetry

**Calorimétrique** *a* : calorimetrical
 **Bombe ~** : bomb calorimeter

**Calque** *m* : copy

**Cambium** *m* : cambium ; formative tissue

**Camomille** *f* : chamomille ; camomile

**Campagne** *f* : working season *(industrie)* ; country ; open country ; plain *(géographie)* ; season *(agriculture)*
 **~ annuelle** : crop year *(agrlculture)*
 **Fin de ~** : late season

**Canal** *m* : canal ; duct ; vas, *pl* : vasa *(anatomie)*
 **~ biliaire** : bile duct ; biliary canal
 **~ cholédoque** : bile duct ; biliary canal

**~ lymphatique** : lymph duct
 **~ pancréatique** : pancreatic duct

**Canapé** *[m]* **chaud** : canape ; open sandwich ; party sandwich

**Canard** *m* : duck *(générique)* ; drake *(mâle)* ; duck *(femelle, cane)*
 **~ de Barbarie** : muscovy duck ; musk duck
 **~ pékinois** : mandarin duck
 **~ à l'orange** : duck with orange sauce
 **~ sauvage** : wild duck ; mallard *(colvert)*

**Canavanine** *f* : canavanine

**Cancer** *m* : cancer ; carcinoma

**Cancéreux** *a* : cancerous

**Candi** *a* : candied ; candy

**Candir** : to candy

**Caneton** *m* : duckling

**Canette** *f* : duckling

**Canin** *a* : canine

**Canine** *f* : canine ; canine tooth *(dent)* ; dens caninus *(med.)*

**Canne** *f* : cane *(plante)* ; rod *(objet)*
 **Sucre de ~** : cane sugar
 **~ à pêche** : fishing rod

**Canneler** : to flute
 **Cylindre ~** : fluted roll *(meunerie)*

**Cannelle** *f* : cinnamon

**Cannelure** *f* : flute ; roll flute *(meunerie)*

**Cantaloup** *m* : musk melon ; cantaloup

**Canule** *f* : cannula

**Caoutchouc** *m* : rubber

**Capacité** *f* : capacity ; ability ; qualification *(profession)*

**Capillaire** *a m* : capillary

**Capillarité** *f* : capillarity

**Câpre** *m* : caper

**Caprin** *a* : caprine

**Caprinés** *m pl* : goats, *pl*

**Caprique** *a* : capric

**Caproïque** *a* : caproic

**Caprylique** *a* : caprylic

**Capsaicine** *f* : capsaicin

**Capsanthine** *f* : capsanthin

**Capsule** *f* : capsule *(biologie)* ; cap ; top *(bouteille)*

**Capsuler** : to cap *(récipient)*

**Captage** *m* : collection ; catchment *(eau)*

**Capteur** *m* : sensor ; captor

**Caractère** *m* : character
  ~ **acquis** : acquired character
  ~ **héréditaire** : inherited character
  ~ **juteux** : juicy

**Caractérisation** *f* : characterization

**Caractériser** : to characterize

**Caractéristique** *f* : characteristic ; feature

**Caractéristique** *a* : characteristical ; typical

**Caramel** *m* : caramel ; browning
  ~ **au beurre** : butterscotch ; toffee

**Caraméliser** : to caramel ; to caramelize

**Carangue** *f* : scad ; jack ; moonfish

**Carapace** *f* : carapace ; shell *(crustacé)*

**Carbamate** *m* : carbamate

**Carbanion** *m* : carbanion

**Carbonate** *m* : carbonate

**Carbonater** : to carbonate

**Carbone** *m* : carbon *(chimie)*
  **Oxyde de** ~ : carbon monoxide

**Carbonique** *a* : carbonic
  **Neige** ~ : dry ice ; carbon dioxide snow
  **Gaz** ~ : carbon dioxide ; carbonic anhydride

**Carbonisation** *f* : burning *(cuisine)* ; charring ; carbonization ; carbonizing
  ~ **du charbon de bois** : charcoal burning

**Carboniser** : to burn *(cuisine)* ; to char ; to carbonize

**Carbonyle** *m* : carbonyl

**Carboxylase** *f* : carboxylase

**Carboxyle** *m* : carboxyl

**Carboxylique** *a* : carboxylic

**Carboxyméthylcellulose** *f* : carboxymethylcellulose

**Carboxypeptidase** *f* : carboxypeptidase

**Carcasse** *f* : carcase ; carcass *(animal)*

**Carcinogène** *m* : carcinogen

**Carcinogène** *a* : carcinogen ; carcinogenic ; carcinogenical

**Carcinome** *m* : carcinoma

**Cardamone** *f* : cardamom

**Cardiaque** *a* : cardiac

**Cardiopathie** *f* : cardiopathy

**Cardon** *m* : cardoon

**Carence** *f* : deficiency ; deprivation
  ~ **vitaminique** : vitamin deficiency
  **Maladie par** ~ : deficiency disease

**Carencé** *a* : depleted

**Cargaison** *f* : cargo ; freight ; shipment ; load

**Carie** *f* : rotting ; caries ; tooth decay *(dent)*

**Carié** *a* : rotted ; rotten ; decayed *(dent)*

**Carmin** *m* : carmine

**Carminatif** *a* : carminative

**Carnitine** *f* : carnitine

**Carnivore** *m* : carnivore

**Carnivore** *a* : carnivorous ; flesh eating

**Carotène** *m* : carotene

**Caroténoïde** *m* : carotenoid ; carotinoid

**Carotide** *f* : carotid

**Carotte** *f* : carrot

**Caroube** *f* : carob ; carob bean ; locust bean

**Carpe** m : carpus (anatomie)

**Carpe** f : carp (poisson)

**Carpophore** m : carpophore

**Carraghénane** m : carrageenan ; Irish moss

**Carrelet** m : fluke ; plaice

**Carry** m : curry

**Carthame** m : safflower

**Cartilage** m : cartilage ; gristle (viande)
~ **de conjugaison** : epiphyseal cartilage
~ **d'ossification** : temporary cartilage

**Cartilagineux** a : cartilaginous ; gristly (viande)

**Carvi** m : caraway

**Caryopse** m : caryopsis

**Cariotype** m : karyotype

**Cas** m : case

**Casal (collier de ~)** : Casal's collar

**Caséeux** a : caseous

**Caséinate** m : caseinate

**Caséine** f : casein
~ **acide** : acid casein
~ **native** : native casein
~ **présure** : rennet casein

**Casier** m : bin ; rack
~ **à bouteille** : bottle rack
~ **à homards** : hoop net ; lobster pot

**Cassant** a : brittle

**Casserole** f : saucepan ; pot ; stew pan

**Cassis** m : black currant

**Cassonade** f : brown sugar ; cassonade

**Castration** f : castration

**Castrer** : to castrate

**Catabolisme** m : catabolism ; degradative metabolism

**Catabolite** m : metabolic waste

**Catalyse** f : catalysis

**Catalyser** : to catalise (GB) ; to catalyze (US)

**Catalyseur** m : catalyser ; catalyst

**Catalytique** a : catalytic

**Cataracte** f : cataract

**Catéchine** f : catechin ; catechol

**Catéchol** m : catechol

**Catécholamine** f : catecholamine

**Cathepsine** f : cathepsin

**Cathéter** m : catheter

**Cathode** f : cathode ⇨ **Anode**

**Cathodique** a : cathodic

**Cation** m : cation

**Cationic** a : cationic

**Causal** a : causal

**Cause** f : cause
**Relation de ~ à effet** : cause and effect relationship

**Causticité** f : causticity

**Caustique** a : caustic
**Lessive** ~ : caustic lye

**Caution** f : guarantee ; security

**Cautionner** : to guarantee

**Cave** f : cellar ; basement ; wine cellar (vin ) ; wine vaults pl ; wine shop (commerce)
~ **de fermentation** ; fermenting room
~ **de garde** : storage cellar

**Caverne** f : cave

**Cavernicole** a : cavernicole ; cavernicolous

**Caviar** m : caviare

**Caviste** m : cellarer ; cellarman

**Cavité** f : cavity (dent) ; socket (anatomie)

**Céleri** m : celery
~- **rave** : celeriac
**Pied de ~** : celery head

**Cellier** m : store room ; cellar

**Cellobiose** m : cellobiose

**Cellodextrine** f : cellodextrin

**Cellulaire** a : cellular
  **Membrane** ~ : cell membrane
  **Paroi de** ~ : cell wall

**Cellulase** f : cellulase

**Cellule** f : cell
  ~ **adipeuse** : adipocyte ; fat cell
  ~ **calciforme** : goblet cell
  ~ **cible** : target cell
  ~ **fille** : daughter cell
  ~ **gonadotrope** : gonadotrophin producing cell ; gonadotrope cell (GB) ; gonadotroph cell (US)
  ~ **mère** : mother cell

**Cellulose** f : cellulose
  ~ **brute** : crude cellulose ; crude fiber (US) ; crude fibre (GB)
  ~ **modifiée** : modified cellulose
  **Ouate de** ~ : wad

**Cellulosique** a : cellulosic

**Cendres** f pl : ash, pl : ashes
  ~ **totales** : crude ash
  **Teneur en** ~ : ash content

**Centigrade** a : centigrade

**Centigramme** m : centigram

**Centilitre** m : centiliter (US) ; centilitre (GB)

**Centimètre** m : centimeter (US); centimetre (GB)

**Centinormal** a : centinormal

**Central** a : middle ; central

**Centre** m : center (US) ; centre (GB)

**Centrifugation** f : centrifugation

**Centrifuge** a : centrifugal ; centrifuge

**Centrifuger** : to centrifuge

**Centrifugeuse** f : centrifuge (industrie) ; juice extracter (cuisine)

**Cep** [m] **de vigne** : vine stock

**Cèpe** m : cepe

**Céphaline** f : cephalin

**Céréale** f : cereal
  ~ **fourragère** : fodder grain (GB) ; feed grain (US)
  ~ **panifiable** : bread grain
  ~ **secondaire** : coarse grain

**Céréales** f pl : grain ; grain crops pl

**Cérébral** a : cerebral

**Cérébroside** m : cerebroside

**Cerf** m : stag ; deer

**Cerfeuil** m : chervil

**Cerise** f : cherry

**Cerisier** m : cherry tree ; cherry wood (bois)

**Cerneau** m : half shelled walnut

**Cérotique** a : cerotic

**Certain** a : reliable ; certain (sûr)

**Certifier** : to legalise ; to guarantee ; to certify

**Certitude** f : certainty ; reliability

**Cerveau** m : brain ; cerebrum (anatomie)

**Cervelas** m : saveloy ; polony

**Cervelet** m : cerebellum ; paencephalon

**Cervelle** f : brain

**Césarienne** f : caesarean ; cesarean ; cesarian

**Cétacé** a : cetacen , cetaceous ; cetic

**Cétacés** m pl : cetacea pl

**Cétogène** a : ketogenic ; ketogenetic

**Cétogénèse** f : ketogenesis

**Cétone** f : ketone

**Cétonique** a : ketonic
  **Corps** ~ : ketone bodies

**Cétosurie** f : ketosuria

**Chacal** m : jackal

**Chaconine** f : chaconine

**Chai** m : wine store ; wine and spirit store

**Chaîne** f : chain
  ~ **alimentaire** : food chain
  ~ **de froid** : cooling chain

**Chair** f : flesh (animal) ; pulp (fruit)

**Chaleur** *f* : heat *(physique, physiologie)*
~ **perdue** : waste heat
~ **de fusion** : fusion heat
~ **spécifique** : specific heat
**Accumulation de** ~ : heat storage
**Dissipation de** ~ : heat dissipation
**Echange de** ~ : heat interchange
**Echangeur de** ~ : heat economizer ;
heat exchanger
**Transfert de** ~ : heat transfer
**Transmission de** ~ : heat transfer

**Chaleur** *f* : estrus ; oestrus ; oestrous
cycle *(animal)*
**En** ~ : on heat ; in heat

**Chalumeau** *m* : burner ; blow lamp ;
blow torch

**Chambre** *f* : room ; chamber
~ **de combustion** : combustion chamber
~ **de congélation** : freezing room ;
freezer
~ **frigorifique** : cold room ; storage
room
~ **froide** : cooling room ; cooling
chamber
~ **noire** : dark room
~ **de refroidissement** : cooling chamber

**Champ** *m* : field ; arable land ; tilled
land *(US)*
~ **d'épandage** : irrigation field ;
sewage farm
~ **d'essai** : testing field ; testing area
~ **d'expérience** : experimental field

**Champagne** *m* : champagne

**Champignon** *m* **inférieur, supérieur** :
fungus, *pl* : fungi

**Champignon** *m* : mushroom *(comestible)*
~ **comestible** : edible fungus ; edible
mushroom
~ **vénéneux** : poisonous fungus ;
toadstool ; poisonous mushroom
~ **de Paris** : button mushroom
**Chapeau de** ~ : cap

**Champignonnière** *f* : mushroom bed

**Change** *m* : exchange
**Taux de** ~ : exchange rate

**Changement** *m* : change

**Chanterelle** *f* : cantharellus ; chanterelle

**Chapelure** *f* : bread crumbs ; rasping

**Chapon** *m* : capon

**Chaponnage** *m* : caponizing

**Chaponner** : to caponize

**Chaptalisation** *f* : chaptalization ; sugaring

**Charançon** *m* : weevil
~ **du blé** : fly weevil ; grain weevil

**Charançonné** *a* : weeviled *(US)* ; weevilled *(GB)* ; weevily *(US)* ; weevilly *(GB)*

**Charbon** *m* : carbon *(chimie)* ; coal
*(charbon de terre)* ; charcoal *(charbon de bois)* ; smut *(céréale)* ; dust
brand *(céréale)* ; black rust *(céréale)*
~ **actif** : activated charcoal
~ **animal** : animal charcoal
~ **décolorant** : decolourizing charcoal
~ **médicinal** : medical charcoal
~ **en morceaux** : cobbles
**Approvisionner en** ~ : to coal
**Filtre à** ~ **de bois** : charcoal filter

**Charbonner** : to char ; to burn

**Charbonneux** *a* : carbuncular ; anthracoid ; antrastic tumour

**Charge** *f* : load ; loading ; weight ; pack
*(colis)* ; filling *(matière)* ; charge *(électricité)*
~ **par mètre carré** : load per square
meter
~ **de rupture** : ultimate load
~ **utile** : live load ; effective weight ;
real weight
~ **à vide** : empty weight

**Chargement** *m* : ⇨ **Charge**
**Bande de** ~ : loading band ; loading
area
**Epreuve de** ~ : loading test
**Limite de** ~ : loading limit
**Plate forme de** ~ : loading platform
**Quai de** ~ : loading platform

**Charger** : to load ; to fill *(remplir)* ; to
charge *(électricité)*

**Chariot** *m* : wagon ; cart ; trolley

**Charnu** *a* : fleshy

**Charpente** *f* : framework

**Charrue** *f* : plough *(GB)* ; plow *(US)*

**Chasse** *f* : hunt ; hunting ; shooting
  ~ **à courre** : chase

**Châtaigne** *f* : chestnut

**Chaud** *a* : warm ; hot
  **A sang** ~ : warm-blooded *(animal)*
  **Tout** ~ : sizzling hot *(repas)* ; stea-
  ming-hot
  **Air** ~ : hot air
  **Blanchiment à** ~ : warm bleach

**Chaudière** *f* : boiler
  ~ **cylindrique** : cylinder boiler
  ~ **à vapeur** : steam generator ; steam
  boiler

**Chauffage** *m* : heating ; warming ; firing
  ~ **au gaz** : gas heating ; gas firing
  ~ **rapide** : flash heat
  ~ **par convection** : convective heating
  ~ **par rayonnement** : radiant heating
  **Bois de** ~ : firewood

**Chaume** *m* : wheat stalk ; stubble

**Chaux** *f* : lime
  ~ **carbonatée** : carbonate of lime
  ~ **éteinte** : slaked lime ; burnt lime
  ~ **vive** : quicklime
  ~ **badigeonnage à la** ~ : whitewashing
  **Blanchir à la** ~ : to whitewash
  **Carbonate de** ~ : whiting
  **Eau de** ~ : limewater
  **Lait de** ~ : whitewash
  **Pierre à** ~ : limestone

**Cheilite** *f* : cheilitis ; cheilosis

**Chelate** *m* : chelate

**Chelater** : to chelate ; to sequester

**Chelateur** *m* : chelating agent ; sequestrant

**Chelateur** *a* : sequestering

**Chelation** *f* : chelation

**Chemin** *m* : path ; pathway ; lane ; track

**Chenille** *f* : caterpillar

**Cheptel** *m* : livestock

**Chercher** : to search for ; to research

**Chercheur** *m* : researcher ; searcher

**Cheval** *m* : horse *(générique)* ; stallion
  *(mâle entier, étalon)* ; gelding *(mâle
  castré, hongre)* ; mare *(femelle,
  jument)*

~**-vapeur** : horse power

**Chevelure** *f* : coma *(botanique)*

**Cheveu** *m* : hair

**Chèvre** *f* : goat
  ~ **femelle** : she-goat ; nanny-goat
  ~ **mâle** : he-goat ; billy goat
  ~ **motte** : pulled goat

**Chevreau** *m* : kid

**Chevreuil** *m* : roe deer ; roe buck
  *(mâle)* ; venison *(viande)*

**Chevrier** *m* : goat herd *(élevage)* ; kidney bean *(haricot)*

**Chiasma** *m* : chiasma

**Chicorée** *f* : chicory

**Chien** *m* : dog
  ~ **de mer** : dog-fish

**Chiffrer** : to number

**Chimie** *f* : chemistry
  ~ **agricole** : agricultural chemistry
  ~ **alimentaire** : food chemistry
  ~ **analytique** : analytical chemistry
  ~ **appliquée** : applied chemistry ;
  practical chemistry
  ~ **industrielle** : technical chemistry
  ~ **minérale** : inorganic chemistry
  ~ **organique** : organic chemistry
  ~ **physique** : physical chemistry
  ~ **théorique** : theoretical chemistry ;
  philosophical chemistry
  ~ **végétale** : vegetable chemistry

**Chimiothérapie** *f* : chemotherapy

**Chimique** *a* : chemical
  **Produits chimiques** : chemicals, *pl*

**Chimiste** *m* : chemist

**Chipolata** *f* : chipolata ; Paris small
  sausage

**Chips** *m pl* : chips ; patato chips, *pl*
  crips ; potato crisps *pl*

**Chirurgical** *a* : surgical

**Chirurgie** *f* : surgery

**Chirurgien** *m* : surgeon

**Chitine** *f* : chitin

**Chitineux** *a* : chitinous

**Chitobiose** *m* : chitobiose

**Chitosane** *m* : chitosan

**Chloramphénicol** *m* : chloramphenicol

**Chlorate** *m* : chlorate

**Chlore** *m* : chlorine

**Chlorhydrate** *m* : chlorhydrate ; hydrochloride

**Chlorhydrique** *a* : hydrochloric

**Chlorique** *a* : chloric

**Chloroforme** *m* : chloroform

**Chlorogénique** *a* : chlorogenic

**Chlorophylle** *f* : chlorophyll

**Chloroplaste** *m* : chloroplast

**Chlorose** *f* : chlorosis

**Chloruration** *f* : chlorination ; chlorinating

**Chlorure** *m* : chloride
~ **de sodium** : common salt

**Chlorurer** : to chloridize ; to chlorinate

**Choc** *m* : shock
~ **thermique** : heat shock ; thermal shock

**Chocolat** *m* : chocolate ; drinking chocolate ; chocolate milk *(boisson)*
~ **blanc** : white chocolate
~ **glacé** : choc-ice *(GB)*
**Barre de** ~ : chocolate bar
**Mousse au** ~ : chocolate mousse

**Choisir** : to select

**Choix** *m* : choice ; selection
**Premier** ~ : first class ; grade A ; high grade
**Viande de** ~ : prime cuts
~ **au hasard** : randomization

**Cholestérol** *m* : cholesterol

**Cholestérolémie** *f* : cholesterolemia

**Choline** *f* : choline

**Cholinestérase** *f* : cholinesterase

**Cholique** *a* : cholic

**Chondrodystrophie** *f* : chondrodystrophy

**Chondroïtine** *[f]* **sulfate** : chondroitin sulfate

**Chondrosamine** *f* : chondrosamine

**Chope** *f* : tankard *(bière)* ; beer glass ; beer mug

**Chou** *m* : cabbage
~ **de Bruxelles** : Brussels sprouts
~ **à la crème** : cream puff
~~**fleur** : cauliflower
~ **frisé** : kale
~ **marin** : sea kale
~ **navet** : swede *(GB)* ; rutabaga *(US)*
~~**rave** : turnip-cabbage ; kohlrabi
~ **rouge** : red cabbage

**Choucroute** *f* : sauerkraut

**Chromatine** *f* : chromatin

**Chromatographie** *f* : chromatography
~ **d'affinité** : affinity chromatography
~ **sur couche mince** : thin layer chromatography
~ **échangeuse d'ions** : ion-exchange chromatography
~ **liquide** : liquid chromatography
~ **liquide à haute performance** : high performance liquid chromatography
~ **sur papier** : paper chromatography
~ **en phase gazeuse** : gas chromatography
~ **sur tamis moléculaire** : molecular sieve chromatography

**Chrome** *m* : chrome ; chromium

**Chromoprotéine** *f* : chromoprotein

**Chromosome** *m* : chromosome

**Chromosomique** *a* : chromosomal ; chromosomic

**Chronaxie** *f* : chronaxia

**Chronique** *a* : chronic

**Chrysalide** *f* : chrysalis ; pupa ; chrisalid

**Chyle** *m* : chylus ; chyle

**Chylomicron** *m* : chylomicron

**Chyme** *m* : chyme

**Chymosine** *f* : chymosin

**Chymotrypsine** *f* : chymotrypsin

Cible *f* : target

Ciboule *f* : chive

Ciboulette *f* : chives *pl*

Cidre *m* : cider ; apple wine

Cil *m* : flagellum, *pl* : flagella ; fringe
(biologie)

Cinétique *f* : kinetics

Cinétique *a* : kinetic

Cirage *m* : waxing

Circadien *a* : circadian

Circonvolution *f* : convolution ; volution

Circulaire *a* : circular

Cire *f* : wax
~ d'abeille : beeswax
~ blanchie : bleached wax
~ jaune : unbleached wax ; yellow
wax
~ végétale : vegetable wax
~ vierge : virgin wax
~ à cacheter : sealing wax
~ en pain : wax cake
~ en rayons : wax in combs

Cirer : to wax

Cireux *a* : waxy

Cirrhose *f* : cirrhosis

Cisaillement *m* : shearing *(physique)* ;
cutting ; pruning *(arbre)*

Cisailler : to shear *(physique)* ; to cut ;
to prune *(arbre)*

Citerne *f* : tank ; water tank
Bateau-~ : tanker
Camion-~ : tanker ; tank truck *(US)*

Citral *m* : citral

Citrate *m* : citrate

Citraxanthine *f* : citraxanthin

Citrique *a* : citric

Citron *m* : lemon
~ vert : lime

Citronade *f* : still lemonade *(GB)* ;
lemon squash *(GB)* ; lemonade *(US)*

Citronelle *f* : citronella

Citronnier *m* : lemon tree

Citrouille *f* : pumpkin ; gourd

Citrulline *f* : citrulline

Civette *f* : civet ; chive

Claie *f* : rack *(fruit, fromage)* ; hurdle

Clair *a* : light

Claqueur *m* : reduction roll ; tailings roll
*(meunerie)*

Clarificateur *m* : clarifier

Clarification *f* : clarification ; clarifying
*(liquide)* ; settling

Clarifier : to clarify
se ~ : to settle ; to clear

Classe *f* : class

Classement *m* : screening ; grading

Classer : to classify ; to sort ; to grade ;
to rank

Classification *f* : classification ; sizing ;
sorting ; grading
~ par l'air : air classification

Classifier : to classify

Clémentine *f* : clementine ; temple
orange

Client *m* : client ; customer

Climat *m* : climate

Climatique *a* : climatic

Climatiser : to climatize

Clinique *a* : clinic

Clivage *m* : cleavage ; layering

Clivé *a* : layered

Cliver : to cleave

Cloaque *m* : cloaca *(zoologie)*

Cloche *f* : bell-jar *(chimie)*
~ à vide : vacuum bell-jar

Clonage *m* : cloning

Clôture *f* : fence ; enclosure

Clou *[m]* de girofle : clove

Clovisse *f* : clam ; cockle

**Coacervation** f : coacervation

**Coagulant** a m : coagulant

**Coagulation** f : coagulation
  ~ **par la chaleur** : heat coagulation

**Coagulé** a : clotted

**Coaguler, se coaguler** : to coagulate ;
  to clot ; to congeal

**Coagulum** m : coagulum

**Coalescence** f : coalescence

**Coalescent** a : coalescent

**Cobalamine** f : cobalamin

**Cobalt** m : cobalt

**Cobaye** m : guinea pig

**Coccidiose** f : coccidiosis

**Cochon** m : swine ; pig ; hog ; pork
  (viande)
  ~ **d'inde** : guinea pig
  ~ **de lait** : hogling ; piglet ; suckling pig
  ⇨ **Porc**

**Coco (noix de ~)** : coconut
  **Beurre de ~** : coconut butter
  **Coque de ~** : coconut shell
  **Fibre de ~** : coconut fibre
  **Huile de ~** : coconut oil
  **Lait de ~** : coconut milk

**Cocotier** m : coconut palm

**Codex** m : codex
  ~ **alimentaire** : codex alimentarius

**Coefficient** m : coefficient ; ratio
  ~ **de digestibilité** : digestibility coefficient
  ~ **d'efficacité protidique** : protein efficiency ratio
  ~ **d'erreur** : coefficient of error
  ~ **de régression** : regression coefficient
  ~ **de rétention** : retention coefficient
  ~ **de sécurité** : safety coefficient

**Coéliaque** a : celiac ; coeliac

**Coenzyme** m ou f : coenzyme

**Cœur** m : heart (animal) ; heart ; core
  (légume, fruit)

**Coffre** m : chest ; coffer ; bin ; case

~ **à avoine** : corn bin (GB) ; oat bin
(US)
~-**fort** : safe

**Cohésion** f : cohesion

**Cohésivité** f : cohesivity

**Coing** m : quince

**Coke** m : coke (charbon)

**Col** m : neck (récipient)

**Cola** m : kola ; cola
  **Noix de ~** : kola nut

**Colchicine** f : colchicine

**Coléoptère** m : coleopteron, pl : coleop-
tera

**Colerette** f : annulus

**Colibacilles** m pl : colibacteria

**Coliforme** a : coliform (bactérie)

**Colin** m : coalfish ; saithe ; coley

**Colique** f : colic ; colicky

**Colis** m : parcel

**Colite** f : colitis

**Collage** m : clarification ; clarifying
(liquide)

**Collagène** m : collagen

**Collagénose** f : collagenosis

**Collant** a : sticky

**Collapsus** m : collapse

**Colle** f : glue

**Coller** : to clarify (vin)

**Collet** m : neck (veau, mouton)

**Collier** m : neck (bœuf)

**Colloïdal** a : colloidal

**Colloïde** m : colloid

**Colmatage** m : silting

**Côlon** m : colon ; bowel ; large
intestine ; lower gut
  ~ **ascendant** : ascending colon
  ~ **descendant** : descending colon
  ~ **iliaque** : iliac colon
  ~ **transverse** : transverse colon

**Colonie** *f* : colony

**Colonne** *f* : column
~ **à résine anionique** : anion exchange resin column
~ **vertébrale** : spinal column ; backbone
**Débit de** ~ : column output

**Colorant** *m* : dye ; colouring *(GB)* ; coloring *(US)* ; colorant
**Matière colorante** : dyestuff

**Coloration** *f* : staining

**Colorimètre** *m* : colorimeter *(US)* ; colorimetre *(GB)*

**Colorimétrie** *f* : colorimetry

**Colostrum** *m* : colostrum ; beestings ; fore-milk

**Colza** *m* : rape
**Graine de** ~ : rapeseed ; coleseed

**Coma** *m* : coma

**Combinaison** *f* : arrangement

**Combustion** *f* : combustion

**Comestibles** *m pl* : provisions
~ **fins** : fine foods ; dainty provisions
~ **de luxe** : luxury foods *pl*
~ **exotiques** : exotic foods *pl*

**Comestible** *a* : edible ; eatable

**Comices** *[m pl]* **agricoles** : agricultural show

**Comité** *m* : committee
~ **d'entreprise** : works committee
~ **du personnel** : works committee

**Commensal** *a m* : commensal

**Commerçant** *m* : merchant

**Commerce** *m* : trade ; business
⇨ *aussi (libre)* **Echange**
~ **de détail** : retail trade ; small trade
~ **extérieur** : foreign trade
~ **de gros** : wholesale trade

**Commissure** *f* : commissure

**Communauté** *[f]* **Economique Européenne (CEE)** : European Economic Communauty (EEC)

**Compactage** *m* : caking ; compaction *(sol)* ; compression *(sol)*

**Comparaison** *f* : comparison

**Compartiment** *m* : compartment *(installation)*

**Compensatoire** *a* : compensatory
**Taxe** ~ : compensatory tax

**Compétitif** *a* : competitive

**Comportement** *m* : behaviour *(GB)* ; behavior *(US)*

**Composant** *m* : component ; compound ; constituent ; ingredient

**Composé** *m* : component ; compound ; constituent ; compound feed *(aliment)*

**Composite** *a* : composite

**Composition** *f* : composition

**Compost** *m* : manure ; compost

**Compote** *f* : stewed fruit
**En** ~ : stewed
~ **de pommes** : stewed apples ; apple sauce

**Compression** *f* : compression

**Comprimé** *m* : pellet ; tablet ; tabloid *(pharmacie)*

**Comprimé** *a* : pelleted

**Comptage** *m* : enumeration ; counting ; numbering

**Compte-minutes** *m* : timer

**Compter** : to count ; to number

**Compteur** *m* : counter ; recorder

**Concanavaline** *f* : concanavalin

**Concassage** *m* : crushing ; grinding

**Concassé** *a* : crushed ; ground

**Concasser** : to crush ; to break ; to grind

**Concasseur** *m* : crusher ; grinder

**Concentration** *f* : concentration ; titre *(solution)* ; thickening *(liquide)*
~ **en matière sèche** : dry concentration

**Concentré** *m* : concentrate

**Concentré** *a* : concentrated ; at high concentration

**Concentrés** *(aliments)* *m pl* : concentrates, *pl*

**Concentrer** : to concentrate ; to thicken *(liquide)* ; to evaporate *(liquide)*

**Conception** *f* : design *(équipement)*

**Conchage** *m* : conching *(chocolat)*

**Conché** *a* : conched *(chocolat)*

**Conclusion** *f* : conclusion ; termination

**Concombre** *m* : cucumber

**Concours** *m* : competition ; show

**Concrète** *(graisse)* *a* : consistent *(grease)*

**Concrétion** *f* : concrement ; concretion ; calculus *(anatomie)*

**Concurrence** *f* : competition

**Condensation** *f* : condensation ; condensing

**Condensé** *m* : condensate

**Condensé** *a* : condensed
**Semi-~** : evaporated *(lait)*

**Condenser** : to condense

**Condenseur** *m* : condenser
~ **à plaques** : surface condenser
~ **tubulaire** : spiral condenser

**Condiment** *m* : condiment ; sauce

**Conditionnement** *m* : packaging ; conditionning

**Conditionner** : to pack

**Conditionneur** *m* : conditioner ; packager

**Conductibilité** *f* : conductivity ; conductibility
~ **thermique** : thermal conductivity ; heat conductibility

**Conduction** *f* : conduction

**Conductivité** *f* : ⇨ **Conductibilité**

**Cône** *m* : cone

**Configuration** *f* : configuration

**Confire** : to preserve *(fruit)* ; to pickle *(vinaigre)*

**Confit** *a* : candied ; candy *(fruit)* ; conserved *(canard)*

**Confiture** *f* : jam ; preserve
~ **d'orange** : marmelade

**Conforme** *a* : suitable

**Congelable** *a* : congelable ; congealable

**Congélateur** *m* : freezer

**Congélation** *f* : deep freezing ; congealment ; freezing ; congelation ; congealation
~ **rapide** : quick freezing
**Armoire de ~** : freezing cupboard
**Chambre de ~** : freezing room , freezing chamber
**Point de ~** : freezing point

**Congeler** : to congeal ; to freeze

**Congénital** *a* : congenital

**Congre** *m* : conger eel

**Conjonctif** *a* : connective *(tissu)*

**Conjugaison** *f* : conjugation *(chimie)*

**Conjugué** *a* : conjugated *(chimie)*
**Non ~** : unconjugated

**Connaissance** *f* : knowledge

**Connecter** : to connect

**Consanguinité** *f* : inbreeding

**Conservable** *a* : storable ; preservable

**Conservateur** *m* , *a* : preservative

**Conservation** *f* : preserving ; storage ; conservation ; storing ; keeping ; curing *(viande)*

**Conserve** *f* : preserve
~ **alimentaire** : canned product ; canned food *(US)* ; preserved food ; tinned food *(GB)* ; preserved provision
~ **de bœuf** : canned beef *(US)* ; tinned beef *(GB)*
~ **de fruits** : canned fruits *(US)* ; tinned fruits *(GB)* ; bottled fruits *(en bocal)*
~ **de légumes** : canned vegetables *(US)* ; tinned vegetables *(GB)*
**Mettre en ~** : to can *(US)* ; to tin *(GB)*
**Mise en conserve** : food canning *(US)* ; food tinning *(GB)*

**Bocal pour ~** : jar ; preserve glass ; preserve jar
**Boîte de ~** : tin *(GB)* ; can *(US)*
**Fabrique de ~** : canned goods ; cannery *(US)* ; tinned goods *(GB)*
**Industrie de la ~** : ⇨ Conserverie

**Conservé** *a* : tinned *(GB)* ; canned *(US)* ; preserved *(générique)* ;

**Conserver** : to preserve ; to keep ; to stock
**~ dans le sel** : to salt down

**Conserverie** *f* : tinning industry *(GB)* ; canning industry *(US)* ; cannery *(US)*

**Conserveur** *m* : canner

**Consistance** *f* : consistence ; consistency ; firmness

**Consistant** *a* : consistent

**Consommateur** *m* : consumer ; user

**Consommation** *f* : consumption
**Auto-~** : farm consumption
**~ intérieure** : domestic consumption
**Prix à la ~** : consumer price

**Constant** *a* : constant

**Constante** *f* : constant

**Constituant** *m* : constituent ; compound ; ingredient

**Consumérisme** *m* : consumerism

**Contagieux** *a* : contagious ; infectious ; disease carrier

**Contagion** *f* : contagion ; contagiousness ; infection ; disease transmission

**Contaminant** *a* : contaminant

**Contamination** *f* : contamination

**Contaminer** : to contaminate

**Contenance** *f* : capacity

**Contenant** *m* : container *(récipient)*

**Contenu** *m* : capacity ; content

**Contingent** *m* : quota

**Continu** *a* : constant ; continuous

**Continuité** *f* : continuity

**Contraction** *f* : contraction *(muscle)* ;

shrinkage ; shrinking *(corps)* ; shortening

**Contraire à** : opposite to ; contrary to

**Contre** *prép* : counter
**~-courant** : back-current ; counterflow
**~-épreuve** : counter-proof ; second proof
**~ façon** : counterfeit
**~-ordre** : reverse order
**~-plaqué** : laminated *(wood)*
**~ poids** : counterbalance ; counterweight
**~-pression** : counter-pressure ; back-pressure

**Contrôle** *m* : testing ; control ; monitoring ; inspection ; check ; checking
**~ laitier** : cow testing ; dairy testing
**~ sanitaire** : health inspection
**Méthode de ~** : test method

**Contrôler** : to inspect ; to check ; to control

**Contrôleur** *m* : tester *(appareil)* ; inspector *(personne)*

**Convenable** *a* : suitable

**Conventionnel** *a* : conventional
**Protéine conventionnelle** : conventional protein

**Conversion** *f* : conversion
**Table de ~** : conversion table

**Convertir, se convertir** : to convert

**Convertisseur** *m* : converter ; smooth roller mill *(meunerie)*

**Convulsion** *f* : convulsion

**Coopératif** *a* : cooperative ; co-op
**Mouvement ~** : cooperative movement

**Coopérative** *f* : cooperative
**~ d'achat** : buying cooperative ; purchasing cooperative ; co-op
**~ agricole** : farmer's cooperative ; agricultural cooperative
**~ de transformation** : processing cooperative

**Coordonnées** *f pl* : coordinates *(mathématiques)*

**Copie** *f* : copy

**Copier** : to copy

**Copolymère** *m* : copolymer

**Coprah** *m* : copra

**Coprécipité** *m* : coprecipitate

**Coprophage** *m* : dung eating

**Coprophage** *a* : scatophagous ; sterco-vorous ; coprophagous

**Coprophagie** *f* : scatophagy ; copro-phagy

**Coprophilie** *f* : coprophilia

**Coprostanol** *m* : stercovorin

**Coq** *m* : rooster *(US) ;* cock
 ~ **de bruyère** : grouse, *pl* : grouse

**Coque** *f* : cockle *(mollusque)* ; shell *(fruit , etc)* ; husk ; hull *(plante)*

**Coquelet** *m* : cockerel

**Coquillage** *m* : shellfish

**Coquille** *f* : scallop *(viande, poisson)* shell *(mollusque)*
 ~ **d'œuf** : egg shell
 ~ **d'huître** : oyster shell
 ~ **Saint-Jacques** : scallop *(mol-lusque)*

**Corbeau** *m* : crown ; raven *(grand cor-beau)*

**Corde** *f* : cord ; rope

**Cordial** *m* : cordial ; liquor

**Cordon** *m* : cord ; string
 ~ **ombilical** : umbilical cord

**Coriandre** *m* : coriander

**Corne** *f* : horn *(bétail)*

**Corné** *a* : horny *(animal)* ; corneous ; keratic ; keratinous *(tissu)* ; keratose *(pathologie)*

**Cornée** *f* : cornea

**Cornu** *a* : horned ; horny

**Cornue** *f* : retorting *(chimie)*

**Coronaire** *a* : coronary

**Coronarien** *a* : coronary

**Corps** *m* : body, *pl* : bodies

 ~ **cétoniques** : acetone bodies ; ketone bodies
 ~ **gras** : fat

**Corrélation** *f :* correlation
 ~ **multiple régressive** : step-wise multiple correlation

**Corrodant** *a* : corroding

**Corroder** : to corrode

**Corrompre** : to taint ; to contaminate ; to decompose
 se ~ : to taint

**Corrosif** *a* : corrosive ; corrodible ; caustic

**Corrosion** *f* : corrosion

**Cortex** *m* : cortex

**Corticostéroïde** *m* : corticosteroid

**Corticostérone** *f* : corticosterone

**Corticosurrénal** *a* : adrenocortical

**Cortisol** *m* : cortisol

**Cortisone** *f* : cortisone

**Cosmétique** *a m* : cosmetic

**Cosse** *f* : hull ; husk *(légumineuse)* ; pod *(haricot, pois)*
 **A~** : podded *(haricot, pois)*
 **A~ épaisse** : husky

**Côte** *f* : chop *(viande)* ; cutlet *(mouton, porc)* ; rib *(viande, anatomie)*

**Cote** *f* : quotation *(économie)*

**Côté** *m* : side

**Côtelette** *f* : chop ; cutlet
 ~ **de filet** : loin chop
 ~ **premières** : best end of neck *(mou-ton)*
 ~ **de mouton** : mutton chop
 ~ **de porc** : pork chop
 ~ **de veau** : veal cutlet

**Coton** *m* : cotton
 **Graine de** ~ : cottonseed
 **Huile de** ~ : cottonseed oil

**Cotonneux** *a* : mealy *(produit)* ; downy *(fruit)*

**Cotylédon** *m* : cotyledon

**Cotylédoné** *a* : cotyledonous

**Couche** f : layer ; film ; stratum (anatomie) ; hotbed (horticulture)
~ **mince** : thin layer

**Coude** m : elbow (anatomie) ; bend (route, rivière) ; turning (appareil) ; elbow macaroni (nouilles)

**Couenne** f : porc rind

**Couler** : to run ; to pour out ; to flow

**Couleur** f : color (US) ; colour (GB)

**Coumarine** f : coumarin ; cumarin

**Coumarone** f : coumarone

**Coupe** f : cut ; cutting ; section (histologie) ; shearing
~ **longitudinale** : longitudinal section
~ **transversal** : cross section

**Couper** : to cut ; to shear ; to chop ; to slice (tranche) ; to split
~ **en dés** : to dice

**Coupure** f : cut ; split

**Courant** m : current stream  (eau, électricité)
~ **d'air** : draught
~ **alternatif** : alternative current
~ **continu** : direct current
~ **d'entrée** : ingoing stream

**Courbe** f : curve ; graph
~ **de décroissance** : decay curve
~ **de probabilité** : probability curve

**Courbé** a : curved

**Courge** f : squash ; gourd ; pumpkin ; cucurbit

**Courgette** f : courgette (GB) ; zucchini (US)

**Cours** m : course ; quotation ; price (économie)

**Court** a : short

**Coût** m : cost ⇨ aussi **Prix**

**Coûts** m pl : costs, pl

**Couteau** m : knife
~ **à huitres** : oyster opener

**Coutume** f : custom

**Couvaison** f : incubation ; brooding ; sitting

**Epoque de** ~ : nesting ; incubation period

**Couvée** f : brood ; clutch ; hatch ; hatching

**Couver** : to hatch ; to sit on

**Couvercle** m : cover ; lid

**Couverture** f : cover ; coating (enrobage) ; casing (enrobage)

**Couveuse** f : incubator (appareil) ; broody hen (animal)

**Couvrir** : to cover ; to coat
~ **de sucre** : to cover with sugar ; to frost ; to ice (gâteau)

**Covalence** f : covalency ; covalence

**Covalent** a : covalent

**Crabe** m : crab

**Craie** f : chalk

**Crasse** f : dirt

**Crayeux** a : chalky ; cretaceous (géologie)

**Créatine** f : creatine

**Créatinine** f : creatinine

**Créatinurie** f : creatinuria

**Crémation** f : cremation

**Crématoire** a : crematory

**Crème** f : cream (lait) ; topping (sauce, dessert) ; slurry (industrie)
~ **acide** : sour cream
~ **aigre** : sour cream
~ **cuite anglaise** : custard
~ **fouettée** : whipped cream
~ **fraîche épaisse** : double cream (GB) ; heavy cream (US)
~ **glacée** : ice cream
~ **de gruyère** : processed cheese
~ **pâtissière** : confectioner's custard
**Fromage à la** ~ : cream cheese
**Addition de** ~ : creaming (fromagerie)
**Montée de la** ~ : creaming

**Crèmerie** f : dairy

**Crémeux** a : creamy

**Crêpe** f : pancake

**Crépine** *f* : caul (*cuisine*)

**Crésol** *m* : cresol

**Cresson** *m* : cress
~ **de fontaine** : watercress

**Crétacé** *a* : cretaceous

**Crête** *f* : crest, *pl* : cresta (*oiseau, montagne*) ; comb (*coq*)

**Creuset** *m* : melting pot ; crucible

**Creux** *m* : cavity ; hollow

**Crevasse** *f* : split ; fissure ; crack

**Crevassé** *a* : split ; fissured ; cracked

se **Crevasser** : to split ; to cause a fissure

**Crevette** *f* **grise** : shrimp
~ **rose** : prawn
**Beurre de** ~ : shrimp paste
**Pêcher la** ~ : to shrimp

**Criblage** *m* : screening ; grading ; sizing

**Crible** *m* : sieve ; griddle ; screening machine

**Cribler** ; **passer au crible** : to screen ; to sieve ; to sift ; to bolt ; to grade

**Criblure** *f* : siftings *pl*

**Crin** *m* : hair

**Cristal** *m* : crystal

**Cristallin** *m* : lens (*oeil*)

**Cristallin** *a* : crystalline

**Cristallisable** *a* : crystallizable

**Cristallisation** *f* : crystallization

**Cristalliser** : to crystallize ; to go sugary (*sucre*)

**Cristallisoir** *m* : crystallizing vessel ; crystallizing dish

**Crocéine** *f* : crocein

**Crocine** *f* : crocin

**Croisée** *f* : cross ; crossing

**Croisement** *m* : crossbreeding ; hybridization ; (*agriculture*) ; cross ; crossing ; crossing over (*botanique*)

**Croiser** : to interbreed (*animal*) ; to cross

**Croissance** *f* : growth ; development (*biologie*)
**Facteur de** ~ : growth factor (*animaux*) ; growth regulator (*végétaux*)
**Hormone de** ~ : growth hormone

**Croît** *m* : increase

**Croître** : to grow ; to increase

**Croquette** *f* : cutlet ; croquette (*viande*)

**Crotonique** *a* : crotonic

**Croupe** *f* : rump (*animal*)

**Croupion** *m* : rump : parson's nose ; pope's nose (*US*)

**Croupir** : to stagnate (*eau*)

**Croustade** *f* : croustade

**Croustillant** *a* : crisp
**Rendre** ~ : to crisp
**Caractère** ~ : crispness

**Croûte** *f* : crust (*pain*) ; rind (*fromage*) ; case (*vol au vent*) ; pastry
**Couvrir d'une** ~ : to encrust

**Croûteux** *a* : scabby (*peau*)

**Cru** *m* : vintage (*vin*)
**Grand** ~ : great wine ; great vintage

**Cru** *a* : raw ; untreated ; uncooked ; unroasted

**Crucifère** *m* : crucifer

**Crucifère** *a* : cruciferous

**Cruciforme** *a* : cruciform

**Crue** *f* : rise in water level ; flooding

**Crustacé** *m* : shellfish ; crustacean

**Crustacé** *a* : crustaceous

**Cryogène** *a* : cryogen

**Cryogénie** *f* : cryogenics

**Cryogénique** *a* : cryogenic

**Cryoscopie** *f* : cryoscopy

**Cryostat** *m* : cryostat

**Cryptogame** *m* : cryptogam

**Cryptogamie** *f* : cryptogamy

**Cryptogamique** *a* : cryptogamic ; cryptogamous

**Cubage** *m* : cubic content

**Cube** *m* : cube
**Mètre ~** : cubic meter *(US)* ; cubic metre *(GB)*
**Elever au ~** : to cube

**Cubique** *a* : cubic

**Cueillette** *f* : gathering ; picking ; harvest ; harvesting ; crop

**Cueillir** : to gather ; to harvest ; to pick

**Cueilloir** *m* : fruit picking

**Cuiller** *f* : spoon
**~ a café, petite cuiller** : tea spoon
**~ à dessert** : dessert spoon
**~ à pot** : ladle
**~ à soupe, grande ~** : table spoon ; soupspoon
**~ en bois** : wooden spoon

**Cuir** *m* : leather ; hide ; dressed skin ; tanned skin ;
**cuirs et peaux** : hides and skins

**Cuire** : to cook
**~ au bain-marie** : to heat in double boiler
**~ à la broche** : to roast on the spit
**~ à la casserole** : to stew *(ragoût)* ; to braise
**~ cuire à la cocotte** : to cook in a casserole ; to braise
**~ à l'eau** : to boil
**~ à l'étouffée** : to stew ; to braise
**~ au four** : to bake *(pain, gâteau)* ; to roast *(viande)*
**~ sur le gril** : to broil ; to grill
**~ à moitié (précuire)** : to parboil
**~ à la poêle** : to fry
**~ sous pression** : to pressure cook
**~ en ragoût** : to stew
**~ à la vapeur** : to steam

**Cuiseur** *m* : boiler

**Cuisine** *f* : kitchen *(pièce)* ; cooking ; cookery *(préparation)*
**~ bourgeoise** : plain cooking ; homely cooking
**Articles de ~** : cooking utensils ; cooking ware
**Fille de ~** : cooking maid

**Fourneau de ~** : cooker *(GB)* ; range *(US)*
**Articles de ~** : ⇨ **Articles**

**Cuisiner** : to cook

**Cuisinier** *m* : cook *(personne)*

**Cuisinière** *f* : cooker *(GB)* ; range *(US)* *(appareil)* ; stove
**~ à gaz** : gas cooker (GB) ; gas range *(US)*

**Cuisson** *f* : cooking
**~ à l'eau** : boiling
**~-extrusion** : extrusion-cooking
**~ au four** : backing *(pain)* ; roasting *(viande)*
**~ sur gril** : broiling ; grilling
**~ sous pression** : pressure-cooking
**~ à petit bouillon** : simmering
**~ à la vapeur** : steaming ; steam boiling

**Cuit** *a* : cooked

**Cuivre** *m* : copper
**Sulfate de ~** : bluestone ; copper sulfate

**Cuivreux** *a* : cupreous ; cuprous

**Cuivrique** *a* : cupric

**Culot** *m* : button *(chimie)*

**Cultivateur** *m* : farmer ; grower

**Cultiver** : to farm ; to cultivate ; to grow ; to crop *(végétaux)*

**Culture** *f* : cultivation ; farming ; growing ; cropping ; crop farming *(végétaux)* ; culture *(microbiologie)*
**~ alternative** : rotating crop
**~ fourragère** : fodder crop growing
**~ maraîchère** : cultivation of vegetables
**~ en terrasse** : terrace cultivation ; terrace cropping
**~ par piqûre** : needle culture ; stab culture *(microbiologie)*
**~ sur plaque** : plate culture *(microbiologie)*
**~ en strie** : streak culture *(microbiologie)*
**Mono~** : monoculture ; single crop system
**Plaque de ~** : culture dish *(microbiologie)*
**Tube de ~** : culture tube *(microbiologie)*

Cumin *m* : cumin ; caraway

Cumulatif *a* : cumulative

Curage *m* : cleaning ; cleaning out

Curcuma *m* : turmeric

Curer : to clean out

Curie *m* : curie

Curry *m* : curry

Cuve *f* : trough ; steep ; vat ; pan ; tank
~ **de fermentation** : fermenter ; fermentor ; fermenting tun ; mash tun
~ **de macération** : macerator
~ **à mercure** : mercury through

Cuvette *f* : pan ; basin

Cyanhydrique *a* : hydrocyanic

Cyanidine *f* : cyanidin

Cyanocobalamine *f* : cyanocobalamin

Cyanogène *a* : cyanogen

Cyanure *m* : cyanide

Cyanurer : to cyanize

Cyclamate *m* : cyclamate

Cycle *m* : cycle
~ **cellulaire** : mitotic cycle
~ **de Krebs** : Krebs cycle
~ **menstruel** : menstrual cycle
~ **de ponte** : laying cycle
~ **oestral** : estrous cycle ; oestrous cycle
**oestrien** : ⇨ **Cycle oestral**
~ **ovarien** : ovarian cycle
~ **de reproduction** : reproductive cycle

Cyclique *a* : cyclic

Cyclisation *f* : cyclization

Cycliser : to cyclize

Cyclone *m* : cyclone ; tornado *(climat)*

Cylindre *m* : cylinder ; roll ; roller
~ **de broyage** : break roll
~ **cannelé** : fluted roll
~ **gravé** : engraved roll
~ **à chemise** : jacketed cylinder
**moulin à** ~ : cylinder mill
**Séchoir à** ~ : roller dryer

Cylindrique *a* : cylindrical
**Chaudière**~ cylinder boiler

Cystéine *f* : cysteine

Cystine *f* : cystine

Cytidine *f* : cytidine

Cytoblaste *m* : cytoblast

Cytochimie *f* :cytochemistry

Cytochrome *m* : cytochrome

Cytogamie *f* : cytogamy

Cytogénèse *f* : cytogenesis

Cytologie *f* : cytology

Cytolyse *f* : cytolysis

Cytoplasme *m* : cytoplasm

Cytoplasmique *a* : cytoplasmic

Cytosine *f* : cytosine

Cytotoxine *f* : cytotoxin

# D

**Daim** *m* : deer *(générique)* ; buck *(mâle)* ; doe *(femelle)*
**Cuir de ~** : suede
**Peau de ~** : buckskin ; doeskin

**Dalton** *m* : dalton

**Daltonisme** *m* : daltonism ; colour blindness *(GB)* ; color blindness *(US)*

**Dame jeanne** *f* : carboy ; demijohn

**Dartreux** *a* : scurfy ; scabby *(peau)*

**Datte** *f* : date ; desert date

**Dattier** *m* : date palm

**Dauphin** *m* : dolphin

**Daurade** *f* : sea bream ; gilt-head bream

**Débarquer** : to discharge ; to unload

se **Débarraser** : to throw off *(infection)* ; to rid

**Débimètre** *m* : flow meter ; ouput meter

**Débit** *m* : output *(appareil)* ; flow *(liquide)* ; productiveness *(industrie)*
**~ continu** : continuous output
**~ moyen** : average output

**Débordement** *m* : overflow ; overflowing

**Déborder** : to overflow

**Débourbage** *m* : cleaning ; cleansing ; clearing ; settling

**Débourber** : to clean ; to cleanse ; to settle

**Débris** *m pl* : remains *pl*

**Décaféiner** : to decaffeinate

**Décaféiné** *a* : caffeine-free

**Décalcification** *f* : decalcification

**Décalcifier, se décalcifier** : to decalcify

**Décantation** *f* : settling ; sedimentation
**Bassin de ~** : sewage filter

**Décanter** : to settle ; to decant

**Décarboxylase** *f* : decarboxylase

**Décarboxylation** *f* : decarboxylation

**Décharge** *f* : dumping ; discharge ; surge *(physiologie)* ; disposal *(ordures)*

**Décharger** : to dump ; to discharge

**Déchargement** *m* : dumping ; discharge

**Décharné** *a* : scraggy ; emaciated

**Déchaussement** *m* : agomphiasis *(dent)* ; loosening

**Déchausser** : to bare *(dent)*

**Déchet** *m* : refuse ; waste ; offal ; trim *(viande)*
**~ alimentaire** : roughage
**~ d'animaux** : animal refuse

**Déchets** *m pl* : waste ; waste products, *pl* ; spoilage
**~ agricoles** : agricultural waste

**Déclenchement** *m* : triggering

**Déclencher** : to trigger ; to initiate *(phénomène)*

**Décoction** *f* : decoction

**Décolorant** *m* : bleaching agent ; decolorant

**Décolorant** *a* : decolourizing ; discolouring
**Charbon ~** : decolourizing coal

**Décoloration** *f* : decolouring ; decolourization ; decolouration ; discoloration ; discolouring, fading ; claying

**Décolorer** : to decolourize ; to discolour

**Décomposer** : to resolve *(chimie)* ; to decompose *(chimie)* ; to break up : to break down
**~ par l'eau** : to slake
**se ~** : to rot *(pourrir)* ; to decompose

**Décomposition** f : breakdown ; decomposition (chimie)

**Décompression** f : decompression

**Décomprimer** : to decompress

**Décongélation** f : thaw ; thawing ; defrosting
**Point de ~** : thawing point
**Exsudat de ~** : thaw juice

**Décongeler** : to defrost ; to thaw

**Décontamination** f : decontamination

**Décontaminer** : to decontaminate

**Décorticage** m : husking (céréale) ; peeling (graine) ; shelling ; decorticating

**Décortiqué** a : hulled ; shelled ; peeled ; husked

**Décortiquer** : to husk ; to hull ; to shell

**Décortiqueuse** f : scalper

**Découpage** m : cutting ; cutting out ; cutting of
**~ en tranches** : slicing

**Découper** : to cut
**Machine à ~** : cutting machine ; cutter

**Découverte** f : discovery ; finding

**Découvreur** m : discoverer

**Découvrir** : to discover

**Décrasser** : to clean

**Décroissance** f : decrease ; decrement ; decline

**Décroissant** a : decreasing ; diminuing ; declining
**Ordre ~** : decreasing order

**Défaut** m : defect ; failure ; flaw

**Défavorable** a : deleterious ; unfavourable

**Défécation** f : defecation

**Défectueux** a : faulty ; damaged ; deficient

**Défectuosité** f : defectiveness ; imperfection

**Déféquer** : to purify ; to defecate (chimie)

**Défeuiller** : to exfoliate

**Déficience** f : deficiency

**Déficit** m : deficit
**~ pondéral** : underweight

**Défigurer** : to deform

**Défini** a : definite

**Définition** f : definition

**Défoliant** m : defoliant

**Déformation** f : deformation

**Déformer** : to deform

**Défricher** : to clear (terre)

**Dégagé** a : release (chimie)

**Dégagement** m : release ; releasing

**Dégager, se dégager** : to clear to ; to free ; to extricate

**Dégât** m : damage

**Dégâts** m pl : damages, pl

**Dégazage** m : degazification ; degassing ; deaerating

**Dégazer** : to degas ; to degasify ; to deaerate

**Dégazéifier** ⇨ **Dégazer**

**Dégazeur** m : deodorizer

**Dégeler** : to thaw

**Dégénération** f : degeneration

**Dégénéré** a : degenerate

**Dégénérer** : to degenerate

**Dégénérescence** f : degeneration ; fibrosis

**Dégivrage** m : de-icing ; defrosting

**Déglutir** : to swallow

**Déglutition** f : swallowing ; deglutition

**Dégorger** : to regurgitate ; to discharge

**Dégoût** m : disgust ; revulsion

**Dégouttement** m : oozing (liquide) ; dripping

**Dégoutter** : to drip (liquide) ; to ooze (liquide)

**Dégradation** f : breakdown ; deterioration ; degradation ; tainting (bactériologie)

**Dégrader, se dégrader** : to degrade ; to dissipate

**Dégraissage** m : defatting ; degreasing

**Dégraissé** a : defatted ; fatless

**Dégraisser** : to defat

**Degré** m : degree ; stage
~ **alcoolique** : degree of alcohol

**Dégrossissage** m : trimming ; rough-hewing ; roughing-out

**Dégustateur** m : panelist ; taster ; wine taster (vin)

**Dégustation** f : tasting
**Jury de** ~ : taste panel ; taste testers

**Déguster** : to taste

**Déhiscence** f : dehiscence

**Déhiscent** a : dehiscent

**Dehors** : outside

**Déjeuner** m : luncheon ; lunch

**Délactosage** m : lactose removal

**Délactosé** a : lactose-free

**Délipidé** a : fat-free

**Déliquescence** f : deliquescence

**Déliquescent** a : deliquescent

**Delphinidine** f : delphinidin

**Delphinine** f : delphinin

**Demande** f : requirement ; demand
~ **biologique d'oxygène** : biological oxygen demand
~ **chimique d'oxygène** : chemical oxygen demand

**Demander** : to require ; to ask

**Démarche** f : step ; procedure

**Déméthylation** f : demethylation

**Déméthyler** : to demethylate

**Demeurer** : to remain ; to stay

**Demi-vie** f : half-life

**Déminéralisateur** m : demineralizer

**Déminéralisation** f : demineralizing ; demineralization

**Démographie** f : demography

**Démonstration** f : demonstration
**Appareil de** ~ : demonstration model

**Démucilagination** f (agent de) : degumming agent

**Démyélinisation** f : demyelination ; demyelinization

**Dénaturation** f : denaturation ; denaturing

**Dénaturé** a : denaturated ; methylated spirits (alcool)

**Dénaturer** : to denaturate ; to methylate alcohol ; to denature

**Dénicotinisé** a : free from nicotine ; nicotine-free

**Dénitrification** f : denitrification

**Dénombrement** m : counting

**Dénoyautage** m : stoning ; pitting

**Dénoyauter** : to stone ; to pit

**Denrée** f : foodstuff ; produce

**Densimètre** m : densimeter

**Densimétrie** f : densimetry

**Densité** f : density

**Dent** f : tooth, pl : teeth ; dens (médecine)
~ **de sagesse** : wisdom tooth
~ **de lait** : milk tooth ; baby tooth ; dens deciduous (med.)
⇨ **Canine, Incisive, Molaire**

**Dentaire** a : dental

**Dentition** f : dentition ; teething
~ **de lait** : deciduous dentition

**Dénudé** a : leafness ; bare (arbre)

**Dénutrition** f : denutrition ; subnutrition ; undernutrition ; undernourishment

**Dépense** f : cost ; spending ; expense ; expenditure (économie) ; expenditure (physiologie)
~ **énergétique** : energy expenditure

**Dépenses** pl : expenses ; expenditures (pl) (économie)

**Dépeuplement** *m* : depopulation

**Dépistage** *m* : detection

**Déplaisant** *a* : unpleasant *(goût)*

**Déplétion** *f* : depletion *(nutrition)*

**Dépoli** *a* : frosted *(vitre)*

**Dépolymérase** *f* : depolymerase

**Dépolymérisation** *f* : depolymerization

**Dépolymériser** : to depolymerize

**Déposer, se déposer** : to deposit *(chimie)* ; to settle *(liquide)*

**Dépôt** *m* : deposit *(chimie, géologie)* ; dump *(déchet)* ; store ; storehouse *(magasin)* ; sediment

**Dépouiller** : to flay ; to skin *(animal)*

**Dépourvu** *a* : devoid

**Dépoussiérage** *m* : dust extracting ; dust removal

**Dépréciation** *f* : depreciation

**Déprécier** : to depreciate

**Dépression** *f* : lowering ; depression

**Déprimer** : to lower ; to depress

**Déraciner** : to uproot ; to dig up

**Dérivé** *m* : derivative *(chimie)* ; by-product *(industrie)*

**Dérivé** *a* : derived

**Dériver** : to derive *(chimie)*

**Dermatite** *f* : dermatitis ; dermitis ; cutitis

**Dermatose** *f* : dermatosis

**Derme** *m* : derm ; dermis *(médecine)* ; innerskin

**Dermique** *a* : dermic ; dermal

**Dés** *m pl* : dice
**Couper en ~** : to dice

**Désacidification** *f* : deacidification

**Désacidifier** : to deacidify

**Désactivation** *f* : deactivation

**Désaération** *f* : deaeration

**Désaérer** : to deaerate

**Désagréable** *a* : unpleasant ; disagreable *(goût)* ; nasty *(flaveur)*

**Désagrégation** *f* : disaggregation ; degradation ; loosening

**Désagréger, se désagréger** : to degrade ; to break up ; to moulder *(moisir)*

**Désalage** *m* : desalting

**Désaler** : to desalt

**Désamérisation** *f* : unbittering

**Désamination** *f* : deamination

**Descendance** *f* : offspring ; progeny ; lineage ; siblings *pl*

**Descendant** *m* : offspring ; descendant

**Désémulsifier** : to deemusify ; to desemulsify ;

**Désémulsionant** *m* : deemulsifying agent

**Désensibilisation** *f* : desensibilisation

**Déséquilibre** *m* : imbalance *(nutrition)*

**Déserrer** : to relax

**Désherbage** *m* : weeding

**Désherbant** *m* : herbicide ; weed-killer

**Désherber** : to weed

**Déshydratant** *m* : drying ; desiccant ; dehydrator

**Déshydratant** *a* : dehydrating ; desiccant

**Déshydrater** : to dehydrate

**Déshydrogénase** *f* : dehydrogenase

**Désignation** *f* : label

**Désinfectant** *m* : sterilizer ; sterilizing agent ; sanitizer ; disinfectant

**Désinfectant** *a* : disinfectant

**Désinfecter** : to sanitize ; to disinfect

**Désinfection** *f* : disinfection ; decontamination

**Désinsectisation** *f* : disinsectization ; insect control

**Désintégration** *f* : splitting up ; breaking up ; disintegration

**Désionisation** f : deionization

**Désodé** a : sodium-free

**Désodorisation** f : deodorization
~ **sous vide** : vacuum deodorization

**Désodoriser** : to deodorize

**Désorber** : to desorb

**Désorption** f : desorption

**Désordre** m : disorder

**Désossage** m : boning
~ **à chaud** : hot boning

**Désossé** a : boneless

**Désosser** : to bone ; to debone

**Désoxy-** : deoxy-

**Désoxydation** f : deoxidation

**Désoxyribonucléique** a : deoxyribonucleic

**Désoxyribose** m : deoxyribose

**Desquamation** f : desquamation ; peeling (peau)

**Desquamer, se desquamer** : to scale

**Desséchant** m : drying ; desiccant

**Desséchant** a : desiccant ; xeranthic

**Desséché** a : dried ; sapless (plante)

**Dessécher** : to exsiccate ; to desiccate
(physique) ; to parch (récolte) ; to
scorch ; to dry

**Dessert** m : dessert

**Dessicateur** m : desiccator ; exsiccator

**Dessicatif** a : exsiccant

**Dessication** f : desiccation

**Destabilisation** f : distabilization ; destabilization

**Destruction** f : destruction

**Détail** m : retail (commerce)
**Commerce de** ~ : retail trade
**Gros et** ~ : wholesale and retail
**Prix de** ~ : retail price
**Vente au** ~ : retailing

**Détartrage** m : descaling ; scaling

**Détartrer** : to descale ; to remove fur
(GB)

**Détection** f : detection

**Détendre** : to expand

**Détergent** m : detergent
~**-désinfectant** : detergent-sanitizer
(US) ; detergent-sterilizer (GB)

**Détérioration** f : deterioration ;
spoilage ; spoiling

**Détériorer** : to deteriorate ; to spoil ; to
decay ; to damage

**Détermination** f : estimation ; determination ; typing (biologie)
~ **du groupe sanguin** : blood typing

**Déterminer** : to determine ; to estimate

**Déterrer** : to dig out

**Détersif** m : cleansing ; detersive

**Détoxication** f : detoxication ; detoxification

**Détrempé** a : soggy ; soaked

**Détritus** m pl : rubbish (GB) ; garbage
(US) ; household refuse

**Détruire** : to destroy

**Dévalorisation** f : devaluration ; depreciation

**Développement** m : development

**Développer** : to evolve (biologie) ; to
develop

**Déversement** m : pouring out ;
dumping ; discharge

**Déverser** : to pour out ; to dump ; to
discharge ; to empty

**Déviation** f : deviation (mathématique)

**Dextrane** m : dextran

**Dextrine** f : dextrin ; starch gum ; British
gum

**Dextrinisation** f : dextrinization

**Dextrogyre** a : dextrorotarory

**Diabète** m : diabetes
~ **sucré** : diabetes mellitus

**Diabétogène** a : diabetogenic

**Diable** m : trolley ; hand truck

**Diacétyle** m : diacetyl

**Diagnostic** *m* : diagnosis

**Diagonal** *a* : transversal ; transverse ; diagonal

**Diagramme** *m* : diagram

**Dialysable** *a* : dialysable

**Dialysat** *m* : dialysate

**Dialyse** *f* : dialysis

**Dialyser** : to dialyse

**Dialyseur** *m* : dialyzer

**Diaphragme** *m* : midriff *(anatomie)* ; diaphragm *(anatomie, optique)*

**Diapositive** *f* : slide ; transparency

**Diarrhée** *f* : diarrhea ; sprue

**Diathèse** *f* : diathesis
~ **exsudative** : exudative diathesis

**Diatomée** *f* : diatom

**Diazoter** : to diazotize

**Dicétone** *f* : diketone

**Dichotomie** *f* : dichotomy

**Dicotylédone** *f* : dicotyledon

**Dicotylédoné** *a* : dicotyledonous

**Diélectrique** *a* : dielectric

**Diène** *m* : diene

**Diététique** *f* : dietetics

**Diététique** *a* : dietetic ; dietary

**Diéthylstilbestrol** *m* : diethylstilbestrol

**Différence** *f* : variation ; difference

**Différent** *a* : various ; different

**Différenciation** *f* : differentiation

se **Différencier** : to specialize *(biologie)* ; to differenciate from ; to differ from

**Différent** *a* : different ; unlike

**Difficulté** *f* : difficulty

**Diffracter** : to diffract

**Diffraction** *f* : diffraction
~ **de la lumière** : light diffraction ; inflexion of light

**Diffus** *a* : diffuse *(optique)*

**Diffuser** : to diffuse

**Diffusion** *f* : diffusion
~ **en retour** : back diffusion

**Digérer, faire digérer** : to digest

**Digestat** *m* : digestate

**Digesteur** *m* : digester ; disgestion tank

**Digestibilité** *f* : digestibility
~ **apparente** : apparent digestibility
~ **in saco** : bag digestibility
~ **réelle** : net digestibility
~ **stomacale** : gastric digestibility

**Digestible** *a* : digestible

**Digestif** *a* : digestive

**Digital** *a* : digital

**Digitaline** *f* : digitalin

**Diglycéride** *m* : diglyceride

**Dihydro-** : dihydro-

**Dihydroxy-** : dihydroxy-

**Dilatabilité** *f* : extensibility ; dilatability

**Dilatation** *f* : dilation ; expansion; distension
**Coefficient de** ~ : expansion coefficient

**Dilater, se dilater** : to expand ; to dilate

**Diluant** *m* : thinner ; diluent ; diluant

**Diluant** *a* : diluent ; diluant

**Dilué** *a* : diluted

**Diluer** : to dilute

**Dilution** *f* : dilution ; watering *(lait)*
**Taux de** ~ : dilution ratio ; dilution rate

**Dimension** *f* : size ; dimension

**Diméthyle** *m* : dimethyl

**Diminuer** : to diminish ; to lessen ; to decrease ; to lower ; to reduce

**Diminution** *f* : diminution *(physique)* ; decrease ; lowering ; lessening ; degression

**Dinde** *f* : turkey-hen

**Dindon** m : turkey (générique) ; turkey cock (mâle)

**Dindonneau** m : turkey poult

**Dioptrie** f : diopter (US) ; dioptre (GB)

**Dioxyde** m : dioxide
~ **de carbone** : carbon dioxide

**Diploïde** a : diploid

**Diploïdie** f : diploidy

**Diplomate** m : trifle (gâteau)
~ **au chocolat** : chocolate charlotte russe

**Discontinu** a : batchwise (procédé) ; discontinuous

**Disette** f : scarcity ; dearth ; shortage

**Disparition** f : disappearance

**Dispersant** m : dispersing agent

**Dispersement** m : scattering

**Dispersé** a : dispersed ; suspended

**Disperser** : to disperse ; to scatter ; to suspend (matière) ; to dissipate (gaz)

**Dispersibilité** f : dispersibility

**Dispersion** f : dispersion (mathématique) ; scattering

**Disponibilité** f : availability (nutrition)

**Disponible** a : available (nutrition)

**Dispositif** m : device ; mechanism

**Dissection** f : dissection ; dissecting

**Dissemblable** a : unlike

**Disséquer** : to dissect

**Dissiper** : to dissipate

**Dissociable** a : dissociable

**Dissociation** f : dissociation

**Dissocier** : to dissociate

**Dissolution** f : solution ; dissolution ; dissolving
**Chaleur de** ~ : heat of solution

**Dissolvant** m : solvent ; dissolvent

**Dissolvant** a : dissolvent

**Dissoudre** : to dissolve ; to solve

**Dissous** a : dissolved ; solute

**Distal** a : distal ; terminal

**Distillable** a : distillable

**Distillat** m : distillate

**Distillateur** m : distiller ; stillman

**Distillation** f : distillation
~ **azéotropique** : azeotropic distillation
~ **en discontinu** : batch distillation
~ **fractionnée** : fractional distillation

**Distillé** a : distilled

**Distiller** : to distill (US) ; to distil (GB)
**Appareil à** ~ : distiller

**Distillerie** f : distillery
~ **de grain** : grain distillery
**Drèche de** ~ : distiller's grain
**Levure de** ~ : distiller's yeast

**Distorsion** f : distortion

**Distribuer** : to dispense ; to distribute

**Distributeur** m : distributor ; dispenser

**Distribution** f : distribution ; dispensing ; supplying
~ **des fréquences** : frequency distribution
~ **gausienne** : Gaussian distribution

**Disulfure** m (pont) : disulfide (bond)

**Diurèse** f : diuresis

**Diurétique** a : diuretic ; emictory ; uragogue

**Diurne** a : diurnal

**Divalence** f : divalence

**Divalent** a : divalent

**Divergence** f : divergence ; divergency

**Divergent** a : divergent

**Diverticulite** f : diverticulitis

**Divers** a : various

**DL50** : LD50

**Doigt** m : finger

**Dolique** *m* : low pea ; kaffir bean
~ **de Chine** : cowpea ; black-eyed pea
~ **asperge** : asparagus bean *(US)*
~ **d'Egypte** : lablab ; hyacinthe bean

**Domaine** *[m]* **agricole** : farm

**Domestique** *a* : domestic

**Dominant** *a* : prevailing ; prevalent ; dominant

**Dommage** *m* : damage

**Dommages** *m pl* : damages, *pl*

**Dommageable** *a* : damageable

**Donnée** *f* : fact ; datum

**Données** *f pl* : data
~ **brutes** : raw data
**Banque de** ~ **:** data bank
**Base de** ~ : data base
**Traitement des** ~ : data processing

**DOPA** *f* : DOPA

**Dopamine** *f* : dopamine

**Dorer** : to brown *(viande)*
~ **au jaune d'œuf** : to coat with yolk egg

**Dormance** *f* : latency
**En** ~ : dormant
**Période de** ~ : latent period

**Dormant** *a* : latent

**Dorsal** *a* : abaxial ; dorsal

**Doryphore** *m* : colorado beetle

**Dos** *m :* back ; dorsum

**Dosage** *m* : determination ; quantitative analysis ; assay *(chimie)* ; measuring ; proportioning *(composant)* ; dosage *(pharmacie)*
~ **radioisotopique** : radioassay
~ **radioimmunologique** : radioimmunoassay

**Dose** *f* : dose
~ **admissible** : tolerance dose
~ **curative** : curative dose
~ **efficace** : effective dose
~ **journalière** : daily dose
~ **journalière admissible** : acceptable daily dose
~ **létale** : fatal dose ; lethal dose
~ **létale 50** : lethal dose 50

~ **moyenne** : average dose
~ **tolérée** : tolerance dose

**Doser** : to determine *(chimie)* ; to proportion *(pharmacie)*

**Doseur** *m* : dosimeter

**Dosimètre** *m* : dosimeter ; dosimetre

**Dossier** *m* : back

**Douane** *f* : customs

**Double** *a* : double
~ **aveugle** : double blind
~ **effet** : double effect
~ **liaison** : double bond ; double linking
~ **liaison non conjuguée** : unconjugated double linking

**Douceur** *f* : mellowness ; sweetness *(aliment)* ; softness

**Douve** *[f]* **du foie** : liver fluke ; distoma hepaticum ; fasciola hepatica

**Doux** *a* : soft ; mild ; sweet
**Eau douce** : soft water

**Dragée** *f* : comfit ; sweets, *pl*

**Drain** *m* : drain

**Drainage** *m* : draining ; drainage

**Drainer** : to drain

**Drèches** *f pl* : spent grains
~ **de brasserie** : brewer's grain

**Drogue** *f* : drug

**Droit** *m* : impost *(fiscal)*

**Droits** *m pl* : duty ; tax *(fiscal)*

**Drupe** *f* : drupe ; stone fruit

**Duodénum** *m* : duodenum *pl* : duodena

**Duplicata** *m* : copy ; duplicate

**Duplicateur** *m* : copying machine ; duplicating machine

**Dur** *a* : hard *(eau)* ; harsh *(vin)* ; tough *(viande)*

**Durable** *a* : durable ; long lasting

**Durcir** : to harden

**Durcissement** *m* : hardening *(physique)* ; induration *(biologie)*

**Durcisseur** *m* : hardening agent ; solidifying agent

**Durée** *f* : duration ; length ; term
  **Essai de** ~ : endurance test

**Dureté** *f* : toughness ; hardness *(eau ; blé)*

**Dysenterie** *f* : dysentery

**Dysentérique** *a* : dysenteric

**Dysfonctionnement** *m* : disfunction ; dysfunction

**Dyspepsie** *f* : dyspepsia

**Dyssymétrique** *a* : unsymmetrical ; asymmetric

**Dystrophie** *f* : dystrophy ; dystrophia

# E

Eau *f* : water
~ : waters *(médecine)*
~ **d'alimentation** : feed water
~ **d'arrosage** : rinsing water
~ **de boisson** : drinking water
~ **boueuse** : muddy water ; murky water
~ **calcaire** : hard water ; chalky water
~ **capillaire** : capillary water
~ **de constitution** : structural water ; constitutional water
~ **de consommation** : feed water
~ **courante** : running water
~ **de cristallisation** : water of crystallization
~ **distillée** : distilled water
~ **douce** : soft water ; fresh water ; sweet water
~ **dure** : hard water
~ **d'égoût** : waste water ; sewer water
~ **ferrugineuse** : chalybeate water
~ **gazeuse** : carbonated water ; gazeous water ; aerated water ; soda water
~ **de fleur d'oranger** : orange blossom Cologne water
~ **de Javel** : bleaching water ; bleach
~ **de lavage** : wash water
~ **de lessivage** : weak brine *(chimie)*
~ **libre** : free water
~ **liée** : bound water
~ **lourde** : heavy water
~ **de mer** : sea water ; salt water
~ **mère** : mother liquor ; mother lye
~ **minérale** : mineral water
~ **oxygénée** : hydrogen peroxide
~ **de pluie** : rainwater
~ **potable** : drinking water ; drinkable water

~ **sous pression** : water under pressure
~ **résiduaire** : waste water ; sewage
~ **de rivière** : fresh water ; river water
~ **sale** : slop
~ **salée** : salt water ; muriated water
~ **saumâtre** : brackish water
~ **de Seltz** : soda water ; seltzer water
~ **de source** : spring water ; fresh water
~ **thermale** : thermal springs ; thermal spring water
~ **usée** : liquid waste ; sewage ; sullage
~ **de vaisselle** : dishwater
~ **de vie** : ardent spirits, *pl* ; fruit liquor ; brandy ; marc *( raisin)*
~ **de vie de fruit** : fruit spirits, *pl*
~ **de vie de cerise** : kirsch
~ **de vie de prune** : plum brandy
~ **de vie de poire** : pear brandy
~ **de vie de pêche** : peach brandy
**Absorption d'~** : water binding
**Arrivée d'~** : water inlet
**Bain d'~** : water bath ; bath
**Bain-marie** : water bath ; boiling water bath ; double boiler *(cuisine)*
**Buveur d'~** : abstainer
**Château d'~** : water tower
**Dureté de l'~** : water hardness
**Gibier d'~** : water fowl
**Moulin à ~** : water mill
**Nappe d'~** : ground water
**Niveau d'~** : water level
**Oiseau d'~** : water fowl
**Plante d'~** : water plant
**Refroidissement par l'~** : water cooling
**Rétention d'~** : water holding
**Sortie d'~** : water outlet
**Source d'~ salée** : brine spring
**Vapeur d'~** : steam ; vapour *(GB)* ; vapor *(US)* ; watery vapour

**Ebouillantage** *m* : scalding

**Ebouillanter** : to scald ; to blanch ; to boil

**Ebranchage** *m* : trimming *(arbre)*

**Ebranché** *a* : trimmed *(arbre)*

**Ebrancher** : to trim *(arbre)*

**Ebullition** *f* : boiling
**Faible ~** : simmering
**Point d'~** : boiling point

**Ecaillage** *m* : shelling *(huitre)*

**Ecaille** *f* : scale *(poisson, reptile)* ; shell ; lamina *(biologie)*

s'**Ecailler** : to laminate

**Ecale** *f* : shell (noix) ; shruck *(châtaigne)* ; hull

**Ecart** *m* : deviation *(math)* ; divergency ; divergence
~ **de la moyenne** : mean deviation
~-**type** : standard deviation

**Ecarter** : to refuse *(marchandises)*

**Echalas** *m* : stake ; vine pole ; vine prop

**Echalote** *f* : shallot ; scallion

libre **Echange** *m* : free trade

**Echangeur** *m* : exchanger
~ **à plaques** : plate exchanger

**Echantillon** *m* : sample ; specimen ; assay
~ **aléatoire** : random sample
~ **moyen** : average sample
~ **représentatif** : representative sample
~ **type** : type specimen
**Prélèvement d'**~ : sampling

**Echantillonnage** *m* : sampling ; screening

**Echantillonner** : to sample

**Echauder** : to scald

**Echaudoir** *m* : scalding room

**Echauffement** *m* : warming ; overheating *(anomalie)*

s'**Echauffer** : to ferment *(céréale)*

**Echec** *m* : failure

**Echelle** *f* **graduée** : scale

**Echelon** *m* : step

**Echine** *f* : chine ; loin

**Echinoderme** *a* : echinodermatous

**Echinodermes** *m pl* : echinodermata, *pl*

**Ecimer** : to top ; to prune *(plante)*

**Eclair** *m* : lightning ; flash

**Eclairage** *m* : lighting

**Eclaircir** : to thin out *(plante)*

**Eclairement** *m* : lighting

**Eclampsie** *f* : eclampsia

**Eclore** : to hatch *(œuf)* ; to bloom *(fleur)* ; to open

**Eclosabilité** *f* : hatchability

**Ecloserie** *f* : hatchery

**Eclosion** *f* : hatch ; hatching *(œuf)*

**ECN (espèce chimique nouvelle)** : NCC (new chemical compound)

**Ecologie** *f* : ecology

**Ecologique** *a* : ecological

**Econome** *a* : thrifty

**Economie** *f* **rurale** : farming economy

**Economique** *a* : thrifty ; economical ; economic

**Economiste** *m* : economist

**Ecorçage** *m* : peeling

**Ecorce** *f* : bark *(arbre)* ; rind ; peel *(agrume)* ; skin
**à** ~ **mince** *a* : thin skinned

**Ecorcer** : to peel ; to peel off

**Ecorcheur** *m* : skinner *(abattoir)*

**Ecorchure** *f* : scratch ; graze

**Ecossage** *m* : husking ; podding ; shelling *(légumineuse)*

**Ecosser** : to hull ; to husk ; to shell *(légumineuse)*

**Ecosystème** *m* : ecosystem

**Ecotype** *m* : ecotype

**Ecoulement** *m* : outflow ; draining ; drainage ; dumping

**Ecouler** : to drain ; to seep away ; to flow ; to dump

**Ecrémage** *m* : skimming ; fat removal

**Ecrémé** *a* : skimmed

**Ecrémer** : to skim

**Ecrémeuse** *f* : separator *(laiterie)*

**Ecrevisse** *f* : crayfish ; crawfish

**Ectoblaste** *m* : ectoblast

**Ectoderme** *m* : ectoderm

**Ectoplasme** *m* : ectoplasm

**Ecumage** *m* : foaming *(mousse)* ; skimming *(crème)*

**Ecume** *f* : foam ; froth

**Ecumer** : to foam ; to skim ; to froth

**Ecumeux** *a* : foamy

**Ecurie** *f* : stable *(cheval)*

**Ecuries** *f pl* : stables ; stabling

**Eczéma** *m* : eczema
~ **du boulanger** : baker's eczema

**Edenté** *m* : edentate

**Edenté** *a* : toothless ; edentate

**Education** *f* : training ; teaching

**Edulcorant** *m* : sweetener ; sweetening
~ **de charge** : bulk sweetener
~ **intense** : intense sweetener
~ **acalorique** : non-nutritive sweetener

**Edulcorer** : to sweeten

**Effectif** *m* : size ; numbers

**Effervescence** *f* : effervescence
**Faire une** ~ : to effervesce

**Effervescent** *a* : effervescent
**Sel** ~ : effervescent salt

**Effet** *m* : effect
~ **secondaire** : by-effect ; side effect
**Sans** ~ : no-effect *(dose)*
**Triple** ~ : triple effect

**Efficace** *a* : efficient ; effective

**Efficacité** *f* : efficiency ; effectiveness

**Effluent** *m* : effluent

**Effritement** *m* : degradation ; erosion

s'**Effriter** : to degrade ; to crumble

**Egaliser** : to equalize ; to adjust

**Egoût** *m* : sewage ; sewer
**Canalisation d'**~ : sewer drains ; sewer canals
**Clarification des eaux d'**~ : sewage purification ; sewer treatment
**Construction d'**~ : sewer construction

**Egouttage** *m* : dripping ; draining ; drainage

**Egouttement** *m* : drip ; dripping

**Egoutter, s'égoutter** : to drip ; to ooze ; to strain

**Egouttoir** *m* : draining board ; strainer ; platerack

**Egrappage** *m* : stripping *(raisin)* ; picking off

**Egrenage** *m* : ginning ; shelling ; podding *(légumineuse)*

**Egrener** : to gin ; to seed ; to stone

**Eicosanoïque** *a* : eicosanoic

**Elaïdique** *a* : elaidic

**Ejection** *f* : ejection ; evacuation

**Elargir** : to expand ; to enlarge

**Elargissement** *m* : enlarging ; expansion

**Elasticité** *f* : elasticity ; spinginess *(gel)*

**Elastine** *f* : elastin

**Elastique** *a* : elastic ; rubbery

**Elastomère** *m* : elastomer

**Electricité** *f* : electricity

**Electrifier** : to electrify

**Electrique** *a* : electric ; electrical
**Batterie** ~ : electric battery
**Courant** ~ : electric current
**Energie** ~ : electric energy
**Impulsion** ~ : electric impulsion
**Potentiel** ~ : electric potential
**Puissance** ~ : electric power

**Electroanalyse** *f* : electroanalysis

**Electrochimique** *a* : electrochemical

**Electrode** *f* : electrode

**Electrodialyse** *f* : electrodialysis

**Electrolyse** *f* : electrolysis

**Electrolyser** : to electrolyze

**Electrolytique** *a* : electrolytic ; electrolytical

**Electrolyte** *m* : electrolyte ; ionogen

**Electron** *m* : electron

**Electronégatif** *a* : electronegative

**Electronique** *f* : electronics

**Electronique** *a* : electronic

**Electroosmose** *f* : electro-osmosis

**Electroosmotique** *a* : electro-osmotic

**Electrophorèse** *f* : electrophoresis

**Electrophorétique** *a* : electrophoretic

**Electrophysiologie** *f* : electrophysiology

**Electropositif** *a* : electropositive

**Electrostatique** *a* : electrostatic

**Electrosynthèse** *f* : electrosynthesis

**Elément** *m* : element
  **Macro~** : major element
  **Oligo~** : trace element

**Elémentaire** *a* : elementary
  **Analyse ~** : elementary analysis
  **Quantité ~** : elementary mass
  **Substance ~** : elementary substance

**Eleusine** *f* : finger millet ; ragi ; eleusine

**Eleusinine** *f* : eleusinine

**Elevage** *m* : breeding ; rearing ; husbandry ; farming ; grazing *(mouton)*
  **~ consanguin** : inbreeding
  **~ des abeilles** : beekeeping

**Elevateur** *m* : elevator

**Elévation** *f* : raising

**Elever** : to breed *(bétail)* ; to raise ; to
nurture *(enfant)*

**Eleveur** *m* : breeder

**Elimination** *f* : elimination ; eradication

**Eliminer** : to eliminate ; to separate out

**Elongation** *f :* elongation

**Eluant** *m* : eluent ; eluant

**Eluer** : to elute

**Email** *m* : enamel

**Emaillé** *a* : enamelled
  **Batterie de cuisine émaillée** :
  enamelled utensils

**Emailler** : to enamel

**Emballage** *m* : package ; packing ;
packaging ; wrapping

  **Caisse d'~** : packing case
  **Matériel d'~** : wrapper

**Emballer** : to pack ; to wrap

**Emballeuse** *f* : packing machine

**Embarras** *m* : distress *(digestion)* ;
upset

**Emblavure** *f* : cereal field ; corn field

**Embouteillage** *m* : bottling *(boisson)*

**Embryogénèse** *f* : embryogenesis

**Embryon** *m* : embryo ; fœtus *pl,*
fœtuses

**Embryonnaire** *a* : embryonary ;
embryonic
  **A l'état ~** : in embryo

**Embuer** : to fog ; to mist up

**Emeri** *m* : emery

**Emétique** *m* : emetic

**-émie** : -emia

**Emiettement** *m* : crumbling *(pain)* ;
breaking up

**Emmagasinage** *m* : storing ; storage

**Emmagasiner** : to stock ; to store

**Emonder** : to prune ; to trim

**Empaquetage** *m* : package ; packing ;
packaging ; wrapping
  **Matériel d'~** : wrapper

**Empaqueter** : to pack ; to wrap

**Empaqueteuse** *f* : packing machine

**Empâtage** *m* : doughing in *(brasserie)*

**Empâter** : to fatten *(organisme)* ; to thicken

**Empêchement** *m* : hindrance

**Empêcher** : to inhibit

**Emploi** *m* : use
  **Prêt à l'~** : ready for use

**Employé** *[m]* **agricole** : farm labourer

**Employer** : to use

**Empois** *m* : slurry *(amidon)*

**Empoisonné** *a* : poisoned
  **Blé ~** : poisoned corn ; poisoned
  wheat

**Empoisonnement** *m* : poisoning ; intoxication

**Empoissonnement** *m* : stocking *(pêche)*

**Emprésurage** *m* : renneting

**Emprésurer** : to rennet

**Emulsifiant** *m* : emulsifier ; emusifying

**Emulsification** *f* : emulsification

**Emulsine** *f* : emulsin

**Emulsion** *f* : emulsion

**Emulsionnant** *a* : emulsive

**Emulsionner** : to emulsify

**Enantiomère** *m* : enantiomer ; enantiomorph

**Enantiomorphe** *a* : enantiomorphous

**Encapsulage** *m* : encapsulation

**Encausticage** *m* : waxing

**Enceinte** *a* : pregnant ; gravid

**Encéphalomalacie** *f* : encephalomalacia

**Enchaînement** *m* : linkage

**Enchevêtrement** *m* : tangle ; entanglement

**Enclos** *m* : pen *(animaux)* ; paddock *(cheval)*

**Encombrement** *m* : hindrance ; entanglement ; obstruction ; bulk ; bulkage
~ **stérique** : steric hindrance

**Endémique** *a* : endemic

**Endive** *f* : endive ; chicory

**Endoamylase** *f* : endoamylase

**Endocrine** *a* : endocrine ; endocrinal

**Endocrinien** *a* : ⇨ **Endocrine**

**Endocrinologie** *f* : endocrinology

**Endoderme** *m* : endoderm ; endodermis *(médecine)*

**Endogène** *a* : endogen ; endogenous

**Endommagé** *a* : faulty ; spoilt ; damaged

**Endommager** : to spoil ; to damage

**Endopeptidase** *f* : endopeptidase

**Endoplasme** *m* : endoplasm

**Endoplaste** *m* : endoplast

**Endosmose** *f* : endosmosis

**Endosperme** *m* : endosperm

**Endothélium** *m* : endothelium, *pl* endothelia

**Endothermique** *a* : endothermic

**Enduire** : to coat

**Enduit** *m* : coating ; casing

**Energie** *f* : energy
~ **absorbée** : input energy
~ **brute** : gross energy
~ **digestible** : digestible energy
~ **métabolisable** : metabolizable energy
~ **nette** : net energy

**Enfance** *f* : childhood
**Première** ~ : infancy
**Deuxième** ~ : later childhood

**Enfant** *m* : child

**Enfariné** *a* : floury

**Enflammer** : to set on fire ; to enflame

**Enflé** *a* : tumid ; turgid *(médecine)* ; swollen *(physique)*

**Enfler** : to swell *(physique)*

**Engendrer** : to engender *(effet)* ; to breed *(animal)* ; to generate

**Engin** *m* : engine

**Engorgement** *m* : obstruction *(conduit)*

**Engrais** *m* : manure ; fertilizer ; dung
~ **chimique** : chemical fertilizer ; agricultural fertilizer
~ **vert** : green manure
~ **minéral** : mineral manure
A l'~ **(bétail)** : fattening

**Engraissement** *m* : fattening ; fatting *(bétail)*
~ **en stabulation** : winter fattening
~ **à l'herbage :** summer fattening

**Engraisser** : to fatten *(bétail)*

**Engraisseur** *m* : feeder ; calf feeder *(veau)*

**Engranger** : to stock ; to gather

**Enlever** : to remove

**-énoïque** : -enoic

**Enol** *m* : enol

**Enolique** *a* : enolic

**Enolisation** *f* : enolization

**Enragé** *a* : rabid *(animal)*

**Enregistreur** *m* : recorder

**Enrichi** *a* : fortified in ; enriched with

**Enrichir** : to fortify *(aliment)* ; to enrich

**Enrichissement** *m* : fortification ; enrichment

**Enrobage** *m* : casing ; coating ; wrapping
~ **avec de la graisse** : larding

**Enrober** : to coat ; to wrap
~ **de chocolat** : to coat with chocolate

**Ensacheuse** *f* : packer

**Enseignement** *m* : teaching ; education

**Ensemencement** *m* : sowing ; seeding *(plante)* ; inoculation *(microbiologie)*

**Ensemencer** : to sow ; to seed *(plante)* ; to inoculate (mic*robiologie)*

**Ensilage** *m* : ensilage ; ensiling ; silage

**Ensiler** : to ensil ; to pit

**Entartré** *a* : scaly

**Entartrer** : to fur up *(GB)* ; to scale

**Entéral** *a* : enteral

**Entérocyte** *m* : enterocyte

**Entérotoxine** *f* : enterotoxin

**Enterrer** : to dig in *(fumier)*

**Enthalpie** *f* : enthalpy

**Entonnoir** *m* : funnel

**Entrailles** *f pl* : bowel ; offals, *pl* ; entrails ; guts *(animal)*

**Entrainable** *[a]* **à la vapeur** : steam distillable

**Entraînement** *[m]* **à la vapeur** : steam distillation

**Entrée** *f* : inlet ; input *(matière)*

**Entreposer** : to store

**Entrepôt** *m* : store ; warehouse ; depot
~ **frigorifique** : cold store

**Entrepôts** *m pl* : warehouses *pl*

**Entretien** *m* : maintenance ; upkeep
**Mauvais** ~ : neglect *(machine)*

**Entropie** *f* : entropy

**Enveloppage** *m* : wrapping
**Matériel** *m* **d'**~ : wrapper

**Enveloppe** *f* : wrapper ; coat ; cover ; integument *(biologie)*

**Envelopper** : to wrap ; to coat ; to cover

**Environnement** *m* : environment

**Enzymatique** *a* : enzymatic ; enzymic

**Enzyme** *f* ou *m* : enzyme

**Enzymologie** *f* : enzymology

**Epais** *a* : thick

**Epaisseur** *f* : thickness

**Epaississement** *m* : thickening

**Epaissir** : to thicken *(liquide)*

**Epaississant** *m* : thickener

**Epandage** *m* : sewerage farm *(champ)*

**Epandeur** *m* : spreader *(machine)*

**Epargne** *f* : savings ; sparing *(biologie)*

**Eparpillement** *m* : scattering ; dispersal

**Eparpiller** : to scatter ; to disperse

**Epaule** *f* : shoulder

**Epeautre** *m* : spelt ; German wheat

**Eperlan** *m* : smelt ; silver smelt

**Ephédrine** *f* : ephedrine

**Ephémère** *a* : fugacious *(botanique)* ; ephemeral

**Epi** *m* : ear ; cob *(maïs)* ; spike ; spica ; head

**Epicarpe** *m* : exocarp ; epicarp

**Epicatéchine** *f* : epicatechin

**Epice** *m* : spice

**Epicé** *a* : spiced ; spicy

**Epicerie** *f* : grocer's shop ; grocery *(US)*
~ **en gros** : supermarket ; grocery

**Epicier** *m* : grocer
~-**droguiste** : grocer

**Epidémiologie** *f* : epidemiology

**Epidémique** *a* : epidemic

**Epiderme** *m* : epiderm ; outer skin ; epidermis *(médecine)*

**Epidermique** *a* : epidermal

**Epillet** *m* : small ear ; spikelet ; spicule

**Epimère** *m* : epimer

**Epimysium** *m* : epimysium

**Epinard** *m* : spinach

**Epine** *f* : prickle ; thorn
~ **dorsale** : backbone ; spine

**Epinéphrine** *f* : epinephrin ; epinephrine

**Epineux** *a* : prickly ; thorny ; spiky

**Epithélial** *a* : epithelial

**Epithélium** *m* : epithelium, *pl* epithelia

**Epizootique** *a* : epizootic

**Epluchage** *m* : picking *(légumes)* ; peeling ; shelling *(haricot)* ; cleaning

**Eplucher** : to peel ; to pare ; to husk *(haricot)*

**Eplucheuse** *f* : peeler *(machine)*

**Epluchures** *f pl* : pickings, *pl*

**Eponge** *f* : sponge

**Epoxyde** *a m* : epoxy

**Epreuve** *f* : assay ; test ; trial

**Eprouvé** *a* : reliable ; tested ; proven

**Eprouver** : to assay *(matériel)* ; to test ; to try ; to experiment

**Epuisement** *m* : depletion

**Epuiser** : to deplete
**s'~** : to run out ; to exhaust

**Epurateur** *m* : purifyer ; purifier ; clarifier ; filter *(liquide)*
~ **d'eaux d'égoût** : waste water purifyier

**Epuration** *f* : cleaning ; clearing ; purification ; filtration ; filtering *(liquide)* ; refinement *(produit)*

**Epurer** : to clean ; to cleanse ; to purify ; to filter ; to filtrate ; to refine

**Equarrir** : to quarter ; to flay *(carcasse)*

**Equarrissage** *m* : quartering ; flaying ; knackering *(GB)*

**Equarrisseur** *m* : flayer ; knacker *(GB)*

**Equatorial** *a* : equatorial

**Equilibre** *m* : equilibrium ; balance *(nutrition)*
**Condition d'~** : condition of equilibrium

**Equilibré** *a* : balanced *(nutrition)* ; counterweighted *(poids)* ; equilibrated
**Bien ~** : well balanced *(nutrition)*

**Equilibrer** : to equilibrate ; to balance

**Equimoléculaire** *a* : equimolecular

**Equivalence** *f* : equivalence

**Equivalent** *m* : equivalent
~-**électrochimique** : electrochemical equivalent
~-**niacine** : niacin equivalent
~-**tocophérol** : tocopherol equivalent

**Equivalent** *a* : equivalent

**Erable** *m* : maple
**Sirop d'~** : maple syrup

**Eradication** *f* : eradication

**Erepsine** *f* : erepsin

**Ergot** *m* : ergot ; smut *(seigle)* ; spur *(coq)* ; dewclaw *(chien)*

**Ergotamine** *f* : ergotamine

**Ergotisme** *m* : ergotism ; St Antony's disease

**Eriger** : to raise ; to erect

**Eroder** : to erode ; to acid-corrode *(acide)*

**Erreur** *f* : error ; mistake
~ **de calcul** : miscalculation

**Erucique** *a* : erucic

**Eructation** *f* : eructation ; belch ; belching

**Eructer** : to belch ; to eructate

**Eryodictine** *f* : eryodictin

**Erythorbique** *a* : erythorbic

**Erythroblastique** *a* : erythroblastic

**Erythrocyte** *m* : erythrocyte ; red blood cell

**Erythropoïèse** *f* : erythropoiesis

**Erythropoïétine** *f* : erythropoietin

**Erythrose** *m* : erythrose

**Escargot** *m* : snail

**Esculine** *f* : esculin

**Espadon** *m* : swordfish

**Espèce** *f* : kind ; species *(biologie)*
~ **chimique nouvelle** : new chemical compound

**Esprit** *m* : spirit *(alcool)*

**Esquimeau** *m* : eskimo *(homme)* ; choc-ice *(aliment)*

**Essai** *m* : trial ; trying ; essay ; assay ; test ; testing ; exam ; experiment
~ **à blanc** : blank test
~ **biologique** : bioassay
~ **de pression** : pressure test
~ **par voie humide** : wet test
~ **par voie sèche** : dry test
Prise d'~ : taking ; testing ; test quantity
Station d'~ : trial station
Tube à ~ : test tube

**Essayer** : to test ; to experiment ; to assay ; to essay ; to try

**Essence** *f* : essence ; essential oil *(parfum)* ; gas *(carburant, US)* ; petrol *(carburant, GB)*

**Essentiel** *a* : essential *(huile, acide gras)*

**Essorer** : to dry

**Essoreuse** *f* : dryer ; spin-dryer
~ **à rouleaux** : wringer

**Essuyer :** to swab ; to wipe ; to dry

**Ester** *m* : ester

**Estérase** *f* : esterase

**Estérification** *f* : esterification

**Estimation** *f* : evaluation ; estimation

**Estimer** : to evaluate ; to estimate

**Estivaux** *m pl* : yearling trouts, *pl*

**Estomac** *m* : stomach

**Estragon** *m* : tarragon

**Etable** *f* : stable ; shed *(bovins)* ; cow-shed *(vache)* ; cattle shed *(vache)* ; sheepfold *(mouton)* ; pigsty ; piggery *(porc)*

**Etables** *f pl* : stables ; barns

**Etablissement** *m* **industriel** : plant ; works, *pl*

**Etain** *m* : tin

**Etalon** *m* : stallion *(cheval)* ; standard *(mesure)* ; gauge *(mesure)*

**Etalonnage** *m* : matching *(animal)* ; calibration *(appareil)* ; standardization

**Etalonner** : to adjust *(appareil)* ; to calibrate ; to gauge ; to standardize

**Etamage** *m* : tinplating ; tinning

**Etamer** : to tin

**Etamine** *f* : stamen *(botanique)* ; cheese cloth *(fromagerie)* ; butter muslin *(beurrerie)*

**Etanche** *a* : sealed
~ **à l'air** : air tight
~ **à l'eau** : waterproof
Rendre ~ : to waterproof

**Etanchéification** *f* : sealing ; waterproofing

**Etanchéifié** *a* : sealed ; waterproofed

**Etanchéifier** : to seal ; to waterproof ; to air tight

**Etanchéité** *f* : waterproofness ; watertightness ; airtightness

**Etang** *m* : pond

**Etape** *f* : stage ; step

**Etat** *m* : state *(physique)*
~ **d'équilibre** : stable condition ; steady state
~-**civil** *m* : registration *(animal)*
Mettre en ~ : to trim *(viande)*

**Eté** *m* : summer

**Eteindre** : to quench *(physique)* ; to put out ; to extinguish

**Etendre** : to extend

**Etendu** *a* : extensive *(surface)* ; diluted *(chimie)*

**Etendue** *f* : length ; stretch *(géographie)* ; range

**Ethanol** *m* : ethanol

**Ether** *[m]* **de pétrole** : light petroleum

**Ethionine** *f* : ethionine

**Ethnologie** *f* : ethnology

**Ethyle** *m* : ethyl

**Ethylique** *a* : ethylic
  **Alcool** ~ : ethyl alcohol ; ethanol

**Etiage** *m* : low water ; low water mark

**Etiologie** *f* : aetiology ; etiology

**Etiquetage** *m* : labelling

**Etiqueter** : to label

**Etiquette** *f* : label

**Etranger** *a* : foreign ; unknown ; extraneous

**Etroitesse** *f* : narrowness

**Etudier** : to investigate ; to study

**Etuvage** *m* : steaming ; drying ; incubating

**Etuve** *f* : drying chamber ; drying closet ; drying kiln ; drying oven *(séchage)* ; steam room ; sterilizer ; incubator
  ~ **à desication** : drying oven

**Etuver** : to steam ; to stove ; to dry ; to sweat

**Etuveuse** *f* : fodder steamer ; feed steamer

**Etuvoir** *m* : sweating room

**Eucaryote** *m* : eucaryote

**Euploïde** *m* : euploid

**Evacuation** *f* : egestion *(biologie)* ; evacuation ; draining

**Evacuer** : to evacuate ; to drain ; to egest *(biologie)* ; to empty ; to void

**Evaluation** *f* : estimation ; valuation ; evaluation ; appraisal

**Evaluer** : to estimate ; to evaluate ; to assess

**Evaporateur** *m* : evaporator

**Evaporation** *f* : evaporation ; drying off
  **Eliminer par** ~ : to evaporate off

**Evaporer, s'Evaporer** : to evaporate ; to dry off ; to vaporize ; to vapour *(GB)* ; to vapor *(US)*
  **Faire** ~ : to make evaporate
  ~ **à sec** : to evaporate to dryness

**Event** *m* : staleness *(bière)*

**Eventé** *a* : stale *(vin, bière)*

**Eversé** *a* : everted *(intestin)*

**Evier** *m* : sink

**Eviscération** *f* : evisceration

**Eviscérer** : to eviscerate ; to gut

**Evolution** *f* : evolution

**Exact** *a* : exact ; accurate

**Exactement** : exactly

**Exactitude** *f* : exactness ; accuracy ; precision

**Examen** *m* : examination ; exam ; test ; inspection ; survey ; investigation

**Examiner** : to examine ; to test ; to inspect ; to survey ; to investigate

**Excédent** *m* : surplus ; overweight *(poids)*

**Excédent** *a* : excessive

**Excès** *m* : excess *pl,* excesses

**Excision** *f* : excision

**Excréments** *m pl* : stercus *(animal)* ; faeces ; stools ; excreta *pl ;* dung ; bud

**Excrétion** *f* : excretion

**Excroissance** *f* : excrescence ; outgrowth

**Exemplaire** *m* : copy ; model

**Exempter** : to dispense ; to exempt

**Exercice** *m* : practice
  ~ **civil** : business year ; financial year

**Exfoliation** *f* : exfoliation

**Exfolier** : to exfoliate

s'**Exhaler** : to exhale *(vapeur)*

**Exhausteur** *m* : exhauster ; enhancer

**Exiger** : to require ; to demand

**Existence** *f* : occurrence *(phénomène)* ; existence

**Exoamylase** *f* : exoamylase

**Exocrine** *a* : exocrine

**Exoderme** *m* : exoderm ; exodermis *(médecine)*

**Exogène** *m a* : exogen ; exogenous

**Exopeptidase** *f* : exopeptidase

**Exothermique** *a* : exothermic

**Exotique** *a* : exotic

**Exotoxine** *f* : exotoxin

**Expansé** *a* : expanded

**Expanser** : to expand

**Expansibilité** *f* : expansibility

**Expansif** *a* : expansive

**Expansion** *f* : expansion ; spreading
**Degré d'**~ : expansion degree

**Expérience** *f* : experiment
~ **en double aveugle** : double-blind experiment

**Expérimental** *a* : experimental

**Expérimenter** : to experiment ; to test

**Expert** *m* : expert

**Expertise** *f* : examination by expert ; appraisal

**Exploitation** *f* : exploitation ; works *(industrie)* ; operation ; development
~ **agricole** : farm
~ **des données** : data handling
**Capital d'**~ : working capital
**Fonds d'**~ : working capital
**Frais d'**~ : working costs *pl ;* working expenses *pl*
**Matériel d'**~ : working material ; working plant
**En** ~ : in operation

**Exponentiel** *a* : exponential

**Exposé** *m* : survey ; report ; account ; statement ; exposition

**Exposer** : to expose ; to show ; to display

**Exposition** *f* : exposure *(physique)* ; exhibition *(commerce)* ; show *(commerce)* ; display

**Exprimer** : to press ; to express *(liquide)*

**Exsudat** *m* : exudate
~ **de décongélation** : thaw juice

**Exsudation** *f* : exudation

**Extensible** *a* : extensible ; expanding

**Extension** *f* : extension ; stretch *(muscle)* ; enlargement *(biologie)*

**Extensographe** *m* : extensograph

**Extérieur** *a* : outer ; exterior
**Temperature extérieure** : outdoor temperature ; outer temperature

**Externe** *a* : outer ; external

**Extinction** *f* : quenching *(fluorescence)* ; extinction ; extinguishing

**Extirper** : to remove

**Extracellulaire** *a* : extracellular

**Extractif** *a* : extractive

**Extraction** *f* : extraction ; extracting
~ **de l'huile par pression** : oil expelling
~ **par palier** : step-wise extraction
**Taux d'**~ : extraction rate

**Extraire** : to extract

**Extrait** *m* : extract ; essence *(parfumerie)*
~ **sec** : dry extract
~ **degraissé :** solids non fat

**Extrême** *a* : utmost ; extreme ; furthest

**Extrémité** *f* : tip *(plante)* ; extremity

**Extrinsèque** *a* : extrinsic
**Facteur** ~ : extrinsic factor

**Extruder** *m* : extruder
~ **à double vis** : twin screw extruder

**Extrusion** *f* : extrusion
**Cuisson-**~ : extrusion-cooking

**Exubérance** *f* : rampancy *(plante)*

# F

**Fabricant** *m* : manufacturer ; maker

**Fabrication** *f* : manufacture
  **Chef de ~** : works manager

**Fabrique** *f* : manufactory ; factory ;
plant ; works, *pl*
  **~ de conserve** : canned goods ; cannery
  **~ de produits alimentaires** : foodstuff
factory
  **~ de tan** : tannery ; tan yards, *pl*

**Fabriquer** : to manufacture

**Façonnage** *m* : shaping ; modelling ;
manufacturing ; making

**Facteur** *m* : factor
  **~ de croissance** : growth factor
  **~ héréditaire** : hereditary factor
  **~ intrinsèque** : intrinsic factor
  **~ de sécurité** : safety factor

**Fade** *a* : flat ; tasteless ; watery

**Fadeur** *f* : insipidness ; tastelessness

**Faible** *a* : slight *(dimension)* ; small
*(petit)* ; low *(bas)* ; weak *(force)* ; light
*(poids)*

**Faïence** *f* : stoneware ; earthenware

**Faim** *f* : hunger ; fames
  **Mourir de ~** : to starve

**Faisabilité** *f* : feasibility

**Faisan** *m* : pheasant *(générique)* ; cock
pheasant *(mâle)*
  **~ doré** : golden pheasant

**Faisandeau** *m* : young pheasant

**Faisandé** *a* : gamy

**Faisanne** *f* : hen pheasant

**Fait-tout** *m* : pan ; pot ; stew pan ; stew
pot

**Faits** *m pl* : facts, *pl*

**Falsification** *f* : adulteration ; falsification

**Falsifié** *a* : adulterated ; spurious

**Falsifier** : to adulterate ; to falsify

**Famélique** *a* : starved *(physiologie)*

**Famille** *f* : family

**Famine** *f* : starvation *(physiologie)* ;
famine

**Fanage** *m* : tedding ; tossing ; turning

**Fané** *a* : faded ; withered

**Faner** : to hay ; to toss hay ; to turn hay

se **Faner** : to fade ; to wilt ; to wither

**Fanes** *f pl* : tops *(pl)* ; haulm *(légume)*

**Faneuse** *f* : tedder

**Farce** *f* : stuffing *(cuisine)* ; filling
*(viande)*

**Farci** *a* : stuffed

**Farcir** : to stuff *(cuisine)*

**Farine** *f* : flour *(céréale)* ; meal ; farina
  **~ bise** : household flour
  **~ blanche** : light flour ; white flour ;
refined flour
  **~ de blé** : wheat flour ; wheaten flour
  **~ complète** : brown flour ; wholemeal ; whole wheat flour
  **~ fine** : fine meal
  **~ fleur ; fleur de ~** : pure wheaten
flour ; superfine flour
  **~ de ménage** : household flour
  **~ ménagère** : household plain flour ;
flour
  **~ panifiable** : flour for bread
  **~ de poisson** : fish meal
  **~ de sang** : blood meal
  **~ de viande** : meat flour
  **Poussière de ~** : mill dust
  **Silo à ~** : flour box

**Farines** *f pl* : bread stuffs *pl*

**Farineux** *a* : floury ; mealy ;
farinaceous ; farinose

**Farinographe** *m* : farinograph

**Fatal** *a* : fatal

**Fauchaison** *f* : mowing ; cutting ; reaping

**Faucher** : to mow ; to cut ; to reap

**Faucheur** *m* : mower

**Faucheuse** *f* : mower ; reaper *(machine)* ; harvester

**Faune** *f* : fauna

**Faute** *f* : fault

**Faux** *a* : false ; spurious

**Favisme** *m* : fabism ; favism

**Favoriser** : to enhance ; to favour *(GB)* ; to favor *(US)*

**Fécal** *a* : faecal

**Fèces** *m pl* : faeces ; feces ; stools ; stercus

**Fécond** *a* : prolific

**Fécondation** *f* : fecundation ; fertilization ; cross fertilization ; impregnation

**Fécondé** *a* : impregnated

**Féconder** : to impregnate

**Fécondité** *f* : fecundity

**Fécule** *f* : fecula ; farina ; starch
~ **de pomme de terre :** potato flour ; potato starch

**Féculent** *a* : feculent ; starchy

**Féculerie** *f* : potato starch manufactory ; potato starch industry

**Femelle** *a f* : female

**Femoral** *a* : femoral

**Fémur** *m* : femur

**Fenaison** *f* : hay crop ; hay harvest ; haying ; tedding ; harvest ; harvesting

**Fendre,** se **Fendre** : to split ; to slit ; to crack

**Fendu** *a* : split ; cracked

**Fenouil** *m* : fennel ; common fennel

**Fente** *f* : aperture *(optique)* ; fissure ; break ; breakage

**Fenugrec** *m* : fenugreek

**Fer** *m* : iron ⇨ **Ferreux, Ferrique**

**Fer-blanc** *m* : tin plate

**Ferblantier** *m* : tinman

**Fermage** *m* : farm rent ; tenant farming

**Ferme** *f* : farm ; farm yard ; grange *(US)*
**Garçon de** ~ : farm hand

**Ferme** *a* : firm ; fast *(physique)*

**Ferment** *m* : ferment

**Fermentatif** *a* : fermentative
**Pouvoir** ~ : fermenting power

**Fermentation** *f* : fermentation ; ferment ; fermenting ; zymosis
~ **acide** : sour fermentation
~ **basse** : deep fermentation
~ **en cuve** : standing fermentation
~ **haute** : top fermentation
~ **lactique** : lactic fermentation
~ **panaire** : leavening ; panary fermentation
~ **putride** : putrid fermentation
~ **secondaire** : after-fermentation ; secondary fermentation
~ **spontanée** : spontaneous fermentation
~ **en tonneau** : cask fermentation
**A** ~ **basse** : fermented from below
**A** ~ **haute** : fermented from top
**Cave de** ~ : fermenting room
**Cuve de** ~ : fermenting tun ; fermentor ; fermenter
**Tonneau de** ~ : fermenting vessel

**Fermenté** *a* : fermented

**Fermenter, faire fermenter** : to ferment ; to sweat *(tabac)*

**Fermentescibilité** *f* : fermentability

**Fermentescible** *a* : fermentable ; fermentative ; fermentescible ; fermentible

**Fermenteur** *m* : fermenter ; fermentor

**Fermer** : to occlude *(conduit)* ; to close

**Fermeté** *f* : firmness ; toughness

**Ferrer** : to shoe *(cheval)*

**Ferreux** *a* : ferrous

**Ferriprive** *a* : iron-free

**Ferrique** *a* : ferric

**Ferritine** *f* : ferritin

**Ferrugineux** *a* : ferriferous ; ferruginous

**Fertile** *a* : fertile ; prolific ; fecund

**Fertilisant** *m* : fertilizer

**Fertilisation** *f* : fecundation *(animal)* ; fertilization ; fertilizing

**Fertiliser** : to fertilize

**Fertilité** *f* : fertility ; fecundity ; richness *(terre)*

**Férulique** *a* : ferulic

**Festin** *m* : feast

**Fétide** *a* : fetid ; virose ; noisome

**Fétuque** *f* : fescue

**Feu** *m* : fire ; firing
 **A ~ nu** : direct firing

**Feuillage** *m* : foliage

**Feuillaison** *f* : foliation

**Feuille** *f* : leaf, *pl* leaves ; sheet ; foil *(métal)* ; laminate *(aluminium)*

**Feuillet** *m* : omasum *(ruminant)*
 **~ bêta** : bêta turn *(protéine)*

**Feuilletage** *m* : layering

**Feuilleté** *m* : puff pastry *(gâteau)* ; flaky pastry
 **~ au beurre** : butter puff

**Feuilleté** *a* : layered ; laminated

**Feuillu** *a* : deciduous *(arbre)* ; frondous

**Fève** *f* : faba bean ; broad bean ; yellow pea
 **~ jaune** : wax bean
 **~ verte** : green bean ; string bean
 **~ au lard** : pork bean ; pork and beans

**Féverole** *f* : field bean ; horse bean ;

**Fibre** *f* : fibre *(GB)* ; fiber *(US)* ; strand
 **~ alimentaire** : dietary fiber *(US)* ; dietary fibre *(GB)*
 **~ musculaire** : muscle fiber *(US)* ; muscle fibre *(GB)*
 **~ nerveuse** : nerve fiber *(US)* ; nerve fibre *(GB)*

**Fibreux** *a* : fibred ; fibrous ; stringy

**Fibrille** *f* : fibril ; strand

**Fibrine** *f* : fibrin

**Fibrinogène** *m* : fibrinogen

**Fibrome** *m* : fibroma

**Fibrose** *f* : fibrosis

**Fiel** *m* : gall

**Fiente** *f* : dung ; droppings *(pl)*

**Fièvre** *f* : fever
 **~ jaune** : yellow fever

**Figer, se figer** : to congeal *(huile)* ; to solidify ; to clot *(sang)*

**Figue** *f* : fig
 **~ de Barbarie** : prickly pear

**Fil** *m* : wire

**Filage** *m* : spinning *(protéine)*

**Filament** *m* : thread ; filament

**Filamenteux** *a* : filamentous ; thread

**Filandreux** *a* : stringy *(viande)*

**Filasse** *f* : flax fibre *(lin)*

**Filature** *f* : spinning *(tissu)*

**Filer** : to spin

**Filet** *m* : net *(pêche)* ; loin ; tenderloin *(viande)* ; fillet ; filet *(poisson)*
 **Faux-~** : strip loin *(bœuf)*
 **Nouage de ~** : netting
 **Réparateur de ~** : net mender
 **Réparation de ~** : net mending

**Filial** *a* : filial

**Filiation** *f* : filiation ; descendants

**Filière** *f* : spinneret ; spinning nozzle *(appareil)* ; chain of production *(production, économie)*

**Filiforme** *a* : filiform ; thread-like

**Film** *m* : film

**Filtrable** *a* : filtrable

**Filtrat** *m* : filtrate

**Filtration** *f* : filtration ; filtering ; percolation

**Filtre** *m* : filter
 **~ à poussières** : dust filter
 **~-presse** : filter-press

**Filtrer** : to filter ; to filtrate ; to decant ; to percolate into ; to permeate into ; to strain ; to seep ; to leach

**Final** *a* : ultimate

**Fini** *a* : finished ; ended

**Finots** *m pl* : middlings, *pl (meunerie)*

**Fiole** *f* : flask ; vial ; phial
~ **jaugée** : volumetric flask
~ **à vide** : evacuated flask ; vacuum flask ; suction bottle

**Firme** *f* : firm

**Fission** *f :* fission ; splitting

**Fissure** *f* : fissure ; crack

**Fistule** *f* : fistula *pl,* fistulae

**Fixation** *f* : binding *(chimie)* ; fixation

**Fixe** *a* : non-volatile *(substance)* ; permanent ; firm

**Fixer** : to determine ; to fasten

**Flacon** *m* ; flask ; small bottle ; flagon
~ **de garde** : safety bottle
~ **laveur** : washing bottle ; washing flask
~ **sécheur** : drying flask

**Flagellaire** *a* : flagellate

**Flagelle** *f* : flagellum *pl,* flagelli

**Flagellé** *a* : flagellate

**Flamber** : to singe *(volaille)*

**Flamme** *f* : flame
~ **réductrice** : reducing flame

**Flan** *m (dessert)* : custard tart *(GB)* ; custard pie *(US)*

**Flanc** *m* : side ; flank *(animal)*

**Flatulence** *f* : flatulence ; flatus *(médecine)*

**Flavanol** *m* : flavanol

**Flaveur** *f* : flavor *(US)* ; flavour *(GB)*
**Agent de** ~ : flavouring

**Flavine** *f* : flavin

**Flavone** *f* : flavone

**Flavonoïde** *m* : flavonoid

**Flavonol** *m* : flavonol

**Flavoprotéine** *f* : flavoprotein

**Fléau** *m* : threshing flail *(céréale)* ; plague ; bane *(maladie)* ; pest *(maladie)*

**Flet** *m* : flounder

**Flétan** *m* : halibut

**Flétri** *a* : withered ; faded

se **Flétrir** : to wilt ; to wither ; to fade ; to shrivel *(fruit)*

**Flétrissure** *f* : wiling ; withering ; fading

**Fleurir** : to blossom ; to flower ; to bloom

**Fleurissant** *a* : blooming ; blossoming ; inflorescent *(botanique)*

**Fleuve** *m* : river ; stream

**Floconneux** *a* : fluffy ; frothy ; floccose ; flocculent ; flocky

**Floculation** *f* : flocculation ; coagulation ; sedimentation

**Floculé** *m* : flocculate

**Floculer** : to flocculate ; to coagulate ; to precipitate

**Floraison** *f* : flowering ; blossom time ; blossoming ; budding ; florescence *(botanique)*

**Floral** *a* : floral

**Flore** *f* : flora
~ **intestinale** : intestinal flora

**Fluctuant** *a* : fluctuating

**Fluctuer** : to fluctuate

**Fluide** *m* : liquid ; fluid

**Fluide** *a* : fluid

**Fluidisation** *f :* fluidization

**Fluidité** *f* : fluid ; fluidity

**Fluor** *m* : fluorine

**Fluoration** *f* : fluorination

**Fluoresceine** *f* : fluorescein

**Fluorescence** *f* : fluorescence

**Fluorescent** *a* : fluorescent

**Fluorescer** : to fluoresce

**Fluoromètre** m : fluorimeter (US) ; fluorimetre (GB)

**Fluorométrie** f : fluorimetry

**Fluoroscopie** f : fluoroscopy

**Fluorose** f : fluorosis

**Fluorure** m : fluoride

**Flûte** f : French loaf ; long loaf pl, loaves (bread)

**Flux** m : flux

**Focal** a : focal
  **Distance focale** : focal length

**Fœtal** a : fœtal ; fetal

**Fœtus** m : fœtus (GB) ; fetus (US) pl, fetuses

**Foie** m : liver
  **Pâté de ~** : liver paste ; liver paté

**Foin** m : hay
  **Meule de ~** : hay rick ; hay stack
  **Rhume de ~** : pollenosis ; hay fever
  **Faire les ~** : to hay

**Foire** f : show (commerce) ; exhibition

**Foisonnement** m : whipping ; swelling (matière)

**Foisonner** : to whip ; to swell (matière)

**Folinique** a : folinic

**Folique** a : folic
  **Acide ~** : folic acid ; vitamin Bc

**Folliculaire** a : follicular

**Follicule** m : follicle
  **~ pileux** : hair follicle

**Foncé** a : dark ; deep

**Foncer, se foncer** : to darken

**Fonction** f : function

**Fonctionnaire** m : officer ; functionary ; official ; civil servant

**Fonctionnel** a : functional

**Fonctionnement** m : behavior (US) ; behaviour (GB) ; functioning

**Fond** m : background

**Fondamental** a : fundamental

**Fondant** m : fondant ; fudge (US) (bonbon)

**Fondant** a : melting

**Fondement** m : fundement

**Fondre** : to melt ; to smelt ; to cast

**Fondu** a : smelted ; melted (beurre) ; molten (métal)

**Fongicide** m : fungicide

**Fongicide** a : fungicidal

**Fongique** a : fungal

**Fongistatique** a : fungistatic

**Fonte** f : thawing ; fusion

**Force** f : strength

**Forcé** a : forced

**Formage** m : shaping

**Format** m : size ; format

**Formation** f : training ; education

**Forme** f : shape

**Formol** m : formaldehyde ; formol

**Formulaire** m : formulary ; form

**Formule** f : formula (chimie) ; rule (mathématique)
  **~ développée** : structural formula

**Formuler** : to formulate

**Formyle** m : formyl

**Fort** a : high (goût) ; coarse (goût) ; strong

**Fosse** f (fumier) : cesspool ; cesspit

**Foudre** m : store cask ; hodshead

**Foudre** f : lightning

**Fouet** m : whip (cuisine) ; beater (crème)

**Fouettage** m : whipping

**Fouetter** : to whip ; to beat (crème)

**Fouiller :** to forage

**Foulage** m : treading (raisin) ; pressing

**Four** m : oven (cuisine) ; furnace
  **~ à moufle** : crucible furnace ; muffle furnace
  **~ Pasteur :** drying oven
  **Vaisselle allant au ~** : ovenware

**Fourmillant** *a* : teeming

**Fourmiller** : to teem

**Fournir** : to supply ; to provide

**Fournisseur** *m* : supplier

**Fournitures** *f pl* : supplies, *pl*

**Fourrage** *m* : fodder ; stover ; pasture ;
forage ; animal foodstuff ; stuffing
*(cuisine)*
~ **grossier** : roughage
~ **sec** : dry crop
~ **vert** : green forage ; leaf fodder ;
green pasture ; green roughage

**Fourragère** *a* :
**Céréale** ~ : grain fodder
**Levure** ~ : feeding yeast
**Paille** ~ : fodder straw
**Unité** ~ : fodder unit
**Valeur** ~ : feed value

**Fourré** *a* : stuffed

**Fourrer** : to stuff *(cuisine)*

**Foyer** *m* : focus *(optique)* ; hearth
*(chaudière)*

**Fractionnable** *a* : dissociable ; divisable

**Fractionnement** *m* : fractionating ; fractionation ; separation ; splitting up

**Fractionné** *a* : fractional
**Distillation fractionnée** : fractional
distillation

**Fractionner** : to fractionate ; to divide

**Fragile** *a* : labile ; fragile

**Fragilité** *f* : lability, fragility

**Frai** *m* : spawn ; spawning ; berry ; fry
**Epoque du** ~ : spawning time

**Fraîcheur** *f* : freshness

**Frais** *m pl* : costs, *pl* ; expenses, *pl* ;
fees *(économie)*

**Frais** *a* : cool

**Framboise** *f* : raspberry ; red raspberry
**Sirop de** ~ : raspberry juice

**Fratrie** *f* : sibship

**Frayer** : to spawn *(poisson)*

**Frelater** : to adulterate

**Frémissement** *m* : simmer ; simmering
*(liquide)*

**Fréquence** *f* : frequency *(physique)* ;
prevalence *(pathologie)*
**Basse** ~ : low frequency
**Haute** ~ : high frequency

**Fréquent** *a* : prevalent *(pathologie)*

**Fressure** *f* : fry

**Fretin** *m* : minnow ; fry *(pêche)*

**Friabilité** *f* : friability ; friableness ; flakiness

**Friable** *a* : friable ; earthy ; flaky ; crumbly

**Friand** *m* : sausage roll ; meat pie

**Fricassée** *f* : fricassee ; onion stew
~ **de lapin** : stewed rabbit
~ **de poulet** : chicken fricassee

**Friche** *f* : fallow

**Frigellisation** *f* : winterization *(huile)*

**Frigelliser** : to winterize

**Frigorifique** *a* : cool ; frigorific ; refrige-
rating
**Armoire** ~ : cooling cupboard
**Entrepôt** ~ : cold store
**Industrie** ~ : refrigerating industry
**Installation** ~ : refrigerating plant
**Machine** ~ : cooling machine
**Navire** ~ : cooling ship
**Usine** ~ : cold storage ; refrigerating
plant
**Wagon** ~ : cooling wagon *(GB)* ; ice
car *(US)*

**Frire ; faire frire** : to fry

**Frit** *a* : fried ; sauteed *(cuisine)*

**Frite** *f* : French fry, *pl* fries *(US)* ; chipped potatoes, *pl* ; chips *(GB)*

**Fritté** *a* : fritted *(verre)*

**Friture** *f* : fry ; frying
~ **en bain** : deep frying ; deep fat
frying
~ **plate** : shallow frying

**Froid** *m* : cold
**Chaîne du** ~ : cooling chain
**Chambre froide** : cooling room
**Morsure du** ~ : nib *(biologie)*

**Froid** *a* : cold

**Fromage** *m* : cheese
~ **affiné** : fermented cheese
~ **blanc** : soft white cheese
~ **de chèvre** : goat's milk cheese
~ **double crème** : double cream
cheese
~ **demi-gras** : single cream cheese ;
low fat cheese
~ **fermenté** : fermented cheese
~ **fondu** : processed cheese ; resolidified cheese
~ **frais** : fresh cheese ; soft white
cheese
~ **gras** : full fat cheese
~ **de Hollande** : Dutch cheese
~ **maigre** : fatless cheese
~ **à point** : ripe cheese
~ **à pâte cuite** : boiled cheese
~ **à pâte dure** : hard cheese
~ **à pâte molle** : soft cheese
~ **à pâte persillée** : blue mould
cheese ; blue veined cheese
~ **à pâte pressée** : pressed cheese
~ **à tartiner** : cream cheese ; cheese
spread
~ **de tête** : brawn ; pork brawn
**Allumettes au** ~ : cheese finger
**Biscuit au** ~ : cheese finger ;
cheese biscuit
**Croûte de** ~ : cheese paring ; crust
**Marchand de** ~ : cheesemonger
*(GB)* ; cheese merchant
**Tarte au** ~ : cheese cake

**Fromager** *m* : cheese maker

**Fromagerie** *f :* cheese making ;
cheese dairy

**Frottement** *m* : attrition ; friction

**Frottis** *m* : swab test ; smear

**Fructification** *f :* fructification ; fruit
bearing

**Fructose** *m* : laevulose *(GB)* ; levulose
*(US)* ; fructose ; fruit sugar

**Fruit** *m* : fruit
~ **comestible** : edible fruit
~ **en compote** : stewed fruit
~ **en conserve** : canned fruit *(US)* ;
tinned fruit *(GB)* ; preserved fruit
~ **confit** : candied fruit ; glacé fruit
~ **à l'eau de vie** : preserved in brandy ; preserved in spirits
~ **exotique** : exotic fruit
~ **de mer** : seafood
~ **à noyau** : stone fruit ; drupe ; cling

~ **de la passion** ; passion fruit
~ **sec** : dried fruit ; dry fruit
~ **tombé** : windfall
**Alcool de** ~ : fruit spirits, *pl* ; liqueur
**Eau de vie de** ~ : fruit spirits, *pl* ;
liqueur ⇨ aussi **Eau** (de vie)
**Jus de** ~ : fruit juice
**Pâte de** ~ : crystallized fruit ; fruit
paste
**Peau de** ~ : fruit peel , ring *(agrume)*
**Presse de** ~ : juice squeezer ; juice
maker ; fruit mill
**Pulpe de** ~ : fruit pulp
**Séchoir à** ~ : fruit dryer
**Sirop de** ~ : fruit syrup

**Fucose** *m* : fucose

**Fugace** *a* : fugacious

**Fuite** *f* : leak

**Fuligineux** *a* : smoky ; sooty

**Fumage** *m* : smoking ; curing

**Fumaison** *f* : curing

**Fumarique** *a* : fumaric

**Fumé** *a* : smoked ; cured *(aliment)*

**Fumée** *f* : smoke *(charbon)* ; steam ;
fumes ; vapour *(GB)* ; vapor *(US)*
*(vapeur d'eau)*
**Point de** ~ : smoke point
**Exposer à la** ~ : to fumigate ;
to smoke

**Fumer** : to smoke ; to smoke-cure *(aliment)* ; to dung ; to manure *(terre)*

**Fumet** *m* : smell ; aroma *(cuisine) ;* bouquet *(vin)* ; highly-flavoured concentrate

**Fumier** *m* : manure ; dung ; stable
manure ; solid manure ; midden

**Fumigant** *m* : fumigant

**Fumigateur** *m* : fumigator

**Fumigation** *f* : fumigation
**Traiter par** ~ : to fumigate

**Fumure** *f* : manuring *(champ)* ; dung ;
manure *(matière)*

**-furanose** : -furanose

**Furet** *m* : ferret

**Furfural** *m* : furfural

**Furoncle** *m* : furuncle

**Fusariose** *f* : fusariosis

**Fusion** *f* : fusion ; melting ; smelting
  **Chaleur de ~** : fusion heat
  **Point de ~** : melting point ; smelting point

**Fût** *m* : drum ; cask barrel, tun ; hog-
shead *(récipient)* ; stillion *(fermentation)* ; puncheon ; bole *(arbre)*
  **Mise en ~** : casking
  **Tirer de la bière du ~** : to draw beer from the wood

**Fûtaie** *f* : wood ; forest

**Futur** *a m* : future

# G

Gaïacol *m* : guaiacol

Gain *m* : gain
~ **de poids** : weight gain

Gaine *f* : sheat *(anatomie)* ; investment *(enrobage)*
~ **de myéline** : myelin sheat

Gainé *a* : sheated

Galactane *m* : galactan

Galactitol *m* : dulcitol ; galactitol

Galactogène *a* : galactogen ; galactogenic

Galactophore *a* : galactophorous

Galactopoïèse *f* : galactopoiesis ; galactosis

Galactosamine *f* : galactosamine

Galactosémie *f* : galactosemia

Galactosurie *f* : galactosuria

Galacturonane *m* : galacturonan

Galacturonase *f* : galacturonase

Galénique *a* : galenic ; galenical

Gale *f* : scabies *(médecine)* ; scale ; scurf *(botanique)*

Galet *m* : roller *(mécanique)*

Galette *f* : cake ; cookie ; biscuit ; pancake
~ **d'avoine** : oatcake
~ **azyme** : damper
~ **renversée** : drop scone
~ **des rois** : twelfth night cake

Galeux *a* : mangy *(chien)* ; scabby *(mouton, arbre)*

Galle *f* : gallnut *(noix de ~)*

Gallinacé *a m* : gallinacean ; gallinaceous

Gallique *a* : gallic

Gamelle *f* : mess tin

Gamète *m* : gamete

Gamme *f* : range

Ganglion *m* : ganglion ; glands *pl*

Ganglionnaire *a* : nodal

Garantie *f* : guarantee ; surety ; garanty
**En ~ de** : as a safeguard against

Garantir : to guarantee

Garde *f* : keeping *(vin)* ; storing

Garder : to keep ; to shepherd *(mouton)*

Gardon *m* : roach

Garni *a* : garnished ; served with vegetables *(mets)* ; stuffed *(viande)*

Garnir : to garnish *(mets)* ; to stuff *(viande)*

Garniture *f* : garnish ; stuffing *(plat)* ; casing *(enrobage)*

Gaspillage *m* : wasting ; squandering

Gastéropode *m* : gastropod ; gasteropod

Gastricsine *f* : gastricsin

Gastrine *f* : gastrin

Gastrique *a* : gastral ; gastric ; pectic

Gastrite *f* : gastritis

Gastrointestinal *a* : gastrointestinal

Gastronome *m* : epicure ; gourmet ; gastronome

Gastronomie *f* : gastronomy

Gastropode *m* : gastropod ; gasteropod

Gâté *a* : spoilt ; decayed

Gâter : to spoil ; to taint

Gaufre *f* : waffle

**Gaufrette** f : wafer

**Gaufrier** m : waffle iron

**Gavage** m : cramming ; force-feeding

**Gavé** a : force-fed

**Gaver** : to cram ; to force-feed

**Gaz** m : gas ; fume
~ **brûlé** : waste gas
~ **carbonique** : carbonic anhydride ;
carbon dioxide
~ **à la pression atmosphérique** :
zero gas
**Conservation sous** ~ : gas storage

**Gazéification** f : aeration (water) ; gasification

**Gazéifier** : to aerate (eau) ; to gasify

**Gazeux** a : gaseous ; gassy

**Gel** m : gel ; jelly (physique) ; frost (climat) ; freezing (économie)
~ **de silice** : silicagel

**Gélatine** f : gelatin
**Fabrique de** ~ : gelatin works

**Gélatineux** a : gelatinous ; jelly-like

**Gélatinisant** a : gelatinizing

**Gélatinisation** f : gelatinization ; gelling

**Gélatiniser** : to gelatinize

**Gelée** f : frost (climat) ; gel ; jelly (ali-
ment)
**Coup de** ~ : nib
**Couvrir de** ~ **blanche** : to frost ; to
cover with white frost
**Résistant à la** ~ : frost proof
**Poulet en** ~ : chicken in aspect
**Veau en** ~ : jellied veal

**Gelé** a : frosted ; frosty (physique)

**Gélification** f : gelation ; gelification ;
jelification (texture) ; gelatinization
(aliment) ; frosting (froid)

**Gélifié** a : jellied (aliment)

**Gélose** f : gelose ; agar-agar

**Gencive** f : gengiva ; gingiva ; gum ;
ulon

**Gène** m : gene
~ **autosomique** : autosomal gene

**Gêne** f : distress ; discomfort

**Généalogie** f : genealogy ; pedigree
(animal)

**Génétique** f : genetics

**Génétique** a : genetic

**Gengivite** f : gengivitis

**Génie** m **industriel** : industrial engineering

**Genièvre** m : juniper berry

**Génisse** f : heifer

**Géniteur** m : breeding animal ; sire

**Génitrice** f : breeding animal ; dam

**Génotype** m : genotype ; wild type

**Genou** m : knee ; genu

**Genre** m : kind ; genus, pl : genera

**Gentiane** f : gentian
~ **jaune** : yellow gentian

**Gentiobiose** m : gentiobiose

**Géologique** a : geological

**Gerbier** m : stack

**Gerboise** f : gerboa ; gerbil

**Geriatrie** f : geriatrics

**Germe** m : germ (microbiologie) ; sprout
(plante) ; germen ; embryo (vegetal)
**Porteur de** ~ : germ carrier

**Germé** a : sprouted ; germinated ;
grown out

**Germer** : to sprout (plante) ; to germinate ; to shoot (céréale)

**Germicide** m : germicide ; microbicide

**Germicide** a : germicidal

**Germinal** a : germinal

**Germinatif** a : germinal ; germinative
**Pouvoir** ~ : germination power

**Germination** f : germination ; growing
out

**Germoir** m : seed tray ; malt-floor
(brasserie)

**Gésier** m : gizzard

**Gestante** a : pregnant

**Gestation** f : pregnancy ; gestation

**Gester** : to gestate

**Gestion** f : management

**Gibberelline** f : gibberellin

**Gibier** m : game ; waterfowl (~ d'eau) ; venison

**Gigleur** m : spraying nozzle

**Gigot** m : leg of lamb ; leg of mutton (mouton) ; haunch of venison (chevreuil)

**Gingembre** m : ginger

**Gingival** a : gingival

**Gîte** m : gravy beef ; beef leg

**Givre** m : frost ; rime

**Glaçage** m : polishing (riz) ; glassiness ; icing ; frosting (gâteau)

**Glace** f : ice (physique) ; ice cream (aliment)
**Crème glacée** : ice cream (générique)
**~ à la crème** : ice cream dairy

**Glacer** : to congeal ; to freeze ; to frost (gâteau)

**Glacial** a : frosty

**Glaçon** m : ice cube

**Glaise** f : clay ; loam

**Glaiseux** a : clayey ; loamy

**Glande** f : gland
**~ endocrine** : endocrine gland ; ductless gland
**~ exocrine** : exocrine gland
**~ lacrymale** : lachrymal gland ; tear gland
**~ lymphatique** : lymph gland
**~ mammaire** : lactiferous gland ; mammary gland
**~ parotide** : parotid gland
**~ surrénale** : adrenal gland ; glandula suprarenalis (médecine)
**~ thyroïdienne** : thyroid gland

**Gliadine** f : gliadin

**Globine** f : globin

**Globulaire** a : globular

**Globule** m : globule ; corpuscle
**~ blanc** : white blood corpuscle ; white blood cell
**~ gras** : fat globule
**~ rouge** : red blood corpuscle ; red blood cell
**~ sanguin** : blood corpuscle

**Globuline** f : globulin

**Glomérule** m : glomerulus ; glomerus

**Glossite** f : glossitis

**Glossophytie** f : black tongue

**Glotte** f : glottis

**Gluant** a : slimy ; sticky ; viscid ; gummy

**Glucagon** m : glucagon

**Glucane** m : glucan

**Glucide** m : carbohydrate ; glucide

**Glucofuranose** m : glucofuranose

**Glucomannane** m : glucomannan

**Gluconique** a : gluconic

**Glucopyranose** m : glucopyranose

**Glucosamine** f : glucosamine

**Glucosane** m : glucosan

**Glucose** m : dextrose ; glucose

**Glucosidase** f : glucosidase

**Glucoside** m : glucoside

**Glucuronique** a : glucuronic

**Glume** f : glume

**Glumelle** f : glumella

**Glutamate** m : glutamate

**Glutamine** f : glutamine

**Glutamique** a : glutamic

**Glutarique** a : glutaric

**Glutathion** m : glutathione

**Glutéline** f : glutelin

**Gluten** m : gluten

**Gluténine** f : glutenin

**Glycane** m : glycan

**Glycémie** f : glycaemia *(GB)* ; glycemia *(US)*

**Glycéraldéhyde** m : glyceraldehyde

**Glycéride** m : glyceride

**Glycéridémie** f : glyceridemia

**Glycérine** f : glycerin

**Glycérol** m : glycerol

**Glycine** f : glycine

**Glycogène** m : glycogen ; zoamylin ; animal starch

**Glycogénèse** f : glycogenesis

**Glycol** m : glycol

**Glycolipide** m : glycolipid

**Glycolique** a : glycolic

**Glycolyse** f : glycolysis

**Glycoprotéine** f : glycoprotein

**Glycoside** m : glycoside

**Glycosurie** f : glycosuria

**Glycuronique** a : glycuronic

**Glyoxylique** a : glyoxylic

**Goémon** m : seaweed ; wrack

**Goître** m : goiter
~ **endémique** : endemic goiter
~ **exophtalmique** : Basedow's disease

**Goîtrogène** a : goitrogen

**Gomme** f : gum
~ **arabique** : gum acacia ; gum arabic
~ **adragante** : gum tragacanth
~ **à macher** : chewing-gum
~ **du Sénégal** : ⇨ ~ **arabique**

**Gommeux** a : gummy ; gummous

**Gonade** f : gonad

**Gonadotrope** *(cellule)* : gonadotrope *(GB)* ; gonadotroph *(US)*

**Gonadotrope** a : gonadotropic

**Gonadotrophine** f : gonadotrophin

**Gonflement** m : expansion ; blowing ; swelling

**Gonflé** a : turgid *(anatomie)* ; puffed ; swollen *(matière)*

**Gonfler** : to expand ; to swell ; to blow ; to raise

**Gorge** f : throat ; swallow *(animal)*

**Gorgée** f : mouthful ; draught ; swallow

**Gosier** f : gullet ; throat ; swallow

**Gossypol** m : gossypol

**Goudron** m : tar

**Goujon** m : gudgeon

**Goulot** m : neck *(bouteille)*

**Gourde** f : squash *(légume)* ; gourd *(récipient)*

**Gourmet** m : epicure ; gourmet

**Gousse** f : pod ; peel ; pulse ; hull ; husk ; shell
~ **d'ail** : clove of garlic
**A** ~ : podded *(haricot)*

**Goût** m : taste ; palate
~ **d'eau** : watery
~ **fort** : coarse taste ; strong taste
~ **de fromage** : cheesy
~ **d'huile de poisson** : trainy flavour ; fishy taste
~ **de levure** : yeasty
~ **métallique** : tinny
~ **de savon** : soapy
**Mauvais** ~ : bad taste ; unpleasant taste
**Sans** ~ : tasteless ; bland

**Goûter** : to taste

**Goutte** f : drip ; drop *(liquide)* ; arthrolithiasis ; gout ; podagra *(pathologie)*

**Gouttelette** f : droplet

**Goutteux** a : gouty ; podagric ; podagrous ; uratic

**Gouttière** f : groove *(anatomie)*

**Goyave** f : guava

**Gradient** m : gradient

**Graduation** f : graduation ; scale ; calibration ; step

**Graduer** : to graduate
**Verre gradué** : graduate *(US)* ; measuring glass

**Grain** *m* : grain ; kernel *(céréale)*
~ **de raisin** : grape
~ **de semence** : grains *pl*
**Alcool de** ~ : grain alcohol
**A gros** ~ : coarse grained ; large grained
**A petits** ~ : fine grained ; small grained

**Graine** *f* : seed ; legume *(légumineuse)*
~ **maraîchères** : vegetable seeds
~ **oléagineuse** : oilseed
~ **de semence** : seed crops
**Monter en** ~ : to seed

**Graissage** *m* : greasing ; oiling ; lubricating ; lubrication

**Graisse** *f* : grease ; fat
~ **animale** : grease ; animal grease ; animal fat ; suet ; adipose
~ **concrète** : consistent grease
~ **foisonnée** : shortening
~ **de rognon** : suet
**Goutte de** ~ **de rôti** : drip ; drippings *pl*

**Graisser** : to grease ; to lubricate

**Graisseux** *a* : fatty ; greasy ; tallowy ; adipic

**Gram négatif** *a* : gram negative

**Gram positif** *a* : gram positive

**Graminé** *a* : graminaceous

**Graminées** *f pl* : graminaceae
~ **fourragères** : grass
~ **deshydratées** : milled dried grass

**Gramme** *m* : gram

**Grandeur** *f* : size ; quantity *(mathématique)*

**Grandir** : to grow

**Grange** *f* : barn
~ **à foin** : hay loft

**Granulaire** *a* : grained ; granular

**Granulation** *f* : granulation ; pelleting *(aliment)*

**Granule** *m* : granule

**Granulé** *m* : pellet

**Granulométrie** *f* : screen analysis

**Graphique** *m* : graph ; graphic

**Grappe** *f* : bunch ; cluster *(fruit)*

**Gras** *a* : fatty ; oily ; ropy *(vin)* ; loamy ; rich *(sol)*

**Grave** *a* : serious *(pathologie)*

**Gravide** *a* : gravid ; pregnant

**Gravidité** *f* : gravidity

**Gravimétrie** *f* : gravimetry

**Gravité** *f* : gravity
~ **spécifique** : specific gravity

**Greffage** *m* : grafting

**Greffe** *f* : graft

**Greffer** : to graft ; to bud *(plant)* ; to transplant *(organ)*

**Grêle** *f* : hail

**Grenade** *f* : pomegranate

**Grenier** *m* : loft
~ **à blé** : wheat loft *(US)* ; corn loft *(GB)* ; granary
~ **à foin** : hay loft
~ **à sel** : salt shed

**Grenouille** *f* : frog
**Cuisse de** ~ : frog leg

**Grès** *m* : stoneware

**Grésillement** *m* : sizzling

**Grésiller** : to sizzle

**Gressin** *m* : bread stick

**Griffe** *f* : claw

**Grignoter** : to nibble

**Grillade** *m* : broiling ; grill

**Grillage** *m* : roasting ; toasting *(pain)* ; broil *(viande)* ; grilling
~ **intense** : burning

**Grille-pain** *m* : toaster

**Griller** : to grill *(US)* ; to broil *(viande)* ; to toast *(pain)* ; to roast *(café)* ; to burn

**Grilloir** *m* : roaster ; roasting oven ; grill ; toaster

**Griotte** *f* : morelle cherry

**Gris** *a* : grey *(GB)* ; gray *(US)*

**Grisâtre** *a* : greyish *(GB)* ; grayish *(US)*

**Grive** *f* : thrush

**Grog** *m* : toddy

**Groin** *m* : snout
**Fouiller avec le** ~ : to nuzzle ; to root

**Grondin** *m* : gurnard

**Groseille** *f* : currant ; white currant *ou* red currant
~ **à maquereau** : gooseberry

**Grossesse** *f* : pregnancy ; gestation

**Grossier** *a* : coarse *(particule)*
**Farine grossière** : coarse meal

**Grossir** : to magnify *(microscope)* ; to become fat *(organisme)*

**Grossissant** *a* : magnifying *(microscope)* ; becoming fat *(organisme)*
**verre** ~ : magnifying lens

**Grossissement** *m* : magnifying *(optique)* ; swelling *(matière)*

**Grossiste** *m* : wholesale dealer ; wholesale merchant ; wholesaler

**Groupe** *m* : group
~ **sanguin** : blood group

**Groupement** *m* : grouping

se **Grouper** : to coalesce *(matière en suspension)*

**Gruau** *m* : hulled grain ; groats *pl* *(avoine)* ; clod ; coarse meal ; gruel *(cuisine*

**Grumeau** *m* : lump *(sauce)* ; curdle *(lait)*
**Faire des grumeaux** : to clot ; to go lumpy

**Grumeleux** *a* : cloddy ; clotty ; clotted ; lumpy ; clumpy ; grumous

**Guanidine** *f* : guanidine

**Guanine** *f* : guanine

**Guano** *f* : guano

**Guanosine** *f* : guanosine

**Guérison** *f* : cure

**Guigne** *f* : heart cherry

**Guimauve** *f* : marshmallow

**Gulonique** *a* : gulonic

**Gulose** *m* : gulose

**Gustatif** *a* : gustatory

**Gymnosperme** *m* : gymnosperm

# H

**Habitat** *m* : habitat ; biotope *(animal)*

**Habitude** *f* : habit

**Hachage** *m* : mincing ; chopping

**Hacher** : to hash ; to mince ; to chop

**Hachis** *[m]* **de viande** : mince ; minced beef ; ground meat *(US)*

**Hachoir** *m* : clopper ; cleaver ; mincer

**Haddock** *m* : haddock

**Halle** *f* : hall ; store room

**Halles** *f pl* : market ; market hall

**Halogénation** *f* : halogenation

**Halogène** *m* : halogen

**Hamburger** *m* : hamburger

**Hangar** *m* : shed ; barn *(fourrage)* ; warehouse *(marchandises)* ; machinery store *(industrie)*

**Haploïde** *a* : haploid

**Haploïdie** *f* : haploidy

**Hareng** *m* : herring
~ **saur** : kipper ; bloater
~ **fumé** : smoked herring

**Haricot** *m* : bean
~ **beurre** : yellow bean ; butter bean ; wax bean
~ **blanc** : white bean ; haricot bean
~ **sans fil** : snap bean
~ **en grains** : bean ; kidney bean
~ **ordinaire** : black bean
~ **rouge** : kidney bean

~ **sec** : dried bean
~ **vert** : French bean ; green bean
~ **cuit au four** : baked bean

**Harnais** *m* : harness

**Hasard** *m* : random
**Echantillon pris au** ~ : random sample
**Répartition au** ~ : random distribution

**Hase** *f* : doe hare

**Hâtif** *a* : early ; hasty

**Haugh** *(échelle de –)* : Haugh *(score)*

**Hausse** *f* : increase

**Haut** *a* : high

**Hauteur** *f* : height

**Hauturière** *a* : high sea *(pêche)*

**Hédonique** *a* : hedonic

**Hélice** *f* : helix
**Double-**~ : double-stranded helix ; double helix

**Hélicoïdal** *a* : helicoid ; helicoidal

**Héma-** : haema- *(GB)* ; hema- *(US)*

**Hémagglutination** *f* : hemagglutination *(US)* ; haemagglutination *(GB)*

**Hémagglutinine** *f* : hemagglutinin *(US)* ; haemagglutinin *(GB)*

**Hématine** *f* : hematin *(US)* ; haematin *(GB)*

**Hémato-** : haemato- *(GB)* ; hemato- *(US)*

**Hématocrite** *m* : haematocrit *(GB)* ; hematocrit *(US)*

**Hématopoïèse** *f* : haematopoiesis *(GB)* ; haemopoiesis *(GB)* ; hematopoiesis *(US)*

**Hématopolétique** *a* : haematopoietic *(GB)* ; hematopoietic *(US)*

**Hème** *m* : heme *(US)* ; haem *(GB)*

**Hémicellulase** *f* : hemicellulase

**Hémicellulose** *f* : hemicellulose

**Hémo-** : haemo- *(GB)* ; hemo- *(US)*

**Hémoglobine** *f* : haemoglobin *(GB)* ; hemoglobin *(US)*

**Hémolyse** f : haematolysis (GB) ; haemocytolysis (GB) ; haemolysis (GB) ; hemolysis (US) ; hematolysis (US)

**Hémolytique** a : haemolytic (GB) ; hemolytic (US)

**Hémorragie** f : haemorrhage (GB) ; hemorrhage (US) ; bleeding

**Hémosidérine** f : haemosiderin (GB) ; hemosiderin (US)

**Hemotoxine** f : haemotoxin (GB) ; hemotoxin (US)

**Héparine** f : heparin

**Hépatique** a : hepatic ; splanchnic
  **Stéatose** ~ : fatty liver

**Hépatite** f : hepatitis

**Heptulose** m : heptulose

**Herbacé** a : herbaceous

**Herbage** m : grass ; grassland ; pasture

**Herbe** f : grass (agriculture) ; herb (cuisine)
  **Mauvaise** ~ : weed

**Herbicide** m : herbicide

**Herbivore** m : herbivore

**Herbivore** a : herbivorous ; graminivorous

**Héréditabilité** f : hereditability

**Héréditaire** a : hereditary

**Hérédité** f : heredity ; inheritance

**Héritage** m : inheritance ; heritage

**Herser** : to harrow

**Hespéridine** f : hesperidin

**Hétérocyclique** a : heterocyclic

**Hétérofermentatif** a : heterofermentative

**Hétérogénéité** f : heterogeneity

**Hétérogène** a : heterogeneous

**Hétérosis** f : heterosis pl, heteroses

**Hexadécanoïque** a : hexadecanoic

**Hexitol** m : hexitol

**Hexokinase** f : hexokinase

**Hexose** m : hexose

**Hilaire** a : hilar

**Hile** m : hilum, pl : hila ; hilus, pl : hili

**Hippurique** a : hippuric

**Histamine** f : histamine ; ergamine

**Histidine** f : histidine

**Histochimie** f : histochemistry

**Histogramme** m : histogram

**Histologie** f : histology ; micranatomy

**Histologique** a : histological

**Histone** f : histone

**Hiver** m : winter
  **Céréale d'**~ : winter cereal

**Hivernage** m : rainy season (tropique) ; wintering

**Holoxénique** a : holoxenic ; conventional (animal)

**Homard** m : lobster

**Homéostase** f : homeostasis

**Homéotherme** a m : homeotherm ; homothermal ; hematherm (US)

**Homofermentatif** a : homofermentative

**Homogénat** m : homogenate

**Homogénéisateur** m : homogenizer

**Homogénéisation** f : homogenization

**Homogénéiser** : to homogenize

**Homogénéité** f : homogeneity

**Homologue** a : homologous

**Homosérine** f : homoserine

**Hongre** m : gelding

**Honnête** a : legal ; honest

**Honoraires** m pl : fee

**Horaire** a : hourly

**Hordéine** f : hordein

**Hormonal** a : hormonal

**Hormone** f : hormone
  ~ **de croissance** : growth hormone
  ~ **folliculo stimulante** : follicle stimulating hormone

~ **lutéinisante** : luteinizing hormone ; luteotrophic hormone
~ **sexuelle** : gonad hormone ; sex hormone
~ **thyréotrope** : thyroid-stimulating hormone
~ **végétale** : phytohormone

**Horticulture** f : horticulture

**Hôte** m : host (parasite) ; host (maître de maison) ; guest (invité)

**Hotte** f : hood (laboratory) ; cooker hood (GB) ; range hood (US) (cuisine)

**Houblon** m : hop

**Houille** f : coal

**Huile** f : oil
~ **d'amande** : almond oil
~ **animale** : animal oil
~ **de baleine** : train oil ; whale oil ; sperm oil
~ **brute** : crude oil ; raw oil
~ **essentielle** : aromatic oil ; essential oil
~ **pour friture** : cooking oil
~ **minérale** : earth oil ; mineral oil
~ **raffinée** : refined oil
~ **de salade** : salad oil
~ **siccative** : drying oil
~ **non siccative** : non-drying oil
~ **de table** : salad oil
~ **végétale** : vegetable oil
~ **vierge :** virgin oil ; unrefined oil

**Huiler** : to lubricate ; to oil

**Huileux** a : oily ; greasy ; ropy ; oleaginous ; oleosus

**Huître** f : oyster
**Parc à ~** : oyster bed ; oysterage

**Humain** a : human

**Humectant** m : humectant ; moistening

**Humecter** : to moisten ; to wet ; to damp ; to dew

**Humecteur** m : moistener

**Humeur** f : secretion ; aqua (médecine)

**Humide** a : wet ; damp ; moist ; humid ; watery ; hygric
**Par voie ~** : in the wet way
**Lavage par voie ~** : wet washing
**Procédé par voie ~** : wet process
**Putréfaction ~** : wet rot

**Séparation par voie ~** : wet separation
**Vapeur ~** : wet vapour

**Humidificateur** m : humidifier ; moistener

**Humidification** f : humidification ; moistening ; wetting ; madefaction (médecine)
~ **de l'air** : air wetting ; humidification

**Humidifié** a : wet ; humidified

**Humidifier** : to humidify ; to moisten ; to wet ; to damp

**Humidité** f : humidity ; water content (chimie) ; wet ; wetness ; damp ; moistness ; moisture

**Humique** a : humic ; ulmic

**Humulone** f : humulone

**Humus** m : vegetal mould ; vegetal soil ; vegetable soil ; black mould
~ **végétal** : vegetal humus deposit

**Hyaluronidase** f : hyaluronidase

**Hyaluronique** a : hyaluronic

**Hybridation** f : cross breeding ; cross fertilization

**Hybride** a : hybrid

**Hybrider, s'hybrider** : to hybridize

**Hybridisation** f : hybridization

**Hybridisme** m : hybridism

**Hybridité** f : hybridity

**Hydantoïne** f : hydantoin

**Hydratation** f : hydration

**Hydrate** m : hydrate ; hydroxide

**Hydraté** a : hydrated ; hydrous

**Hydrater** : to hydratize

**Hydraulique** a : hydraulic

**Hydrocarbure** m : hydrocarbon
~ **aromatique polycyclique** : polycyclic aromatic hydrocarbon

**Hydrocolloïdal** a : hydrocolloidal

**Hydrocolloïde** m : hydrocolloid ; gum

**Hydrogénase** f : hydrogenase

**Hydrogénation** f : hydrogenation
~ **d'une huile** : hardening

**Hydrogène** m : hydrogen
~ **sulfuré** : hydrogen sulfide
Liaison ~ : hydrogen bond ; hydrogen bonding
Sulfure d'~ : hydrogen sulfide

**Hydrogéné** a : hydrogenized ; hydrogenated ; hydrous

**Hydrogéner** : to hydrogenize ; to hydrogenate

**Hydrolase** f : hydrolase

**Hydrolysat** m : hydrolysate

**Hydrolyse** f : hydrolysis, pl hydrolyses

**Hydrolyser** : to hydrolyse

**Hydrolytique** a : hydrolytic

**Hydromel** m : honey wine ; hydromel

**Hydrométrie** f : hydrometry

**Hydroperoxyde** m : hydroperoxide

**Hydrophile** a : hydrophil ; hydrophilic ; hydrophilous

**Hydrophobe** a : hydrophobic ; water repellent

**Hydropisie** f : dropsy

**Hydrosoluble** a : water soluble

**Hydrothermique** a : hydrothermal

**Hydroxyde** m : hydroxide

**Hydroxyle** m : hydroxyl

**Hydroxylé** a : hydroxylated

**Hydroxylysine** f : hydroxylysine

**Hydroxyproline** f : hydroxyproline

**Hydrure** m : hydride

**Hygiène** f : hygiene
~ **publique** : sanitation ; public health

**Hygiénique** a : sanitary ; hygienic

**Hygromètre** m : hygrometer (US) ; hygrometre (GB)

**Hygrométrie** f : hygrometry

**Hygroscopicité** f : hygroscopicity

**Hygroscopique** a : hygroscopic

**Hyperchrome** a : hyperchromic

**Hyperlipidique** a : high-fat

**Hyperphagie** f : overeating

**Hyperplasie** f : hyperplasia

**Hyperprotidique** a : hyper-protein

**Hypertension** f : high blood pressure

**Hypertonique** a : hypertonic

**Hypertrophie** f : enlargment (organe) ; hypertrophy

**Hypertrophié** a : enlarged (organe)

**Hypochlorite** m : hypochlorite

**Hypochrome** a : hypochromic

**Hypoderme** m : hypoderma ; hypodermis (médecine)

**Hypoglycémie** f : hypoglycaemia (GB) ; hypoglycemia (US)

**Hypolipidique** a : hypo-fat

**Hypophysaire** a : hypophyseal ; hypophysial

**Hypophyse** f : hypophysis ; pituitary gland ; master gland

**Hypoplasie** f : hypoplasia

**Hypoprotidique** a : hypo-protein

**Hypotension** f : hypotension ; low blood pressure

**Hypothalamus** m : hypothalamus

**Hypothèse** f : hypothesis, pl : hypotheses
**Etablir une** ~ : to hypothesize

**Hypotonie** f : hypotension

**Hypotonique** a : hypotonic

**Hypotrophie** f : hypotrophy

**Hypovitaminose** f : hypovitaminosis

**Hystérectomie** f : hysterectomy

**Hystérésis** f : hysteresis

# I

**Ictère** *m* : jaundice ; icterus

**Identification** *f* : identification

**Identique** *a* : identical

**Idiopathique** *a* : idiopathic

**Igname** *m* : yam ; Indian potato

**Ignifuge** *a* : fire proof ; flame proof

**Iléon** *m* : ileum

**Iliaque** *a* : iliac

**Ilot** *m* : islet *(anatomie)*

**Imbiber** : to imbibe ; to soak ; to wet *(eau)*

**Imbibition** *f* : imbibition

**Imbriqué** *a* : imbricated ; overlapping

**Imitation** *f* : imitation ; copying ; copy

**Imité** *a* : imitated ; copied

**Immature** *a* : immature ; juvenile ; unripe ; unripened

**Immaturité** *f* : immaturity ; unripeness

**Immerger** : to immerse ; to steep

**Immersion** *f* : immersion

**Immobilisation** *f* : immobilization

**Immobilisé** *a* : immobilized

**Immun** *a* : immune

**Immunisation** *f* : immunization

**Immuniser** : to immunize

**Immunité** *f* : immunity
~ **acquise** : acquired immunity
**congénitale** : congenital immunity
~ **héréditaire** : inherited immunity

**Immunoglobine** *f* : immunoglobulin ; immune globulin

**Immunologie** *f* : immunology

**Impair** : odd *(nombre)*

**Imparfait** *a* : imperfect ; unfinished

**Imperméabiliser** : to waterproof ; to tighten ; to seal

**Imperméabilité** *f* : impermeability ; imperviousness

**Imperméable** *a* : waterproof ; impermeable ; impervious

**Implant** *m* : implant

**Implantation** *f* : implantation ; grafting ; graft *(biologie)* ; colonization *(microbiologie)*

**Implanter** : to implant ; to insert ; to colonize *(microbiologie)*

**Impliquer** : to involve in

**Importateur** *m* : importer

**Importation** *f* : import ; importation
**Droits d'**~ : import duty
**Maison d'**~ : importing firm ; import-export firm

**Importer** : to import

**Impôt** *m* : duty ; tax ; impost
~ **sur le revenu** : income tax

**Imprécis** *a* : inaccurate

**Imprégnation** *f* : impregnating ; impregnation

**Imprégner** : to impregnate *(biologie)* ; to moisten ; to soak *(eau)*

**Impropre à** *a* : unserviceable ; unfit *(alimentation)* ; useless

**Impubère** *a* : immature

**Impulsion** *f* : impulsion ; impulse
~ **électrique** : electric impulsion

**Impur** *a* : impure

**Impureté** *f* : impurety ; dirt

**Imputrescible** *a* : imputrescible

**Inachevé** *a* : unfinished

**Inactif** *a* : inert

**Inactinique** *a* : inactinic ; non actinic

**Inactivation** *f* : inactivation ; inertness

**Inactiver** : to inactivate

**Inaltéré** *a* : unaltered ; unchanged

**Inanition** *f* : starvation ; inanition
**Mourir par** ~ : to starve

**Inappétence** *f* : inappetence ; lack of appetite

**Inapprivoisé** *a* : untamed ; wild

**Inattaquable** *a* : incorrodible ; corrosion-proof ; rustproof *(fer)*

**Incapacité** *f* : inability ; incapacity

**Incendie** *m* : fire

**Inchangé** *a* : unchanged

**Incidence** *f* : incidence

**Incinération** *f* : burning ; cremation *(cadavre)* ; incineration
~ **des ordures** : refuse burning

**Incinérateur** *m* : incinerator

**Incinérer** : to burn ; to incinerate ; to cremate *(cadavre)*

**Incisive** *f* : incisor tooth ; dens acutus ; dens incisivus *(medecine)*

**Inclure** : to inclose

**Inclus** *a* : inclusive

**Inclusion** *f* : inclusion

**Incoagulable** *a* : uncoagulable

**Incombustible** *a* : fireproof

**Incomplet** *a* : deficient

**Inconnu** *a* : unknown

**Inconsommable** *a* : inedible *(aliment)*

**Incruster** : to fur *(calcaire)*

**Incubateur** *m* : incubator ; hatchery ; couveuse

**Incubation** *f* : incubation *(pathologie)* ; hatching *(aviculture)*
**Période d'**~ : incubation period

**Incuber** : to incubate

**Incurvé** *a* : incurved ; curved

**Index** *m* : index

**Indicateur** *m* : indicator

**Indice** *m* : index ; value ; number *(chimie)*
~ **d'acétyle** : acetyl value
~ **d'acidité** : total acid number
~ **de consommation** : feed conversion ratio
~ **d'iode** : iodine number
~ **de peroxyde** : peroxide value
~ **de Polenske** : Polenske value
~ **des prix** : price index
~ **de réfraction** : refraction index ; refractive index
~ **de saponification** : saponification number ; saponification value

**Indifférencié** *a* : undifferenciated

**Indigène** *a* : native ; indigenous

**Indigeste** *a* : indigestible

**Indispensable** *a* : essential *(nutrition)* ; indispensible

**Indisponible** *a* : unavailable *(nutrition)* ; not in stock *(commerce)*

**Indole** *m* : indol

**Inducteur** *m* : inducer *(biologie)* ; inductor *(électricité)*

**Induction** *f* : induction ; trigerring
**Bobine d'**~ : induction coil
**Four à** ~ : induction furnace

**Induire** : to induce

**Industrie** *f* : industry
~ **alimentaire** : food industry ; foodstuff industry ; foodstuff factory
~ **de la conserve** : canning industry *(US)* ; tinning industry *(GB)*
~ **meunière** : milling industry
~ **viticole** : wine industry

**Industriel** *m* : manufacturer

**Industriel** *a* : industrial

**Inefficacité** *f* : inefficiency ; ineffectiveness

**Inégal** *a* : unequal ; uneven

**Inégalité** *f* : uneveness ; inegality

**Inerte** *a* : inert

**Inertie** *f* : inertia
  **Moment d'~** : moment of inertia

**Inexact** *a* : inaccurate ; inexact

**Inexpérimenté** *a* : inexperienced *(individu)*

**Infantile** *a* : infantile
  **Aliment ~** : infant food ; baby food
  **Alimentation ~** : infant feeding
  **Lait ~** : infant milk

**Infécond** *a* : infecund ; infertile ; sterile

**Infecté** *a* : infected

**Infecter** : to infect ; to contaminate ; to taint

**Infectieux** *a* : infectious

**Infection** *f* : infection
  **~ microbienne** : bacterial infection

**Inférieur** *a* : inferior

**Infestation** *f* : infestation

**Infester** : to infest

**Infiltration** *f* : infiltration

s'**Infiltrer** : to infiltrate ; to permeate through ; to percolate through

**Inflammation** *f* : inflammation *(médecine , physique)* ; ignition ; flaming
  **Point d'~** : ignition point ; flashing point

**Inflexion** *f* : inflexion ; bending ; curbing
  **Point d'~** : point of inflexion

**Inflorescence** *f* : inflorescence

**Influence** *f* : influence
  **Sous l'~ de** : under the influence of

**Influx** *m* : impulse *(biologie)*

**Infra-rouge** *a* : infrared ; ultra-red

**Infusé** *a* : brewed *(thé)*

**Infuser** : to infuse ; to steep ; to brew *(malt)*

**Infusion** *f* : infusion

**Infusoires** *m pl* : infusoria
  **Terre d'~** : infusorial earth

**Ingénieur** *m* : engineer
  **~ agronome** : agronomist

**~ chef de service** : works engineer
**Sciences de l'~** : engineering

**Ingénierie** *f* : engineering

**Ingéré** *m* : ⇨ ingesta

**Ingérer** : to ingest

**Ingesta** *m pl* : ingesta *pl* ; intake

**Ingestion** *f* : ingestion

**Ingrédient** *m* : ingredient ; component

**Inhabité** *a* : uninhabited

**Inhalation** *f* : inhalation

**Inhaler** : to inhale

**Inhérent** *a* : inherent

**Inhiber** : to inhibit ; to retard *(chimie)*

**Inhibiteur** *m* : inhibiting factor ; inhibiting agent ; inhibitor ; blocker

**Inhibition** *f* : inhibition
  **~ compétitive** : competitive inhibition
  **Zone d'~** : inhibition zone

**Ininterrompu** *a* : uninterrupted

**Initial** *a* : initial

**Injecter** : to inject

**Injection** *f* : injection
  **~ intramusculaire** : intramuscular injection
  **~ intraveineuse** : intravenous injection
  **~ sous-cutanée** : subcutaneous injection

**Inné** *a* : innate ; inborn ; congenital

**Innocuité** *f* : innocuousness ; harmlessness

**Innovation** *f* : innovation

**Inoculation** *f* : inoculation

**Inoculer** : to inoculate

**Inoculum** *m* : inoculum ; starter *(fermentation)*

**Inodore** *a* : odourless *(GB)* ; odorless *(US)* ; inodorous ; scentless

**Inoffensif** *a* : innocuous ; harmless ; inoffensive

**Inondation** *f* : flood ; overflow ; inundation

**Inonder** : to flood ; to overflow

**Inosine** *f* : Inosine

**Inositol** *m* : inositol

**Inoxydable** *a* : inoxidable ; inoxidizable ; unoxidizable ; non-oxidizing ; rustproof *(fer)*

**Insalubre** *a* : insalubrious ; unwholesome

**Insaponifiable** *m a* : unsaponifiable ; non-saponifiable

**Insaturation** *f* : unsaturation

**Insaturé** *a* : unsaturate ; unsaturated

**Insecte** *m* : insect
~ **coprophage** : scavenger

**Insecticide** *m* : insecticide

**Insecticide** *a* : insecticidal

**Insectivore** *m* : insectivore

**Insectivore** *a* : insectivorous

**Insémination** *f* : insemination ; fecundation
~ **artificielle** : artificial insemination ; artificial fecundation

**Inséminer** : to inseminate

**Insensibilité** *f* : insensitivity ; insensitiveness

**Insensible** *a* : insensitive

**Insérer** : to insert

**Insertion** *f* : insertion

**Insipide** *a* : insipid ; flat ; bland ; watery ; tasteless

**Insolubilisation** *f* : precipitation ; insolubilization

s'**Insolubiliser** : to precipitate ; to insolubilize

**Insolubilité** *f* : insolubility ; insolubleness

**Insoluble** *a* : insoluble

**Inspecter** : to examine ; to inspect

**Inspecteur** *m* : inspector

**Inspection** *f* : inspection ; exam ; examination

**Instabilité** *f* : instability ; lability

**Instable** *a* : unstable ; labile

**Installation** *f* : facilities *pl*
~ **industrielle** : plant

**Instantané** *a* : instant ; instantaneous
**Aliment** ~ : instant food
**Poudre instantanée** : instant powder

**Institut** *m* : institute
~ **scientifique** : scientific institute

**Instructions** *f pl* : rules *pl* ; instructions *pl*

**Instrument** *m* : instrument ; implement
~ **de calcul** : instrument for calculating ; calculating instrument
~ **de mesure** : measuring instrument
~ **de précision** : precision instrument
~ **scientifique** : scientific instrument ;
⇨ **Appareil**

**Instrumental** *a* : instrumental

**Insuffisance** *f* : defect ; deficiency ; insufficiency

**Insuffisant** *a* : deficient ; insufficient ; scanty *(repas, récolte)* ; insubstantial *(repas)*

**Insuffler** : to bubble *(air)* ; to blow into ; to insufflate *(médecine)*

**Insuline** *f* : insulin

**Insulinémie** *f* : insulinemia

**Intact** *a* : unaltered ; unchanged ; intact

**Intégral** *a* : integral

**Intégrale** *f* : integral

**Intense** *a* : intense

**Intensif** *a* : intensive

**Intensification** *f* : intensification

**Intensité** *f* : intensity
~ **lumineuse** : intensity of irradiation

**Interaction** *f* : interaction

**Interestérification** *f* : interesterification

**Interface** *f* : interface

**Interfacial** *a* : interfacial

**Interférence** *f* : interference
**Elimination de l'**~ : interference prevention
**Phénomène d'**~ : phenomenon of interference

**Intérieur** *a* : interior ; internal ; inner

**Intermédiaire** *m* : intermediate ; intermediary ; mediator

**Intermédiaire** *a* : middle ; intermediary ;
intermediate

**International** *a* : international
**Unité internationale** : international
unit

**Interne** *a* : internal

**Interstice** *m* : interspace ; interstice

**Intervalle** *m* : interval ; range

**Intestin** *m* : intestine ; gut ; bowel
~ **grêle** : small intestine
**Gros** ~ : large intestine ; lower intestine

**Intestinal** *a* : intestinal

**Intolérance** *f* : intolerance

**Intoxication** *f* : poisoning ; intoxication ;
toxis ; addiction *(toximanie)*
~ **par le fluor** : fluorosis
~ **par le mercure** : mercury poisoning ; mercurial poisoning
~ **par le plomb** : saturnism ; lead poisoning ; plumbic poisoning
~ **professionnelle** : occupational poisoning
~ **au sélénium** : selenosis

**Intramusculaire** *a* : intramuscular

**Intrapéritonéal** *a* : intraperitoneal

**Intraveineux** *a* : intravenous

**Intrinsèque** *a* : intrinsic

**Intubation** *f* : intubation

**Inuline** *f* : inulin

**Inutile** *a* : useless

**Inutilisable** *a* : unavailable *(nutrition)* ;
unusable ; unserviceable

**Invariable** *a* : invariable ; unchanging

**Invariant** *a* : invariant

**Inventaire** *m* : inventory

**Inventer** : to invent

**Invention** *f* : invention

**Inverse** *m* : reverse ; opposite ; inverse
**Osmose** ~ : reverse osmosis

**Inverse** *a* : inverse

**Inversement** : inversely

**Inverser** : to invert *(lumière polarisée)*

**Inverseur** *m* : reverser

**Inversion** *f* : inversion

**Invertase** *f* : invertase

**Invertébré** *a m* : invertebrate

**Inverti** *a* : inverted
**Sucre** ~ : inverted sugar

**Investigation** *f* : investigation

**Iodate** *m* : iodate

**Iode** *m* : iodine
**Indice d'**~ : iodine number

**Ioder** : to iodinate ; to iodize

**Iodé** *a* : iodinated

**Iodeux** *a* : iodous

**Iodisme** *m* : iodisme

**Iodoforme** *m* : iodoform

**Ioduration** *f* : iodization

**Iodure** *m* : iodide

**Iodurer** : to iodize

**Ion** *m* : ion

**Ionique** *a* : ionic

**Ionisable** *a* : ionizable

**Ionisant** *m* : ionizer

**Ionisant** *a* : ionizing
**Rayon** ~ : ionizing ray

**Ionisateur** *m* : ionizer

**Ionisation** *f* : ionization

**Ioniser** : to ionize

**Ionophorèse** *f* : ionophoresis

**Irradiation** *f* : irradiation ; radiation

**Irradier** : to irradiate ; to radiate

**Irrégularité** *f* : irregularity

**Irrégulier** *a* : irregular ; erratic

**Irréversibilité** *f* : irreversibility

**Irréversible** *a* : irreversible

**Irrigation** f : irrigation ; irrigating

**Irriguer** : to irrigate

**Irritant** a : irritant

**Irritation** f : irritation

**Irriter** : to irritate

**Ischémie** f : ischaemia *(GB)* ; ischemia *(US)*

**Iso** : branched *(chimie)*

**Isoamylique** a : isoamyl

**Isobutyrique** a : isobutyl ; isobutyric

**Isoélectrique** a : isoelectric
   **Point** ~ : isoelectric point

**Isolat** m : isolate

**Isolation** f : insulation

**Isoler** : to insulate ; to isolate

**Isoleucine** f : isoleucine

**Isomérase** f : isomerase

**Isomère** m : isomer

**Isomère** a : isomeric

**Isomérisation** f : isomerism ; isomerization

**Isomorphe** a : isomorphous

**Isoprène** m : isoprene

**Isotherme** f : isotherm ; isothermal curve

**Isotherme** a : isothermal

**Isothermique** a : isothermal

**Isotonique** a : isotonic

**Isotope** m : isotope
   ~ **chaud** : radioactive isotope
   ~ **froid** : non-radioactive isotope ; stable isotope
   ~ **radioactif** : radioactive isotope

**Isotopique** a : isotopic

**Issues** f pl : by-product *(céréale)* ; offal

**Isthme** m : isthmus *(anatomie)*

# J

Jabot *m* : crop *(oiseau)*

Jachère *f* : fallow

Jaillir : to shoot up *(eau)* ; to spout up ; to gush out

Jaillissement *m* : gush ; spurt

Jambe *f* : leg

Jambon *m* : ham

Jambonneau *m* : knuckle of ham

Jardin *m* : garden
~ **potager** : vegetable garden

Jardinage *m* : gardening

Jarret *m* : ham ; hock *(animal)* ; shank *(veau)*
**Tendon du** ~ : hamstring

Jars *m* : gander

Jauge *f* : gauge

Jauger : to graduate ; to calibrate

Jaune *a* : yellow
~ **d'œuf** : yolk
**Fièvre** ~ : yellow fever

Jaunisse *f* : jaundice ; icterus

Javel (eau) : bleaching water ; bleach

Javellisation *f* : chlorination

Jéjunal *a* : jejunal

Jénunum *m* : jejunum

Jeter : to throw ; to throw out *(déchets)* ; to pour *(liquide)*

Jeûne *m* : fast ; fasting
**A jeun** : on an empty stomach ; fasting

Jeune *m* : young
~ **de l'année** : yearling

Jeûner : to fast

Jour *m* : day
~ **ouvrable** : working day

Journal *m* : newspaper ; periodical ; journal *(science)*

Journalier *m* : day labourer *(agriculture)*

Journalier *a* : daily ; per day ; diurnal

Jujube *m* : jojoba

Julienne *f* : ling *(poisson)* ; julienne *(légume)*

Jument *f* : mare
~ **pleine** : in-foal mare

Jury *m* : panel ; jury
**Membre d'un** ~ : membre of the jury ; panelist

Jus *m* : juice *(fruit)* ; gravy *(rôti)* ; fluid *(rumen)*

Juste *a* : precise ; exact

Jute *m* : jute

Juteux *a* : juicy

Jutosité *f* : juiciness

# K

Kaki *m* : persimmon ; Chinese persimmon ; Japanese persimmon

Kaliémie *f* : potassemia ; kaliemia

Karité *m* : sheanut ; karite
   Beurre de ~ : shea butter ; shea oil

Kéfir *m* : kefir

Kératine *f* : keratin

Kératinique *a* : keratinous

Kératinisation *f* : keratinization

Kératinisé *a* : horny ; corneous ; keratinized

Kératite *f* : keratitis

Kératogène *a* : keratinogeous

Kératomalacie *f* : keratomalacia

Kieselgur *m* : kieselguhr

Kinase *f* : kinase

Kirsch *m* : kirsch

Koumiss *m* : koumiss

Kyste *m* : cyst

# L

**Labile** *a* : labile ; unstable

**Laboratoire** *m* : laboratory

**Labour** *m* : ⇨ **Labourage**

**Labourage** *m* : tillage ; tilling *(US)* ; ploughing *(GB)* ; plowing *(US)*

**Labourer** : to plough *(GB)* ; to plow *(US)* ; to till

**Laboureur** *m* : ploughman *(GB)* ; plowman *(US)*

**Lacet** *m* : snare ; noose ; springe
**Prendre au** ~ : to snare ; to noose

**Lâche** *a* : loose

**Lâcher** : to release

**Lacrymal** *a* : lachrymal ; lacrimal

**Lactalbumine** *f* : lactalbumin

**Lactarium** *m* : human milk bank

**Lactation** *f* : suckling *(animal)* ; lactation

**Lacté** *a* : lacteal

**Lactifère** *a* : lactiferous

**Lactique** *a* : lactic
**Bactéries lactiques** : lactic acid bacteria
**Fermentation** ~ : lactic fermentation
**Levure** ~ : whey yeast

**Lactobacille** *m* : lactobacillus *pl*, lactobacilli

**Lactoferrine** *f* : lactoferrin

**Lactoglobuline** *f* : lactoglobulin

**Lactone** *f* : lactone

**Lactoperoxydase** *f* : lactoperoxidase

**Lactose** *m* : lactose

**Lactosérum** *m* : whey ; lactoserum ; milk serum
**Levure de** ~ : whey yeast ; yeasted whey
**Protéine de** ~ : whey protein

**Lactosurie** *f* : lactosuria

**Lactulose** *m* : lactulose

**Laie** *f* : wild sow

**Laine** *f* : wool
~ **brute** : grease wool ; raw wool ; untreated wool
~ **lavée** : cleaned wool ; washed wool
~ **vierge** : virgin wool

**Laineux** *a* : woolly

**Lait** *m* : milk
~ **aigre** : sour milk
~ **d'amande** : almond milk
~ **bourru** : milk straight from the cow
~ **caillé** : curdled milk ; sour milk
~ **de chaux** : whitewash
~ **condensé** : condensed milk
~ **semi-condensé** : evaporated milk
~ **écrémé** : skim milk ; skimmed milk
~ **emprésuré** : junket
~ **entier** : whole milk ; unskimmed milk
~ **fermenté** : fermented milk
~ **frais** : fresh milk
~ **homogénisé** : homogenized milk
~ **de longue durée** : long life milk
~ **maternisé** : infant's milk ; humanized milk
~ **mouillé** : watered milk
~ **pasteurisé** : pasteurized milk
~ **en poudre** : milk powder ; powdered milk
~ **de poule** : egg flip ; egg nog
~ **stérilisé** : sterilized milk
~ **non sucré** : unsweetened milk
~ **sucré** : sweetened milk
**Boîte à** ~ : milk can
**Bidon à** ~ : milk churn
**Entremets au** ~ : milk pudding
**Peau du** ~ : milk skin
**Pot à** ~ : milk can
**Poudre de** ~ : milk powder
**Chauffer le** ~ : to scald milk

**Laitance** *f* : milk ; soft roe *(poisson)*

**Laiterie** f : dairy
  ~ **industrielle** : dairy ; creamery

**Laiteux** a : milky ; lacteous ; milk stage (grain) ; lacteal (consistance)

**Laitier (produit)** : milk product ; dairy product

**Laitue** f : lettuce

**Lame** f : blade ; strip ; foil ; slide (microscope)

**Lamellaire** a : lamellate

**Lamelle** f : chips ; lamella (biologie) ; gill (champignon)

**Lamellé** a : lamellate

**Lamellibranche** a m : lamellibranchiate

**Laminaire** f : laminaria (algue)

**Laminaire** a : laminar ; flaky

**Laminarine** f : laminarin

**Laminer** : to laminate

**Lampe** f : lamp
  ~ **à arc** : arc lamp
  ~ **de sécurité** : safety lamp
  ~ **témoin** : test lamp ; warning light

**Lamproie** f : lamprey ; sea lamprey

**Lancette** f : lancet

**Langouste** f : lobster ; spiny lobster ; crayfish
  **Queue de** ~ : crayfish tail

**Langoustine** f : Norway lobster ; Dublin bay prawn ; scampi

**Langue** f : tongue ; glossa (médecine)

**Lanoline** f : lanolin

**Lapin** m : rabbit
  ~ **de chair** : domestic rabbit ; meat rabbit
  ~ **de garenne** : wild rabbit
  ~ **mâle** : buck rabbit

**Lapine** f : doe rabbit

**Lard** m : lard ; bacon
  ~ **dorsal** : backfat ; back bacon
  ~ **frais** : fresh bacon
  **Huile de** ~ : lard oil

**Large** a : wide ; large

**Largeur** f : width

**Larme** f : tear
  **Larmes de Job :** adlay ; Job's tears (pl)

**Larvaire** a : larval

**Larve** f : grub ; vermicule ; larva, pl : larvae

**Lasagnes** f pl : lasagna
  ~ **aux épinards** : lasagna verde (GB) ; spinach lasagna (US)

**Latence** f : latency
  **Période de** ~ : latent period

**Latent** a : latent

**Latéral** a : lateral

**Latérisation** f : laterization

**Latérite** f : laterite

**Latéritique** a : lateritic

**Lathyrisme** m : lathyrism

**Laurier** m : laurel ; bay tree
  **Feuille de** ~ : bay leaf

**Laurique** a : lauric

**Lavage** m : washing ; soaking ; panning (chimie)
  ~ **par voie humide** : wet washing
  ~ **à sec** : dry cleaning
  **Eau de** ~ : wash water

**Laver** : to wash ; to rince
  **Machine à** ~ : washer ; washing machine

**Laverie** f : laundry ; washery ; washing plant (industrie)

**Laveur** m : washer ; cleaner ; rincer

**Lavoir** m : washery

**Laxatif** a : laxative ; aperient

**Lé** m : width (tissu)

**Léchefrite** f : dripping pan ; grease pan

**Lécithinase** f : lecithinase

**Lécithine** f : lecithin

**Lectine** f : lectin

**Lecture** f : reading ; read-out (chimie)
  ~ **brute** : rough reading
  ~ **directe** : direct reading

**Légal** a : legal

**Légaliser** : to legalize

**Légalité** *f* : legality

**Léger** *a* : light

**Législation** *f* : legislation ; law
~ **agricole** : agricultural act

**Légume** *m* : vegetable ; truck *(au marché)*
~ **sec** : legume ; dried legume
**Carré de légumes** : patch
**Coin de légumes** : vegetable plot
**Conserves de légumes** : canned vegetables *(US)* ; tinned vegetables *(GB)*
**Coupe-légumes** *m* : vegetable cutter ; slicer
**Culture de légumes** : culture of vegetables
**Epluchage de légumes** : vegetable picking
**Eplucheuse de légumes** : vegetable peeler
**Serre pour légumes** : vegetable hothouse ; green house

**Légumes** *m pl* : legumes

**Légumineuse** *f* : pulse ; legume ; leguminous plant ; legumen

**Légumineux** *a* : leguminous

**Lente** *f* : nit

**Lentille** *f* : lens *(optique)* ; lentil *(aliment)*

**Lèpre** *f* : leprosy

**Lésion** *f* : lesion

**Lessive** *f* : liquor ; lye *(chimie)* ; washing product ; washing powder ; detergent
~ **caustique** : caustic lye
~ **de soude caustique** : caustic soda lye

**Létal** *a* : lethal

**Letchi** *m* : lychee ; litchi ; letchi

**Léthal** *a* : lethal

**Leucémie** *f* : leucemia

**Leucine** *f* : leucine

**Leuco-** : leuco- *(dérivé)*

**Leucoanthocyanine** *f* : leucoanthocyanin

**Leucoblaste** *m* : leucoblast

**Leucocyte** *m* : leucocyte ; leukocyte ; white blood cell

**Leucocytose** *f* : leucocytosis

**Leucopénie** *f* : leucopenia

**Leucophaste** *m* : leucoplast

**Leucopoïèse** *f* : leucopoiesis

**Levain** *m* : starter ; starter culture ; leavening ; pitching yeast

**Lévane** *m* : levan

**Levé** *a* : aerated ; risen *(pain)*

**Lévogyre** *a* : laevorotary ; laevorotatory

**Levraut** *m* : leveret ; young hare

**Lévulinique** *a* : levulinic

**Levure** *f* : yeast
~ **de bière** : brewer's yeast
~ **de boulangerie** : baker's yeast
~ **de distillerie** : distillery yeast
~ **de fermentation alcoolique** : wine yeast
~ **de fermentation lactique** : lactic yeast
~ **de lactosérum** : whey yeast
~ **pressée** : pressed yeast
~ **sèche** : dry yeast
~ **en poudre** : yeast powder
**Séchoir de** ~ : yeast kiln

**Levuré** *a* : yeasty

**Levurerie** *f* : yeast factory ; yeast works, *pl*

**Liaison** *f* **chimique** : bond ; bonding ; binding ; link ; linkage ; linking
~ **de covalence** : colavent bond
~ **croisée** : cross-link
~ **hydrogène** : H-bond
**Double** ~ : double linking ; double bond ; unsaturated linking
**Double** ~ **non conjuguée** : unconjugated double linking

**Liant** *m* : binder ; binding agent

**Libération** *f* : releasing *(chimie)*

**Libéré** *a* : released

**Libérer** : to release

**Libre** *a* : free ; unbound *(eau)*
**A l'état** ~ : free

**Libre échange** *m* : free trade

**Lie** *f* : wine lees ; dregs ; sediment ; lees *(US)* ; wine yeast ; grounds *(GB)*

**Liège** *m* : cork
~ **brut** : raw cork
**Bouchon de** ~ : cork

**Lieu** *m* : pollack *(poisson)*
~ **jaune** : pollack
~ **noir** : saithe ; coley ; coalfish

**Lièvre** *m* : hare
~ **femelle** : doe hare

**Ligament** *m* : ligament

**Ligant** *m* : ligand

**Ligase** *f* : ligase

**Ligne** *f* : line
~ **discontinue** : broken line
~ **droite** : straight line
~ **en pointillé** : dotted line

**Lignée** *f* : lineage ; line
~ **germinale** : germ line

**Ligneux** *a* : ligneous ; sticky ; woody *(texture)*

**Lignification** *f* : lignification

**Lignifié** *a* : lignified

**Lignine** *f* : lignin ; xylogen

**Lignite** *f* : lignite

**Lignocellulose** *f* : lignocellulose

**Lignocellulosique** *a* : lignocellulosic

**Lignocérique** *a* : lignoceric

**Limande** *f* : lemon sole ; dab
**Fausse** ~ : scald fish

**Limbe** *f* : lamina *(botanique)* ; limb

**Limitant** *a* : limiting
**Facteur-**~ : limiting-factor

**Limite** *f* : limit ; term
~ **de charge** : loading limit

**Limon** *m* : slime ; ooze ; mud ; loess *(limon jaune)*
**Dépôt de** ~ : silt

**Limonade** *[f]* **non gazeuse** : lemon squash *(GB)* ; lemonade *(US)*

**Limonade** *[f]* **gazeuse** : lemonade *(GB)*

**Limonène** *m* : limonene

**Limoneux** *a* : silty

**Limonine** *f* : limonin

**Lin** *m* : flax *(plante)* ; linen *(tissu)*
**Filasse de** ~ : flax fiber *(US)* ; flax fibre *(GB)*
**Graine de** ~ : linseed
**Huile de** ~ **cuite** : boiled linseed oil
**Tourteau de** ~ : linseed cake

**Linalool** *m* : linalool

**Lindane** *m* : lindane

**Linoléïque** *a* : linoleic

**Linolénique** *a* : linolenic

**Lipase** *f* : lipase

**Lipémie** *f* : lipemia ; lipidemia

**Lipide** *m* : lipid

**Lipidémie** *f* : lipidemia ; lipemia

**Lipidoprive** *a* : fat-free

**Lipocyte** *m* : lipocyte

**Lipogénèse** *f* : lipogenesis

**Lipoïde** *m* : lipoid

**Lipolyse** *f* : lipolysis ; lipoclasis ; adipolysis *(tissu)*

**Lipolytique** *a* : lipolytic

**Lipopénie** *f* : lipopenia

**Lipophile** *a* : lipophilic

**Lipoprotéine** *f* : lipoprotein
~ **de faible densité** : low density lipoprotein
~ **de haute densité** : high density lipoprotein

**Liposaccharide** *m* : liposaccharide

**Liposoluble** *a* : liposoluble ; fat-soluble ; oil soluble

**Lipotrope** *a* : lipotropic

**Lipotropie** *f* : lipotropy

**Lipovitelline** *f* : lipovitellin

**Lipoxydase** *f* : lipoxidase

**Lipoxygénase** *f* : lipoxygenase

**Liquéfaction** *f* : liquefaction

**Liquéfiable** *a* : liquefiable

**Liquéfiant** *a* : liquefying ; liquefacient

**Liquéfier** : to liquefy

**Liquescence** *f :* liquescence

**Liquescent** *a* : liquescent

**Liqueur** *f* : liquor *(boisson ; chimie)* ; cordial *(boisson)*
~ **bisulfitique** : sulfite waste liquor

**Liquide** *m* : fluid ; liquid ; aqua *(biologie)*
~ **amniotique** : amniotic fluid
~ **de Bouin** : Bouin's fluid
~ **de scintillation** : scintillation fluid

**Liquide** *a* : fluid ; liquid
**Très** ~ : thin liquid

**Lisier** *m* : liquid manure

**Liste** *f* : list
~ **positive** : positive list

**Litchi** *m* : ⇨ **Letchi**

**Lithiase** *f* : lithiasis ; calculosis
~ **biliaire** : liverstone ; cholelithiasis
~ **pancréatique :** calcareous pancreatitis

**Litière** *f* : litter

**Litre** *m* : liter *(US)* ; litre *(GB)*

**Livétine** *f* : livetin

**Livraison** *f* : delivery

**Livrer** : to deliver

**Lobe** *m* : lobe

**Lobé** *a* : lobed

**Local** *m* : premises *pl* : room

**Lochage** *m* : looseling *(sucre)*

**Logarithme** *m* : logarithm

**Logarithmique** *a* : logarithmic

**Logiciel** *m* : software

**Lombes** *f pl* : loins *pl*

**Long** *m* : length

**Long** *a* : long
~ **terme (à ~ terme)** : long term *(conservation)*
**Longue durée (de ~)** : longlife *(conservation)*

**Longe** *f* : loin *(veau)*

**Longitudinal** *a* : longitudinal ; lengthwise

**Longueur** *f* : length
~ **d'onde** : wavelength

**Lotte** *[f]* **de mer** : angler

**Lotte** *[f]* **de rivière :** ling ; burbot

**Louche** *f (ustensile)* : ladle ; dipper *(US )*

**Louche** *m (chimie)* : cloudiness ; muddiness

**Louche** *a* : turbid ; cloudy ; muddy *(chimie)*

**Loupe** *[f]* **binoculaire :** magnifier

**Lourd** *a* : heavy ; weighty ; ponderous
**Métal** ~ : heavy metal

**Loyal** *a* : loyal ; legal

**Lubrifiant** *a m* : lubricant

**Lubrification** *f* : lubrication ; greasing

**Lubrifier** : to lubricate ; to grease

**Lumière** *f* : light ; lumen, *pl* : lumina *(anatomie)*
~ **incidente** : incident light
~ **infrarouge** : infrared light
~ **intestinale** : intestinal lumen
~ **monochromatique :** monochromatic light
~ **polarisée** : polarized light
~ **solaire** : sunlight
~ **transmise** : transmitted light
~ **ultraviolette** : ultraviolet light

**Lumiflavine** *f* : lumiflavine

**Luminal** *a* : luminal

**Luminescence** *f* : luminescence

**Luminescent** *a* : luminescent

**Lumineux** *a* : luminous
**Onde lumineuse** : light wave
**Rayon** ~ : light ray

**Luminosité** *f* : luminosity

**Lunettes** *f pl* : glasses ; spectacles
~ **de protection** : work glasses ; goggles

**Lupin** *m* : lupine

**Lupuline** *f* : lupulin

**Lupulone** f : lupulone

**Lutéine** f : lutein

**Lutéinisation** f : luteinization

**Luter** : to lute ; to seal

**Lutte** f : mating *(mouton)*

**Luxuriant** a : luxuriant ; rampant *(plante)*

**Luzerne** f : lucerne *(GB)* ; alfalfa *(US)* ; luzern ; Burgundian hay

**Lyase** f : lyase

**Lycopène** m : lycopene

**Lymphatique** a : lymphatic

**Lymphe** f : lymph

**Lymphoblaste** m : lymphoblast ; stem cell

**Lymphocyte** m : lymphocyte

**Lymphoïde** a : lymphoid

**Lyophilization** f : lyophilization ; freeze drying

**Lyophiliser** : to lyophilize ; to freeze-dry

**Lysat** m : lysate

**Lyse** f : lysis

**Lyser** : to lyse

**Lysine** f : lysine

**Lysinonoalanine** f : lysinoalanine

**Lysozyme** m : lysozyme

**-lytique** a : -lytic

**Lyxose** m : lyxose

# M

**Macaron** m : macaroon

**Macaroni** m : macaroni
~ **au gratin** : macaroni and cheese

**Macération** f : maceration ; infusion
**Cuve de ~** : macerator

**Macérer** : to macerate

**Mache** f : lamb's lettuce ; corn salad

**Machine** f : machine ; engine
**Caractéristiques d'une ~** : machine data
**Salle des ~** : machine room ; machine hall
⇨ **Appareil**

**Machinerie** f : machinery

**Machinisme** m **agricole** : agriculture machinery

**Mâchonner** : to chew

**Macis** m : mace

**Macrobiotique** f : macrobiotics

**Macrobiotique** a : macrobiotic

**Macroblaste** m : macroblast

**Macrocyte** m : macrocyte

**Macrocytique** a : macrocytic

**Macrophage** m : macrophage

**Macrophage** a : macrophageous

**Macroscopique** a : macroscopic

**Magasin** m : store ; shop ; storehouse ; storeroom ; depot ; warehouse

~ **d'alimentation** : grocery store
~ **ambulant** : travelling shop
~ **à blé** : corn house *(GB)* ; corn loft *(GB)* ; wheat house *(US)* ; wheat loft *(US)*
~ **à sel** : salt shed
**Grand ~** : emporium ; department store ; supermarket *(aliment)*

**Magasinier** m : store clerk ; warehouse-man

**Magnésie** f : magnesia
~ **hydratée** : milk of magnesia

**Magnésium** m : magnesium

**Magnétique** a : magnetic ; magnetical

**Magnétisme** m : magnetism

**Maigre** a : lean ; thin

**Maigrir** : to thin down

**Maille** f : mesh *(tamis, filet)*

**Main d'œuvre** f : labour
~ **locale** : native labour ; local labour

**Maïs** m : maize *(GB)* ; corn *(US)*
~ **éclaté** : pop corn
~ **sucré** : sweet corn
**Epi de ~** : maize cob *(GB)* ; cob of corn *(US)*
**Huile de ~** : maize oil *(GB)* ; corn oil *(US)*

**Malabsorption** f : malabsorption

**Malacie** f : malacia

**Malade** m : sick ; ill ; patient

**Malade** a : ill ; sick ; diseased
**Tomber ~** : to fall ill ; to sick ; to become sick

**Maladie** f : disease ; sickness ; illness
~ **allergique** : allergosis
~ **microbienne** : germ disease

**Malaxage** m : stirring ; kneading ; malaxation

**Malaxer** : to stir ; to knead ; to mix ; to blend

**Malaxeur** m : stirrer ; mixer ; mixing mill

**Mâle** a : male

**Maléique** a : maleic

**Malformation** f : malformation

**Malignité** f : malignancy ; malignity

**Malique** a : malic

**Malnutrition** f : malnutrition

**Malonate** m : malonate

**Malonique** a : malonic

**Malpropre** a : unclean ; unwholesome

**Malpropreté** f : uncleanliness ; uncleaness

**Malsain** a : unhealthy ; unwholesome

**Malt** m : malt
~ **torréfié** : black malt
~ **vitreux** : vitrified malt
**Extrait de** ~ : malt extract
**Encuver le** ~ : to soak

**Maltage** m : malting

**Maltase** f : maltase

**Malté** a : malted ; malty

**Malter** : to malt

**Malterie** f : maltery ; malting

**Maltitol** m : maltitol

**Maltose** m : maltose

**Maltulose** m : maltulose

**Malvidine** f : malvidin

**Mamelle** f : udder ; dug ; breast
*(femme)* ; mamma, *pl* : mammae
*(médecine)*
**Enfant à la** ~ : nursing child ; breast
fed child

**Mamelon** m : nipple ; teat

**Mammifères** m pl : mammals pl

**Mammifère** a : mammal ; mammate

**Mammite** f : mammitis ; mastitis ; garget

**Mandarine** f : tangerine ; mandarin ;
mandarine

**Mandibulaire** a : mandibular

**Mandibule** f : mandibula, pl : mandibulae

**Manganèse** m : manganese

**Mangeoire** f : feeding trough ; fodder
bin ; manger ; crib

**Mangue** f : mango

**Manioc** m : cassava ; manioc

**Manipulation** f : handling

**Mannane** m : mannan

**Manne** f : manna

**Mannitol** m : mannitol ; mannite

**Mannose** m : mannose

**Manœuvre** m : workman *(industrie)* ;
labourer *(agriculture)* ; worker

**Manomètre** m : manometer *(US)* ;
manometre *(GB)* ; pressure gauge ;
steam gauge ; vacuum gauge

**Manque** m : deficiency ; lack ; defect ;
shortage *(aliment)*

**Manuel** a : manual

**Manufacture** f : manufactory ; factory

**Manufacturer** : to manufacture

**Manutention** f : handling

**Maquereau** m : mackerel

**Marais** m : swamp ; bog ; marsh
~ **salant** : salt garden ; salt marsh ;
salt pond ; sea salt work ; brine marsh

**Marasme** m : marasmus

**Marc** m : distiller's residues ; marc ;
rape *(alcool)* ; grounds *(café)*
~ **de pomme** : pome marc

**Marchand** m : dealer *(US)* ; merchant
*(GB)* ; shopkeeper ; tradesman
~ **de fromage** : cheesemonger ;
cheese merchant
~ **en gros** : merchant *(GB)* ; wholesaler

**Marchandise** f : ware ; merchandise ;
goods pl ; commodities
**Marchandises de rebut** : rejects pl ;
rejections pl

**Marché** m : market
~ **en baisse** : falling market *(économie)*
~ **aux bestiaux** : cattle market
~ **Commun** : Common Market
~ **en hausse** : rising market *(économie)*
~ **intérieur** : domestic market *(économie)*
~ **libre** : free market

**~ d'outre-mer** : overseas market
**~ du sucre** : sugar market
**~ à terme** : terminal market ; future market
**~ à terme** : terminal market ; future market
**Analyse du ~** : market analysis
**Etude de ~** : research market ; market survey

**Marécage** *m* : marshland ; marsh ; swamp

**Marécageux** *a* : marshy ; swampy

**Marée** *f* : fresh fish *(pêche)*

**Marée** *f* : tide
**~ basse** : low tide ; low water
**~ haute** : high tide ; high water
**~ descendante** : falling tide
**~ montante** : rising tide

**Margarine** *f* : margarine
**~ en pain** : print margarine
**~ tartinable** : soft margarine

**Marge** *f* : margin

**Marginal** *a* : marginal

**Marin** *a* : marine
**Faune ~** : marine fauna
**Flore ~** : marine flora
**Vie ~** : marine life

**Marin-pêcheur** *m* : sea fisherman ; sea fisher

**Marinade** *f* : marination ; marinade ; pickle ; souse ; sousing

**Mariné** *a* : marinated ; soused ; pickled

**Mariner** : to marinate ; to marinade ; to pickle ; to souse

**Marjolaine** *f* : marjoram

**Marmelade** *f* : stewed fruit
**~ de pommes** : stewed apples ; apple sauce

**Marmite à pression** *f* : pressure-cooker

**Marne** *f* : marl

**Marqueur** *m* : marker

**Marsouin** *m* : porpoise

**Marteau** *m* : hammer *(outil)*
**Broyeur à ~** : hammer mill

**Marteau** *m* : hammerhead *(poisson)*

**Masquer** : to mask *(goût)*

**Masse** *f* : mass ; clump
**~ fondue** : melt
**Se prendre en ~** : to clump

**Massepain** *m* : marzipan

**Mastication** *f* : chewing ; mastication

**Masticatoire** *a* : masticatory

**Mastiquer** : to chew ; to masticate

**Matefaim** *m* : griddlecake

**Matériau** *m* : material

**Matériel** *m* : material ; equipment

**Maternisé** *a* : humanized

**Matière** *f* : matter ; material ; produce
**~ alimentaire** : feedstuff *(animal)* ; food material ; foodstuff *(homme)*
**~ amylacée** : amylaceous matter
**~ de base** : feedstock
**~ cellulosique** : crude fiber *(aliment)*
**~ fécales** : feces *pl* ; faeces *pl*
**~ grasse** : fat
**~ indigestible** : ballast ; bulk
**~ inerte** : filling substance
**~ plastique** : plastics
**~ premières** : feedstock ; foodstock ; raw material ; stock
**~ radioactive** : radioactive matter
**~ de remplissage** : filling
**~ sèche** : dry matter

**Matras** *m* : cucurbit *(chimie)*

**Matrice** *f* : matrix ; womb

**Matricule** *m* : number

**Maturation** *f* : maturation ; maturing ; ripening *(fromage)* ; mellowing *(fruit; vin)*

**Maturé** *a* : cultured *(lait)*

**Maturer** : to cure *(lait)*

**Maturité** *f* : maturity
**Manque de ~** : newness *(vin)*
**Pleine ~** : full ripeness

**Mayonnaise** *f* : mayonnaise

**Mécanicien** *m* : mechanic ; machine maker

**Mécanique** *f* : mechanics *pl* ; machinery ; mechanism ; device

**Mécanique** *a* : mechanical

**Mécanisation** f : mechanization
~ **agricole** : farm mechanization

**Mécaniser** : to mechanize

**Mécanisme** m : mechanism ; device

**Médecin** m : physician

**Médecine** f : medicine

**Médiateur** m : mediator
~ **chimique** : chemical mediator

**Médical** a : medical

**Médicament** m : drug ; medicine ;
remedy

**Médicinal** a : medicinal

**Médullaire** a : medullary ; myelonic

**Mégaloblaste** m : megaloblast

**Mégaloblastique** a : megaloblastic

**Mégalocyte** m : megalocyte

**Mégalocytique** a : megalocytic

**Mégissé** a : tawed

**Mégisser** : to taw

**Mégisserie** f : tawery ; tanner's word-
shop

**Méiose** f : meiosis

**Mélange** m : blend ; blending ; mixture ;
mix ; mixing
~ **sec** : dry mixture

**Mélanger** : to blend ; to mix ; to admix

**Mélangeur** m : mixer ; mixing mill
~ **à meules verticales** : mixing runner
~ **à tambour** : mixing drum
**Vis mélangeuse** : mixing worm ;
mixing screw

**Mélanine** f : melanin

**Mélanoblaste** m : melanoblast

**Mélanoïdine** f : melanoidin

**Mélasse** f : molasses

**Mélézitose** m : melezitose

**Mélibiose** m : melibiose

**Melon** m : melon

**Membrane** f : membrane ; pellicle
~ **vitelline** : yolk sac (œuf)

**Ménadione** f : menadione

**Ménage** m : household (famille)

**Ménager** : to use sparingly ; to use
carefully ; to eke (vivres)

**Ménager** a : home made ; home
**Cuisson ménagère** : home cooking
**Préparation ménagère** : home pro-
cessing
**Consommation ménagère** : house-
hold consumption

**Menhaden** m : menhaden

**Méningite** f : meningitis

**Ménisque** m : meniscus (pipette)

**Mensuel** a : monthly

**Mensuration** f : measurement ; measuring

**Menthe** f : mint
~ **poivrée** : peppermint

**Menthol** m : menthol

**Mer** f : sea
**De haute** ~ : high sea
**Aliment de** ~ : sea food (aliment)
**Eau de** ~ : sea water
**Pêche en** ~ : sea fishing
**Poisson de** ~ : sea fish ; salt water
fish
**Sel de** ~ : sea salt

**Mercaptan** m : mercaptan

**Mercatique** f : marketing

**Mercure** m : mercury
**Vapeur de** ~ : mercury vapour (GB) ;
mercury vapor (US)

**Mercureux** a : mercurous

**Mercuriel** a : mercurial

**Mercurique** a : mercuric

**Mère** f : mother (vinaigre) ; dam (animal) ;
**Eau-**~ : mother-lie ; mother-liquor ;
mother-lye

**Méricarpe** m : mericarp

**Méricysme** m : mericysm

**Meringue** f : meringue gateau (GB) ;
meringue (US)

**Mérinos** m : merino

**Merise** *f* : sweet cherry ; gean ; wild cherry

**Merlan** *m* : whiting

**Merlu** *m* : hake

**Merluche** *f* : hake ; stockfish

**Mescaline** *f* : mescaline

**Mésencéphale** *m* : midbrain ; mesencephalon

**Mésenchymateux** *a* : mesenchymal

**Mésenchyme** *m* : mesenchyma

**Mésentère** *m* : mesentery

**Mésoblaste** *m* : mesoblast ; mesoderm

**Mésocarpe** *m* : mesocarp

**Mésoderme** *m* : mesoderm

**Mésodermique** *a* : mesodermal ; mesodermic

**Mésomère** *m* : mesomer

**Mésomère** *a* : mesomeric

**Mésomérie** *f* : mesomerism

**Mésophile** *a* : mesophilic ; mesophile *(microbiologie)*

**Mésophylle** *m* : mesophyll *(botanique)*

**Mesurable** *a* : measurable

**Mesure** *f* : measure
~ **de surface** : square measure
~ **de volume** : cubic measure ; measure of capacity

**Mesurer** : to measure

**Métabisulfite** *m* : metabisulfite

**Métabolique** *a* : metabolic

**Métaboliser** : to metabolize

**Métabolisme** *m* : metabolism
~ **de base** : basal metabolism
~ **hydrique** : water balance
~ **lipidique** : fat metabolism
~ **protidique** : protein metabolism

**Métabolite** *m* : metabolite

**Métairie** *f* : farm ; farmyard

**Métal** *m* : metal

**Métallique** *a* : metallic

**Métalloïde** *m* : metalloid

**Métastase** *f* : metastasis ; innidation

**Métayage** *m* : tenant-farming

**Métayer** *m* : tenant-farmer

**Méteil** *m* : maslin ; meslin

**Météorisation** *f :* bloat *(animal) ;* tympanitis

**Météorisme** *m* : meteorism

**Météorologie** *f* : meteorology

**Météorologique** *a* : meteorological
**Service** ~ : meteorological service

**Méthanol** *m* : methanol ; carbinol

**Méthémoglobine** *f* : methaemoglobin *(GB)* ; methemoglobin *(US)*

**Méthémoglobinémie** *f* : methaemoglobinaemia *(GB)* ; methemoglobinemia *(US)*

**Méthionine** *f* : methionine

**Méthode** *f* : methode *(analyse) ;* proceeding ; procedure ; process, *pl* : processes
~ **de contrôle** : test method
**Sans** ~ : desultory

**Méthodique** *a* : systematic ; methodical

**Méthyle** *m* : methyl

**Méthylé** *a* : methylated

**Méthyler** : to methylate

**Méthylestérase** *f* : methylesterase

**Méthylique** *a* : methylic
**Alcool** ~ : methyl alcohol

**Méthylpentose** *m* : methylpentose

**Metmyoglobine** *f* : metmyoglobin

**Métrage** *m* : measuring ; measurement

**Mètre carré** : square meter *(US)* ; square metre *(GB)*

**Mètre cube** : cubic meter *(US)* ; cubic metre *(GB)*

**Métrer** : to measure

**Mets** *m* : dish
~ **à emporter** : ready made ; take away food ; take out food

**Mettre bas** : to calve *(vache)* ; to farrow *(truie)* ; to foal *(jument)* ; to freshen *(US) (vache)* ; to kid *(chèvre)* ; to lamb *(brebis)*

**Meule** *f* : mill ; millstone ; grinding disk ; grinding ; wheel *(meunerie)* ; loaf *(fromage)* ; rick ; stack *(foin)*
~ **courante** : upper millstone
~ **dormante** : bottom millstone
~ **de pierre** : millstone ; grindingstone
~ **verticale** : vertical mill

**Meunerie** *f* : millery ; milling ; milling industry ; miller's industry
**Issues de** ~ : milling by-products ; milling waste

**Meunier** *m* : miller

**Meurtrir** : to bruise *(fruit)*

**Meurtrissure** *f* : bruise

**Micellaire** *a* : micellar

**Micelle** *f* : micelle ; micella, *pl* : micellae

**Miche** *f* : loaf *(pain)*

**Microbe** *m* : germ ; microbe ; microorganism

**Microbien** *a* : microbial ; microbic ; bacterial *(infection)*

**Microbicide** *a* : germ killer

**Microbiologie** *f* : microbiology

**Microbiologique** *a* : microbiological ; microbial
**Protéine** ~ : microbial protein

**Microflore** *f* : microflora

**Micro-onde** *f* : microwave

**Microorganisme** *m* : microorganism ; microbe
~ **pathogène** : noxa

**Microscope** *m* : microscope
~ **à contraste de phase** : phase contrast microscope
~ **électronique à balayage** : scanning electron microscope
~ **polarisant** : polarizant microscope

**Microscopie** *f* : microscopy

**Microscopique** *a* : microscopic

**Microvillosité** *f* : microvillus ; *pl* microvilli

**Miction** *f* : urination

**Mie** *f* : crumb

**Miel** *m* : honey

**Miellée** *f* : honeydew

**Migrateur** *a* : migratory

**Migration** *f* : migration

**Mijotage** *m* : simmering

**Mijoter** : to stew ; to simmer

**Mil** *m* : millet
**Petit** ~ : millet ; pearl millet ; bulrush
~ **chandelle** : pearl millet ; bulrush ; spiked millet

**Mildiou** *m* : mildew

**Milieu** *m* : medium *(biologie)* ; middle *(mesure)*
~ **de culture** : culture medium ; broth

**Millésime** *m* : vintage *(vin)*

**Millet** *m* : ⇨ **Mil**

**Mimosine** *m* : mimosine

**Mince** *a* : thin

**Minéral** *a* : mineral ; inorganic *(chimie)*
**Eau minérale** : mineral water
**Engrais** ~ : mineral manure
**Matières minérales** : minerals *pl*
**Produit** ~ : mineral product
**Richesses minérales** : mineral resources

**Minéralisateur** *m* : mineralizing *(agent)*

**Minéralisation** *f* : mineralization
**Catalyseur de** ~ : mineralizer

**Mineraliser** : to mineralize

**Minime** *a* : minute

**Minimum** *m* : minimum

**Ministère** *m* : ministry
~ **de l'agriculture** : ministry of agriculture

**Ministre** *m* : minister
~ **de l'agriculture** : minister of agriculture

**Minium** *m* : red lead ; minium

**Minoterie** *f* : flour milling ; flour mill ; corn mill ; corn grinding

**Minotier** *m* : miller

**Minute** *f* : minute

**Miose** *f* : miosis

**Miotique** *a* : miotic

**Mirabelle** *f* : mirabelle ; Syrian plum

**Mirage** *m* : candling *(œuf)*

**Mirer** : to candle

**Miscibilité** *f* : miscibility ; mixability

**Miscible** *a* : miscible

**Mise-bas** *f* : parturition ; birth ; calving ; *(vache)* ; farrowing *(truie)* ; foaling *(jument)* ; freshening *(US) (vache)* ; kidding *(chèvre)* ; lambing *(brebis)*

**Mise en liberté** : release *(chimie)*

**Mite** *f* : clothes moth , moth ; mite

**Mitochondrie** *f* : mitochondrion, *pl* : mitochondria

**Mitose** *f* : mitosis

**Mitotique** *a* : mitotic

**Mitron** *m* : baker's boy ; pastry cook's boy

**Mobile** *a* : mobile ; motile ; free

**Mobilité** *f* : mobility ; motility

**Modalité** *f* : modality

**Mode opératoire** *m* : procedure

**Modèle** *m* : model

**Modélisation** *f* : simulation

**Moderne** *a* : modern

**Modernisation** *f* : modernization

**Moderniser** : to modernize

**Modification** *f* : modification ; change

**Modifier** : to modify

**Module** *m* : module

**Moelle** *f* : marrow ; medulla *(médecine)*
~ **cervicale** : cervical cord
~ **épinière** : spinal marrow ; spinal cord
~ **osseuse** : bone marrow ; bone medulla

**Moineau** *m* : sparrow

**Moins-value** *f* : depreciation

**Mois** *m* : month

**Moisi** *a* : mouldy ; musty *(odeur)* ; fusty *(odeur)*

**Moisir, se couvrir de moisissures** : to mould ; to go mouldy

**Moisissure** *f* : mold ; mould ; mildew

**Moisson** *f* : harvest ; harvesting ; grain harvest ; crop
~ **en retard** : late harvest ; backward harvest

**Moissonner** : to harvest ; to reap

**Moissonneur** *m* : harvester ; reaper *(personne)*

**Moissonneuse** *f* : harvester ; reaper ; reaping machine *(appareil)* ; corn mower *(GB)*

**Moissonneuse-batteuse** *f* : combine harvester

**Moite** *a* : damp

**Moitié** *f* : half

**Molaire** *f* : molar ; molar tooth ; back tooth, *pl* : teeth ; dens molaris *(med.)*

**Molaire** *a* : molar *(chimie)*

**Molalité** *f* : molality

**Molarité** *f* : molarity

**Môle** *m* : wharf ; pier ; jetty

**Moléculaire** *a* : molecular

**Molécule** *f* : molecule

**Molette** *f* : upper millstone *(meunerie)* ; toothed wheel *(roue)*

**Mollusque** *m* : mollusc ; shell-fish

**Molybdène** *m* : molybdenum

**Mondage** *m* : husking ; hulling *(amande, orge)*

**Mondé** *a* : hulled

**Monder** : to hull ; ro husk *(amande, orge)*

**Monochromateur** *m* : monochromator

**Monochromatique** *a* : monochromatic

**Monoculaire** *a* : monocular

**Monoculture** *f* : continuous cropping ; one crop system ; single crop system ; one course farming ; single crop farming ; monoculture

**Monocyte** *m* : monocyte ; leucocyte

**Monogamie** *f* : monogamy

**Monogastrique** *a m* : monogastric

**Monographie** *f* : monography

**Monomère** *m* : monomer

**Monomérique** *a* : monomeric

**Mononucléaire** a : mononuclear

**Monotone** *a* : flat

**Monovalence** *f* : univalence ; monovalence

**Monovalent** *a* : univalent ; monovalent

**Monte** *f* : mating ; service *(animal)*

**Montée** *f* **de la crème** : creaming *(lait)*
~ **du lait** : milk flow *(physiologie)*

**Morbide** *a* : morbid

**Morbidité** *f* : morbidity

**Morceller** : to parcel out *(terrain)* ; to break up ; to divide up

**Morphologie** *f* : morphology

**Mort** *f* : death
~ **né** : stillborn

**Mortadelle** *f* : Bologna sausage ; mortadella

**Mortalité** *f* : death-rate ; mortality ; lethality
~ **périnatale** : perinatal death ; nati-mortality

**Mortier** *m* : mortar *(chimie)*

**Morue** *f* : cod
~ **fraîche** : fresh cod
~ **salée** : salted cod
~ **séchée** : dried cod
~ **longue** : ling

**Mot-clé** *m* : key word

**Motoculture** *f* : mechanized farming

**Mou** *a* : soft

**Moucheté** *a* : speckled ; spotted

**Moudre** : to mill ; to grind

**Mouillabilité** *f* : wettability

**Mouillage** *m (lait)* : moistening ; watering ; wetting

**Mouillant** *a* : wetting agent

**Mouillé** *a* : steeped ; wet ; watered *(lait)*

**Mouiller** : to moisten ; to wet ; to damp

**Moule** *m* : mould ; mold *(industrie)* ; matrix
~ **à beurre** : butter print
~ **à gâteau** : cake pan ; cake tin
~ **à gaufre** : waffle-iron
~ **à pain** : baking mould
~ **à tarte** : pie plate ; flan dish

**Moule** *f* : mussel *(mollusque)*

**Moulin** *m :* mill
~ **à blé** : corn mill *(GB)* ; flour mill
~ **à café** : coffee mill ; coffee grinder
~ **à cylindres** : roller mill
~ **à cylindres cannelés** : mill with fluted rolls
~ **à eau** : water mill
~ **à vent** : wind mill
~ **à meules :** mill with millstones
~ **à poivre** : pepper mill

**Moulu** *a* : ground

**Moussage** *m* : foaming

**Moussant** *a* : foaming ; bubbling
**Pouvoir** ~ : foaming power

**Mousse** *f* : foam ; froth ; bubbles *(champagne)* ; lather *(savon)*
~ **végétale** : moss

**Mousser** : to foam ; to froth ; to sparkle *(vin)* ; to lather *(savon)*

**Mousseux** *a* : foaming ; foamy ; bubbly *(champagne)* ; sparkling *(vin)* ; soapy *(savon)*

**Moût** *m* : wort *(bière)* ; must *(raisin)*
**Surmoût** : new wort

**Moutarde** *f* : mustard

**Mouton** *m* : sheep *(générique) pl* : sheep ; ram : *(mâle entier, bélier)* ; wether *(mâle castré)* ; ewe *(femelle, brebis)* ; mutton *(viande)*
~ **à viande** : mutton sheep
**Elevage de** ~ : sheep raising

**Collet de ~** : sheep neck
**Filet de ~** : mutton loin
**Ragoût de ~** : stewed mutton ; mutton stew
⇨ *aussi* **Côtelettes**

**Mouture** *f* : grinding ; milling
**~ fine** : fine grinding
**~ grossière** : coarse grinding
**Diagramme de** : grinding diagram
**Procédé de ~** : milling process

**Mouvement** *m* : movement
**~ brownien** : brownian movement

**Moyen** *a* : mean

**Moyens** *m pl* : means, *pl*

**Moyenne** *f* : mean , average
**~ approximative** : rough average
**~ pondérée** : weighted mean ; weighted average
**En ~** : on average

**Mucilage** *m* : mucilage ; gum

**Mucilagineux** *a* : mucilaginous ; mucous

**Mucine** *f* : mucin

**Mucique** *a* : mucic

**Mucoïde** *m* : mucoid

**Mucoïtine sulfate** *m* : mucoitin sulfate

**Mucopolysaccharide** *m* : mucopolysaccharide

**Mucoprotéine** *f* : mucoprotein

**Mucosité** *f* : mucosity ; mucus ; slime *(animal)*

**Mucus** *m* : mucus

**Mue** *f* : molt *(US)* ; molting *(US)* ; moult *(GB)* ; moulting *(GB) (oiseau, animal)* ; shedding *(animal)* ; slough *(reptile)*
**En ~** : molting *(US)* ; moulting *(GB)*

**Muer** : to moult *(GB)* ; to molt *(US)*

**Mufle** *m* : snout *(porc)* ; muzzle *(chien, lion)* ; muffle *(bovin)*

**Muid** *m* : hogshead

**Mule** *f* : she-mule

**Mulet** *m* : he-mule *(animal)* ; mullet *(poisson)*

**Multidimensionnel** *a* : multidimensional

**Multipare** *f* : pluripara ; multiparous ; polytocous

**Multiple** *m a* : multiple

**Multiplication** *f* : propagation *(biologie)* ; multiplication

**Multiplier** : to multiply

**Muni** *a* : provided with

**Muqueuse** *f* : mucosa

**Muqueux** *a* : mucous

**Mûr** *a* : mature ; matured ; ripe

**Mûre** *f* : blackberry ; brambleberry ; black raspberry ; mulberry

**Mûrir** : to ripen ; to mature ; to come to maturity

**Mûrisserie** *f* : ripening room

**Muscade (noix)** : nutmeg

**Muscat** *m* : muscat grape

**Muscle** *m* : muscle
**~ lisse** : smooth muscle ; unstriated muscle ; involuntary muscle
**~ strié** : striated muscle

**Musculaire** *a* : muscular
**Cellule ~** : myocyte
**Fibre ~** : muscle fibre *(GB)* ; muscle fiber *(US)*

**Museau** *m* : snout *(porc)* ; muzzle *(chien)* ; muffle *(bovin)*

**Musée** *m* : museum

**Mutagène** *m* : mutagen

**Mutagène** *a* : mutagen ; mutagenic

**Mutagénicité** *f* : mutagenicity

**Mutant** *m a* : mutant

**Mutarotation** *f* : mutarotation

**Mutase** *f* : mutase

**Mutation** *f* : mutation
**~ dirigée** : controlled mutation

**Mycélien** *a* : mycelial ; mycelian

**Mycélium** *m* : mycelium

**Mycoderme** *m* : mycoderm ; mycoderma

**Mycodermique** *a* : mycodermic

**Mycologie** *f* : mycology

**Mycologique** *a* : mycologic ; mycological

**Mycose** *f* : mycosis ; mould infection ; fungus disease

**Mycotoxine** *f* : mycotoxin

**Myéline** *f* : myelin ; medullary sheath

**Myélinisation** *f* : myelinization

**Myéloblaste** *m* : myeloblast

**Myélopoïèse** *f* : myelopoiesis

**Myélose** *f* : myelosis

**Myoblaste** *m* : myoblast ; sarcoplast

**Myocarde** *m* : myocard , myocardium

**Myofibrille** *f* : myofibril ; myofibrilla ; muscular fibril

**Myogène** *m* : myogen

**Myoglobine** *f* : myohemoglobin *(US)* ; myohaemoglobin *(GB)* ; myoglobin

**Myoglobuline** *f* : myoglobulin

**Myopathie** *f* : myopathia ; myopathy

**Myose** *f* : myosis

**Myosine** *f* : myosin

**Myriapode** *m* : myriapod ; myriopod

**Myristique** *a* : myristic

**Myrosine** *f* : myrosin

**Myrtille** *f* : blueberry ; bilberry ; huckleberry *(US)* ; whinberry ; whortleberry

**Myxomatose** *f* : myxomatosis

# N

**Nageoire** *f* : fin ; flipper
  ~ **anale** : anal fin
  ~ **caudale** : tail fin
  ~ **dorsale** : dorsal fin
  ~ **ventrale** : ventral fin

**Naissance** *f* : birth

**Naissant** *a* : nascent

**Naisseur** *m* : producer *(élevage)* ; calf producer ; calf breeder

**Nanisme** *m* : nanism ; dwarfism

**Narcose** *f* : narcosis

**Narine** *f* : nostril

**Naringénine** *f* : naringenin

**Naringine** *f* : naringin

**Naseau** *m* : nostril *(cheval, bœuf)*

**Nasse** *f* : fish pot ; hoop net *(homard)*

**Natal** *a* : natal

**Natalité** *f* : natality

**Natif** *a* : native
  **A l'état** ~ : in the nature state *(chimie)* ; in a natural state

**Natron** *m* : natron

**Naturaliste** *m* : naturalist

**Nature** *f* : nature

**Naturel** *a* : natural

**Nauséabond** *a* : nauseating

**Nausée** *f* : nausea

**Nauséeux** *a* : nauseous

**Navet** *m* : turnip ; white turnip

**Navette** *f* : rape
  **Graine de** ~ : rapeseed

**Navire** *m* : boat ; vessel

**Nébulisation** *f* : fogging

**Nébuliser** : to fog

**Nébuliseur** *m* : nebulizer

**Nécessaire** *a* : necessary

**Nécrophage** *a* : necrophageous

**Nécrose** *f* : necrosis

**Nectar** *m* : nectar

**Néfaste** *a* : harmful ; detrimental ; damageable ; adverse

**Nèfle** *f* : medlar

**Négatif** *a* : negative

**Négoce** *m* : trade

**Négociant** *m* : dealer *(US)* ; merchant *(GB)* ; trader
  ~ **en grain** : grain dealer *(US)* ; corn merchant *(GB)*
  ~ **en gros** : wholesale dealer ; wholesaler ; dealer *(US)* ; merchant *(GB)* ; wholesale merchant

**Neige** *f* : snow
  ~ **carbonique** : dry ice
  **Battre en** ~ : to whip

**Neiger** : to snow

**Nématoblaste** *m* : nematoblast

**Nématocide** *m* : nematocide

**Nématode** *m* : nematode ; round worm ; thread worm

**Néoblaste** *m* : neoblast

**Néogénèse** *f* : neogenesis

**Néohespéridine** *f* : neohesperidin

**Néonatal** *a* : neonatal

**Néphélomètre** *m* : turbidimeter ; nephelometer (US) ; nephelometre (GB)

**Néphélométrie** *f* : turbidimetry ; nephelometry

**Néphrite** f : nephritis

**Néphritique** a : nephritic

**Néphron** m : nephron

**Néphrose** f : nephrosis

**Nerf** m : nerve
~ **gustatif** : gustatory nerve
~ **optique** : optic nerve

**Nerveux** a : nervous
**Fibre nerveuse** : nerve fibre (GB) ;
nerve fiber (US)
**Système** ~ : nervous system

**Nervonique** a : nervonic

**Nervure** f : vein (feuille) ; ribbing ; nervure
**A nervures** : ribbed

**Nervures** pl : veining ; ribbing

**Nervuré** a : ribbed ; veined

**Nettoyage** m : cleaning ; cleansing ,
clearing ; degreasing

**Nettoyant** m : cleansing product

**Nettoyer** : to clean ; to cleanse
~ **à grande eau** : to scour

**Nettoyeur** m : cleaner (céréale) ; separating machine

**Nettoyeuse** f : ⇨ **Nettoyeur**

**Neuraminique** a : neuraminic

**Neuroblaste** m : neuroblast

**Neurone** m : neuron ; neurone ; neurocyte

**Neurotoxine** f : neurotoxin

**Neurotoxique** a : neurotoxic

**Neutralisant** m : neutralizer ; neutralizing

**Neutralisant** a : neutralizing

**Neutralisation** f : neutralization

**Neutraliser** : to neutralize

**Neutralité** f : neutrality

**Neutre** a : neuter (GB, US) ; neutral
(chimie) ; inert (physique)

**Neutron** m : neutron

**Neutrophile** m a : neutrophil

**Niacinamide** f : niacinamide

**Niacine** f : niacin

**Nichée** f : litter (chien, rongeur) ; brood
(poule)

**Nickel** m : nickel

**Nickelé** a : nickeled ; nickelled

**Nickeler** : to nickelize

**Nicotinamide** f : nicotinamide

**Nicotine** f : nicotine
⇨ **Dénicotinisé**

**Nicotinique** a : nicotinic

**Nid** m : nidus (insecte) ; nest (oiseau,
insecte)

**Nidation** f : implantation (biologie)

**Nidification** f : nesting

**Nielle** f : black rust ; smut
~ **du blé** : corn-cockle ; blight

**Ninhydrine** f : ninhydrin

**Nisine** f : nisin

**Nitrate** m : nitrate

**Nitreux** a : nitrous

**Nitrification** f : nitrification

**Nitrique** a : nitric

**Nitrite** m : nitrite

**Nitrosamine** f : nitrosamine

**Nitrosation** f : nitrosation

**Niveau** m : level
~ **d'eau** : water level
~ **de rationnement** : feeding level

**Nocif** a : nocuous ; noxious ; noisome ;
pernicious ; harmful

**Nocivité** f : nocuity ; noxiousness ;
harmfulness

**Nocturne** a : nocturnal

**Nodosité** f : nodosity ; nodule ; knottiness

**Nodulaire** a : nudolar ; noduled ; noduliferous

**Nœud** m : node (arbre) ; knot (bois,
pêche)
**Faire un** ~ : to tie ; to knot (pêche)

**Noir** *a* : black
~ **animal** : animal charcoal ; char

**Noirâtre** *a* : blackish

**Noircissement** *m* : blackening ; darkening

**Noisette** *f* : hazelnut

**Noix** *f* : nut *(générique)*
~ **ordinaire** : walnut
~ **de cajou** : cashew nut
~ **de coco** : coconut
~ **de galle** : oak gall ; oak apple ; gallnut
~ **muscade** : nutmeg
~ **vomique** : nux vomica

**Nombre** *m* : number
~ **de coups par minute** : number of flows per minute
~ **de périodes** : number of cycles

**Nombril** *m* : navel

**Nomenclature** *f* : nomenclature

**Norleucine** *f* : norleucine

**Normal** *a* : normal ; standard

**Normalisation** *f* : normalization ; standardization

**Normaliser** : to standardize

**Normalité** *f* : normality

**Norme** *f* : norm ; standard ; rule

**Norvaline** *f* : norvaline

**Nouage** *m* : netting *(filet)* ; tying ; knotting

**Nouement** *m* ⇨ **Nouage**

**Nouer** : to tie ; to knot

**Nougat** *m* : nougat

**Nouille** *f* : noodles, *pl* ; pasta

**Nourrice** *f* : nurse

**Nourrir** : to nourish ; to nurture

**Nourrissant** *a* : nourishing

**Nourrisson** *m* : suckling *(animal)* ; breast fed infant ; unweaned infant

**Nourriture** *f* : food ; nourishment ; nurturing

**Nouveau-né** *m* : neonate *(biologie)* ; newborn child

**Nouvelle espèce chimique** *f* : new chemical compound

**Noyau** *m* : ring *(chimie)* ; nucleus *(physique, biologie)* ; kernel *(végétaux)* ; stone *(fruit)*

**Nucléaire** *a* : nuclear

**Nucléase** *f* : nuclease

**Nucléé** *a* : nucleated

**Nucléique** *a* : nucleic

**Nucléophile** *a* : nucleophilic

**Nucléophilie** *f* : nucleophilicity

**Nucléoplasme** *m* : nucleoplasm

**Nucléoprotéine** *f* : nucleoprotein

**Nucléosidase** *f* : nucleosidase

**Nucléoside** *m* : nucleoside

**Nucléotidase** *f* : nucleotidase

**Nucléotide** *m* : nucleotide

**Nuisible** *a* : harmful ; noxious ; detrimental ; deleterious ; adverse ; injurious ; pernicious ; noisone

**Nullipare** *f* : nullipara

**Nullipare** *a* : nulliparous

**Numération** *f* : count ; counting *(microbiologie)* ; enumeration

**Numérique** *a* : numeral ; numerical

**Numéro** *m* : number
~ **atomique** : atomic number
~ **d'ordre** : running number
~ **de la série** : number of kind

**Numérotation** *f* : numbering

**Numéroter** : to number

**Nutriment** *m* : nutrient
~ **accessoire** : semi-essential nutrient
~ **banal** : non essential nutrient
~ **disponible** : available nutrient
~ **essentiel** : essential nutrient
~ **indispensable** : essential nutrient
~ **majeur** : macronutrient
**oligo** ~ : micronutrient
~ **secondaire** : semi-essential nutrient
~ **utilisable** : available nutrient

**Nutritif** *a* : nutritive ; nourishing ; nutritious

**Nutrition** *f* : nutrition

**Nutritioniste** *m* : nutritionist

**Nutritionnel** *a* : nutritional

**Nyctéméral** *a* : nychtemeral

**Nyctémère** *a* : nychtemeral

**Nyctémère** *m* : nychtemeron, *pl* : nyc-themerons

**Nylon** *m* : nylon

**Nymphal** *a* : nymphal

**Nymphe** *f* : pupa ; nymph

**Nystatine** *f* : nystatin

# O

**Oasis** *f* : oasis

**Obèse** *m f* : obese ; overweight

**Obésité** *f* : obesity ; fatness ; adiposis ; adiposity

**Obscurité** *f* : darkness ; obscurity

**Observation** *f* : observation

**Observer** : to observe

**Obsolète** *a* : obsolete

**Occlusion** *f* : obstruction *(intestin)* ; occlusion

**Occurrence** *f* : occurrence ; event

**OCDE** : OECD

**Ochratoxine** *f* : ochratoxin

**Octanoïque** *a* : octanoic

**Oculaire** *a* : ocular
**Globe** ~ : eyeball

**Odeur** *f* : odour *(GB)* ; odor *(US)* ; aroma ; smell ; scent ; osmyl
~ **agréable** : redolence ; good smell ; pleasant aroma
~ **désagréable** : unpleasant odour ; nastiness
**Science des odeurs** : osmics

**Odontoblaste** *m* : odontoblast

**Odontogénèse** *f* : odontogenesis

**Odontoplaste** *m* : odontoplast

**Odorant** *a* : odorant ; redolent
**Composant** ~ : odoriphore

**Odorat** *m* : smell ; osphresis

**Odorifique** *a* : odorific

**Œdème** *m* : œdema ; edema ; cutaneous dropsy

**Œil** *m* : eye ; ophthalmus ; oculus *(medecine)*
⇨ **Oculaire**

**Œillette** *f* : poppy

**Œsophage** *m* : œsophagus

**Œsophagien** *a* : œsophageal

**Œstradiol** *m* : œstradiol ; estradiol

**Œstral** *a* : œstral ; œstrous ; œstrial ; estrial ; estrous ; estral

**Œstrien** *a* : œstrous ; estrous
**Cycle** ~ : œstrous cycle ; estrous cycle

**Œstriol** *m* : œstriol ; estriol

**Œstrogène** *m* : œstrogen ; œstrin ; estrogen

**Œstrogénique** *a* : œstrogenic ; estrogenic

**Œstrone** *f* : œstrone ; estrone

**Œstrus** *m* : œstrus ; estrus

**Œuf** *m* : egg *(oiseau)* ; roe ; berry *(poisson)*
~ **à couver** : hatching egg
~ **brouillé** : scrambled egg
~ **en chocolat** : chocolate egg
~ **dur** : hard boiled egg
~ **frais** : fresh egg
~ **du jour** : new laid ; newly laid
**Œufs montés (blanc)** : beaten egg whites ; stiff egg whites
~ **à la neige** : floating islands
~ **de Pâques** : easter egg
~ **au plat** : fried egg
~ **poché** : poached egg
**Blanc d'**~ : egg white ; albumen
**Jaune d'**~ : egg yolk ; yolk

**Œuvré** *a* : berried *(poisson)*

**Office** *m* : office *(bureau)*

**Officiel** *a* : official

**Officinal** *a* : medicinal ; officinal

**Offre** *f* : offer
**L'**~ **et la demande** : supply and demand

**Offrir** : to offer ; to treat *(repas)*

**Oie** *f* : goose, *pl* : geese

**Oignon** *m* : onion *(aliment)* ; bulb *(plante)*
**Petits oignons** : pickled onions
**Pelure d'~** : onion skin
**Sauce à l'~** : onion sauce

**Oiseau** *m* : bird
**~ de basse-cour** : poultry ; fowl

**Oison** *m* : gosling

**Oléagineux** *m* : oilseed

**Oléagineux** *a* : oleaginous ; oleiferous ; oil bearing

**Oléfine** *f* : olefin

**Oléifère** *a* : oleiferous

**Oléine** *f* : olein

**Oléique** *a* : oleic

**Oléomargarine** *f* : oleomargarine

**Oléorésine** *f* : oleoresin

**Olfactif** *a* : olfactory ; olfactive

**Olfaction** *f* : olfaction ; smell

**Oligo-élément** *m* : trace element ; micronutrient

**Oligomère** *m* : oligomer

**Oligo-nutriment** *m* : micronutrient ; trace element

**Oligopeptide** *m* : oligopeptide

**Oligosaccharide** *m* : oligosaccharide

**Olive** *f* : olive
**~ de table** : table olive
**Huile d'~** : olive oil

**Olivier** *m* : olive tree

**Ombilic** *m* : navel wort ; umbilicus *(botanique)*

**Omnivore** *m* : omnivore

**Omnivore** *a* : omnivorous

**Oncogénèse** *f* : oncogenesis

**Oncologie** *f* : oncology

**Oncose** *f* : oncosis

**Onctueux** *a* : greasy

**Onctuosité** *f* : greasiness

**Onde** *f* : wave
**Longueur d'~** : wavelength

**Ondulation** *f* : undulation

**Ondulé** *a* : wavy

**Ongle** *m* : claw *(animal)* ; nail *(homme)*

**Onguent** *m* : ointment ; salve

**Ongulé** *a* : ungulate *(biologie)* ; hoofed *(bétail)*

**Ontogénèse** *f* : ontogenesis

**Opacifiant** *a* : opacifying

**Opacification** *f* : opacification

**Opacité** *f* : opacity

**Opalescence** *f* : opalescence

**Opalescent** *a* : opalescent

**Opaque** *a* : opaque

**Opération** *f* **industrielle** : proceeding ; processing
**~ chirurgicale** : operation
**~ discontinue** : batch processing

**Opercule** *m* : operculum, *pl* : opercula

**Ophtalmologie** *f* : ophthalmology

**Ophtalmologique** *a* : ophthalmic

**Opposé** *a* : opposite ; opposing

**Opsine** *f* : opsin

**Optimum** *m a* : optimum

**Optique** *f* : optics

**Optique** *a* : optical

**Oral** *a* : oral ; buccal
**Par voie orale** : oral ; per os
**Administration orale** : oral administration

**Orange** *f* : orange
**~ amère** : bitter orange
**~ sanguine** : blood orange
⇨ **Fleur d'oranger**
⇨ **Eau de fleur d'oranger**

**Orangeraie** *f* : orange grove ; orange plantation

**Orangerie** *f* : orangery ; orange house

**Orcéine** *f* : orcein

**Orcinol** *m* : orcin ; orcinol

**Ordinateur** *m* : computer
~ **numérique** : digital computer

**Ordonnée** *f* : ordinate
**Axe des ordonnées** : Y-axis

**Ordre** *m* : order
~ **croissant** : ascending order
~ **décroissant** : descending order

**Ordure** *[f]* **ménagère** : rubbish *(GB)* ; garbage *(US)*; trash ; household refuse

**Oreille** *f* : ear *(organe)* ; half *(fruit)*
~ **externe** : outer ear
~ **interne** : inner ear

**Oreillon** *m* : half *(fruit)*

**Organe** *m* : organ

**Organicien** *m* : organiscist

**Organique** *a* : organic

**Organisation** *f* : organization ; management

**Organisme** *m* : organism
~ **vivant** : living organism

**Organite** *m* : organelle

**Organochloré** *a* : organochlorine

**Organoleptique** *a* : organoleptic
**Analyse** ~ : organoleptic evaluation

**Orge** *f* : barley
~ **brassicole** : brewer's barley
~ **fourragère** : feeding barley
~ **perlée** : pearl barley
~ **gruau d'**~ : barley gruel
**Sucre d'**~ : barley sugar

**Origan** *m* : marjoram ; origanum ; oregano

**Origine** *f* : origin ; zero point *(mathématique)*
**Appelation d'**~ : designation of origin ; indication of origin
**Pays d'**~ : country of origin

**Originel** *a* : primitive ; original

**Ornithine** *f* : ornithine

**Ornithinoalanine** *f* : ornithinoalanine

**Ornithologie** *f* : ornithology

**Ornithologique** *a* : ornithological

**Orotique** *a* : orotic

**Orthophosphate** *m* : orthophosphate

**Orthophosphorique** *a* : orthophosphoric

**Ortie** *f* : nettle

**Oryzénine** *f* : oryzenin

**Os** *m* : bone
~ **long** : long bone
~ **médullaire** : medullary bone
~ **à moëlle** : marrow bone
~ **de seiche** : cuttle bone

**Osazone** *f* : osazone

**Oscillant** *a* : oscillatory

**Oscillateur** *m* : oscillator

**Oscillation** *f* : oscillation ; fluctuation

**Oscillatoire** *a* : oscillatory

**Osciller, faire osciller** : to oscillate

**Oscillographe** *m* : oscillograph

**Ose** *m* : ose ; monosaccharide

**Oseille** *f* : sorrel

**Osmole** *f* : osmol

**Osmolarité** *f* : osmolarity

**Osmose** *f* : osmosis ; osmose
~ **inverse** : reverse osmosis

**Osmotique** *a* : osmotic

**Osséine** *f* : ossein ; ostein

**Osselet** *m* : osselet ; ossiculum

**Osseux** *a* : bony ; osseous ; osteal

**Ossification** *f* : ossification

**Ossifié** *a* : ossified

**Ossifier, s'Ossifier** : to ossify

**Ostéoblaste** *m* : ⇨ **Ostéocyte**

**Ostéocyte** *m* : osteoblast ; osteoplast

**Ostéoporose** *f* : osteoporosis

**Oursin** *m* : sea urchin ; ursine

**Outil** *m* : tool ; implement ; instrument

**Outils** *m pl* : tools *pl* ; instruments *pl* ; implements *pl*

**Ouvert** *a* : open ; unlocked ; unclosed

**Ouverture** *f* : opening ; aperture ; mouth

**Ouvrage** *m* : labour *(travail)*

**Ouvre-boite** *m* : tin opener *(GB)* ; can opener *(US)*

**Ouvrier** *m* : worker ; workman
~ **agricole** : farm worker ; farm labourer

**Ouvrir** : to open

**Ovaire** *m* : ovary ; germen

**Ovalbumine** *f* : ovalbumin

**Ovale** *a* : oval ; egg shapped

**Oviducte** *m* : oviduct

**Ovin** *a* : ovine

**Ovins** *m pl* : ovines *pl*

**Ovipare** *a* : oviparous ; egg laying

**Ovocyte** *m* : oocyte

**Ovogénèse** *f* : ovogenesis ; oogenesis

**Ovoglobuline** *f* : ovoglobulin

**Ovoïde** *a* : egg shapped ; ovoid

**Ovomucine** *f* : ovomucin

**Ovomucoïde** *m* : ovomucoid

**Ovovivipare** *a* : ovoviviparous

**Ovulation** *f* : ovulation

**Ovule** *m* : ovule ; ovum *pl*, ovula
**Pondre des ovules** : to ovulate

**Oxacide** *m* : oxyacid ; oxacid ; hydroxyacid

**Oxalémie** *f* : oxalemia

**Oxalique** *a* : oxalic

**Oxaloacétique** *a* : oxaloacetic

**Oxalose** *f* : oxalosis

**Oxalurie** *f* : oxaluria

**Oxydabilité** *f* : oxidability ; oxidizability

**Oxydable** *a* : oxidable ; oxidizable

**Oxydant** *m* : oxidant ; oxidizer ; oxidizing

**Oxydase** *f* : oxidase ; oxydase

**Oxydatif** *a* : oxidative

**Oxydation** *f* : oxidation ; oxidizing ; oxygenation
**Détruire par** ~ : to oxidize off

**Oxyde** *m* : oxide
~ **de carbone** : carbon monoxide

**Oxydé** *a* : oxidated ; oxidized

**Oxyder** : to oxidate ; to oxidize ; to oxygenate ; to oxygenize

**Oxydoréductase** *f* : oxidoreductase

**Oxydo-réduction** *f* : oxidation-reduction

**Oxygénable** *a* : oxygenizable

**Oxygénation** *f* : oxygenation ; aeration

**Oxygène** *m* : oxygen
~ **actif** : active oxygen

**Oxygéner** : to oxygenate ; to oxygenize ; to aerate *(sang)*
**Eau oxygénée** : oxygenated water ; hydrogen peroxide

**Oxyhémoglobine** *f* : oxyhaemoglobin *(GB)* ; oxyhemoglobin *(US)*

**Oxymètre** *m* : oximeter *(US)* ; oximetre *(GB)*

**Oxymétrie** *f* : oximetry

**Oxyure** *m* : oxyurid ; oxyuris

**Ozonateur** *m* : ozoniser

**Ozone** *m* : ozone
**Blanchiment à l'**~ : ozone bleaching

**Ozoner** : to ozonize

**Ozonisage** *m* : ozonizing

**Ozonisation** *f* : ozonization

**Ozoniser** : to ozonize

**Ozoniseur** *m* : ozonizer

# P

**Pacage** *m* : pasture ; grazing land

**Paddy** *m* : paddy ; paddy rice ; unhulled rice

**Paie** *f* : wages *pl (gages)* ; pay *(employé)* ; salary *(ingénieur)*

**Paillasse** *f* : laboratory bench

**Paille** *f* : straw
~ **fourragère** : fodder straw
~ **hachée** : chaff

**Pain** *m* : bread ; loaf *pl* loaves
~ **azyme** : unleaven bread ; unleavened bread ; bannock
~ **bis** : brown bread
~ **au chocolat** : croissant with chocolate filling
~ **complet** : wholemeal bread ; whole wheat bread
~ **d'épices** : gingerbread
~ **grillé** : toast
~ **levé** : leavened bread ; aerated bread
~ **de ménage** : cottage loaf
~ **de mie** : sandwich loaf ; sandwich bread ; English loaf
~ **mollet** : unleaven bread
~ **au moule** : pan loaf ; tin loaf
~ **noir** : brown bread ; pumpernickle bread
~ **au raisin** : currant bun *(GB)* ; raisin bun
~ **de seigle** : rye bread
~ **de sucre** : sugar loaf
~ **trempé** : sop
~ **viennois** : Vienna bread
**Petit** ~ : roll ; bun
**Petit** ~ **au lait** : bun ; scone

Soupe au ~ : sop
⇨ aussi **Fermentation**

**Pair** *a* : pair

**Paire** *f* : pair
**Par** ~ : paired
**Par paires** : pairs *pl*
**Alimentation par** ~ : pair-feeding

**Paître** : to graze ; to pasture

**Palais** *m* : palate *(goût)*

**Palatinose** *m* : palatinose

**Pâle** *a* : pale

**Palefrenier** *m* : stable boy

**Paleron** *m* : chuck *(bœuf)*

**Palette** *f* : pallet *(chargement)* ; shoulder *(viande)*

**Palier** *m* : stage ; plateau ; degree
**Extraction par paliers** : stepwise extraction

**Palletisation** *f* : palletization

**Palme** *f* : palm
**Huile de** ~ : palm oil
**Vin de** ~ : palm wine

**Palmé** *a* : palmate

**Palmier** *[m]* **à huile** : oil palm

**Palmiste** *m* : palm kernel ; palm nut
**Huile de** ~ : palm kernel oil ; palm nut oil

**Palmitine** *f* : palmitin

**Palmitique** *a* : palmitic

**Palourde** *f* : clam

**Paludisme** *m* : malaria ; paludism ; marsh fever

**Pamplemousse** *m* : grapefruit

**Panais** *m* : parsnip

**Pancréas** *m* : pancreas *pl*, pancreata

**Pancréatine** *f* : pancreatin

**Pancréatique** *a* : pancreatic
**Lithiase** ~ : calcareous pancreatitis

**Pancréatite** *f* : pancreatitis

**Panicule** *f* : panicle

**Paniculé** *a* : panicled

**Panier** *m* : basket ; hamper
  ~ **garni** : hamper of food ; luncheon basket
  ~ **à provisions** : shopping basket

**Panifiable** *a* **(céréale)** : bread grain ; bread stuffs *(pl)*

**Panification** *f* : bread manufacture ; bread making

**Panne** *f* : lard ; fat *(charcuterie)*

**Panose** *m* : panose

**Panse** *f* : paunch ; rumen

**Pantothénique** *a* : pantothenic

**Papaye** *f* : papaya ; paw paw

**Papier** *m* : paper
  ~ **d'aluminium** : aluminium foil *(GB)* ; aluminum foil *(US)*
  ~ **d'argent** : silver foil ; silver paper ; tin foil
  ~ **cristal** : glassine
  ~ **paraffiné** : wax paper

**Papillaire** *a* : papillary

**Papille** *f* : papilla
  ~ **gustative** : taste bud
  ~ **linguale** : lingual papilla

**Papillotte** *f* : frill *(viande)*

**Paprika** *m* : paprika

**Paquet** *m* : bag ; package ; parcel ; pack *(US)*

**Par** *prep* : per
  ~ **an** : per annuum ; per year
  ~ **gramme** : per gram
  ~ **jour** : per day
  ~ **tête** : per capita ; per caput

**Parabiose** *f* : parabiosis

**Paracaséine** *f* : paracasein

**Paraffinage** *m* : paraffining ; waxing

**Paraffine** *f* : paraffin
  **Huile de** ~ : paraffin oil
  **Papier paraffiné** : wax paper

**Paraffiner** : to paraffin ; to wax

**Parage** *m* : trimming *(viande)*

**Parallèle** *f a* : parallel

**Parallélisme** *m* : parallelism

**Parasitaire** *a* : parasitic

**Parasite** *m* : parasite ; pest

**Parasiter** : to parasitize

**Parasitologie** *f* : parasitology

**Parathyroïde** *f a* : parathyroid

**Parc** *m* : pen *(bétail)* ; enclosure
  ~ **pour bovins** : pen
  ~ **pour ovins** : sheep fold ; sheep pen

**Parcelle** *f* : parcel *(terrain)* ; plot *(terrain)*

**Parceller** : to parcel

**Parchemin** *m* : parchment *(café)*

**Parenchymal** *a* : parenchymal

**Parenchymateux** *a* : parenchymatous

**Parenchyme** *m* : parenchyma

**Parenté** *f* : siblings, *pl* ; kinship

**Parentéral** *a* : parenteral

**Parenthèses** *f pl* : brackets ; parentheses
  **Entre** ~ : in brackets

**Parer** : to trim *(viande)*

**Parfum** *m* : fragrance ; aroma ; scent ; redolence

**Parfumé** *a* : scental ; redolent

**Pariétal** *m* : parietal bone

**Pariétal** *a* : parietal

**Parmesan** *m* : Parmesan

**Paroi** *f* : wall
  **A** ~ **épaisse** : thick-walled
  **A** ~ **mince** : thin-walled

**Parotide** *f a* : parotid

**Parsemer** : to besprinkle

**Partager** : to distribute ; to share ; to divide

**Parthénogénèse** *f* : parthenogenesis

**Particulaire** *a* : particular

**Particule** *f* : particle
  ~ **colloïdale** : colloidal particle

**Partie** *f* : part ; proportion

**Partiel** *a* : partial

**Parvalbumine** *f* : parvalbumin

**Pas** *m* : step

**Passereau** *m* : sparrow

**Passoire** *f* : colander *(légumes)* ; strainer ; sieve

**Pastèque** *f :* watermelon

**Pasteurisateur** *m* : pasteurizer
~ **à tambour** : drum heater

**Pasteurisation** *f :* pasteurization ; pasteurizing
~ **basse** : holder pasteurization
~ **haute** : flash pasteurization ; high temperature short time

**Pasteurisé** *a* : pasteurized

**Pasteuriser** : to pasteurize

**Pastille** *f* : pastille *(chimie)* ; drop ; lozenge *(aliment)*
~ **de chocolat** : chocolate drop
~ **de menthe** : peppermint drop

**Patate** *f :* sweet potato
~ **douce** : sweet potato

**Pâte** *f* : dough ; baking dough *(pain)* ; paste ; pastry
~ **d'amandes** : almond paste
~ **d'amidon** : paste
~ **d'anchois** : anchovy spread
~ **à choux** : chou pastry
~ **feuilletée** : flaky pastry ; puff pastry *(US)*
~ **à frire** : batter
~ **de fruit** : fruit paste ; crystallized fruit ; fruit pastille
~ **sablée** : sablé *(GB)* ; sugar crust *(US)* ; sugar pastry ; shortcrust pastry
~ **à tartiner** : spread

**Pâtes** *f pl* : pasta ; noodles
**Fabrication de** ~ **alimentaires** : pasta manufacturing

**Pâté** *m* : pie ; patty ; pasty ; meat spread ; meat paste
~ **en croûte** : raised pie ; raising pie
~ **de foie** : liver paste
~ **de porc en croûte** : pork pie
~ **de viande** : meat pie ; meat paté
**Petit** ~ : pasty meat ; patty ; small pork pie

**Pâtée** *f* : mash *(animal)* ; wet feed ; slop ; swill *(porc)*

**Pâteux** *a* : doughy ; pasty ; pulpy ; soggy *(état)*
**Etat** ~ : pasty condition

**Pathogène** *a* : pathogen ; pathogenic

**Pathogénèse** *f* : pathogenesis

**Pathologie** *f* : pathology

**Pathologique** *a* : pathologic

**Pâtisserie** *f* : pastry *(aliment)* ; cake shop *(magasin)* ; cake confectionary
~ **feuilletée** : flaky pastry
~ **fine** : fine pastry
**Moule de** ~ : pastry mould
**Planche de** ~ : pastry board ; dough board

**Pâtissier** *m* : pastry baker ; cake baker ; confectioner pastry cook

**Patte** *f* : leg ; paw ; foot, *pl* : feet *(animal)*

**Patuline** *f :* patulin

**Pâturage** *m* : pasture ; grazing ; pasturage
~ **libre** : uncontrolled grazing ; free range grazing
~ **en rotation** : rotational grazing

**Pâture** *f* : ⇨ **Pâturage**

**Pâturer** : to pasture ; to graze

**Pâturin** *m* : meadow grass

**Paye** *f* : ⇨ **paie**

**Paysan** *m* : farm labourer *(employé)* ; farmer *(propriétaire)*

**Peau** *f* : skin *(homme, animal)* ; hide *(animal tué)* ; fleece *(mouton, chèvre)* ; peel ; rind *(fruit)* ; cutis ; pella *(médecine)*
**A** ~ **mince** : thinskinned
**Sans** ~ : skinless ; skinned *(animal, fruit)*

**Pêche** *f* : peach *(fruit)*

**Pêche** *f* : fishing ; fishery *(opération)* ; catch ; draught *(contenu d'un filet)*
**Grande** ~ : great fishing ; deep sea fishing
~ **côtière** : inshore fishing ; coastal fishing
~ **hautière** : fishing on the open sea
**Canne à** ~ : fishing rod
**Droit de** ~ : fishing right

**Filet de ~** : fishing net
**Flotte de ~** : fishing fleet
**Fond de ~** : fishing ground
**Ligne de ~** : fishing line
**Matériel de ~** : tackle
**Ramener le filet de ~** : to reel up

**Pêcher** : to fish for
~ **la baleine** : to go whaling
~ **la crevette** : to shrimp
~ **au chalut** : to trawl
~ **à la mouche** : to fly fish

**Pectase** f : pectase

**Pectinase** f : pectinase

**Pectine** f : pectin ; vegetable jelly

**Pectinestérase** f : pectinesterase

**Pectinolytique** a : pectinolytic

**Pectique** a : pectic

**Pectolytique** a : pectolytic

**Pédiatrie** f : pediatry ; pediatrics

**Pédologie** f : pedology

**Pédologique** a : pedologic ; pedological

**Pédonculaire** a : peduncular

**Pédoncule** m : peduncle

**Pédonculé** a : pedunculate

**Peigne** m : sea clam ; scallop (mollusque)

**Pelage** m : peeling (grain, fruit, légume) ; coat ; pelage (animal)

**Pélargonidine** f : pelargodinin

**Pélargonine** f : pelargonin

**Peler** : to peel (fruit)

**Pellagre** f : pellagra ; maidism ; Italian leprosy

**Pellagreux** a : pellagral

**Pelle** f : shovel ; spade (bêche) ; scoop ; palette (cuisine) ; cake server (cuisine)

**Pellicule** f : husk (végétal) ; pellicle ; film

**Pelliculeux** a : scurfy

**Pelure** f : peel ; skin ; rind (végétaux)
~ **d'oignon** : onion peel ; onion skin

**Pénétrant** a : pervasive (flaveur) ; penetrating (flaveur)

**Pénicillinase** f : penicillinase

**Pénicilline** f : penicillin

**-pénie** : -penia

**Pentosane** m : pentosan

**Pentose** m : pentose

**Pentosurie** f : pentosuria

**Pénurie** f : scarcity ; dearth ; shortage

**Péonidine** f : peonidin

**Pépin** m : pip ; seed ; stone ; kernel
**Sans ~** : seedless
**Huile de ~ de raisin** : grapeseed oil

**Pépinière** f : tree nursery ; nursery garden

**Pepsine** f : pepsin ; pepsinum

**Pepsinogène** m : pepsinogen

**Pepsique** a : pepsic

**Peptidase** f : peptidase

**Peptide** m : peptide

**Peptique** a : peptic

**Peptisable** a : peptizable

**Peptiser** : to peptizate

**Peptolyse** f : peptolysis

**Peptone** f : peptone

**Peptonisable** a : peptonizable

**Peptonisant** a : peptonizing

**Peptonisation** f : peptonization

**Peptoniser** : to peptonize

**Perce (Mettre en ~)** : to tap ; to broach (vin)

**Perce (Mise en ~)** : tap ; tapping ; broaching

**Perceptible** a : perceptible ; noticeable
**A peine ~** : scarcely perceptible

**Perche** f : perch (poisson)
~ **de mer** : sea perch ; grunter

**Père** m : sire (animal)

**Perfectionnement** *m* : improvement ; improving ; perfectioning

**Perfectionner** : to improve ; to perfect

**Performance** *f* : yield *(agriculture)*
~ **d'engraissement :** fattening yield
~ **laitière** : milk yield

**Péricarde** *m* : pericardium

**Péricarpe** *m* : pericarp

**Périmysium** *m* : perimysium

**Périnatal** *a* : perinatal

**Périnée** *m* : perineum

**Période** *f* : period ; stage ; term

**Périodicité** *f* : periodicity ; frequency

**Périodique** *m a* : periodical

**Périoste** *m* : periost ; periosteum *(médecine)*

**Périphérique** *a* : peripheral

**Périssable** *a* : perishable ; spoilable
**Caractère** ~ : perishability

**Péristaltique** *a* : peristaltic

**Péristaltisme** *m* : peristalsis

**Péritoine** *m* : peritoneum

**Péritonéal** *a* : peritoneal

**Perle** *f* : pearl

**Perlé** *a* : pearled
**Orge perlée** : pearl barley

**Perler :** to pearl *(sucre)*

**Perlèche** *f* : angulus infectiosus
⇨ **Cheilite**

**Permanent** *a* : permanent

**Perméabilité** *f* : permeability ; perviousness

**Perméable** *a* : permeable ; pervious

**Pernicieux** *a* : pernicious

**Peroxydase** *f* : peroxidase

**Peroxyde** *m* : peroxide ; superoxide
**Indice de** ~ : peroxide value

**Peroxyder** : to peroxidize

**Persil** *m* : parsley

**Persistance** *f* : obstinacy ; persistence

**Persister** : to linger *(flaveur)* ; to persist

**Personnel** *m* : workers *(pl) (industrie)* ; staff

**Perspiration** *f* : perspiration ; sweat

**Persulfate** *m* : persulfate ; persulphate

**Perte** *f* : loss

**Perturbation** *f* : disturbance ; disorder *(biologie)* ; perturbation

**Pesage** *m* : weighing
**Appareil de** ~ : weighing apparatus

**Pesant** *a* : weighty ; ponderous

**Pesanteur** *f* : gravity

**Pèse-acide** *m* : acidimeter *(US)*, acidimetre *(GB)*

**Pèse-alcool** *m* : alcoholometer *(US)* ; alcoholometre *(GB)* ; spirit gauge

**Pèse-lait** *m* : lactometer *(US)* ; lactometre *(GB)*

**Pesée** *f* : weighing
**Double-**~ : double weighing

**Peser :** to weigh

**Peste** *f* **(fléau)** : plague ; pest ; pestilence ; bane
~ **aviaire** : fowl plague ; fowl pest
~ **bovine** : cattle plague
~ **bubonique** : bubonic plague
~ **porcine** : swine plague

**Pesticide** *m* : pesticide

**Pet de nonne** *m* : doughnut ; fritter

**Pétale** *m* : petal

**Pétillant** *a* : bubbly ; fizzy ; sparkling *(vin)*

**Petit-lait** *m* : whey ; lactoserum

**Pétri *(boite de ~)*** : Petri dish

**Pétrin** *m :* dough mixer ; kneading machine

**Pétrir** : to knead

**Pétrissable** *a* : kneadable

**Pétrisseur** *m* : doughmaker

**Pétrole** *m* : petroleum
~ **lampant** : paraffin *(GB)* ; kerosene *(US)*
**Ether de** ~ : light petroleum

**Pétrosélinique** *a* : petroselinic

**Pétunidine** *f* : petunidin

**Peuplement** *m* : populating ; stocking

**Phage** *m* : phage

**Phagocytaire** *a* : phagocytic

**Phagocyte** *m* : phagocyte

**Phagocyter** : to phagocitize ; to phago-cytose

**Phagocytose** *f* : phagocytosis

**Phagolyse** *f :* phagolysis

**Phanérogame** *m* : phanerogam

**Phanérogame** *a* : phanerogamic ; pha-nerogamous

**Pharmaceutique** *a* : pharmaceutical
**Préparation** ~ : pharmaceutics
**Produit** ~ : pharmaceuticals ; pharma-ceutics ; medecines ; drugs

**Pharmacie** *f* : chemist's shop *(GB)* ; pharmacy ; drugstore *(US)*

**Pharmacodynamie** *f* : pharmacodyna-mics

**Pharmacodynamique** *a* : pharmacody-namic

**Pharmacologie** *f* : pharmacology

**Pharmacopée** *f* : pharmacopoeia

**Phase** *f* : phase

**Phaséoline** *f* : phaseolin

**Phaséolunatine** *f* : phaseolunatin

**Phénique** *a* : carbolic

**Phénol** *m* : phenol

**Phénolase** *f* : phenolase

**Phénolique** *a* : phenolic

**Phénoloxydase** *f* : phenoloxidase

**Phénomène** *m* : phenomenon *pl,* phe-nomena

**Phénotype** *m* : phenotype

**Phénylalanine** *f* : phenylalanine

**Phényle** *m* : phenyl

**Phénylé** *a* : phenylated

**Phlobaphène** *m* : phlobaphene

**Phloroglucinol** *m* : phloroglucinol

**Phoque** *m* : seal

**Phosgène** *m* : phosgene

**Phosphatase** *f* : phosphatase

**Phosphate** *m* : phosphate

**Phosphatémie** *f* : phosphatemia

**Phosphatide** *m* : phosphatide

**Phosphine** *f :* phosphine

**Phospholipase** *f* : phospholipase

**Phospholipide** *m* : phospholipid

**Phospholipine** *f* : phospholipin

**Phosphonucléase** *f* : phosphonuclease

**Phosphoproteine** *f* : phosphoprotein

**Phosphore** *m :* phosphorus

**Phosphorescence** *f* : phosphorescence

**Phosphorescent** *a* : phosphorescent

**Phosphoreux** *a* : phosphorous

**Phosphorique** *a* : phosphoric

**Phosphorylase** *f* : phosphorylase

**Phosphorylation** *f* : phosphorylation
~ **oxydative** : oxidative phosphoryla-tion

**Phosphorylé** *a* : phosphorylated

**Photochimie** *f* : photochemistry

**Photochimique** *a* : photochemical

**Photocolorimétrie** *f* : photocolorimetry

**Photocopieuse** *f* : copying machine ; photocopier

**Photoélectrique** *a* : photoelectric

**Photolabile** *a* : light positive

**Photolyse** *f* : photolysis *pl,* photolyses

**Photolytique** *a* : photolytic

**Photomètre** *m* : photometer *(US)* ; photometre *(GB)*

**Photométrie** *f* : photometry

**Photon** *m* : photon

**Photooxydation** *f* : photooxidation

**Photophore** *m* : photophore

**Photoréaction** *f* : photoreaction

**Photorécepteur** *m* : photoreceptor ; visual receptor

**Photorésistant** *a* : light negative ; photonegative

**Photosensibilisation** *f* : photosensibilization

**Photosensibilité** *f* : photosensitivity ; light sensibilization ; luminous sensitivity ; light sensitivity

**Photosensible** *a* : photosensitive ; light positive ; light sensitive

**Photostable** *a* : light negative

**Photosynthèse** *f* : photosynthesis

**Photosynthétique** *a* : photosynthetic

**Phréatique** *a* : phreatic
  **Nappe** ~ : phreatic water ; groundwater

**Physicien** *m* : physicist

**Physico-chimie** *f* : chemico-physics ; physical chemistry

**Physico-chimique** *a* : chemico-physical ; physico-chemical

**Physiologie** *f* : physiology
  ~ **animale** : animal physiology ; zoodynamics

**Physiologique** *a* : physiological
  **Chimie** ~ : physiochemistry

**Physiologiste** *m* : physiologist

**Physiopathologie** *f* : pathologic physiology ; morbid physiology

**Physique** *f* : physics

**Physique** *a* : physical

**Phytase** *f* : phytase

**Phytate** *m* : phytate ; phytin

**Phytique** *a* : phytic

**Phytobiologie** *f* : plant biology ; phytology

**Phytohormone** *f* : phytohormone

**Phytol** *m* : phytol

**Phytophage** *a* : phytophagous

**Phytoplancton** *m* : phytoplankton

**Phytoplasme** *m* : phytoplasm

**Phytosanitaire** *a* : phytosanitary

**Phytostérol** *m* : phytosterol

**Phytotoxine** *f* : phytotoxin

**Phytotoxique** *a* : phytotoxic

**Phytozoaire** *m* : zoophyte ; phytozoon ; *pl* phytozoa

**Pic** *m* : peak

**Pica** *m* : pica

**Pie** *a* : pied *(bovin)*
  ~ **noir** *a* : black pied ; black and white ; black spotted *(bovin)* ; pie bald *(cheval)*

**Pièce** *f* : room *(lieu)*

**Pied** *m* : foot *pl* feet *(homme)* ; hoof *(bovin, équidé)* ; foot *pl*, foots *(extraction)*
  ~ **de légume** : head *(laitue, céleri)*
  ~ **de lion** : lion's foot ; dandelion *(salade)*
  ~ **de porc, de mouton** : trotter *(cuisine)*
  ~ **de veau** : trotter ; foot *(cuisine)*

**Piégeage** *m* : entrapment *(chimie)* ; trapping

**Piéger** : to entrap *(chimie)* ; to trap

**Pierre** *f* : stone ; calculus *(anatomie)*

**Pierre-ponce** *f* : pumice ; pumice stone

**Pigeon** *m* : pigeon

**Pigeonne** *f* : hen pigeon

**Pigeonneau** *m* : squab ; young pigeon ; squeaker

**Pigment** *m* : pigment
  ~ **biliaire** : bile pigment

**Pigmentaire** *a* : pigmentary

**Pigmentation** *f* : pigmentation

**Pilage** *m* : crushing ; grinding ; pounding

**Pilchard** *m* : pilchard

**Pileux** *a* : hairy

**Pillule** *f* : pill

**Pilon** *m* : pestle *(chimie)* ; drumstick *(poulet)*

**Pilote** *m* : pilot

**Pimaricine** *f* : pimaricin

**Piment** *m* : Cayenne pepper ; hot red pepper ; red chili ; pimento

**Pin** *m* : pine

**Pince** *f* : claw *(animal)* ; pincer *(crabe)* ; nipper *(homard)*

**Pinéal** *a* : pineal

**Pinocytose** *f* : pinocytosis *pl,* pinocytoses

**Pintade** *f* : Guinea fowl

**Pinte** *f* : pint

**Pipécolique** *a* : pipecolic

**Pipérazine** *f* : piperazine

**Pipette** *f* : pipette

**Pipetter** : to pipette

**Piquant** *m* : prickle ; thorn *(plant)*

**Piquant** *a* : piquant *(flaveur)* ; tart ; sour ; pungent *(saveur)*

**Pique-nique** *m* : picnic
**Panier de** ~ : picnic basket

**Pis** *m* : udder *(bovin)*

**Pisciculteur** *m* : fish breeder ; pisciculturist

**Pisciculture** *f :* fish farming ; fish breeding ; pisciculture

**Pissenlit** *m* : dandelion ; lion's foot

**Pissette** *f* : wash bottle

**Pistache** *f* : pistachio

**Pistil** *m* : pistil

**Pituitaire** *a* : pituitary

**Pizza** *f* : pizza

**Placebo** *m* : placebo

**Placenta** *m* : placenta

**Placentaire** *a* : placental ; placentary

**Plage** *f* : area *(optique)*

**Plaie** *f* : wound ; sore

**Plan** *m* : plan

**Plancton** *m* : plankton
**Phyto** ~ : phytoplankton
**Zoo** ~ : zooplankton

**Planctonique** *a* : planktonic

**Planification** *f* : planning

**Plansichter** *m* : plansifter ; sifter ; flour sifter

**Plant** *m* : sapling ; set ; slip ; seedling ; plant

**Plantain** *(banane)* : plantain

**Plantation** *f* : plantation ; cultivation ; planting
~ **de café** : coffee plantation

**Plante** *f* : plant ; vegetable *(plante potagère)*

**Plante du pied** *f* : sole *(cheval)*

**Planter** : to plant

**Planteur** *m* : planter

**Planteuse** *f* : planter *(machine)*

**Plantule** *f* : seedling ; plantlet

**Plaque** *f* : plate
~ **de fonte** : griddle *(cuisine)*
~ **de glace** : patch ; sheet
**Echangeur à plaques** : plate-exchanger

**Plaquette** *f* : platelet
~ **sanguine** : blood platelet ; trombocyte

**Plasma** *m* : plasma
~ **sanguin** : blood plasma

**Plasmatique** *a* : plasmatic

**Plasmide** *m* : plasmid

**Plasmine** *f* : plasmin

**Plasminogène** *m* : plasminogen

**Plasmolyse** f : plasmolysis

**Plasmolytique** a : plasmolytic

**Plasticité** f : plasticity

**Plastifiant** m : plasticizer

**Plastique** m : plastics

**Plastique** a : plastic

**Plat** m : dish (récipient, contenu)

**Plat** a (saveur) : weak tasting ; flat ; stale (vin)

**Plateau** m : tray pan ; (cuisine) ; plate
~ **de chargement** : pallet
~ **de fromages** : cheeseboard
~ **de fruits de mer** : plate of seafood

**Platine** m : platinum
**Fil de ~** : platinum wire
**Mousse de ~** : spongy platinum ; platinum sponge

**Plâtreux** a : chalky

**Pleine** a : pregnant ; full (femelle)

**Pleuronecte** m : flat fish

**Plie** f : plaice ; lemon sole

**Plomb** m : lead
**Intoxication par le ~** : lead poisoning ; saturnism
**Intoxiqué par le ~** : lead poisoned

**Plombeux** a : plumbous

**Plombique** a : plumbic

**Plonger** : to dip ; to plunge

**Plongeur** m : dipper (appareil) ; dishwasher (personne)

**Pluie** f : rain
~ **diluvienne** : teeming rain

**Plumage** m : plumage

**Plume** f : feather
~ **pour duvet** : down
**A plumes** : plumaged (animal)

**Plumes** pl : plumage ; feathers

**Plumule** f : plumule ; plumelet ; plumula

**Pluriannuel** a : pluriannual ; lasting several years

**Pluricellulaire** a : pluricellular

**Pluvieux** a : rainy

**Pneumatique** a : pneumatic

**Poche** f : pocket ; sac (biologie)

**Pocher** : to poach
**Œufs** m pl **pochés** : poached eggs

**Poecilotherme** m : poicilotherm ; poecilotherm ; cold blooded animal

**Poecilotherme** a : poecilothermal ; poecilothermic ; haematocryal ; poikilothermal ; poikilothermic

**Poêle** f : pan ; frying pan
~ **à frire** : frying pan

**Poêlon** m : pan ; casserole ; pipkin (en terre)

**Poicilotherme** ⇨ **poecilotherme**

**Poids** m : weight
~ **approximatif** : rough weight ; approximative weight
~ **atomique** : atomic weight
~ **brut** : gross weight
~ **d'une charge** : load weight
~ **corporel** : body weight
~ **de l'emballage** : weight of packing ; packaging weight
~ **étalon** : standard weight
~ **frais** : fresh weight
~ **mort** : dead weight
~ **à la naissance** : birth weight ; weight at birth
~ **net** : net weight
~ **de précision** : precision weight
~ **sec** : dry weight
~ **au sevrage** : weaning weight
~ **spécifique** : specific weight
~ **vif** : live weight ; body weight
~ **par volume** : weight by volume

**Poikilotherme** ⇨ **Poecilotherme**

**Poil** m : hair

**Poilu** a : hairy

**Point** m : point
~ **de congélation** : freezing point
~ **d'ébullition** : boiling point
~ **de fumée :** smoke point
~ **de fusion** : smelting point ; melting point
~ **de solidification** : point of solidification ; solidifying point
~ **de vaporisation** : vaporization point
**Triple ~** : triple point

**Pointe** *f* : peak ; tip *(plante)* ; point

**Poire** *f* : pear
~ **tapée** : dried pear

**Poireau** *m*  : leek

**Pois** *m* : pea
~ **chiche** *m* : chick pea ; Bengal gram
~ **bambara** : kaffir pea
~ **cassé** : split pea
~ **fourrager** : field pea ; grey pea
**Cosse de** ~ : pea pod
**Petit** ~ : garden pea ; green pea
**Soupe de** ~ : pea soup

**Poise** *f* : poise

**Poison** *m* : poison
⇨ aussi **Empoisonné**

**Poisson** *m* : fish
~ **à chair blanche** : whitefish
~ **d'eau douce** : freshwater fish
~ **de mer** : saltwater fish
~ **d'élevage** : cultured fish
~ **pour petite friture** : whitebait
**Œufs de** ~ : fish roe
**Fumage de** ~ : fish smoking

**Poissonnerie** *f* :  fish shop ; fish trade ;
fish monger's

**Poivre** *m* : pepper
~ **blanc** : white pepper
~ **de Cayenne** : red pepper ; Cayenne
pepper ; Chili pepper ; Chilli
~ **de Guinée** : Chilli ; Chili
~ **noir** : black pepper
~ **en grains** : pepper in corns
**Moulin à** ~  : pepper mill

**Poivré** *a* : peppery *(flaveur)*

**Poivron** *m* **rouge** :  red pepper

**Poivron** *[m]* **vert** : green pepper

**Poix** *f* : tree resin

**Polaire** *a* : polar *(chimie)*

**Polarimètre** *m* : polarimeter *(US)* ; pola-
rimetre *(GB)*

**Polarimétrie** *f* : polarimetry

**Polarisation** *f* : polarization

**Polarisé** *a* : polarized
**Lumière polarisée** : polarized light

**Polariser** : to polarize

**Polarité** *f* : polarity

**Polarographie** *f* : polarography

**Pôle** *m* : pole

**Poli** *a* : polished *(riz)*

**Polir** : to polish

**Polissage** *m* : polishing

**Politique** *f :* policy ; politics
~ **agricole** : agricultural policy
~ **économique** : economic policy

**Pollen** *m* : pollen

**Pollinisation** *f* : pollination ; pollinization
~ **croisée** : cross pollination

**Pollinisé** *a* : pollinated

**Polluant** *m* : pullutant ; contaminant ;
xenobiotic

**Pollution** *f* : pollution

**Polyacrylamide** *m* : polyacrylamide

**Polyamide** *m* : polyamide

**Polychloré** *a* : polychlorinated
**Biphényle** ~ : polychlorinated biphenyl

**Polycotylédoné** *a* : polycotyledonous

**Polycyclique** *a* : polycyclic

**Polyène** *m* : polyene

**Polyénique** *a* : polyenic

**Polyester** *m* : polyester

**Polyéthylène** *m* : polyethylene

**Polyinsaturé** *a* : polyunsaturated

**Polymère** *m* : polymer

**Polymère** *a* : polymerous

**Polymérisation** *f* : polymerization

**Polymériser** : to polymerize

**Polymorphisme** *m* : polymorphism

**Polynucléaire** *a* : polynuclear ; multinuclear

**Polyol** *m* : polyol

**Polypeptide** *m* : polypeptide

**Polyphénol** *m* : polyphenol

**Polyphénolase** *f* : polyphenolase

**Polyphénoloxydase** *f* : polyphenoloxi-dase

**Polyphosphate** *m* : polyphosphate

**Polyploïde** *m* : polyploid

**Polypropylène** *m* : polypropylene

**Polysaccharide** *m* :  polysaccharide

**Polystyrène** *m* : polystyrene

**Polyuréthane** *m* : polyurethane

**Polyvalence** *f* : polyvalency ; polyva-lence ; multivalence

**Polyvalent** *a* : polyvalent ; multivalent

**Polyvinyle** *m* : polyvinyl

**Polyvinylpyrrolidinone** *f* : polyvinylpyr-rolidinone

**Pommade** *f* : ointment

**Pommadeux** *a*  : greasy *(beurre)*

**Pomme** *f* : apple
~ **tapée** : dried apple
~ **reinette** : cox' orange
**Compote de pommes** : apple sauce ; stewed apple
**Tarte aux pommes** : apple pie

**Pomme de terre** *f* : potato, *pl* : pota-toes ; spud
~ **frites** : French fries, *pl (US)* ; chips *(GB)*
~ **mousseline** : mashed potato
~ **vapeur** : boiled potato
**Fécule de ~** : potato starch ; potato flour

**Pompe** *f* : pump
~ **à vide** : vacuum pump

**Pondéral** *a* : ponderal

**Pondeuse** *f* : layer

**Pondoir** *m* : nest box

**Pondre** : to lay *(oiseau)* ; to oviposit *(insecte)*
~ **des ovules** : to ovulate

**Poney** *m* : pony

**Pont** *[m]* **transporteur**  : loading bridge

**Ponte** *f* : laying *(oiseau)* ; oviposition *(insecte)*

**Population** *f* : population

**Porc** *m* : pig ; swine *(générique)* ; boar *(mâle entier, verrat)* ; hog *(mâle cas-tré)* ; sow *(femelle, truie)* ; pork *(vian-de)*
~ **de boucherie** : porker ; baconer ; heavy baconer ; bacon pig ; lard pig ; lard hog *(US)*
~ **castré** : barrow *(US)* ; hog
~ **salé** : salt pork
**Côte de ~** : pork chop
**Pâté de ~ en croute** : pork pie
**Petit salé de ~** : salt pork
**Saucisse de ~** : pork sausage
**Saucisson de ~** : pork sausage

**Porcelaine** *f* : porcelain

**Porcelet** *m* : piglet ; pigling ; porkling
~ **mâle** : boar piglet

**Porc-épic** *m* : porcupine

**Porcherie** *f* : pigsty ; piggery ; pig barn

**Porcine** *f* : porcin

**Pore** *m* : pore

**Poreux** *a* : spongy ; porous ; spongious

**Porosité** *f* : porosity ; voidage ; voi-dange

**Porphyrine** *f* : porphyrin

**Porridge** *m* : porridge

**Portée** *f* : litter ; brood *(biologie)* ; pack *(poids)*

**Portefaix** *m* : loading porter ; porter

**Portion** *f* : helping *(repas)* ; portion

**Porto** *m* : port ; portwine

**Positif** *a* : positive

**Posologie** *f* : dosage ; posology

**Post mortem** : post mortem
**Modification ~** : post mortem change

**Post partum** : post partum

**Postérieur** *a* : posterior

**Postprandial** *a* : postprandial

**Pot** *m* : jar

**Potable** *a* : drinkable

**Potasse** *f* : potash
~ **caustique** : caustic potash

**Potassique** *a* : potassic

**Potassium** *m* : potassium

**Potentiel** *m a* : potential

**Potentiométrie** *f* : potentiometry

**Potiron** *m* : pumpkin ; winter squash

**Pou** *m (œuf)* : nit ; louse, *pl* : lice

**Poudre** *f :* powder ; dust
~ **à gros grains** : coarse-grained powder ; large-grained powder
~ **à petits grains** : fine-grained powder ; small-grained powder
~ **levante** : raising agent ; baking powder *(pâtisserie)*
~ **à lever** : raising agent ; baking powder *(pâtisserie)*
~ **de riz** : face powder
**En** ~ : powdered

**Poudreux** *a* : dusty ; mealy

**Poulailler** *m* : hen house ; poultry coop

**Poulain** *m* : foal ; colt

**Poularde** *f* : poulard ; fatted chicken

**Poule** *f* : hen
~ **couveuse** : brood hen
~ **d'eau** : moor hen
~ **faisane** : hen pheasant
~ **pondeuse** : laying hen

**Poulet** *m* : chicken
~ **de chair** : broiler
~ **chaponné** : stag
~ **de grain** : corn-fed chicken ; pullet

**Poulette** *f* : pullet

**Pouliche** *f* : filly

**Poulinage** *m* : foaling

**Pouliner** : to foal

**Poulpe** *f* : octopus

**Pouls** *m* : pulse *(biologie)*

**Poumon** *m* : lung

**Pour cent** : per cent

**Pour mille** : per thousand

**Pourcentage** *m* :  percentage

**Pourpier** *m* : purslain ; purslane

**Pourpre** *m* **rétinien** : rodlike layer ; visual purple

**Pourri** *a* : decayed ; rotted ; rotten

**Pourrir** : to rot ; to putrefy

**Pourriture** *f* : rot ; rotting ; decay ; putridness
~ **humide** : wet rot
~ **sèche** : dry rot
**En** ~ : putrescent ; putrefying

**Pousse** *f* : shoot ; sprout *(plante)*

**Poussé** *a* : grown

**Pousser** : to grow ; to sprout *(végétaux)*

**Poussière *(réduire en ~)*** : to dust ; to reduce to dust

**Poussière** *f* : dust

**Poussin** *m* : chick
~ **d'un jour** : day old chick

**Poutargue** *f* : tunny-egg

**Prairie** *f* : grassland ; meadow ; prairie

**Praline** *f* : sugared almond ; praline

**Pratique** *f* : practice
**Bonnes pratiques de fabrication** : good manufacturing practices

**Précaution** *f* : prevention ; precaution

**Préchauffage** *m* : preheating

**Préchauffer** : to preheat

**Précipitable** *a* : precipitable

**Précipitant** *m* : precipitant

**Précipitation** *f* : precipitation ; flocculation *(chimie)* ; rainfall *(pluie)*
**Bassin de** ~ : precipitation tank

**Précipité** *m* : precipitate *(chimie)* ; coagulum *(lait)* ; flocks *pl* ; flocculus

**Précipité** *a* : precipitated

**Précipiter** : to precipitate ; to coagulate

**Précis** *a* : precise ; accurate

**Précision** *f* : precision ; accuracy
**Balance de** ~ : precision balance ; precision scales

**Précoce** *a* : early ; precocious

**Précocité** *f* : precocity

**Précuisson** *f* : parboiling

**Précuit** *a* : parboiled

**Précurseur** *m* : precursor

**Prédateur** *m* : predator ; predatory

**Prédominance** *f* : prevalence *(pathologie)* ; predominance

**Prédominant** *a* : prevalent *(pathologie)* ; predominant

**Prédominer** : to prevail *(pathologie)* ; to predominate

**Préjudice** *m* : damage ; prejudice

**Préjudiciable** *a* : damageable ; prejudiciable ; detrimental ; injurious

**Prélèvement** *m* : sampling ; taking

**Préliminaire** *a* : preliminary

**Prématuré** *m a* : premature ; preterm

**Prémélange** *m* : premix ; premixing

**Prémélanoïdine** *f* : premelanoidin

**Prémolaire** *f* : premolar

**Prénatal** *a* : prenatal ; antenatal

**Préréfrigérer** : to precool ; to prerefrigerate

**Prérefroidir** : to precool

**Prérefroidissement** *m* : precooling

**Préruminant** *a* :  preruminant

**Presse** *f* : press
~ **à foin** : hay press ; hay baler
~ **à fruit** : fruit mill
~ **à huile** : oil press
~ **hydraulique** : hydraulic press
~ **à paille** : straw press ; straw baler
**Filtre-~** : filter-press

**Pressé** *a* : pressed ; squeezed
~ **à froid** : pressed cold
**Fromage à pâte pressée** :  pressed cheese
**Orange pressée** : freshly squeezed orange juice

**Presser** : to press ; to squeeze

**Pression** *f* : pressure
~ **artérielle** : arterial pressure
~ **atmosphérique** : atmospheric pressure
~ **capillaire** : capillary pressure
~ **osmotique** : osmotic pressure
~ **sanguine** : blood pressure ; tension
**Basse ~** : low pressure
**Haute ~** : high pressure
**Contre-~** : back-pressure ; negative pressure
**Différence de ~** : differential pressure
**Bière à la ~** : draught beer *(GB)* ; draft beer *(US)*

**Pressoir** *m* : wine press *(vin)* ; cider press *(cidre)* ; oil press *(huile)*

**Présure** *f* : rennet *(brute)* ; rennin *(pure)*
**Caséine-~** : rennet casein

**Prétraitement** *m* : pretreatment

**Prétrempage** *m* : presoaking ; parching

**Prévenir** : to prevent

**Préventif** *a* : preventive

**Primaire** *a* : primary

**Primate** *m* : primate

**Prime** *f* : premium
~ **à la qualité** : quality premium

**Primeur** *m* : early vegetables and fruits

**Primipare** *f* : primipara

**Primipare** *a* : primiparous

**Primitif** *a* : primitive

**Principe** *m* : principle

**Printemps** *m* : spring
**Céréale de ~** : spring cereal

**Prix** *m* : price
~ **d'achat** : purchase cost ; purchase price ; buying price
~ **bloqué** : fixed price ; controlled price
~ **brut** : gross price
~ **au comptant** : cash price
~ **à la consommation** : consumer price
~ **courant** : standard price ; current price ; listed price
~ **coûtant** : cost price
~ **de détail** : retail price
~ **de fabrique** : factory price
~ **fixe** : fixed price
~ **de gros** : wholesale price
~ **moyen** : average price
~ **net** : net price
~ **de revient** : cost price ; working costs

~ **de vente** : selling price
~ **du catalogue** : list price
~ **d'intervention** ; intervention price
~ **du marché** : market price
**A** ~ **coûtant** : at cost ; at cost price
**Augmentation de** ~ : price increase
**Dernier** ~ : lowest price ; lowest offer ;
closing price
**Premier** ~ : initial price ; opening price
**Blocage des** ~ : price freeze
**Changement de** ~ : change in price
**Contrôle des** ~ : price control
**Indice des** ~ : price index
**Politique des** ~ : price policy

**Privation** f : starvation *(nourriture)*
**Mourir de** ~ : to starve

**Privé de** a : -free ; -less

**Probabilité** f : probability

**Probable** a : probable

**Procédé** m : proceeding ; process pl,
processes ; processing
~ **chimique** : chemical process

**Procédé de séchage** : drying process
~ **par voie humide** : wet process
~ **par voie sèche** : dry process

**Processus** : ⇨ **Procédé**

**Producteur** m : producer

**Productif** a : productive

**Production** f : production ; yield ; output
~ **annuelle** : annual output ; annual
production

se **Produire** : to occur ; to generate
*(phénomène)*

**Produire** : to produce *(industrie)*
~ **en excès** : to overproduce

**Produit** m : product ; produce
~ **alimentaire** : foodstuff ; food ; food
material ; provisions, pl *(homme)* ;
feedstuff *(animal)*
~ **de base** : feedstock
~ **céréalier** : cereal food
~ **chimique** : chemicals, pl
~ **colorant** : dyestuff ; dye
~ **non conforme aux normes** : substandard product
~ **déclassé** : inferior goods
~ **exotique** : exotic food ; imported
food

~ **laitier** : milk product ; dairy product
~ **de luxe** : specialty product ; luxury
food
~ **manufacturé** : manufactured product ; factory produced goods
~ **minéral** : mineral material ; mineral
product
~ **de minoterie** : miller's product
~ **pharmaceutique** : pharmaceuticals
~ **pur** : pure substance
~ **de rebut** : inferior goods
~ **de remplacement** : replacer ; substitute
~ **de substitution** : replacer ; substitute

**Produits** m pl : products pl ; goods pl

**Proenzyme** f m : proenzyme ; zymogen

**Professeur** m : teacher ; professor
*(université)*

**Profession** f : occupation ; profession

**Professionnel** a : occupational
**Intoxication professionnelle** : occupational intoxication
**Maladie professionnelle** : occupational disease ; occupational illness

**Profond** a : deep

**Profondeur** f : depth

**Progéniture** f : progeny ; offspring

**Progestatif** m : progestin

**Progestérone** f : progesterone

**Projet** m : project

**Prolactine** f : prolactin ; luteotrophin ;
mammotrophin ; lactogenic hormone

**Prolamine** f : prolamine ; prolamin

**Prolifératif** a : proliferative

**Prolifération** f : proliferation

**Proliférer** : to proliferate ; to reproduce

**Prolificité** f : prolificity

**Prolifique** a : prolific

**Proline** f : proline

**Prolongement** m : lengthening ; extension

**Prolonger** : to extend

**Pronostic** m : prognosis

**Propagation** f : propagation

**Prophylaxie** f : prophylaxis ; prevention

**Propional** m : propional ; propionaldehyde

**Propionaldéhyde** m ⇨ **Propional**

**Propionique** a : propionic

**Proportion** f : proportion

**Proportionnalité** f : proportionality

**Proportionnel** a : proportional

**Propre** a : clean

**Propreté** f : cleanliness ; cleanness (eau)

**Propriétaire** m **agricole** : farm owner

**Propriété** f : property ; characteristic (chimie) ; ownership (immobilier)

**Propylène glycol** m : propylene glycol

**Propylique** a : propyl

**Prostaglandine** f : prostaglandin

**Prosthétique** a : prosthetic

**Protamine** f : protamine

**Protéase** f : protease ; proteinase

**Protecteur** a : preventive

**Protéine** f : protein
~ **animale** : animal protein
~ **brute** : crude protein
~ **microbiologique** : microbial protein
~ **non conventionnelle** : unconventional protein
~ **végétale** : vegetable protein

**Protéinémie** f : proteinemia

**Protéinurie** f : proteinuria ; albuminuria

**Protéolyse** f : proteolysis

**Protéolytique** a : proteolytic

**Protéose** f : proteose

**Protidique** a : nitrogen ; protein
**Non** ~ : non protein
**Coefficient d'efficacité** ~ : protein efficiency ratio

**Protoplasme** m : protoplasm

**Protoplaste** m : protoplast

**Prototype** m : prototype

**Protozoaire** m : protozoon ; protozoan ; monad

**Protozoaire** a : protozoal ; protozoan

**Protubérance** f : tumidity ; bulge ; protuberance

**Protubérant** a : tumid ; protuberant

**Provende** f : fodder

**Provision** f : store ; stock ; supply
**Provisions** : stores pl ; stock ; supplies pl

**Provitamine** f : provitamin

**Provoquer** : to provoke ; to incite ; to promote

**Proximal** a : proximal

**Prune** f : plum
~ **Reine-Claude** : greengage

**Pruneau** m : prune
~ **d'Agen** : French plum

**Prunelle** f : sloe
**Liqueur de** ~ : sloe gin

**Pseudo-** : pseudo-

**Psicose** m : psicose

**Psychrophile** m : psychrophile

**Psychrophile** a : phychrophilic ; psychrophilous

**Psychrotrope** a : psychrotropic

**Psychrotrophe** m : psychrotroph

**Ptéridine** f : pteridine

**Ptérine** f : pterin

**Ptyaline** f : ptyalin ; salivin

**Pubère** a : pubescend ; puberal

**Puberté** f : pubescence ; puberty

**Puissance** f : power (mécanique) ; output (machine)
~ **électrique** : input

**Puits** m : well ; hole (eau, pétrole)
~ **artésien** : Artesian well
~ **d'amour** : jam puff

**Pullulanase** f : pullulanase

**Pulluler** : to proliferate ; to multiply ; to teem

**Pulmonaire** *a* : pulmonary ; pneumal

**Pulpe** *f* : pulp ; mash ; pomace
~ **de fruit** : fruit pulp ; fruit paste

**Pulvérisateur** *m* : sprayer ; atomizer ; vaporizer

**Pulvérisation** *f* : spraying ; atomization ; vaporization ; pulverizing

**Pulvérisé** *a* : powdered ; pulverized

**Pulvériser** : to atomize ; to spray ; to powder

**Pulvérulent** *a* : powdered ; powdery ; pulverulent

**Pupe** *f* : pupa

**Pur** *a* : pure ; unmixed

**Purée** *f* : mash
**En** ~ : pureed ; mashed
~ **de pomme de terre** : mashed potatoes

**Pureté** *f* : purity

**Purificateur** *m* : purifier

**Purification** *f* : purification ; rendering ; refinement *(produit)* ; cleansing *(sang)*

**Purifier** : to purify ; to clean ; to cleanse

**Purin** *m* : liquid manure

**Purine** *f* : purine

**Pustule** *f* : pustule

**Putréfaction** *f* : putrefaction ; putridness ; decay ; taint ; rot ; rotting ; decomposition
**En** ~ : putrefying ; putrescent

**Putréfiable** *a* : putrefiable ; putrescible

**Putréfiant** *a* : putrefactive

**Putréfier** : to putrefy ; to decompose

se **Putréfier** : to rot ; to become putrid

**Putrescible** *a* : putrescible

**Putrescine** *f* : putrescine

**Putride** *a* : putrefactive ; putrid ; tainted
**Fermentation** ~ : putrefactive fermentation

**Pylore** *m* : pylorus

**Pylorique** *a* : pyloric

**-pyranose** : -pyranose

**Pyrazine** *f* : pyrazine

**Pyrétique** *a* : pyretic

**Pyridine** *f* : pyridine

**Pyridoxal** *m* : pyridoxal

**Pyridoxamine** *f* : pyridoxamine

**Pyridoxine** *f* : pyridoxine ; adermin

**Pyrimidine** *f* : pyrimidine

**Pyrocatéchine** *f* : pyrocatechin

**Pyroligneux** *a* : pyroligneous

**Pyrolysat** *m* : pyrolyzate

**Pyrolyse** *f* : pyrolysis

**Pyrolytique** *a* : pyrolytic

**Pyrrole** *m* : pyrrole

**Pyruvaldéhyde** *m* : pyruvadehyde

**Pyruvique** *a* : pyruvic

**Quai** *m* : wharf *(port)*, *pl* : wharfs *(GB)*, *pl* wharves *(US)*

**Qualification** *f* : qualification

**Qualitatif** *a* : qualitative

**Qualité** *f* : quality
~ **courante** : commercial quality ; standard quality ; usual quality
~ **garantie** : quality guaranteed
~ **moyenne** : average quality ; medium quality
~ **supérieure** : high grade ; high quality

**Quantitatif** *a* : quantitative

**Quantité** *f* : quantity ; amount

**Quartier** *m* : quarter

**Quartz** *m* : quartz

**Québracho** *m* : quebracho

**Quercétine** *f* : quercetin

**Quercitine** *f* : quercitin

**Queue** *f* : tail *(animal)* ; stem *(fruit)* ; handle *(casserole)*

**Quiescent** *a* : quiescent

**Quignon** *m* : chunk *(pain)*

**Quinine** *f* : quinine

**Quinone** *f* : quinone

**Quinquina** *(écorce)* : Peruvian bark ; cinchona

**Quintessence** *f* : quintessence

**Quota** *m* : quota

**Quotidien** *a* : daily ; diurnal ; quotidian

**Quotidiennement** : daily ; every day

**Quotient** *m* : quotient ; ratio
~ **respiratoire** : respiratory quotient

# R

**Rabais** *m* : lowering of price ; reduction ; discount

**Raccourcir** : to shorten

**Race** *f* : breed ; race
~ **caprine** : goat breed
~ **laitière** : dairy breed
~ **rustique** : hardy breed
~ **à viande** : meat breed

**Racémique** *m a* : racemic

**Racémisant** *a* : racemizing

**Racémisation** *f* : racemization

**Racémiser** : to racemize

**Rachitis** *m* : rachitis *(botanique)*

**Rachitisme** *m* : rickets ; rachitis

**Racine** *f* : root *(plante)* ; rootlet *(nerf)*
~ **adventice** : adventitious root
~ **comestible** : edible root
~ **fourragère** : root for foraging
~ **pitovante** : tap root
**Coupeuse de racines** : root cutter ; root bruiser

**Racloir** *m* : roll scraper *(cylindre)*

**Radiation** *f* : radiation
~ **absorbée** : absorbed radiation
~ **visible** : visible radiation
~ **ultraviolette** : ultraviolet radiation

**Radical** *m* : radical

**Radicelle** *f* : radicel ; radicle ; rootlet

**Radiculaire** *a* : radicular

**Radicule** *f* : radicle ; rootlet

**Radioactif** *a* : radioactive
**Isotope** ~ : radioactive isotope
**Matière radioactive** : radioactive matter
**Retombée radioactive** : radioactive fallout

**Radioactivité** *f* : radioactivity
~ **induite** : induced radioactivity

**Radiochimie** *f* : radiochemistry

**Radioélément** *m* : radioelement

**Radiographie** *f* : radiography

**Radioisotope** *m* : radioisotope ;
⇨ **Isotope**

**Radiologie** *f* : radiology

**Radionucléide** *m* : radionuclide

**Radiorésistance** *f* : radioresistance

**Radioscopie** *f* : radioscopy

**Radiosensibilité** *f* : radiosensitivity

**Radiothérapie** *f* : radiotherapy ; radiotherapeutics

**Radis** *m* : radish

**Radius** *m* : radius *(anatomie)*

**Radurisation** *f* : radurization

**Raffinage** *m* : refining ; refinement ; purification
**Procédé de** ~ : refining process

**Raffiner** : to refine ; to polish *(riz)*

**Raffinerie** *f* : refinery

**Raffinose** *m* : raffinose

**Rafle** *f* : grape stalk *(raisin)* ; rape *(raisin)* ; cob *(maïs)*

**Rafraîchissement** *m* : cooling *(opération)*

**Rafraîchissements** : refreshments *(boisson)*

**Rage** *f* : rabies *(médecine)*

**Ragoût** *m* : stew
**En** ~ : stewed *(bœuf)*
~ **de mouton** : mutton stew

**Raideur** *f* : stiffness

**Raie** *f* : ray ; skate *(poisson)*

**Raifort** m : horseradish

**Rainure** f : rabbet ; groove ; slot ; flute (meunerie)

**Raisin** m : grapes ; grape
~ **sec** : raisins
~ **de table** : dessert grapes ; table grapes
~ **de vigne** : wine grapes
**Grappe de** ~ : bunch of grapes
**Jus de** ~ : grape juice
**Pépin de** ~ : raisin seed

**Ramassage** m : collection

**Rameau** m : bough ; twig ; little branch

**Ramification** f : ramification

**Ramifié** a : branched ; ramified (molécule)

**Ramifier, se ramifier** : to ramify

**Ramollir** : to soften

**Ramollissement** m : softening (physique) ; malacia (médecine) ; mollescence (médecine)

**Rampant** a : creeping (plante)

**Rance** a : rancid

**Rancidité** f : ⇨ **Rancissement**

**Rancir** : to become rancid

**Rancissement** m : rancidity ; rancidness

**Rapace** a : rapacious ; predatory ; predatious (animal)

**Rapaces** m pl : raptors pl

**Râpage** m : rasping ; grating

**Rape** f : rape ; marc (raisin)

**Râpe** f : rasp ; grater ; grinder (outil)

**Râper** : to rasp ; to grate (fromage, carotte)

**Rapide** a : fast ; quick ; rapid

**Rapidité** f : rapidity ; quickness

**Rapport** m : report (document) ; ratio ; relationship (proportion)

**Rapporter** : to report ; to relate (faire un rapport)

**Rapporteur** m : reporter

**Rare** a : rare ; scarce
**Gaz** ~ : rare gas
**Terre** ~ : rare earth

**Raréfaction** f : rarefaction

**Raréfié** a : rarefied

**Raréfier** : to rarefy

**Rareté** f : rarity ; rareness ; scarcity

**Rascasse** f : hog fish (US) ; scorpion fish

**Rassasier** : to satiate, to satisfy

**Rassemblement** m : collecting ; gathering

se **Rassembler** : to coalesce (matière en suspension) ; to gather

**Rassir** : to become stale (pain)

**Rassis** a : stale (pain)

**Rassissement** m : staleness ; staling

**Rat** m : rat ; male rat

**Rate** f : spleen (organe) ; female rat ; she-rat (animal)

**Raterie** f : rat room

**Raticide** m : rodenticide ; raticide ; rat poison

**Ration** f : diet ; ration
~ **équilibrée** : balanced diet
~ **témoin** : control diet
⇨ **Régime**

**Rationalisation** f : rationalization

**Rationaliser** : to rationalize

**Raton** m : pup ; young rat

**Rattacher** : to relate to (phénomène) ; to tie ; to bind (objet)

**Ratte** f : female rat

**Ravager** : to harry ; to lay waste ; to devastate (région)

**Ravitaillement** m : food control ; supply (fourniture)

**Ravitailler** : to feed ; to fodder (animal) ; to supply

**Rayé** a : lined

**Rayon** *m* : beam ; ray *(lumière, élec-tron)* ; radius *(mathématiques)*
~ **actinique** : actinic ray
~ **polarisé** : polarized ray
~ **réfléchi** : reflected ray
~ **refracté** : refracted ray
~**-X** : X-ray

**Rayonnement** *m* : radiation
~ **de la chaleur** : heat radiation
**Source de** ~ : source of radiation

**Rayonner** : to radiate

**Réacteur** *m* : reactor

**Réactif** *a* : reacting ; reactive
**Mélange** ~ : reaction mixture

**Réaction** *f* : reaction
~ **acide** : acid reaction
~ **basique** : basic reaction
~ **de premier ordre** : first order reaction
~ **principale** : chief reaction
**Temps de** ~ : reaction time

**Réactivation** *f* : reactivation

**Réactiver** : to reactivate

**Réactivité** *f* : reactivity

**Réagir** : to react *(chimie)*

**Réalimentation** *f* : rehabilitation ; refeeding

**Réarrangement** *m* : rearrangement
~ **d'Amadori** : Amadori rearrangement
~ **moléculaire** : molecular rearrangement

**Réassurance** *f* : reinsurance

**Reboisement** *m* : reafforestation ; reforestation

**Reboiser** : to reafforest ; to reforest

**Rebouillir** : to reboil

**Rebut** *m* : waste ; scrap ; refuse ; trow-outs *pl (marchandises)* ; discards *pl*
**Marchandises de** ~ : rejections *pl* ; inferior goods

**Récepteur** *m* : receptor *(mécanisme)* ; recipent *(liquide)*

**Récessif** *a* : recessive
**Caractère** ~ : recessive character

**Recette** *f* : recipe *(cuisine)*

**Réchauffage** *m* : reheat

**Réchauffer** : to reheat ; to warm

**Réchauffeur** *m* : preheater ; heater

**Recherche** *f* : research ; search ; searching ; investigation
~ **agronomique** : agricultural research
**But d'une** ~ : research purpose ; research aim
**Laboratoire de** ~ : research laboratory
**Travail de** ~ : research work

**Rechercher** : to research ; to search ; to investigate

**Récipient** *m* : vessel ; jar ; receiver ; container
~ **émaillé** : enamelled vessel
~ **gradué** : graduated vessel

**Réciprocité** *f* : reciprocity

**Réciproque** *a* : reciprocal

**Récolte** *f* : harvest ;reaping *(moisson)* ; crop *(végétaux)* ; gathering

**Récolter** : to harvest ; to reap ; to gather

**Recombinaison** *f* : recombinaison

**Récompense** *f* : premium ; reward ; recompense

**Recontamination** *f* : recontamination

**Recontaminer** : to recontaminate

**Recristallisation** *f* : recrystallization

**Recristalliser** : to recrystallize

**Rectal** *a* : rectal

**Rectificateur** *m* : rectifier ; rectifying apparatus

**Rectification** *f* : rectification ; redistillation *(chimie)*

**Rectifier** : to rectify ; to redistill *(US)* ; to redistil *(GB) (chimie)*

**Rectiligne** *a* : rectilineal ; rectilinear

**Rectum** *m* : rectum

**Récupération** *f* : recovering ; recovery ; regeneration
~ **de la chaleur** : heat recovering
~ **des sous-produits** : recovery of by-products

**Récupérer** : to recover ; to regenerate

**Récurrence** *f* : recurrence

**Récurrent** *a* : recurrent

**Recyclage** *m* : recycling

**Redistillation** *f* : redistillation

**Redistiller** : to redistil *(GB)* ; to redistill *(US)*

**Redox** *m* : redox
   **Potentiel** ~ : redox potential

**Redressé** *a* : rectified *(électricité)*

**Redresser** : to rectify *(électricité)*

**Redresseur** *m* : rectifier ; rectifying apparatus

**Réductase** *f* : reductase

**Réducteur** *m a* : reducing ; reducing agent ; reducer ; reductant
   ~ **non sucre** : non-sugar reducing
   **Pouvoir** ~ : reducing capacity ; reducing power
   **Sucre** ~ : reducing sugar

**Réductibilité** *f* : reductibility

**Réductible** *a* : reducible

**Réduction** *f* : reduction *(chimie)* ; decrease ; diminution
   **Agent de** ~ : reductive agent
   **Echelle de** ~ : reducing scale
   **Produit de** ~ : reduction product

**Réductone** *f* : reductone

**Réduire** *f* : to lighten ; to thin out *(population)* ; to scale down *(production)* ; to reduce *(chimie)*

**Réduit** *a* : reduced *(chimie)*

**Réel** *a* : real ; net *(nutrition)*

**Réfectoire** *m* : refectory

**Réfléchi** *a* : reflected
   **Rayon** ~ : reflected ray

**Réfléchir** : to reflect *(physique)*

**Refluer** : to regorge ; to flow back

**Reflux** *m* : reflux ; backflow ; backward flow ; ebb *(marée)*
   **A** ~ : with reflux

**Réforme** *f* : culling *(animal)* ; reform
   **Animal à** ~ : cull

**Réfractaire** *a* : refractory ; fire resisting ; fireproof ; heat resistant
   **Brique** ~ : refractory stone
   **Caractère** ~ : refractoriness
   **Pierre** ~ : refractory stone
   **Terre** ~ : refractory clay ; fireproof earth

**Réfracter** : to refract
   **Rayon réfracté** : refracted ray

**Réfraction** *f* : refraction
   **Indice de** ~ : refraction index ; refractive index

**Réfractomètre** *m* : refractometer *(US)* ; refractometre *(GB)*

**Réfrigérant** *m* : cryogen *(liquide)* ; cooler
   ~ **à ruissellement** : surface cooler ; shower cooler

**Réfrigérant** *a* : refrigerant ; refrigerative
   **Mélange** ~ : freezing mixture ; refrigerating mixture

**Réfrigérateur** *m* : refrigerator ; ice box

**Réfrigération** *f* : cooling ; refrigeration ; chilling
   **Tunnel de** ~ : cooling tunnel

**Réfrigéré** *a* : chilled ; refrigerated

**Réfrigérer** : to cool ; to chill ; to refrigerate

**Réfringent** *a* : refracting ; refractive ; refringent
   **Pouvoir** ~ : refracting power ; refractive power

**Refroidir** : to chill ; to cool ; to cool down
   ~ **rapidement** : to quench

**Refroidissement** *m* : cooling ; cold
   ~ **par arrosage** : shower cooling
   **Chambre de** ~ : cooling chamber
   **Serpentin de** ~ : cooling coil ; cooling pipe

**Refus** *m* : screenings *(tamisage)* ; overtails ; refuse ; refusal

**Refuser** : to reject ; to refuse
   **Marchandises refusées** : rejections *pl*

**Regain** *m* : aftercrop ; second crop of hay ; fog

**Régal** *m* : spread ; delight

**Régénérant** *a* : regenative

**Régénérateur** *m* : regenerator

**Régénération** *f* : regeneration ; regenerating

**Régénérer** : to regenerate

**Régime** *m* : diet ; ration ; regimen
*(médecine)* ; bunch *(banane, datte)*
~ **de base** : basal diet
~ **équilibré** : balanced diet
~ **témoin** : control diet

**Région** *f* : district ; area ; zone ; region

**Régional** *a* : local ; regional

**Réglage** *m* : regulating ; regulation
*(physiologie)*

**Règle** *f* : rule ; ruler *(mécanique)*
~ **graduée** : graduated ruler

**Règlement** *m* : regulation
~ **sanitaire** : sanitary regulation

**Règlements** : rules *pl*

**Réglementation** *f* : regulations *pl* ;
regulation ; policy

**Régler** : to rule ; to regulate *(mécanisme)*

**Réglisse** *f* : liquorice

**Règne** *m* : kingdom

**Régressif** *a* : regressive ; retrogressive
*(biologie)*

**Régression** *f* : regression *(mathématiques)* ; retrogression *(biologie)* ;
degression
~ **linéaire** : linear regression
~ **progressive** : stepwise regression
**Coefficient de** ~ : regression coefficient

**Régularité** *f* : regularity

**Régulateur** *m* : regulator ; regulating

**Régulier** *a* : regular

**Régurgiter** : to regurgitate

**Rehausser** : to enhance *(goût)* ; to
heighten

**Réhydratation** *f* : rehydration

**Rein** *m* : kidney ; nephros *(médecine)*

**Reimpression** *f* : reprint ; reprinting

**Réimprimer** : to reprint

**Reine-Claude** *f* : greengage

**Reinette** *f (pomme)* : rennet ; pippin ;
russet *(reinette grise)*

**Reinfecter** : ro reinfect

**Réinfection** *f* : reinfection

**Rejet** *m* : shoot *(plante)*

**Rejeter** : to reject ; to throw up ; to
throw back

**Relâchement** *m* : relaxation ; releasing

**Relâcher** : to release ; to relax

**Relatif** *a* : relative
**Humidité relative** : relative humidity

**Relation** *f* : relation
**En** ~ **avec** : in relation with ; relatively
~ **de cause à effet** : cause and effect
relationship
~ **réciproque** : relationship

**Relativement à** : in relation to ; relatively

**Relativité** *f* : relativity

**Relaxine** *f* : relaxin

**Relent** *m* : smell *(cuisine)*

**Relevé** *a* : spicy *(goût)*

**Relier** : to connect ; to join

**Reliquat** *m* : remainder

**Rémanence** *f* : remanence

**Rémanent** *a* : remanent

**Remblai** *m* : filling up ; embankment
**Terre pour** ~ : filling earth

**Rémission** *f* : remission  *(pathologie)*

**Remoulage** *m (meunerie)* : middlings
*pl* ; screenings *pl* ; red dog ; bran of
grit

**Remous** *m* : vortex

**Remplacement** *m* : substitution ; substitute

**Remplir** : to fill ; to load

**Remplissage** *m* : filling

**Remuer** : to stir

**Rénal** *a* : nephric ; renal

**Renchérissement** *m* : increase in price ; rise in price

**Rendement** *m* : production ; yield ; productiveness ; output ; efficiency *(machine)*
~ **annuel** : annual output ; annual yield ; annual production
~ **de la biomasse** : biomass yield
~ **élevé** : high production ; high output
~ **moyen** : average output
~ **thermique** : thermal efficiency

**Renflement** *m* : swelling ; bulge ; widening ; reinforcement

**Renforçateur** *m* : enhancer ; intensifier
~ **de goût** : flavour enhancer

**Renforcement** *m* : reinforcement ; intensification

**Renforcer** : to reinforce ; to strengthen

**Renne** *m* : reindeer

**Renouvellement** *m* : renewal ; turnover *(métabolisme)*

**Renversement** *m* : reversal *(mécanique)* ; inversion

**Renverser** : to reverse ; to invert

**Renvoi** *m* : belch *(éructation)*

**Répandre** : to prevail *(maladie)* ; to spread

**Répandu** *a* : prevailing ; prevalent ; wide spread

**Répartir** : to distribute

**Répartition** *f* : distribution
~ **au hasard** : random distribution

**Repas** *m* : meal *(homme)* ; feed ; feeding *(animal)*
~ **complet** : full meal ; square meal
~ **d'épreuve** : test meal
~ **fictif** : sham feeding *(médecine)*
~ **léger** : light meal
~ **de midi** : luncheon
Faire un ~ : to have a meal

**Repérage** *m* : marking

**Repeuplement** *m* : repopulation

**Repiquage** *m* : subculturing *(microbiologie)* ; planting out *(végétal)*

**Repiquer** : to subculture *(microbiologie)* ; to plant out *(végétal)*

**Replétion** *f* : repletion

**Réponse** *f* : response

**Reproducteur** *m* : breeding animal ; brood animal

**Reproducteur** *a* : reproductive

**Reproductibilité** *f* : reproductibility ; repeatibility *(analyse)*

**Reproduction** *f* : reproduction ; multiplication *(biologie)*

**Reproduire, se Reproduire** : to reproduce

**Répulsif** *a* : repellent ; repulsive

**Requin** *m* : shark
~ **bleu** : blue shark
~ **marteau** : hammerhead shark
~ **tigre** : tiger shark
Grand ~ : white shark

**Réseau** *m* : net ; netting ; network ; reticulum *(médecine)* ; crosslines *pl*

**Résécable** *a* : resectable

**Résection** *f* : resection ; ablation

**Réserpine** *f* : reserpine

**Réserve** *f* : pool *(physiologie)* ; reserve ; stock
~ **naturelle** : reserve

**Réservoir** *m* : receiver ; container ; tank ; bin ; storage basin, reservoir pond *(eau)*
~ **à haute pression** : high pressure receiver

**Résidu** *m* : residual ; residue ; deposit ; residuum

**Résidus** : residues *pl* ; remnants *pl* ; wastes *pl* ; remains *pl* *(repas)*

**Résiduaire** *a* : residual

**Résiduel** *a* : residual

**Résine** *f* : resin *(chimie)* ; tree resin
~ **échangeuse d'ions** : ion exchange resin

**Résineux** *a* : resinous

**Résistance** f : resistance (électricité) ; strength
~ **à la chaleur** : heat resistance
~ **aux chocs** : resistance against shocks ; shock resistance
**Haute** ~ : high resistance

**Résistant** a : resistant

**Résistivité** f : resistivity

**Résonance** f : resonance
~ **nucléaire magnétique** : nuclear magnetic resonance

**Résorption** f : resorption

**Résoudre** : to resolve ; to determine

**Respiration** f : breathing

**Respiratoire** a : respiratory
**Quotient** ~ : respiratory quotient

**Resserre** f : store room

**Ressource** f : resource

**Ressources** : resources pl ; means pl

**Ressuage** m : sweating ; dry sweating

**Ressuer** : to separate by eliquation ; to sweat

**Restauration** f **rapide** : fast food

**Reste** m : refuse ; residue ; remainder

**Restes** : remains pl ; offals pl ; pickings pl (épluchures)

**Rester** : to remain

**Résultant** a : resulting

**Résultante** f : resultant (science)

**Résultat** m : result

**Résumé** m : summary ; abstract

**Retard** m : backwardness (biologie) ; lateness

**Retarder** : to inhibit ; to delay

**Retartiner** : to repaste ; to respread

**Retenir** : to retain (matière)

**Rétention** f : retention

**Réticulaire** a : reticular

**Réticulation** f : cross-linking

**Réticule** m : reticle ; cross-lines pl

**Réticulé** a : reticulate ; reticulated ; reticular ; cancellated ; cancellous (médecine)

**Réticulocyte** m : reticulocyte

**Rétinal** m : retinal

**Rétine** f : retina

**Rétinoïque** a : retinoic

**Rétinol** m : retinol

**Retombée** f : fallout

**Retourné** a : everted (intestin)

**Retrait** m : shrinkage (tissu)

**Rétrécir** : to reduce (tissu)

**Rétrécissement** m : neck (tuyau) ; diminution; shrinkage

**Rétroaction** f : feedback

**Rétrocontrôle** m : feedback

**Rétrogradation** f : retrogradation (amidon)

**Rétroinhibition** f : feedback

**Retrouver** : to recover

**Revenu** [m] **annuel** : income (économie)
**Impôt sur le** ~ : income tax

**Réversibilité** f : reversibility

**Réversible** a : reversible

**Revêtement** m : cover ; coating

**Revêtir** : to cover ; to coat

**Révolution** f : revolution

**Revue** f : review (article)

**Rhamnose** m : rhamnose

**Rhéologie** f : rheology

**Rhéologique** a : rheological

**Rhésus** m : rhesus

**Rhizobium** m : rhizobium ; nodule bacterium

**Rhizome** m : rhizome ; rootstalk ; rootstock

**Rhizophage** a : rhizophagous ; root eating

**Rhodopsine** *f* : rhodopsin

**Rhubarbe** *f* : rhubarb

**Rhum** *m* : rum

**Riboflavine** *f* : riboflavin ; lactoflavin

**Ribonucléase** *f* : ribonuclease

**Ribonucléique** *a* : ribonucleic

**Ribonucléoside** *m* : ribonucleoside

**Ribonucléotide** *m* : ribonucleotide

**Ribose** *m* : ribose

**Ribosome** *m* : ribosome

**Ribulose** *m* : ribulose

**Riche** *a* : rich *(abondant)*

**Ricin** *m* : castor bean
  **Huile de ~** : castor oil

**Ricine** *f* : ricin

**Ricinoléïque** *a* : ricinoleic

**Rickettsiose** *f* : rickettsiosis

se **Rider** : to shrivel *(fruit)*

**Rigide** *a* : rigid

**Rigidité** *f* : rigidity ; stiffness
  **~ cadavérique** : rigor mortis ; cadaveric rigidity ; post mortem rigidity

**Rinçage** *m* : rinsing

**Rincer** : to rince ; to wash

**Rinceuse** *f* : rinsing machine

**Ris** *m* : thymus
  **~ de veau** : sweetbread *(cuisine)*

**Risque** *m* : risk

**Risquer** : to risk

**Rissole** *f* : dumpling

**Rivière** *f* : river ; stream

**Riz** *m* : rice
  **~ blanchi** : milled rice
  **~ décortiqué** : husked rice
  **~ non décortiqué** : paddy

  **~ rouge** : brown rice
  **~ usiné** : milled rice
  **~ riz au lait** : rice pudding
  **Grain de ~ soufflé** : puffed rice ; rice crispy

**Riziculture** *f* : rice growing

**Rizière** *f* : rice field ; paddy field

**Robe** *f* : coat *(animal)*

**Rognon** *m* : kidney

**Romarin** *m* : rosemary

**Ronger** : to erode ; to gnaw *(acide)*

**Rongeur** *m* : rodent

**Rongeur** *a* : gnawing, *(animal)*

**Rosée** *f* : dew
  **Point de ~** : dew point

**Rôt** *m* : belch *(éructation)*

**Rotatif** *a* : rotary

**Rotation** *f* : rotation ; turn ; turning

**Rotatoire** *a* : rotary ; rotatory
  **Pouvoir ~** : rotatory power

**Rôtir** : to roast ; to burn *(avec excès)* ; to scorch *(avec excès)*

**Rôtissage** *m* : roasting

**Rôtissoire** *f* : roasting oven

**Rouge** *a* : red
  **~ brun** : brown red ; reddish brown
  **~ cerise** : cherry red
  **~ sombre** : dark red
  **~ vif** : bright red
  **Globule ~** : red blood cell

**Rouget** *[m]* **de roche** : red mullet

**Rouille** *f* : rust *(métal, céréale)* ; rusting *(métal)* ; mildew *(céréale)*
  **Résistant à la ~** : rustproof

**Rouillé** *a* : rusted ; rusty *(blé, métal)* ; mildewed *(plante)*

**Rouiller** : to rust

**Rouir** : to ret ; to steep

**Rouissage** *m* : retting; steeping

**Roulé à la confiture** *m* : rolled pudding ; rolled cake ; swiss roll

**Rouleau** *m* : roll ; roller

**Roulette** *f* : roller

**Roussette** *f* : dog-fish

**Roussir** : to scorch *(par chauffage)* ; to brown *(viande ; beurre)*

**Roussissement** *m* : scorch

**Route** *f* : road ; pathway ; way *(méta-bolisme)*

**Ruban** *m* : ribbon *(étoffe)* ; band ; belt conveyor *(transporteur)*

**Ruche** *f* : hive ; beehive

**Rudimentaire** *a* : rudimentary

**Rugueux** *a* : rough

**Ruisselant** *a* : dripping ; streaming

**Ruisseler** : to stream ; to shower

**Rumen** *m* : rumen; *pl* : rumina

**Ruminant** *m* : ruminant ; ruminating

**Rumination** *f* : ruminating ; rumination ; merycism

**Ruminer** : to ruminate ; to chew the cud

**Rupture** *f* : break ; breakage ; destruction

**Rural** *a* : rural

**Rusticité** *f* : hardiness *(animal)*

**Rustique** *a* : hardy *(plante)*

**Rut** *m* : rut *(mâle)* ; oestrus ; estrus ; heat *(femelle)*
**Etre en** ~ : to rut ; to be rutting *(mâle) ;* to be in heat *(femelle)*
**Saison du** ~ : rutting *(mâle)* ; heat period *(femelle)*

**Rutabaga** *m* : swede ; rutabaga

**Rutine** *f* : rutin

**Rutinose** *m* : rutinose

**Rythme** *m* : rhythm *(biologie)* ; rate

# S

**Sablé** *m* : shortbread biscuit ; shortbread cookies *(gâteau)*

**Sable** *m* : sand

**Sableux** *a* : sandy ; sandlike
**Texture sableuse** : sandiness ; sandy

**Sabot** *m* : hoof, *pl* : hooves *(animal)*

**Sac** *m* : sack ; bag ; sac ; saccus *(médecine)*
~ **embryonnaire** : embryo sac

**Saccharase** *f* : saccharase

**Saccharate** *m* : sucrate

**Saccharide** *m* : saccharide ; carbohydrate

**Saccharifère** *a* : sacchariferous

**Saccharification** *f* : saccharification

**Saccharifier** : to saccharify

**Saccharimètre** *m* : saccharimeter *(US)* ; saccharimetre *(GB)*

**Saccharine** *f* : saccharin

**Saccharique** *a* : saccharic

**Saccharopine** *f* : saccharopine

**Saccharose** *m* : sucrose ; saccharose

**Sachet** *m* : bag ; pouch ; sachet

**Safran** *m* : saffron
~ **des Indes** : turmeric

**Safrole** *m* : safrole

**Sagou** *m* : sago
~ **au lait** : sago pudding

**Saignée** *f* : bleeding ; blood letting

**Saignement** *m* : bleeding

**Saigner** : to bleed

**Saillie** *f* : service ; serving ; covering

**Sain** *a* : harmless ; healthy *(santé)* ; safe

**Saindoux** *m* : lard ; leaf lard ; hog fat *(US)* ; grease

**Saint-Pierre** *m* : John Dory *(poisson)*

**Saison** *f* : season
~ **des pluies** : rainy season
**A contre-~** : out of season

**Saisonnier** *a* : seasonal

**Saké** *m* : sake ; rice wine

**Salade** *f* : salad
~ **de chou** : coleslaw
~ **composée** : mixed salad
~ **de fruit** : fruit salad
~ **de haricot** : bean salad
**Sauce de ~** : salad dressing

**Salage** *m* : salting

**Salaire** *m* : salary ; pay ; wages

**Salaison** *f* : salting ; curing *(technique)* ; salt provisions *pl (produits)*

**Salami** *m* : salami

**Sale** *a* : dirty ; unclean

**Salé** *a* : salty ; salinous ; salt
**Bœuf ~** : salted beef
**Eau salée** : salt water
**Porc ~** : salt pork
**Source salée** : salt spring
**Viande salée** : salted meat

**Saler** : to salt ; to cure *(conservation)*

**Salicylique** *a* : salicylic

**Salifiable** *a* : salifiable

**Salin** *a* : saline ; salinous

**Saline** *f* : saline ; saltworks ; salt marsh

**Salinier** *m* : salt maker ; salt workman

**Salivaire** *a* : salival ; salivary

**Salivation** *f* : salivation

**Salive** *f* : saliva

**Salle** f : room
~ **des machines** : engine room

**Salmonidé** m : salmonid

**Saloir** m : salting tub ; pork barrel ; beef room

**Salpêtre** m : salpetre ; nitrate ; nitre

**Salsifis** m : salsify

**Salure** f : ⇨ **Salinité**

**Sang** m : blood
**Empoisonnement du** ~ : blood poisoning

**Sanglier** m : wild boar

**Sanguin** a : haemic (GB) ; hemic (US) ; blood

**Sanguinolent** a : sanguineous

**Sanitaire** a : sanitary

**Sanitaires** m pl : sanitations pl

**Sapide** a : palatable ; sapid

**Sapidité** f : palatability ; sapidity

**Sapogénine** f : sapogenin

**Saponification** f : saponification
**Indice de** ~ : saponification number ; saponification value

**Saponifier** : to saponify

**Saponine** f : saponin

**Saprophyte** m : saprophyte

**Saprophyte** a : saprophile ; saprophilous ; saprophyte ; saprophytic

**Sarcelle** f : teal

**Sarclage** m : weeding ; hoeing

**Sarcler** : to weed ; to hoe

**Sarcoderme** m : sarcoderm

**Sarcolemme** m : sarcolemma ; myolemma

**Sarcome** m : sarcoma

**Sarcomère** m : sarcomere

**Sarcoplasme** m : sarcoplasm

**Sarcosine** f : sarcosine

**Sardine** f : sardine

**Sardinelle** f : sardinella ; gilt sardine ; shad

**Sarment** m : bine ; twining stem ; climbing stem

**Sarrazin** m : buckwheat

**Sariette** f : savory

**Sasser** : to sieve ; to sift (céréale) ; to screen

**Sasseur** m : sieve ; sifter

**Satiété** f : satiety ; satiation

**Satisfaisant** a : satisfactory (travail)

**Saturation** : saturation

**Saturé** a : saturated
**Vapeur saturée** : saturated stream

**Saturer** : to saturate

**Saturnisme** m : lead poisoning ; saturnism ; plumbism ; plumbic poisoning
**Atteint de** ~ : leaded ; lead poisoned

**Sauce** f : sauce ; gravy (viande cuite)
~ **béchamelle :** white sauce ; bechamel sauce
~ **blanche** : white sauce
~ **aux câpres** : caper sauce
~ **au fromage** : cheese sauce
~ **à la menthe** : mint sauce
~ **à la mie de pain** : bread sauce ; crumb
~ **à l'oignon** : onion sauce
~ **rousse** : brown sauce
~ **de salade** : dressing
~ **à la tomate** : tomato sauce
~ **vinaigrette** : French dressing

**Saucière** f : sauce boat ; gravy boat

**Saucisse** f : sausage
~ **de Francfort** : Frankfurter sausage
**Chair à** ~ : sausage meat

**Saucisson** m : sausage ; dry hard sausage ; slicing sausage

**Sauge** f : sage

**Saumon** m : salmon

**Saumonneau** m : young salmon

**Saumurage** m : brining

**Saumure** f : brine ; pickle ; souse ; salt-brine
~ **froide** : chilled brine
**Bain de** ~ : brine bath

**Saumuré** *a* : pickled

**Saunerie** *f* : saltworks *pl*

**Saunier** *m* : salt maker ; salt workman ; seasalt workman

**Saupoudrage** *m* : sprinkling ; dusting

**Saupoudré** *a* : sprinkled ; dusted ; frosted *(sucre)*

**Saupoudrer :** to sprinkle ; to dust ; to besprinkle ; to candy *(sucre)*

**Saurel** *m* : horse mackerel ; scad

**Sauteuse** *f* : shallow casserole ; roasting pan

**Sauvage** *a* : wild ; untamed

**Saveur** *f* : taste ; relish

**Savoir** *m* : knowledge

**Savon** *m* : soap

**Savonnage** *m* : soaping

**Savonner** : to soap

**Savonnerie** *f* : soap factory

**Savonneux** *a* : soapy

**Savoureux** *a* : tasty ; tasteful ; palatable ; flavoursome ; savoury ; sapid ; relishable

**Scabieux** *a* : scabby ; scabious *(médecine)*

**Scalpel** *m* : scalpel

**Scatophagie** *f* : scatophagy

**Scellé** *a* : sealed
~ **à chaud** : heat-sealed

**Schéma** *m* : diagram ; plan

**Science** *f* : science
**Sciences naturelles** : natural sciences

**Scientifique** *m* : scientist

**Scientifique** *a* : scientific
**Recherche** ~ : scientific research
**Travaux** ~ : scientific work
**Verrerie** ~ : scientific glassware

**Scientifiquement** : scientifically

**Scintillation** *f* : scintillation

**Scintiller** : to scintillate

**Scission** *f* : scission

**Sciure** *f* : sawdust

**Sclérenchyme** *m* : schlerenchyma

**Scléroprotéine** *f* : scleroprotein

**Sclérose** *f* : sclerosis
**Artériosclérose** : arteriosclerosis

**Sclérosé** *a* : sclerosed ; rigid ; ossified

**Scorbut** *m* : scurvy ; scorbutus *(médecine)*
~ **infantile** : acute rickets ; hemorrhagic rickets ; Barlow's disease

**Scrotal** *a* : oscheal ; scrotal

**Scutellum** *m* : scutellum

**Sec** *a* : dry

**Sécaline** *f* : secalin

**Séchage** *m* : drying ; desiccation
~ **par atomisation** : spray drying
~ **sur cylindre rotatif** : rotary drum drying

**Séché** *a* : dried

**Sécher** : to dry ; to cure *(aliment)*

**Sécheresse** *f* : dryness *(agriculture)* ; dry state *(atmosphère)*

**Séchoir** *m* : drier ; dryer ; drying room ; dry shed ; drying closet ; drying chamber
~ **à cylindre** : drum drier
~ **rotatif** : drying drum
~ **à tambour** : drying drum
~ **à fruit** : fruit dryer
~ **à houblon** : oast

**Secondaire** *a* : secondary

**Seconde** *f* : second

**Secouer** : to shake

**Sécréter** : to secrete

**Sécréteur** *a* : secreting ; secretory

**Sécrétine** *f* : secretin

**Sécrétion** *f* : secretion ; discharge
~ **pancréatique** : pancreatic juice

**Sécrétoire** *a* : secretory

**Sécurité** *f* : safeguarding ; safety ; security
**Coefficient de** ~ : safety coefficient

**Facteur de** ~ : safety factor
**Lampe de** ~ : safety lamp
**Lunettes de** ~ : safety glasses; safety spectacles
**Masque de** ~ : safety mask
**Soupape de** ~ : safety valve

**Sédiment** *m* : sediment ; deposit

**Sédimentaire** *a* : sedimental ; sedimentary

**Sédimentation** *f* : sedimentation

**Sédimenter** : to deposit

**Segment** *m* : segment

**Seigle** *m* : rye
~ **ergoté** : spurred rye
**Farine de** ~ : rye flour
**Pain de** ~ : rye bread

**Sein** *m* : breast

**Sel** *m* : salt
~ **acide** : acid salt
~ **alcalin** : alkaline salt
~ **biliaire** : bile salt
~ **de cuisine** : common salt ; cooking salt
~ **effervescent** : effervescent salt
~ **gemme** : rock salt ; halite
~ **de mer** : sea salt
~ **neutre** : neutral salt
~ **nutritif** : feed salt
**Grenier à** ~ : salt shed
**Magasin à** ~ : salt shed
**Mine de** ~ : salt mine
**Raffinerie de** ~ : salt refinery

**Sélacien** *m* : selachian

**Sélection** *f* : screening *(tri)* ; selection ; matching ; selective breeding *(zootechnie)*

**Sélectionner** : to select ; to breed

**Sélectionneur** *m* : breeder*(zootechnie)*

**Sélénium** *m* : selenium
**Intoxication par le** ~ : selenosis

**Selles** *f pl* : stercus ; stools *pl* ; feaces *pl*

**Semailles** *f pl* : sowing ; seed *(céréale)*

**Semence** *f* : seed ; grain *(plante)* ; semen ; sperm *(animal)* ; milt *(poisson)*
**Graines de** ~ : seed crops
**Désinfection des semences** : seed dressing

**Semer** : to sow ; to seed

**Semeur** *m* : sower

**Semeuse** *f* : sower ; seeding machine *(machine)*

**Semi-condensé** *a* : evaporated *(lait)*

**Semi-conserve** *f* : semi-preserves *pl*

**Séminal** *a* : spermary ; seminal

**Semiperméable** *a* : semipermeable

**Semis** *m* : sowing ; seedling ; seedbed ; seed plot
~ **en lignes** : sowing in lines ; row seedling
~ **en sillons** : sowing furrows

**Semoir** *m* : seeder ; seedling machine ; sower ; hopper
~ **à engrais** : muckspreader ; manure spreader

**Semoule** *f* : semolina

**Semoulerie** *f* : groats mill *(avoine)*

**Sénéscence** *f* : senescence ; obsolescence ; ageing

**Sénéscent** *a* : senescent

**Sens** *m* : sense

**Sensibiliser** : to sensitize

**Sensibilité** *f* : sensitivity *(appareil)* ; sensitiveness
~ **à la lumière** : sensitivity to light ; light sensitivity

**Sensible** *a* : sensitive

**Sensoriel** *a* : sensorial
**Analyse sensorielle** : organoleptic analysis ; sensory analysis ; sensory evaluation

**Sentir** : to smell *(odorat)*

**Séparateur** *m* : separator

**Séparation** *f* : separation ; separating ; screening

**Séparer** : to separate

**Séquestrant** *m* : sequestrant ; sequestering

**Séquestrant** *a* : sequestering

**Sérieux** *a* : serious *(pathologie)*

**Sérine** *f* : serine

**Seringue** *f* : syringe
~ **en verre** : glass syringe

**Sérique** *a* : serumal

**Sérologie** *f* : serology

**Sérosité** *f* : wateriness ; serous fluid ; serosity

**Sérotonine** *f* : serotonin ; enteramine ; 5-hydroxytryptamin

**Serpentin** *m* : coil

**Serre** *f* : talon ; claw *(oiseau)*
~ : hothouse ; glasshouse ; greenhouse ; conservatory
~ **froide** : cold greenhouse

**Sérum** *m* : serum, *pl* : sera
**Lactosérum** : whey

**Sésame** *m* : sesame ; benniseed

**Seuil** *m* : threshold
~ **d'excitation** : stimulus threshold
~ **de sensibilité** : threshold of sensitivity ; sensitivity threshold

**Sève** *f* : sap
**Plein de** ~ : sapy

**Sevrage** *m* : weaning
**Aliment de** ~ : weaning food *(homme)* ; weaning feed *(animal)*

**Sevrer** : to wean

**Sexe** *m* : sex
~ **ratio** : sex ratio

**Sexuel** *a* : sexual
**Hormone sexuelle** : sex hormone

**Sialique** *a* : sialic

**Siccatif** *a* : siccative ; xerantic ; drying *(huile)*

**Siccité** *f* : dryness

**Sidéropénie** *f* : sideropenia

**Signal** *m* : signal

**Signe** *m* : sign

**Silicagel** *m* : silicagel

**Silicate** *m* : silicate

**Silice** *f* : silica

**Silicium** *m* : silicon

**Silicone** *f* : silicone

**Silique** *f* : pod ; siliqua

**Silo** *m* : silo ; clamp *(pomme de terre)* ; store pit *(souterrain)*
~ **à céréales** : grain silo ; grain elevator ; grain storage
~ **à farine** : box flour
**Compartiment de** ~ : silo compartment
**Mettre en** ~ : to silo ; to put in a silo ; to bury *(souterrain)*

**Silure** *f* : catfish

**Similaire** *a* : similar

**Similitude** *f* : similarity

**Simple** *a* : simple

**Simplifier** : to simplify

**Simultané** *a* : simultaneous

**Sinigrine** *f* : sinigrin

**Sirop** *m* : syrup ; syrupus ; drips *pl* *(sucre)*
~ *(boisson)* : cordial *(GB)* ; drink squash *(GB)* ; beverage *(US)*
~ **d'ananas** : pineapple cordial
~ **d'érable** : maple syrup
~ **de fruit** : fruit syrup
~ **de groseille** : redcurrent cordial
~ **de maïs** : corn syrup
~ **de menthe** : mint cordial
~ **d'orgeat** : barley water
~ **contre la toux** : cough syrup

**Sisal** *m* : sisal

**Sitostérol** *m* : sitosterol

**Sobre** *a* : abstemious

**Sobriété** *f* : abstemiousness

**Soc** *m* *(charrue)* : ploughshare *(GB)* plowshare *(US)*

**Sodium** *m* : sodium ; natrium

**Soigner** : to treat *(maladie)* ; to shepherd *(mouton)*

**Soins** *m pl* : care ; treatment ; nurture

**Soja** *m* : soybean ; soy

**Sol** *m* : soil ; land *(terre)* ; ground ; *(générique)*
~ **argileux** : clayey soil ; clay soil
~ **friable** : crumbly soil ; flaky soil
~ **pauvre** : poor soil

~ **riche** : rich soil
~ **sablonneux** : sandy soil
**Couche superficielle du** ~ : top soil

**Solané** *a* : solaneous

**Solanine** *f* : solanine ; solanin

**Solde** *m* : sale goods *(marchandises)*

**Sole** *f* : sole *(poisson)* ; hearth ; oven *(four)* ; sole *(charrue)*

**Soleil** *m* : sun ; sunshine *(lumière)*

**Solide** *m* : solids *pl*

**Solide** *a* : solid ; fast ; strong

**Solidification** *f* : solidification ; solidifying ; hardening *(corps gras)*
**Point de** ~ : point of solidification ; solidifying point

**Solidifier, se solidifier** : to solidify

**Solidité** *f* : strength ; reliability

**Solubilité** *f* : solubility ; dissolubility

**Soluble** *a* : soluble ; solvable ; dissoluble ; dissolvable

**Soluté** *m* : solute

**Solution** *f* : solution ; dissolution
~ **concentrée** : full strenght solution
~ **normale** : standard solution
**Titre d'une** ~ : strength of solution
**En** ~ : solute

**Solvant** *m* : solvent

**Solvatation** *f* : solvation *(colloïde)*

**Sombre** *a* : dark
**Rouge** ~ : dark red

**Sommaire** *m* : summary

**Sommation** *f* : summation

**Somme** *f* : sum

**Son** *m* : bran *(céréale)*
**Fins sons** : small bran
**Gros sons** : broad bran

**Sonication** *f* : sonicating

**Sorbe** *f* : sorb-apple ; sorb

**Sorbet** *m* : sorbet *(GB)* ; sherbet *(US)*

**Sorbique** *a* : sorbic

**Sorbitol** *m* : sorbitol ; sorbite ; glucitol

**Sorbose** *m* : sorbose

**Sorgho** *m* : sorghum
~ **dourra** : Jerusalem corn
~ **sucré** : sweet sorghum
**Bière de** ~ : kaffir beer

**Sorption** *f* : sorption

**Sorte** *f* : kind

**Sortie** *f* : outlet *(appareil)*

**Souche** *f* : stock *(vigne, microbiologie)* trunk *(arbre)*

**Soude** *f* : soda ; washing soda
~ **carbonatée** : natron
~ **caustique** : caustic soda ; sodium hydroxyde
**Carbonate de** ~ : soda

**Souffle** *m* : breathing ; breath

**Soufflé** *a* : puffed *(cuisine)*
**Blé** ~ : puffed wheat

**Souffler** : to blow *(vent)* ; to puff *(gonfler)*

**Soufre** *m* : sulfur

**Soufré** *a* : S-containing ; sulfur-containing *(acide aminé)*

**Soufrer** : to treat with sulfur

**Souillure** *f* : staining

**Soupe** *f* : broth ; soup
~ **de mouton** : Scotch broth

**Source** *f* : spring *(liquide)* ; source *(lumière)*
~ **minérale** : mineral spring
~ **thermale** : hot spring
**Eau de** ~ : spring water

**Souris** *f* : mouse , *pl* mice

**Sous-alimentation** *f* : underfeeding ; undernourishment *(homme)*

**Sous-culture** *f* : subculture *(microbiologie)*

**Sous-cutané** *a* : subcutaneous

**Sous-ensemble** *m* : subset

**Sous-espèce** *f* : subspecies *(invar.)*

**Sous-noix** *f* : veal leg

**Sous-nutrition** *f* : subnutrition ; undernutrition

**Sous-produit** *m* : by-product
**Récupération des sous-produits** : by-product recovery

**Soute** *f* : store room ; coal bunker *(charbon)*

**Souterrain** *a* : subterranean ; subterraneous

**Soutirage** *m* : tapping off ; bottling ; decanting

**Soutirer** : to decant ; to bottle ; to rack

**Soutireuse** *f* : filling apparatus *(vin)*

**Soya** *m* : soy ; soybean ; soyabean

**Spaghetti** *m* : spagetti ; spaghetti

**Spatule** *f* : spatula ; palette
~ **en bois** : wooden stirrer ; wooden spoon

**Spécial** *a* : special

**Spécialisation** *f* : specialization

**Spécialiste** *m* : specialist ; expert

**Spécialité** *f* : speciality *(pharmacie)*

**Spécificité** *f* : specificity

**Spécifique** *a* : specific
**Chaleur** ~ : specific heat
**Densité** ~ : specific density
**Poids** ~ : specific gravity

**Spécimen** *m* : specimen ; sample

**Spectral** *a* : spectral

**Spectre** *m* : spectrum, *pl* : spectra
~ **d'absorption** : absorption spectrum
~ **continu** : continuous spectrum
~ **de diffraction** : diffraction spectrum
~ **d'émission** : emission spectrum
~ **infra rouge** : infra red spectrum
~ **visible** : visible spectrum
**Raie du** ~ : spectrum line ; spectrum ray

**Spectrofluorométrie** *f* : spectrofluorimetry

**Spectrographe** *m* : spectrograph

**Spectromètre** *m* : spectrometer *(US)* ; spectrometre *(GB)*

**Spectrométrique** *a* : spectrometric

**Spectrophotomètre** *m* : spectrophotometer *(US)* ; spectrophotometre *(GB)*

**Spectrophotométrie** *f* : spectrophotometry

**Spectrophotométrique** *a* : spectrophotometric

**Spectropolarométrie** *f* : spectropolarometry

**Spectroscope** *m* : spectroscope ; spectrum apparatus

**Spectroscopie** *f* : spectroscopy

**Spectroscopique** *a* : spectroscopic

**Spéculer** : to speculate *(économie)*

**Spermatocyte** *m* : spermatocyte

**Spermatogenèse** *f* : spermatogenesis ; spermatogeny

**Spermatozoïde** *m* : spermatozoon ; spermatozoid

**Sperme** *m* : sperm ; semen

**Spermidine** *f* : spermidine

**Sphérique** *a* : spherical

**Sphincter** *m* : sphincter

**Sphingomyéline** *f* : sphingomyelin

**Sphingosine** *f* : sphingosine

**Spiciforme** *a* : spicated

**Spinal** *a* : spinal

**Spiritueux** *m pl* : spirits *pl* ; alcohol ; strong drink *(boisson)*
**Fabrication de** ~ : manufacture of spirits

**Splénique** *a* : splenic ; splenetic

**Splénomégalie** *f* : splenomegaly

**Splénopathie** *f* : lienopathy

**Spongieux** *a* : spongy ; spongious

**Spore** *f* : spore

**Sporulant** *a* : spore forming

**Sporulation** *f* : sporulation ; spore formation ; sporation

**Sporuler** : to sporulate

**Spontané** *a* : spontaneous
**Fermentation spontanée** : spontaneous fermentation

Sprat *m* : sprat

Sprue *f* : sprue

Squale *m* : shark
~ **pélerin** : basking shark

Squalène *m* : squalene

Squame *m* : squama

Squameux *a* : scaly

Squelette *m* : skeleton

Stabilisateur *m* : stabilizer

Stabiliser : to stabilize ; to level off ; to level out

Stabilité *f* : stability

Stable *a* : stable ; fast ; stabile *(objet)*
~ **à l'air** : stable in the air
~ **à chaud** : stable under heat
~ **à l'ébullition** : stable when boiling
~ **à la lumière** : stable to light
**Equilibre** ~ : stable equilibrium

Stabulation *f* : stabling *(bovin)* ; stalling *(cheval)* ; housing
~ **libre** : loose housing ; loose box
~ **permanente** : dry-hot housing
~ **entravée** : housing in tying stalls
**Bétail en** ~ : stabled cattle

Stachyose *m* : stachyose

Stade *m* : step *(évolution)*

Stagnant *a* : stagnant *(eau)*

Stand *m* : stand *(exposition)*

Standardisation *f* : standardization

Standardiser : to standardize

Stanneux *a* : stannous

Stannique *a* : stannic

Stase *f* : stasis

Station *f* : station *(organisme)*
~ **d'essais** : testing station
~ **de recherches** : research station

Statique *a* : static

Statisticien *m* : statistician

Statistique *f* : statistics

Statistique *a* : statistical

Stéarine *f* : stearin

Stéarique *a* : stearic

Stéatorrhée *f* : steatorrhea ; fatty stools *pl*

Stéatose *f* : steatosis

Sténose *f* : stenosis

Stéréochimie *f* : stereochemistry

Stéréoisomère *m* : strereoisomer

Stérigmatocystine *f* : sterigmatocystin

Stérile *a* : sterile ; infecund ; infertile ; barren

Stérilisateur *m* : sterilizer
~ **à vapeur** : steam sterilizer

Stérilisation *f* : sterilization ; sterilizing
**Température de** ~ : death point

Stériliser : to sterilize

Stérilité *f* : sterility ; infertility ; infecundity ; barrenness

Stérique *a* : steric

Stéroïde *m* : steroid

Stérol *m* : sterol
~ **animal** : zoosterol

Stigmastérol *m* : stigmasterol

Stilboestrol *m* : stilboestrol ; stilbestrol

Stimulant *a* : stimulant

Stimulation *f* : stimulation

Stimuler : to stimulate

Stimulus *m* : stimulus

Stock *m* : stock

Stockage *m* : stocking ; storage ; keeping

Stocker : to stock ; to store ; to keep

Stoechiométrique *a* : stoichiometric ; stoicheoimetric

Stomacal *a* : stomachal ; gastric ; stomachic

Stress *m* : stress

Strict *a* : obligate *(microbiologie)*

Strie *f* : stria

Strié *a* : striated

**Stroma** *m* : stroma

**Strontium** *m* : strontium

**Structural** *a* : structural

**Structure** *f* : structure

**Subcarence** *f* : marginal deficiency

**Sublimation** *f* : sublimation

**Sublimé** *m* : sublimate

**Sublimé** *a* : sublimated

**Sublimer** : to sublimate ; to sublime

**Subsister** : to subsist ; to exist ; to live ; to linger *(doute)*

**Substance** *f* : substance ; matter ; material

**Substituant** *m* : substituent

**Substituer** : to substitute

**Substitut** *m* : substitute

**Substitution** *f* : substitution

**Substrat** *m* : substrate ; substratum

**Subvention** *f* : grant ; subsidy

**Suc** *m* : juice ; sap *(plante)*
　~ **gastrique** : stomach juice ; gastric juice
　~ **pancréatique** : pancreatic juice

**Succédané** *m* : substitute

**Succédané** *a* : vicarious ; succeda-neous

**Succion** *f* : suction

**Succulent** *a* : succulent ; delicious

**Sucer** : to suck *(liquide)*

**Sucrage** *m* : sugaring ; sweetening ; chaptalization *(vin)*

**Sucrase** *f* : sucrase

**Sucrate** *m* : sucrate

**Sucre** *m* : sugar
　~ **aminé** : amino sugar *(chimie)*
　~ **de betterave** : beet sugar
　~ **blanc** : white sugar
　~ **brun** : brown sugar
　~ **brut** : raw sugar
　~ **candi** : candy sugar
　~ **de canne** : cane sugar

~ **cristallisé** : granulated sugar ; crystal sugar
~ **de fruit** : laevulose *(GB)* ; levulose *(US)* ; fructose
~ **glace** : frosting sugar ; icing sugar
~ **inverti** : invert sugar
~ **en morceaux** : cube sugar ; lump sugar
~ **d'orge** : barley sugar
~ **en poudre** : caster sugar
~ **raffiné** : refined sugar
~ **de raisin** : grape sugar
~ **rapé** : pounded sugar
~ **réducteur** : reducing sugar
~ **roux** : brown sugar
**Canne à** ~ : sugar cane
**Pain de** ~ : sugar loaf
**Raffinage du sucre** : sugar refinement
⇨ *aussi* **Betterave**

**Sucré** *a* : sweetened ; sweet *(goût)* ; sugary *(addition de sucre)*
**Boisson sucrée :** soft drink

**Sucrer** : to sugar ; to sweeten

**Sucreries** *f pl* : sweets ; candy, *pl* : candies

**Sucrosité** *f* : sweetness

**Sudation** *f* : sudation ; sweating

**Sudorifique** *a* : sudatory ; sudorific

**Sudoripare** *a* : sudoriparous ; sudoriferous

**Suée** *f* : sweat

**Suer** : to sweat

**Sueur** *f* : sweat ; sudor

**Suie** *f* : smut *(charbon)*

**Suif** *m* : tallow ; suet
~ **alimentaire** : smelted tallow
~ **de boucher** : unsmelted tallow
~ **fondu** : rendered tallow
~ **en branches :** raw tallow

**Suint** *m* : wool grease ; lanolin ; suint

**Suintement** *m* : oozing ; seepage ; sweating

**Suinter** : to ooze ; to seep

**Sujet** *m* : subject

**Sulfamide** *m* : sulfamide ; sulpha drugs

**Sulfatage** *m* : vine sulphuring ; sulfatage

**Sulfatase** f : sulfatase

**Sulfate** m : sulfate ; sulphate

**Sulfater** : to sulfate ; to sulphate ; to spray with copper sulfate

**Sulfateuse** f : vine sprayer ; syringe for vine yards

**Sulfhydrique** a : sulfhydryl

**Sulfhydryle** m : sulfhydryl

**Sulfite** m : sulfite

**Sulfone** f : sulfone

**Sulfonique** a : sulfonic

**Sulfure** m : sulfide

**Sulfureux** a : sulfurous

**Sulfurique** a : sulfuric

**Sulfuriser** : to sulfurize

**Sulfuryle** m :  sulfuryl

**Sulf-** : sulf- ; sulph-

**Supérieur** a : superior *(qualité)* ; upper *(position)*

**Supériorité** f : superiority

**Supermarché** m : supermarket

**Support** m : carrier *(biologie)*

**Sur** a : sour *(saveur)*

**Sûr** a : safe

**Surabondance** f : glut *(aliment)* ; overabundance

**Suralimentation** f : overfeeding

**Suralimenter** : to overfeed

**Surcharge** f : extra weight ; overweight ; overload

**Surcharger** : to surcharge ; to overload

**Surchauffe** f : superheating *(industrie)* ; overheat ; overheating

**Surchauffer** : to superheat ; to overheat
~ **la vapeur** : to surcharge steam

**Surchauffeur** m : superheater *(vapeur)*

**Suret** a : sourish

**Sûreté** f : safety ; safeguarding ; reliability

**Surface** f : surface ; superficies
~ **active** : active surface

**Surfactant** m : surfactant

**Surgélation** f : deep freezing ; quick freezing

**Surgelé** a : deep frozen

**Surgeler** : to deep freeze

**Surmoût** m : new wort *(bière)*

**Surnageant** m : supernatant

**Superficie** f : surface ; superficies

**Superficiel** a : superficial

**Superphosphate** m : superphosphate

**Surpeuplement** m : overpopulation

**Surproduction** f : overproduction

**Surrénal** a : adrenal ; adrenergic ; suprarenal ; surrenal
**Glande surrénale** : adrenal gland
**Cortico-~** : adrenocortical

**Sursaturé** a : supersaturated ; oversaturated

**Survie** f : survival

**Suspendre dans** : to suspend

**Suspension** f : suspension
~ **colloïdale** : colloidal suspension
**Mettre en ~** : to suspend
**En ~** : suspended

**Sylviculture** f : forestry ; sylviculture

**Symbiose** f : symbiosis

**Symbiotique** a : symbiotic

**Symbole** m : symbol *(chimie)*

**Symétrie** f : symmetry

**Symétrique** a : symmetrical

**Symptomatologie** f : symptomatology

**Symptôme** m : symptom

**Synapse** f : synapse ; synapsis

**Synchone** a : synchronical ; synchronous

**Synchronisation** f : synchronization ; synchronizing

**Synchronisme** m : synchronism

**Syndrome** *m* : syndrome

**Synérèse** *f* : syneresis

**Synergie** *f* : synergy ; synergism ; synergia

**Synergique** *a* : synergic
  **Effet ~** : additive effect

**Synergiste** *a* : synergist

**Synthèse** *f* : synthesis

**Synthétique** *a* : synthetic ; synthetical

**Synthétiser** : to synthetize

**Systématique** *a* : systematic

**Système** *m* : system ; method ; scheme
  **~ métrique** : metric system
  **~ nerveux central** : central nervous system
  **~ périphérique** : peripheral nervous system
  **~ vasculaire** : vascular system

**Systole** *f* : systole

**Systolique** *a* : systolic

# T

**Tabac** *m* : tobacco

**Table** *f* : table ; plate

**Tache** *f* : spot *(chimie)* ; stain

**Taché** *a* : spotted ; stained

**Tacheté** *a* : spotted ; speckled

**Tachycardie** *f* : tachycardia

**Tactile** *a* : tactile

**Tagatose** *m* : tagatose

**Taille** *f* : cutting ; cutting out *(objet)* ; height ; size *(mesure)*

**Tailler** : to cut ; to trim *(arbre)*

**Talc** *m* : talc ; French chalk ; talcum powder

**Talose** *m* : talose

**Talure** *f* : bruise *(fruit)*

**Tambour** *m* : drum
~ **de lavage** : washing drum
~ **rotatif** : revolving drum ; rotary drum
~ **de séchage** : drying drum

**Tamis** *m* : screen ; sieve ; griddle ; sifter ; bolter
~ **à poussières** : dust shield ; dust sieve
**Numéro de** ~ : size of the bolter

**Tamisage** *m* : screening ; sifting ; sieving ; bolting

**Tamisé** *a* : sifted

**Tamiser** : to screen ; to bolt ; to sieve ; to sift *(poudre)* ; to filter *(liquide)*

**Tampon** *m* : buffer *(chimie)*
**Effet** ~ : buffering capacity

**Tamponner** : to buffer

**Tan** *m* : tan
**Fabrique de** ~ : tan yards

**Tanche** *f* : tench

**Tangent** *a* : tangent

**Tangente** *f* : tangent

**Tangentiel** *a* : tangential

**Tangerine** *f* : tangerine

**Tanin** ⇨ **Tannin**

**Tannage** *m* : tanning ; tannage
~ **aux écorses** : bark tanning
~ **au chrome** : chrome tanning

**Tanné** *a* : tanned

**Tanner** : to tan

**Tannerie** *f* : tannery ; tanner's workshop

**Tanneur** *m* : tanner

**Tannin** *m* : tannin
~ **condensé** : condensed tannin
~ **hydrolysable** : hydrolysable tannin
~ **du café** : coffee tannin

**Tannique** *a* : tannic

**Tapioca** *m* : tapioca ; tapioca starch

**Tardif** *a* : late

**Tarage** *m* : taring

**Tare** *f* : tare

**Tarer** : to tare

**Tarir** : to dry up

**Taro** *m* : taro ; cocoyam

**Tarte** *f* : pie ; tart
~ **à la confiture** : jam tart
~ **au fromage blanc** : cheese cake
~ **aux fruits** : fruit pie

**Tartine** *f* : slice of bread and butter
~ **de beurre** : bread and butter
~ **de confiture** : bread and jam
~ **à la graisse** : bread and drip

**Tartre** *m* : wine stone *(vin)* ; fur ; tartar ; tartrate
**Crème de** ~ : wine stone *(vin)* ; tartar

**Tartrique** *a* : tartaric

**Tasse** *f* : cup
~ **à thé** : tea cup

**Taureau** *m* : bull ; sire ; steer *(US)*

**Taurillon** *m* : bull calf ; young bull

**Tautomère** *m* : tautomer

**Tautomère** *a* : tautomeral ; tautomeric

**Tautomérie** *f* : tautomerism ; tautomery

**Taux** *m* : rate ; content *(analyse)* ; level
~ **de change** : exchange rate
~ **d'extraction :** extraction rate *(meunerie)*

**Tavelé** *a* : speckled ; marked

**Taxation** *f* : taxation

**Taxe** *f* : tax *(impot, redevance)* ; duty *(douane)* ; impost *(fiscal)*
~ **compensatoire** : compensatory tax
~ **à la valeur ajoutée (TVA)** : value added tax (VAT)
**Exempt de** ~ : tax-free

**Taxinomie, Taxonomie** *f* : taxinomy ; taxonomy ; taxology

**Technicien** *m* : technician

**Technique** *f* : technics ; techniques *(générique)* ; technic ; technique *(méthode)*

**Technique** *a* : technical

**Technologie** *f* : technology

**Technologique** *a* : technological

**Technologue** *m* : technologist

**Tégument** *m* : tegument ; integument ; husk ; pellicle

**Tégumentaire** *a* : tegumental ; integumentary ; tegumentary

**Teindre** : to dye ; to tint

**Teinte** *f* : dye

**Teinture** *f* : tincture ; dyeing

**Témoin** *m* : blank determination ; blank *(analyse)*

**Température** *f* : temperature
~ **d'admission** : inlet temperature
~ **ambiante** : ambiant temperature

~ **annuelle moyenne** : mean annual temperature ; average annual temperature

~ **extérieure** : outdoor temperature

~ **intérieure** : room temperature

~ **de touraillage** : kilning temperature

**A la** ~ **ambiante** : at room temperature

**Tempérance** *f* : temperance

**Tempérant** *a* : abstemious ; temperate

**Tempête** *f* : storm ; hurricane

**Temporaire** *a* : temporary

**Temps** *m* : time
~ **de décroissance** : decay time *(radioactivité)*
~ **de latence** : latent time *(microbiologie)*
~ **de réaction :** reaction time
~ **de renouvellement** : turnover time *(physiologie)*

**Tendance** *f* : trend ; tendancy

**Tendineux** *a* : tendinous ; stringy

**Tendon** *m* : tendon *(viande)*

**Tendreté** *f* : tenderness *(viande)*

**Teneur** *f* : content ; level

**Tensioactif** *a m :* tensioactive ; surface-active

**Tension** *f* : tension ; pressure *(sang)*
~ **artérielle** : arterial pressure
~ **sanguine** : blood pressure
~ **superficielle** : surface tension
**basse** ~ : low tension
**haute** ~ : high tension
**hyper-**~ : high blood pressure
**hypo-**~ : low blood pressure

**Tératogène** *m a* : teratogen

**Tératogénèse** *f* : teratogenesis

**Tératologie** *f* : teratology

**Térébenthine** *f* : turpentine
**Essence de** ~ : turpentine oil

**Terme** *m* : term
**Court** ~ : short term
**Long** ~ : long term

**Terminal** *a* : terminal

**Ternaire** *a* : ternary

**Terpène** m : terpene

**Terpénique** a : terpenic

**Terrain** m : earth ; field (champ) ; ground (surface) ; land (surface)
~ **marécageux** : marshy land ; swampy land ; everglade (US)

**Terrasse** f : terrace
**Culture en** ~ : terrace cultivation

**Terre** f : earth ; soil (matière) ; land (territoire) ; ground (surface physique)
~ **agricole** : farm land
~ **cuite** : terra cotta
~ **décolorante** : bleaching clay ; bleaching earth
~ **à foulon** : fuller's earth
~ **d'infusoires** : diatomaceous earth ; kieselguhr ; infusional earth
~ **labourable** : ploughland (GB) ; plowland (US)
**Terres rares** : rare earths pl
~ **réfractaire** : fire clay ; fireproof earth
~ **pour remblai** : filling earth ; backfill earth

**Terreau** m : compost ; vegetal mould ; vegetal soil ; vegetable mould ; vegetable soil ; leaf mould ; leaf mold ; garden mould

**Terreux** a : earthy

**Terrine** f : earthenware ; pie dish ; terrine

**Territoire** m : territory

**Tertiaire** a : tertiary

**Test** m : test ; assay
~ **en aveugle** : blind test
~ **à blanc** : blank test
~ **d'effort** : endurance test
~ **d'endurance** : endurance test

**Testicule** m : testicle ; testis, pl : testes ; seminal gland

**Testostérone** f : testosterone

**Tétanie** f : tetania ; tetany

**Tétanos** m : tetanus

**Têtard** m : tadpole

**Tête** f : head (salade, arbre)

**Tétine** f : teat

**Tétraploïde** m a : tetraploid

**Tétravalence** f : tetravalence

**Tétravalent** a : tetravalent

**Texture** f : texture ; body
~ **fibreuse** : fibrous texture
~ **granulaire** : granular texture
~ **homogène** : homogeneous texture
~ **sableuse** : sandiness
**Agent de** ~ : bodying agent

**Texturé** a : textured
**Protéine végétale texturée** : textured vegetable protein

**Texturisation** f : texturization

**Thé** m : tea
~ **au citron** : lemon tea
~ **à la menthe** : mint tea
~ **en feuilles** : tea in leaves
~ **infusé** : stewed tea
**Tasse à** ~ : teacup

**Théière** f : teapot

**Théobromine** f : theobromine

**Théophylline** f : theophylline

**Théorie** f : theory ; theorics

**Théorique** a : theoretical ; theoric ; theorical

**Thérapeutique** f : therapeutics

**Thérapeutique** a : therapeutic

**Thérapie** f : therapy

**Thermal** a : thermal (eau)

**Thermique** a : thermal ; thermic
**Conductivité** ~ : thermal conductivity
**Rendement** ~ : thermal efficiency

**Thermisation** f : thermisation

**Thermocoagulation** f : heat coagulation

**Thermocouple** m : thermocouple ; thermo-electric couple

**Thermodynamique** f : thermodynamics

**Thermodynamique** a : thermodynamic

**Thermogénèse** f : thermogenesis

**Thermolabile** a : thermolabile ; heat labile

**Thermolyse** f : thermolysis

**Thermomètre** *m* : thermometer *(US)* ; thermometre *(GB)*

**Thermophile** *a* : thermophil ; thermophilic *(bactérie)*

**Thermoplastique** *a* : thermoplastic

**Thermoplongeur** *m* : immersion heater

**Thermorégulation** *f* : thermoregulation

**Thermorésistant** *a* : heat resistant ; thermoduric *(bactérie)*

**Thermos** *m* : thermos flask *(GB)* ; isolated bottle *(US)* ; insulated bottle *(US)* ; vacuum flask *(GB)* ; vacuum bottle *(US)*

**Thermostable** *a* : thermostabile ; thermostable ; heat stabile

**Thermostat** *m* : thermostat

**Thermostatique** *a* : thermostatic

**Thiamine** *f* : thiamin

**Thiazole** *m* : thiazol

**Thio-** : thio-

**Thiocyanate** *m* : thiocyanate

**Thioglycoside** *m* : thioglycoside

**Thiol** *m* : thiol ; sulfhydryl

**Thiosulfate** *m* : thiosulfate

**Thixotrope** *a* : thixotropic

**Thixotropie** *f* : thixotropy

**Thixotropique** *a* : thixotropic

**Thon** *m* : tunny *(GB)* ; tunnyfish *(GB)* ; tunafish ; tuna
~ **blanc** : albacore ; long fin tuna ; long fin tunny *(GB)*
~ **rouge** : blue fin tuna ; blue fin tunny *(GB)*

**Thoracique** *a* : thoracic

**Thorax** *m* : thorax

**Thréonine** *f* : threonine

**Thréose** *m* : threose

**Thrombine** *f* : thrombin

**Thrombocyte** *m* : thrombocyte

**Thrombokinase** *f* : thrombokinase

**Thrombose** *f* : thrombosis

**Thromboxane** *m* : thromboxane

**Thym** *m* : thyme

**Thymine** *f* : thymine

**Thymus** *m* : thymus

**Thyrocalcitonine** *f* : thyrocalcitonin

**Thyroglobuline** *f* : thyroglobulin

**Thyroïde** *f* : thyroid

**Thyroïdienne** *a (glande)* : thyroid gland

**Thyroïdisme** *m* : thyroidism

**Thyroxine** *f* : thyroxin ; thyroxine

**Tibia** *m* : tibia ; shin

**Tiers-monde** *m* : third world countries

**Tige** *f* : stalk *(céréale)* ; stem *(arbre)* ; rod *(plante)* ; bole *(arbre)* ; trunk *(arbre)* ; bine

**Tilleul** *m* : lime tree *(arbre)* lime blossom tea *(infusion)*

**Tinctorial** *a* : dye

**Tiré à part** *m* : reprint

**Tissu** *m* : tissue *(biology)* ; fabric *(textile)*
~ **adipeux** : adipose tissue ; fatty tissue
~ **cicatriciel** : scar tissue
~ **conjonctif** : connective tissue
~ **nerveux** : nervous tissue
~ **osseux** : bony tissue ; bone tissue

**Tissulaire** *a* : tissular ; textural

**Titane** *m* : titanium

**Titrable** *a* : titratable

**Titration** *f* : titration

**Titre** *m (chimie)* : titer *(US)* ; titre *(GB)* ; titration *(dosage)*

**Titrer** : to titrate

**Titrimétrie** *f* : titrimetry

**Titrimétrique** *a* : titrimetric

**Toastage** *m* : toasting

**Tocophérol** *m* : tocopherol

**Tocotriénol** *m* : tocotrienol

**Toile** *f* : linen *(lin)* ; cloth
~ **pour tamis** : netting sieve

**Toison** *f* : fleece

**Tôle** *f* : plate *(cuisine)* ; sheet
~ **de patisserie** : baking plate ; baking sheet

**Tolérance** *f* : tolerance

**Tomate** *f* : tomato
**Concentré de tomates** : tomato paste
**Sauce de** ~ : tomato sauce

**Tomatine** *f* : tomatine

**Tondeuse** *f* : clippers

**Tondre** : to cut ; to clip ; to shear *(mouton)*

**Tonicité** *f* : tonicity ; tone

**Tonique** *m a* : tonic

**Tonne** *f* : ton *(masse)*

**Tonneau** *m* : cask ; barrel
~ **de fermentation** : puncheon
~ **de vin** : wine barrel ; wine cask
**Mise en** ~ : casking

**Tonnelet** *m* : drum ; keg ; small cask

**Tonte** *f* : cutting ; clip ; clipping ; shearing *(mouton)* ; mowing *(gazon)*

**Tonus** *m* : tonicity ; tonus ; tone

**Topinambour** *m* : Jerusalem artichoke

**Tordre :** to wring out ; to wring ; to twist

**Torréfier** : to roast *(café)*

**Tortilla** *f* : tortilla

**Tortue** *f* : turtle *(de mer)*

**Total** *a* : crude *(analyse)*

**Tour** *m* : turn *(rotation)*

**Tour** *f* : tower *(installation)*
~ **d'atomisation** : spraying tower
~ **de séchage** : dry tower ; drying tower

**Touraillage** *m* : kilning

**Touraille** *f* : malting kiln

**Tourailler** : to dry *(brasserie)*

**Tourbe** *f* : peat

**Tourbillon** *m* : vortex *(physique)* ; whirlpool *(eau)* ; whirlwind *(vent)*

**Tourbillonnaire** *a* : vortical

**Tourie** *f* : carboy

**Tournesol** *m* : sunflower

**Tourte** *f* : pie *(viande, fruit)*
~ **aux fruits** : fruit pie

**Tourteau** *m* : cake ; oilcake ; oilmeal *(huilerie)* ; crab *(crustacé)*

**Tout-cuit** *a* : ready cooked ; pre-cooked *(aliment)*

**Tout-venant** *a* : rough

**Toux** *f* : cough

**Toxicité** *f* : toxicity

**Toxicologie** *f* : toxicology

**Toxicose** *f* : toxicosis

**Toxine** *f* : toxin
~ **animale** : zootoxin

**Toxique** *a* : toxic ; poisonous

**Toxistérol** *m* : toxisterol

**Traceur** *m* : marker *(métabolisme)* ; tracer

**Tracteur** *m* : tractor

**Tractus** *m*: tract
~ **digestif** : digestive tract

**Traduction** *f* : translation

**Traduire** : to translate

**Trafic** *m* : trade *(commerce)* ; traffic

**Traire** : to milk

**Traite** *f* : milking

**Traité** *m* : treaty *(commerce)*

**Traitement** *m* : treatment ; treating ; processing ; curing *(aliment)* ; salary *(rénumération)*
~ **chimique** : chemical treatment ; chemical processing
~ **discontinu** : batch processing
~ **des données** : data processing
~ **industriel** : processing
~ **à la soude** : lye treatment
~ **thermique** : thermal treatment ; heat treatment
~ **par voie humide** : wet treatment
~ **par voie sèche** : dry treatment
**Mode de** ~ : method of treatment

**Tranche** f : slice *(pain, viande)*
~ **de lard** : rasher
~ **de viande** : piece ; slice ; collop
**En tranches minces** : thinly ; sliced
**Découpage en tranches** : slicing
**Découper en tranches** : to slice

**Trancher** : to cut ; to slice

**Tranchant** a : sharp ; whetted *(objet)*

**Transacétylase** f : transacetylase

**Transaldolase** f : transaldolase

**Transaminase** f : transaminase

**Transcétolase** f : transketolase

**Transestérification** f : cross esterification ; transesterification *(glycéride)*

**Tranférase** f : transferase

**Transférer** : to transmit

**Transferrine** f : transferrin

**Transformation** f : transformation
~ **industrielle** : processing
**Industrie de** ~ : processing industry

**Transformer** : to transform ; to convert into

se **Transformer** : to be converted into ; to be transformed ; to pass into

**Transition** f : transition

**Translucide** a : translucent

**Transmettre** : to transmit

**Transmis** a : transmitted
**Lumière transmise** : transmitted light

**Transmittance** f : transmittance

**Transparence** f : transparency

**Transparent** a : transparent

**Transpiration** f : perspiration ; sweating ; sweat

**Transpirer** : to sweat ; to perspire

**Transplantation** f : transplantation ; transplant

**Transport** m : transport ; conveyance ; conveying ; carrying

**Transportable** a : transportable

**Transporter** : to transport ; to convey ; to carry

**Transporteur** m : transporter ; conveyor ; conveyer *(industrie)* ; carrier *(enzyme)*
~ **à bande** : belt conveyor
~ **à godets** : bucket conveyor
~ **à vis** : conveying screw

**Transvasement** m : decantation ; decanting

**Transvaser** : to decant

**Transversal** a : tranverse ; transversal

**Transversalement** : transversely ; crosswise

**Travail** m : work ; working ; labour
~ **d'atelier** : work from workshop
~ **à la chaîne** : assembly line work ; production line work
~ **manuel** : manual work
**Travaux agricoles** pl : agricultural work ; farm work
**Conditions de** ~ : working conditions pl
**Convention de** ~ : collective bargaining agreement
**Hypothèse de** ~ : working hypothesis
**Lunettes de** ~ : protective glasses
**Organisation du** ~ : work organization
**Vêtements de** ~ : work clothes

**Travailler** : to work ; to ferment (vin)

**Trayon** m : teat

**Trèfle** m : clover *(plante)*
~ **blanc** : white clover
~ **incarnat** : red clover

**Tréhalase** f : trehalase

**Tréhalose** m : trehalose

**Treillis** m : network *(grillage)* ; work clothes *(vêtement)*

**Trémie** f : hopper

**Trempage** m : soaking ; wetting ; damping ; steeping
**Bac de** ~ : soaking tank

**Trempe** f : soaking ; wetting ; damping

**Trempé** a : steeped ; soaked

**Tremper** : to steep ; to soak ; to dip ; to macerate

**Tresse** f : braid ; rope
~ **d'oignons** : rope of onions

**Tri** m : screening ; sorting ; grading

**Triage** m : separation ; sorting ; sizing ; grading
~ **par voie humide** : wet separation
~ **par voie sèche** : dry separation

**Triangulaire** a : triangular

**Triarachidine** f : triarachidin

**Trichloracétique** a : trichloracetic

**Trichloréthylène** m : trichlorethylene

**Trier** : to separate ; to sort ; to size ; to grade

**Trieuse** f : separating machine ; separator ; cleaner

**Triglycéride** m : triglyceride

**Trigonelline** f : trigonelline

**Triméthylamine** f : trimethylamine

**Triose** m : triose

**Tripeptide** m : tripeptide

**Tripes** f pl : tripe

**Trisaccharide** m : trisaccharide

**Tristéarine** f : tristearin

**Triticale** m : triticale

**Tritié** a : tritiated

**Trituration** f : trituration

**Triturer** : to triturate

**Trivalence** f : trivalence ; tervalence

**Trivalent** a : trivalent ; tervalent

**Trognon** m : core (fruit) ; stalk (chou)

**Trompe** [f] **à vide** : filter pump

**Tronc** m : trunk (anatomie, arbre) ; bole (arbre) ; stem ; main branch (arbre)
~ **dégrossi** : baulked trunk

**Tronçonnage** m : cutting up ; sawing ; cutting into sections

**Tropical** a : tropical

**Tropique** m : tropic

**Tropisme** m : tropism

**Tropocollagène** m : tropocollagen

**Trop-plein** m : overflowing ; too full ; overloaded

**Trouble** m : turbidity (microbiologie) ; haze ; cloud ; clouding (liquide) ; disorder (pathologie) ; disturbance (mécanique, société)
~ **fonctionnel** : dysfunction

**Trouble** a : turbid

**Troublé** a : clouded ; cloudy (liquide) ; turbid

**Troubler** : to cloud (liquide)

**Troupeau** m : herd (bovin) ; flock (ovin)
~ **de vaches** : dairy herd ; herd of dairy cattle

**Trouver** : to find

**Truffe** f : truffle

**Truffé** a : truffled

**Truie** f : sow
~ **allaitante** : nursing sow
**Jeune** ~ : gilt

**Truite** f : trout
~ **arc-en-ciel** : rainbow trout
~ **saumonée** : salmon trout
~ **de mer** : sea trout

**Truiticulture** f : trout farming

**Trypsine** f : trypsin

**Trypsinogène** m : trypsinogen

**Tryptamine** f : tryptamin

**Tryptophane** m : tryptophan

**Tube** m : tractus ; tube ; vas ; pl : vasa (anatomie)
~ **digestif** : digestive tractus ; digestive tract
~ **à essai** : test tube

**Tubercule** m : tuber (botanique) ; tubercle (médecine)

**Tuberculeux** a : tuberculous

**Tuberculine** f : tuberculin

**Tuberculose** f : tuberculosis

**Tubéreux** a : tuberose (botanique) ; tuberous

**Tubérisation** f : tuberization

**Tubérisé** a : tuberous

**Tubérosité** *f* : tuberosity

**Tubulaire** *a* : tubular

**Tubule** *m* : tubule ; tubulus *(médecine)*

**Tuer** : to butcher *(animal)*

**Tuméfaction** *f* : swelling

**Tumescence** *f* : tumescence

**Tumescent** *a* : tumescent

**Tumeur** *f* : tumor *(US)* ; tumour *(GB)*
~ **bénigne** : benign tumor *(US)*
benign tumour *(GB)*
~ **maligne** : malignant tumor *(US)* ;
malignant tumour *(GB)*

**Tumoral** *a* : tumoral ; tumorous

**Tungstène** *m* : tungsten ; wolfram

**Tungstique** *a* : tungstic

**Tunnel** *m* : tunnel

**Turanose** *m* : turanose

**Turbidité** *f* : turbidity ; cloudiness
*(liquide)*

**Turboséparation** *f* : air classification

**Turbot** *m* : turbot

**Turbulence** *f* : vorticity ; turbulence

**Turgescence** *f* : turgescence ; turgidity ;
swelling

**Turgescent** *a* : turgescent

**Turgide** *a* : turgid ; swollen

**Tuyère** *f* : spraying nozzle

**TVA** : VAT

**Type** *m* : type

**Typique** *a* : typical ; typic

**Tyramine** *f* : tyramine

**Tyrosinase** *f* : tyrosinase

**Tyrosine** *f* : tyrosine

# U

**Ubiquinone** *f* : ubiquinone

**Ulcération** *f* : ulceration

**Ulcère** *m* : ulcer

**Ultime** *a* : ultimate ; final

**Ultracentrifugation** *f* : ultracentrifugation

**Ultracentrifugeuse** *f* : ultracentrifuge

**Ultrafiltrat** *m* : ultrafiltrate

**Ultrafiltration** *f* : ultrafiltration

**Ultra haute température** *f* : ultra-high-temperature

**Ultrason** *m* : ultrasound

**Ultrasons** *m pl* : ultrasonics *pl*

**Ultrasonique** *a* : ultrasonic

**Ultraviolet** *a* : ultraviolet
  **Rayons ultraviolets** : ultraviolet rays

**Unicellulaire** *a* : unicellular ; one-celled

**Uniforme** *a* : uniform ; unvaried

**Uniformément** : uniformly

**Uniformité** *f* : uniformity

**Unilatéral** *a* : unilateral

**Unité** *f* : unit *(mesure)* ; unity *(nombre)*
  **~ d'encombrement** : fill unit *(zootechnie)*
  **~ fourragère** : feed unit ; forage unit ; fodder unit *(zootechnie)*
  **~ de gros bétail** : livestock unit *(zootechnie)*
  **~ internationale** : international unit

**Univalent** *a* : monovalent ; univalent

**Universel** *a* : universal

**Upérisateur** *m* : uperizer

**Upérisation** *f* : uperization

**Upériser** : to uperize

**UPN** : NPU

**Uracile** *m* : uracil

**Uranium** *m* : uranium

**Urate** *m* : urate

**Uréase** *f* : urase ; urease

**Urée** *f* : urea

**Uréique** *a* : ureal ; ureic

**Urémie** *f* : uraemia *(GB)* ; uremia *(US)*

**Urémique** *a* : uraemic *(GB)* ; uremic *(US)*

**Urètre** *m* : urethra

**Uricase** *f* : uricase

**Uricémie** *f* : uricemia

**-urie** *f* : -uria

**Urinaire** *a* : urinary

**Urine** *f* : urine ; urina *(médecine)*

**Uriner** : to urinate

**Urique** *a* : uric

**Urolithiase** *f* : urolithiasis

**-uronique** *a* : -uronic

**Urticaire** *m* : nettlerash ; nives ; urticaria *(médecine)*

**Usage** *m* : use ; usage
  **En ~** : in use

**Usine** *f* : factory ; works *pl* ; manufactory ; plant
  **Directeur d'~** : factory manager
  **Direction d'~** : factory management
  **Laboratoire d'~** : works laboratory

**Ustensile** *m* : implement ; tool ; utensil *(cuisine)*

**Ustensiles** *pl* : instruments *pl* ; utensils *pl*

**Usuel** *a* : usual ; prevailing

**Utérin** *a* : uterine ; in utero

**Utérus** *m* : uterus ; womb ; matrix

**Utile** *a* : useful
  **charge** ~ : live load ; effective weight ; real weight

**Utilisable** *a* : available *(nutriment)* ;

useful ; efficient

**Utilisation** *f* : utilization
  ~ **protidique nette** : net protein utilization

**Utiliser** : to use ; to utilize

**Utilité** *f* : utility

V

**Va et vient** : to-and-fro

**Vaccénique** *a* : vaccenic

**Vaccin** *m* : vaccine

**Vaccination** *f* : vaccination ; vaccinating ; inoculation

**Vacciner** : to vaccinate ; to inoculate

**Vache** *f* : cow
~ **allaitante** : suckling cow
~ **de boucherie** : beef cow
~ **en lactation** : cow in milk
~ **laitière** : dairy cow
~ **pleine** : calfing cow ; cow in calf
~ **de réforme** : culled cow
~ **reproductrice** : brood cow
~ **tarie** : dry cow
**Bouse de** ~ : dung

**Vacher** *m* : cowherd ; cowboy ; cattle-man

**Vagin** *m* : vagina

**Vaginal** *a* : vaginal

**Vagotonine** *f* : vagotonin

**Vague** *f* : wave ; oar *(brasserie)*
~ **de chaleur** : heat wave
~ **de froid** : cold wave

**Vairon** *m* : minnow

**Vaisseau** *m* : vessel ; vas, *pl* : vasa *(anatomie)* ; ship *(marine)*
~ **sanguin** : blood vessel

**Vaisselle** *f* : dishes *pl* ; crockery ; vessels *pl*

**Valable** *a* : valid

**Valence** *f* : valence *(US)* ; valency *(GB)*

**-valent** *a* : -valent

**Valériane** *f* : valerian

**Valérianique** *a* : valerianic

**Valérique** *a* : valeric

**Valet** *[m]* **de ferme** : farm servant

**Valeur** *f* : value
~ **Biologique** : Biological Value
~ **calorique** : heat value
~ **fourragère** : feed value
~ **marchande** : market value
**Sans** ~ : worthless

**Valide** *a* : valid ; legal

**Validité** *f* : validity ; legality

**Valine** *f* : valine

**Van** *m* : fan ; van ; winnowing basket

**Vannage** *m* : husking ; winnowing ; fanning

**Vanner** : to husk ; to sift ; to winnow ; to fan

**Vanille** *f* : vanilla

**Vanilline** *f* : vanillin

**Vapeur** *f* : vapour *(GB)* ; vapor *(US)* ; steam *(eau)* ; fumes
~ **d'alcool** : alcoholic vapour *(GB)* ; alcoholic vapor *(US)*
~ **d'eau** : water vapour *(GB)* ; water vapor *(US)* ; steam
~ **humide** : wet steam ; damp steam
~ **sèche** : dry steam
~ **à basse pression** : low pressure steam
~ **à haute pression** : high pressure steam
**Bain de** ~ : steam bath
**Chaudière à** ~ : steam boiler ; steam generator
**Chauffage à la** ~ : steam heating
**Consommation de** ~ : steam consumption
**Cuiseur à** ~ : steam cooker
**Cuisson à la** ~ : steam boiling ; steaming
**Détente de la** ~ : expansion steam
**Générateur de** ~ : steam generator
**Injection de** ~ : steaming
**Machine à** ~ : steam engine

**Pression de** ~ : vapour pressure
*(GB)* ; vapor pressure *(US)* ; head of
steam
**Serpentin de** ~ : steam coil
**Stérilisateur à** ~ : steam sterilizer
**Tension de** ~ : vapour tension *(GB)* ;
vapor tension *(US)*

**Vaporisateur** *m* : vaporizer ; atomizer ;
sprayer

**Vaporisation** *f* : vaporization ; evapora-
tion ; spraying
**Chaleur de** ~ : vaporization heat
**Point de** ~ : vaporization point

**Vaporiser** : to vaporize ; to spray

se **Vaporiser** : to vapour *(GB)* ; to vapor
*(US)* ; to vaporize

**Varech** *m* : sea grass ; sea weed ;
laver ; wrack ; varech ; varec ; kelp

**Variabilité** *f* : variability

**Variable** *a* : variable ; fluctuating

**Variance** *f* : variance
**Analyse de la** ~ : analysis of variance

**Variation** *f* : variation ; fluctuation
**Présenter une** ~ : to vary

**Varié** *a :* various ; varied

**Variétal** *a* : varietal

**Variété** *f :* variation *(botanique)* ; variety

**Variqueux** *a* : varicated ; variceal ; varicose

**Vasculaire** *a* : vascular

**Vascularisation** *f* : vascularization

**Vasculose** *m* : vasculose

**Vase** *m* : vessel *(récipient)*

**Vase** *f* : slime ; sludge ; mud ; ooze
**Dépôt de** ~ : silt

**Vaseux** *a* : silty ; swampy ; muddy ; slimy

**Vasoconstriction** *f* : vasoconstriction

**Vasodilatation** *f* : vasodilation

**Vasopressine** *f* : vasopressin

**Veau** *m* : calf, *pl* : calves *(animal)* ; veal
*(viande)*
~ **blanc** : fasted calf ; fat calf ; store
calf ; suckling calf ; battery veal

~ **de boucherie** : meat calf
~ **d'élevage** : brood calf
~ **femelle** : heifer calf
~ **de lait** : suckling calf ; fasted calf
~ **mâle** : bull calf
~ **non marqué** : maveric
~ **en gelée** : jellied veal
**Côtelette de** ~ : veal cutlet
**Filet de** ~ : veal loin
**Longe de** ~ : veal loin

**Vecteur** *m* : vector

**Végétal** *m* : plant

**Végétal** *a* : vegetal
**Cire végétale** : vegetal wax
**Humus** ~ : vegetal humus deposit
**Substance végétale** : vegetal matter

**Végétarien** *m* : vegetarian

**Végétarisme** *m* : vegetarianism

**Véhicule** *m* : vehicle

**Veine** *f* : vein, *pl* : vena
~ **porte** : portal vein

**Veines** *f pl* : veins *pl* ; veining

**Veiné** *a* : veined ; veiny

**Veineux** *a* : venous *(sang)* ; grainy
*(bois)* ; veined *(marbre)*

**Veinule** *f* : venule ; veinlet

**Veinure** *f* : veining

**Vêlage** *m* : calving ; freshening *(US)*

**Vêler** : to calve ; to freshen *(US)*

**Velouté** *m* : mellowness *(vin)*

**Velouté** *a* : mellow ; velvety *(vin)*

**Venaison** *f* : venison

**Vendange** *f* : vintage *(saison)* ; grape
vintage ; grape harvest ; wine harvest ;
picking ; harvest ; harvesting

**Vendanger** : to vintage ; to gather ; to
pick ; to harvest

**Vendangeur** *m* : grape picker ; vintager

**Vendeur** *m* : salesman, *pl* : salesmen

**Vénéneux** *a* : venomous ; poisonous

**Venimeux** *a* : venomous ; poisonous

**Venin** *m* : venom

**Vent** *m* : wind
 **Moulin à** ~ : windmill

**Vente** *f* : selling ; sale
 ~ **à la criée** : auction sale
 ~ **au détail** : retail sale
 ~ **aux enchères** : auction sale
 ~ **en gros** : wholesale
 ~ **sacrifiée** : slaughtering
 ~ **totale** : selling off ; liquidation sale
 **Prix de** ~ : selling price
 **Mettre en** ~ **libre** : to deration
 ⇨ *aussi* **Détail**

**Ventilateur** *m* : ventilator

**Ventilation** *f* : ventilation ; airing

**Ventiler** : to ventilate

**Ventre** *m* : paunch *(animal)* ; abdomen ; stomach

**Ver** *m* : worm ; maggot *(viande, fromage)*
 ~ **intestinal** : intestinal worm
 ~ **de terre** : earthworm

**Verdâtre** *a* : greenish

**Verdeur** *f* : unripeness ; tartness ; sharpness *(fruit)* ; acidity *(vin)*

**Verdunisation** *f* : chlorination

**Verdure** *f* : greenstuff *(légumes)* ; greenery

**Véreux** *a* : maggoty ; wormeaten *(fruit)*

**Vérification** *f* : verification ; verifying

**Vérificateur** *m* : tester

**Vérifier** : to verify ; to test ; to examine

**Vermicelle** *m* : vermicelli

**Vermicide** *m* : vermicide

**Vermicide** *a* : vermicidal

**Vermifuge** *m* : vermifuge

**Vermifuge** *a* : vermifugal

**Vermine** *f* : vermin

**Vermisseau** *m* : vermicule

**Vermouth** *m* : vermouth

**Vernaculaire** *a* : vernacular

**Vernir** : to varnish

**Vernis** *m* : varnish

**Verrat** *m* : boar

**Verre** *m* : glass
 ~ **de montre** : watch glass
 ~ **à vin** : wine glass

**Verrerie** *f* : glassware

**Verser** : to pour *(liquide)*

**Vert** *a* : green *(couleur)* ; sour ; tart *(saveur)* ; unripe ; unripened *(fruit, vin)*
 **Café** ~ : green coffee
 **Fourrage** ~ : green crop ; green pasture
 **Légumes verts** : greens ; green vegetables

**Vert-de-gris** *m* : verdigris

**Vertébré** *m a* : vertebrate

**Verveine** *f* : lemon verbena ; vervein *(plante)*

**Vesce** *f* : vetch

**Vésical** *a* : vesical

**Vésicule** *f* : vesicle ; sac *(anatomie)*

**Vétérinaire** *m* : veterinarian *(US)* ; veterinary surgeon

**Vétérinaire** *a* : veterinary

**Viabilité** *f* : viability

**Viable** *a* : viable

**Viande** *f* : meat *(boucherie)*
 ~ **congelée** : frozen meat
 ~ **désossée mécaniquement** : mechanically boned meat
 ~ **fraîche** : fresh meat
 ~ **fraîchement abattue** : fresh-killed meat
 ~ **frite** : fried meat
 ~ **fumée** : smoked meat
 ~ **grillée :** broiled meat ; grilled meat
 ~ **réfrigérée** : chilled meat
 **Bouillon de** ~ : meat broth ; consommé
 **Conserve de** ~ : canned meat *(US)* ; tinned meat *(GB)* ; preserved meat
 **Déchets de** ~ meat waste
 **Farine de** ~ : meat flour
 **Hachis de** ~ : minced collops *(Scot)* ; minced meat *(GB)* ; ground meat *(US)*
 **Peptone de** ~ : meat peptone
 ⇨ *aussi* **Chambre** *(froide ; de congélation)*

**Vibrion** *m* : vibrio

**Vicariant** *m* : substitute

**Vicariant** *a* : vicarious

**Vicilline** *f* : vicillin

**Vidange** *f* : dumping ; discharge ; emptying

**Vidanger** : to empty

**Vide** *m* : vacuum ; void
~ **poussé** : high vacuum
**Cloche sous** ~ : vacuum bell jar
**Distillation sous** ~ : vacuum distillation
**Emballage sous** ~ : vacuum packaging
**Emballé sous** ~ : vacuum packed
**Etuve à** ~ : vacuum dryer ; vacuum drying chamber
**Evaporateur sous** ~ : vacuum evaporator
**Evaporation sous** ~ : vacuum evaporation
**Pompe à** ~ : vacuum air pump
**Remplissage sous** ~ : vacuum filling
**Séchage sous** ~ : vacuum drying
**Soudure sous** ~ : vacuum sealing

**Vide** *a* : void ; empty

**Vider** : to empty ; to gut ; to clean out (*volaille*)

**Vie** *f* : life
~ **animale** : animal life
~ **embryonnaire** : embryonic life
~ **en étalage** : shelf-live

**Vieillissement** *m* : ageing ; senescence

**Vierge** *a* : virgin (*huile*)

**Vieux** *a* : elderly (*homme*) ; old

**Vif** *a* : living
**Poids** ~ : live weight

**Vigne** *f* : vine ; vineyard ; grape vine
**Cep de** ~ : vine plant

**Vigneron** *m* : wine grower ; wine dresser

**Vignoble** *m* : vineyard ; wine district

**Vigoureux** *a* : vigourous

**Village** *m* : village

**Villageois** *m* : villager

**Villosité** *f* : villosity ; fringe ; villus, *pl* villi ; fimbria

**Vin** *m* : wine
~ **aromatisé :** mulled wine ; medicated wine
~ **blanc** : white wine
~ **chaud** : mulled wine
~ **cuit** : aperitif wine ; liqueur wine
~ **de dessert** : dessert wine
~ **doux** : sweet wine
~ **fin** : vintage wine ; fine wine
~ **mousseux** : sparkling wine
~ **rouge** : red wine
~ **sec** : dry wine
~ **de table** : table wine ; dinner wine
~ **velouté** : smooth wine
~ **vert** : harsh wine ; acidy wine
~ **de Bordeaux** : claret ; Bordeaux wine
~ **de Bourgogne** : Burgundy wine
~ **du Rhin** : Rhenish wine ; rhine wine
~ **de Xerès** : sherry
**Vieux** ~ : well seasoned wine ; aged wine
**Alcool de** ~ : wine spirit
**Bouteille à** ~ : wine bottle
**Conservation du** ~ : wine storage ; wine dressing ; wine bottling
**Eau de vie de** ~ : wine brandy ; wine spirit
**Elevage du** ~ : ⇨ **Conservation du** ~
**Levure de** ~ : wine yeast
**Vinaigre de** ~ : wine vinegar
**Faire du** ~ **chaud** : to mull

**Vinaigre** *m* : vinegar
~ **de vin** : wine vinegar
**Conserve au** ~ : pickles *pl*
**Conservé au** ~ : pickled
**Mouche du** ~ : vinegar fly

**Vinaigrette** *f* : French dressing ; vinaigrette

**Vinaigrier** *m* : vinegar maker ; vinegar brewer

**Vinasse** *f* : stillage ; wash ; vinasse (*distillerie*)

**Vineux** *a* : winy ; vinous

**Vinification** *f* : wine making ; wine production

**Vinosité** *f* : vinosity

**Vinyle** *m* : vinyl

**Violaxanthine** *f* : violaxanthin

**Virage** *m* : turn

**Virologie** *f* : virology

**Virologique** *a* : virological

**Virulence** *f* : virulence

**Virus** *m* : virus

**Vis** *f* : screw
  ~ **d'Archimède** : Archimedean screw ;
  Archimede's screw
  ~ **sans fin** : conveying screw ; perpetual screw ; worm screw ; Archimedean screw ; endless screw

**Viscoélasticité** *f* : viscoelasticity

**Viscéral** *a* : visceral

**Viscère** *m* : viscus

**Viscères** *m pl* : viscera *pl* ; entrails *pl*

**Viscosimètre** *m* : viscosimetre *(GB)* ;
  viscometer *(US)* ; viscosimeter *(US)*

**Viscosimétrie** *f* : viscosimetry

**Viscosité** *f* : viscosity ; viscidity ; stickiness

**Visibilité** *f* : visibility

**Visible** *a* : visible
  **Radiation dans le** ~ : visible radiation

**Vision** *f* : vision

**Visite** *f* : examination *(contrôle)*

**Visiter** : to examine *(contrôle)*

**Vison** *m* : mink, *pl* : minks

**Visqueux** *a (liquide)* : viscid ; viscous ;
  thick ; ropy *(gras)*

**Visqueux** *a (pâte)* : sticky ; viscous

**Visuel** *a* : visual

**Vitamine** *f* : vitamin

**Vitaminisé** *a* : vitaminized

**Vitellénine** *f* : vitellenin

**Vitellin** *a* : vitelline

**Vitelline** *f* : vitellin

**Vitellus** *m* : vitellus

**Vitesse** *f* : speed
  ~ **maximale** : maximum speed
  ~ **minimale** : minimum speed

~ **normale** : regular speed ; proper
speed
~ **de diffusion** : speed of diffusion

**Viticulteur** *m* : wine grower ; viticulturist

**Viticulture** *f* : viticulture ; vine
cultivation ; wine growing

**Vitré** *a* : vitreous *(histologie)*
  **Corps** ~ : vitreum ; vitreous body

**Vitreux** *a* : vitreous
  **Humeur vitreuse :** vitreous humour
  **Malt** ~ : vitrified malt

**Vitrosité** *f* : glassiness

**Vivace** *a* : hardy ; perennial *(plante)*

**Vivant** *a* : live ; living
  **Animal** ~ , **Animal sur pied** : live animal

**Vive** *f* : weever *(poisson)*

**Vivier** *m* : fish pond ; pond *(étang)* ; fish
tank *(réservoir)* ; vivarium

**Vivipare** *a* : viviparous ; zoogonous

**Vivres** *m pl* : stores *pl*

**Voie** *f* : path ; pathway

**Voisin de** *a* : related to

**Volaille** *f* : fowl *(générique)* ; cock
*(mâle entier)* ; capon *(mâle chaponné)* ; hen *(femelle)*

**Volatil** *a* : volatile *(chimie)*
  **Acide gras** ~ : volatile fatty acid

**Volatile** *m* : farmyard bird ; fowl

**Volatilisable** *a* : volatilizable

**Volatilisation** *f* : volatilization

**Volatiliser** ; **se volatiliser** : to volatilize

**Volatilité** *f* : volatility

**Volume** *m* : volume ; mass ; bulk *(physique)* ; capacity *(récipient)*
  **Pour cent en** ~ : per cent by volume

**Volumétrie** *f* : volumetry

**Volumétrique** *a* : volumetric
  **Analyse** ~ : volumetric analysis

**Vomique** *(noix)* : nux vomica

**Vomir** : to vomit ; to spew ; to throw up

**Vomissement** *m* : vomition ; vomiting ;
vomit

**Vomitif** *m* : vomitory ; emetic ; vomit

**Vomitif** *a* : emetic ; vomitory

**Vomitoxine** *f* : vomitoxin

**Vorace** *a* : voracious, ravenious *(ani-mal, personne)*

**Vrac** *m* : rubbish

**En** ~ : in bulk ; loose
**Marchandises en** ~ : loose goods ;
goods in bulk

**Vrai** *a* : true

**Vrille** *f* : tendril ; clasper *(plante)*

**Vue** *f* : appearance ; aspect ; view ;
sight

**Vulgaire** *a* **(nom)** : common name

**Wagon** *m* : wagon *(GB)* ; car *(US)* ;
truck *(marchandises)*
~ **à bestiaux** : cattle wagon ; cattle
truck ; livestock van *(GB)* ; livestock
car *(US)*
~**-citerne** : rail tanker ; tank wagon
*(GB)* ; tank car *(US)*
~**-foudre** : tank wagon ; tanker
~ **frigorifique** : refrigerated wagon
*(GB)* ; refrigerated van *(GB)* ; ice car
*(US)* ; refrigerator car *(US)*

**Whisky** *m* : whisky, *pl* : whiskies *ou*
whiskys ; whiskey *pl,* whiskeys

**Wintérisation** *f* : winterization

**Xanthane** *a* : xanthan *(gomme)*

**Xanthine** *f* : xanthine

**Xanthophylle** *f* : xanthophyll

**Xanthoprotéique** *a* : xanthoprotein
 **Réaction** ~ : xanthoprotein reaction

**Xanthydrol** *m* : xanthydrol

**Xanthyle** *m* : xanthyl

**Xénobiotique** *a* : xenobiotic

**Xérophile** *a* : xerophilous

**Xérophobe** *a* : xerophobous

**Xérophtalmie** *f* : xerophthalmia

**Xérophyte** *m* : xerophyte

**Xérophyte** *a* : xerophytic ; xeric

**Xylane** *m* : xylan

**Xylitol** *m* : xylitol

**Xylose** *m* : xylose

**Xylulose** *m* : xylulose

**Xylyle** *m* : xylyl

# Y Z

**Yoghourt** *m* : yoghourt ; yoghurt

**Zéaxanthine** *f* : zeaxanthin

**Zeine** *f* : zein

**Zeste** *m* : peel *(agrume)* ; zest *(cuisine)*

**Zinc** *m* : zinc ; zincum

**Zincique** *a* : zincic

**Zingueux** *a* : zincous *(chimie)* ; zincy

**Zone** *f* : zone
~ **tempérée** : temperate zone
~ **tropicale** : tropical zone

**Zoologie** *f* : zoology

**Zoologique** *a* : zoological

**Zooplancton** *m* : zooplankton

**Zoostérol** *m* : zoosterol

**Zootechnie** *f* : zootechnics ; zootechny

**Zootechnique** *a* : zootechnical

**Zwitterion** *m* : zwitterion

**Zygote** *m* : zygote

**Zymase** *f* : zymase

**Zymogène** *m* : zymogen

**Zymogène** *a* : zymogenic

# ENGLISH
## ANGLAIS - FRANÇAIS

# FRENCH

# A

**Abattoir** : abattoir *m*

**Abaxial** *a* : dorsal

**Abdomen** : abdomen *m*

**Abdominal** *a* : abdominal

**Aberrant** *a* : aberrant

**Aberration** : abérration *f*

**Ability** : aptitude *f* ; capacité *f*

**Ablation** : ablation *f* ; résection *f*

**Abnormal** *a* : anormal

**Abnormality** : anomalie *f*

**Abomasum** : caillette *f*

to **Abort** : avorter

**Abort** : avortement *m (animal)*

**Abortion** : avortement *m*

**Abortive** *a* : abortif

**Abrasion** : abrasion *f*

**Abrasive** *a* : abrasif

**Abrine** : abrine *f*

**Abscess** : abcès *m*

**Absinth** : absinthe *f*

**Absolute** *a* : absolu

to **Absorb** : absorber

**Absorbency** : capacité *[f]* d'absorption

**Absorbent** : absorbant *m*

**Absorption** : absorption *f*
  ~ **band** : bande *[f]* d'absorption
  ~ **line** : raie *[f]* d'absorption
  ~ **spectrum** : spectre *[m]* d'absorption

**Abstainer** : buveur *[m]* d'eau

**Abstemious** *a* : sobre ; tempérant
  ~ **meal** : repas *[m]* frugal

**Abstemiousness** : sobriété *f* ; abstinence *f*

**Abstinence** : abstinence *f*
  **Total** ~ : abstinence *[f]* complète de
boissons alcoolisées

to **Abstract** : extraire de

**Abstract** : résumé *m* ; analyse *[f]* bibliographique

**Abundance** : abondance *f*

**Abundant** *a* : abondant

**Acacia** : acacia *m*

**Academy** : académie *f*

**Acalcerosis** : carence *[f]* en calcium

**Acaricide** : acaricide *m*

**Acceptable daily intake** : dose *[f]* journalière admissible

**Accessories** *pl* : accessoires *m pl*

**Acclimation** : acclimatation *f* ; accoutumance *f*

**Acclimatization** ⇨ **Acclimation**

**Account** : exposé *m* ; compte *m (economy)*

**Accountancy** : comptabilité *f*

**Accrescence** : croissance *f* ; accroissement *m*

**Accumulation** : accumulation *f*

**Accuracy** : précision *f* ; exactitude *f*

**Accurate** *a* : précis ; exact

**Accustomed** *a* : accoutumé ; adapté à

**Acetal** ⇨ **Acetaldehyde**

**Acetaldehyde** : acétaldéhyde *m* ;
acétal *m* ; aldéhyde *[m]* acétique

**Acetic** *a* : acétique

**Acetoin** : acétoïne f

**Acetone** : acétone f
~ **bodies** : corps [m] cétoniques

**Acetonuria** : acétonurie f

**Acetyl** : acétyle m
~ **value** : indice [m] d'acétyle

to **Acetylate** : acétyler

**Acetylcholine** : acétylcholine f

**Achromatic** a : achromatique

**Achromatin** : achromatine f

**Acid** : acide m a
Amino ~ : acide aminé
Bile ~ : acide biliaire
Deoxyribonucleic ~ : acide désoxyri-
bonucléique
Odd-numbered fatty ~ : acide à
nombre impair de carbones
Ribonucleic ~ : acide ribonucléique
Saturated ~ : acide saturé
Unsaturated ~ : acide insaturé
~-fast a : acido-résistant
~-producing a : acidifiant (bacteria)
~-resistant a : acido-résistant
~ value : degré [m] d'acidité

to **Acid-corrode** : corroder ; éroder
(chemistry)

**Acidemia** : acidémie f

**Acidification** : acidification f

**Acidifier** : acidifiant m

to **Acidify** : acidifier

**Acidifying** : acidification f

**Acidimetry** : acidimétrie f

**Acidity** : acidité f (chemistry) ;
verdeur f (fruit, wine)

**Acidness** : acidité f

**Acidophil** a : acidophile

**Acidophilic** a : acidophile

**Acidosis** : acidose f

to **Acidulate** : aciduler

**Acidulous** a : acidulé

**Aciduria** : acidurie f

**Acrid** a : amer ; âpre

**Acrodynia** : acrodynie f

**Acrolein** : acroléine f

**Acrylic** a : acrylique

**Actin** : actine f

**Actinic** a : actinique
~ **ray** : rayon [m] actinique

to **Activate** : activer

**Activated** a : actif, activé
~ **carbon** : charbon [m] actif
~ **sludge** : boue [f] activée

**Activity** : activité f

**Actomyosin** : actomyosine f

**Acyclic** a : acyclique ; aliphatique

**Acyl** : acyle m

to **Acylate** : acyler

**Acylation** : acylation f

to **Add** : ajouter ; additionner

**Addiction** : intoxication f ; dépen-
dance [f] à

**Addition** : addition f

**Additive** : additif m
Food ~ : additif [m] alimentaire

**Adductor** : adducteur m (muscle)

**Adenine** : adénine f

**Adermin** : pyridoxine f ; vitamine B6 f

**Adhesive** : adhésif m

**Adipic** a : adipeux ; graisseux ; adipique

**Adipocyte** : adipocyte m

**Adipolysis** : lipolyse f

**Adipose** : adipeux a ; graisse animale f

**Adiposis** : obésité f

**Adiposity** : adiposité f ; obésité f

to **Adjust** : ajuster ; étalonner (apparatus)

**Adjustable** a : ajustable

**Adjustment** : ajustement m (physics) ;
adaptation f (biology)

**Adjuvant** : adjuvant m

**Adlay** : larmes de Job *f pl*

to **Admix** : mélanger

**Admixture** : mélange *m*

**Adolescence** : adolescence *f*

**Adrenal** *a* : surrénal
~ **gland** : glande *[f]* surrénale

**Adrenalin** : adrénaline *f*

**Adrenergic** *a* : adrénergique ; surrénal

**Adrenocortical** *a* : cortico-surrénal

to **Adsorb** : adsorber

**Adsorbate** : adsorbat *m*

**Adsorbent** : adsorbant *m*

**Adsorption** : adsorption *f*

to **Adulterate** : falsifier ; frelater ; adultérer

**Adulterated spirit** : alcool *[m]* dénaturé

**Adulteration** : falsification *f* ; adultération *f* ; altération *f*

**Adventitious** *a* : adventice *(root)*

**Adverse** *a* : nuisible ; néfaste

to **Aerate :** aérer ; carbonater ; gazéifier *(water)* ; oxygéner *(blood)*
**Aerated bread** : pain *[m]* levé
**Aerated water** : eau *[f]* gazeuse

**Aeration** : aération *f* ; oxygénation *f* ; gazéification *f (water)*

**Aerial** *a* : aérien ; atmosphérique

**Aerobe** : aérobie *m*

**Aerobic** *a* : aérobie

**Aerobiosis** : aérobiose *f*

**Aerophagia** : aérophagie *f*

**Aerosol** : aérosol *m*

**Aetiology** : étiologie *f*

**Affinitive** *a* : apparenté

**Affinity** : affinité *f (chemistry)*

**Aflatoxicol** : aflatoxicol *m*

**Aflatoxin** : aflatoxine *f*

**Aftercrop** : regain *m (pasture)*

**Afterfermentation** : fermentation *[f]* secondaire

**Aftertaste** : arrière-goût *m* ; *pl* : arrière-goûts

**Agalactia** *a* : agalactie *f*

**Agar** : agar *m* ; gélose *f*
**Agar-agar** : agar *m* ; gélose *f*

to **Age** : vieillir ; affiner ; maturer ; laisser vieillir *(wine)*

**Age** : époque *f*

**Ageing** : vieillissement *m*

**Agent** : agent *m*
**Chemical** ~ : agent *[m]* chimique ; facteur *[m]* chimique

to **Agglutinate** : s'agglutiner

**Agglutination** : agglutination *f*

**Agglutinin** : agglutinine *f*

to **Aggregate** : agréger ; s'agréger

**Aggregation** : agrégation *f*

**Aging** : améliorant *m (product)*

**Aging** : vieillissement *m* ; sénescence *f (biology)*

to **Agitate** : agiter

**Agomphiasis** : déchaussement *m (dental)*

**Agricultural** *a* : agricole ; agronomique
~ **act** : loi *[f]* agricole, législation *[f]* agricole
~ **chemistry** : chimie *[f]* agricole
~ **college** : institut *[m]* d'agronomie
~ **engineer** : ingénieur *[m]* agricole ; agronome *m*
~ **expert** : ingénieur *[m]* agronome
~ **graduate** : ingénieur agronome
~ **law** : législation *[f]* agricole ; loi *[f]* agricole
~ **research** : recherche *[f]* agronomique
~ **show** : comices *[m pl]* agricole ; foire *[f]* agricole

**Agriculture** : agriculture *f*

**Agro-business** : commerce *[m]* agro-alimentaire

**Agro-food** *a* : agro-alimentaire

**Agro-industrial** *a* : agro-industriel

**Agro-industry** : agro-industrie *f*

**Agronomic** *a* : agronomique

**Agronomics** : agronomie *f*

**Agronomist** : agronome *m*

**Aids** *pl* : accessoires *m pl*

**Aim** : but *m* ; objectif *m*

**Air** : air *m*
~ **classification** : turboséparation *f*
~ **cooled** *a* : refroidi par l'air
~-**dried** *a* : séché à l'air
~ **drying** : séchage *[m]* à l'air
~ **filter** : filtre *[m]* à air
~ **heater** : appareil *[m]* à air chaud
~ **heating** : chauffage *[m]* à air chaud
~ **humidifier** : humidificateur *[m]* à air
~ **injection** : injection *[f]* d'air
~ **inlet** : entrée *[f]* d'air
~ **moistening** : humidification *[f]* de l'air
~ **outlet** : évacuation *[f]* de l'air ; sortie *[f]* d'air
~ **pressure** : pression *[f]* atmosphérique
~-**proof** *a* : hermétique
~ **purifier** : filtre *[m]* d'air ; épurateur *[m]* d'air
~ **separator** : séparateur *[m]* à air
~ **supply** : admission *[f]* d'air

to **Air-tight** : étanchéifier ; rendre imperméable à l'air

**Air-tight** *a* : étanche à l'air

**Air-tightness** : étanchéité *[f]* à l'air

**Airing** : ventilation *f* ; aération *f*

**Alanine** : alanine *f*

**Albacore** : thon *[m]* blanc

**Albumen** : blanc *[m]* d'œuf ; albumen *m*

**Albumin :** albumine *f*

**Albuminous** *a* : albumineux

**Albuminuria** : albuminurie *f* ; protéinurie *f*

**Alcohol** : alcool *m*
**Absolute** ~ : alcool absolu
**Denaturated** ~ : alcool dénaturé
**Ethyl** ~ : alcool éthylique ; éthanol *m*

**Grain** ~ : alcool *[m]* de grain
**Fermentation of** ~: fermentation *[f]* alcoolique
**Grain** ~ : alcool de grains
**Methylic** ~ : alcool méthylique ; méthanol *m*
~ **contents** *pl* : degré *[m]* alcoolique
~ **degree** : degré *[m]* alcoolique
~ **distiller** : distillateur *[m]* d'alcool
~ **distillery** : distillerie *[f]* d'alcool
~ **manufacture** : fabrication *[f]* d'alcool

**Alcoholate** : alcoolat *m*

**Alcoholic** *a* : alcoolique
~ **fermentation :** fermentation *[f]* alcoolique
~ **strength** : degré *[m]* alcoolique

**Alcoholism** : alcoolisme *m* ; éthylisme *m*

**Alcoholmeter, Alcoholometer** : alcoolomètre *m*

**Alcoholysis** : alcoolyse *f*

**Aldehyde** : aldéhyde *m*

**Aldehydic** *a* : aldéhydique

**Aldol** : aldol *m*

**Aldolase** : aldolase *f*

**Aldose** : aldose *m*

**Aldosterone** : aldostérone *f*

**Ale** : bière *[f]* anglaise *(pale)*
**Pale** ~ : bière blonde

**Alembic** : alambic *m*

**Aleurone** : aleurone *m*

**Alfalfa** : luzerne *f*

**Alga** : algue *f*

**Algal** *a* : relatif aux algues

**Algin** : algine *f*

**Alginan** : alginane *m*

**Alginate** : alginate *m*

**Alginic** *a* : alginique

**Alimentary** *a* : alimentaire
~ **bolus** : bol *[m]* alimentaire
~ **canal** : tube *[m]* digestif

**Alimentation** : alimentation *f*

**Aliphatic** *a* : aliphatique

**Aliquot** : aliquote f

**Alkalemia** : alcalinité [f] du sang

**Alkali** : alcali m
  ~ **forming** : alcalinisant (bacteria)
  ~ **reserve** : réserve [f] alcaline

to **Alkalify** : alcaliniser

**Alkalimetry** : alcalimétrie f

**Alkaline** a : alcalin ; basique
  ~ **reserve** : réserve [f] alcaline

**Alkalinity** : alcalinité f ; basicité f

**Alkalinization** : alcalinisation f

to **Alkalize** : alcaliniser

**Alkaloid** : alcaloïde m

**Alkalosis** : alcalose f

**Alkalous** a : alcalin

**Alkane** : alcane m

**Alkyl** a : alkyle

**Alkylation** : alkylation f

**Allantoin** : allantoïne f

**Allergen** : allergène m

**Allergenic** a : allergisant

**Allergic** a : allergique

**Allergosis** : maladie [f] allergique

**Allergy** : allergie f

**Alliaceous** a : alliacé

**Allice-shad** : alose f

**Alligator** : alligator m

**Allongement** : allongement m

**Allose** : allose m

**Allotropism** : allotropisme m

**Allotropy** : allotropie f

**Allspice** : épice f (generic) ; poivre [m] de Jamaïque

**Alluvion** : alluvion f ; limon m

**Almond** : amande f
  **Bitter** ~ : amande amère
  **Burnt** ~ : amande grillée ; praline f
  **Hard-shelled** ~ : amande en coque
  **Shelled** ~ : amande pelée

**Sugared** ~ : praline f
  ~ **milk** : lait [m] d'amande
  ~ **oil** : huile [f] d'amande
  ~ **paste** : pâte [f] d'amande
  ~ **peeling** : pelage [m] des amandes

**Alopecia** : alopécie f

**Alosa** : alose f

**Alpaca** ; **Alpaga** : alpaca m ; alpaga m

**Alteration** : altération f

**Alumina** : alumine f

**Aluminium** ; **Aluminum** : aluminium m

**Alveograph** : alvéographe m

**Alveolar** a : alvéolaire

**Alveolate** a : alvéolaire ; alvéolé

**Ambard's constant** : constante [f] d'Ambard

**Ambient** a : ambiant

**Amide** : amide f

**Amido black** : noir [m] amido

**Amine** : amine f
  **Biogenic** ~ : amine biogène
  **Pressor** ~ : amine biogène

**Amino acid** : acide aminé m

**Aminoacidemia** : aminoacidémie f

**Aminogram** : aminogramme m

**Aminopterin** : aminoptérine f

**Amino sugar** : sucre [m] aminé

**Ammonia** : ammoniaque f

**Ammoniacal** a : ammoniacal

**Ammoniated** a : ammoniaqué

**Ammonium** : ammonium m ; ammoniaque f

**Amnion** : amnios m

**Amniotic** a : amniotique

**Amorphous** a : amorphe

**Amorphousness** : état [m] amorphe

**Amount** : quantité f

**Ampholyte** : ampholyte m

**Amphoteric** a : amphotère

**Amygdalin** : amygdaline f

**Amylaceous** a : amylacé
~ **matter** : matière [f] amylacée

**Amylase** : amylase f

**Amylodextrine** : amylodextrine f

**Amylograph** : amylographe m

**Amylolysis** : amylolyse f

**Amylolytic** a : amylasique

**Amylopsin** : amylase f

**Amylose** : amylose m

**Amylum** : amidon [m] de blé

**Anabolic** a : anabolique

**Anabolism** : anabolisme m

**Anaemia** : anémie f

**Anaerobe** : anaérobie m

**Anaerobic** a : anaérobie

**Anaerobiosis** : anaérobiose f

to **Analyse** : analyser

**Analyser** : analyseur m

**Analysis** : analyse f
  **Bacteriological** ~ : analyse bactério-
  logique
  **Chemical** ~ : analyse chimique
  **Elementary** ~ : analyse élémentaire
  **Gravimetrical** ~ : analyse gravimé-
  trique
  **Least-squares** ~ : méthode [f] des
  moindres carrés
  **Ponderal** ~ : analyse pondérale
  **Qualitative** ~ : analyse qualitative
  **Quantitative** ~ : analyse quantitative
  **Sequencing** ~ ; **Sequential** ~ : ana-
  lyse séquentielle
  **Spectral** ~ : analyse spectrale
  **Thermal** ~ : analyse thermique
  **Volumetrical** ~ : analyse volumétrique

**Analyst** : analyste m

**Analytic** a : analytique

**Analytical** a : analytique

to **Analyze** : analyser

**Anaphylactic** a : anaphylactique

**Anatomical** a : anatomique

**Anatomy** : anatomie f

**Anatta** ; **Anatto** : rocou m ; anatto m

**Anchovy** : anchois m

**Ancillaries** pl : accessoires m pl ; auxiliaires m pl

**Androgen** : androgène m

**Androgenic** a : androgène

**Anemia** : anémie f

**Anethol** : anéthol m

**Aneurin** : thiamine f ; vitamine B1 f

**Angel cake** : biscuit [m] de Savoie

**Angelica** : angélique f

**Angiosperm** : angiosperme m

**Angler-fish** : baudroie f ; lotte [f] de mer

**Angular** a : angulaire

**Angulus infectiosus** : perlèche f

**Anhydride** : anhydride m

**Anhydrous** a : anhydre

**Animal** : animal m a
  ~ **charcoal** : noir [m] animal
  ~ **fat** ; ~ **grease** : graisse [f] animale
  ~ **husbandry** : élevage m
  ~ **starch** : glycogène m

**Anion** : anion m

**Anionic** a : anionique

**Anise** : anis m
  **Star** ~ : anis étoilé ; badiane f

**Annual** a : annuel

**Annuity** : annuité f : rente [f] annuelle

**Annular** a : annulaire

**Annulus** : anneau m ; bague f ; colerette f

**Anode** : anode f
  ~ **current** : courant [m] anodique
  ~ **reaction** : réaction [f] de l'anode
  ~ **voltage** : tension [f] anodique

**Anodic** a : anodique

**-anoic** : -anoïque

**Anomaly** : anomalie f

**Anoretic ; Anorectic ; Anorexic** *a* :
anorexique

**Anorexia** : anorexie *f*

**Anoxia** : anoxie *f*

**Antacid** : antiacide *m*

**Antagonism** : antagonisme *m*

**Antagonist** : antagoniste *m*

**Antagonistic** *a* : antagoniste

**Antelope** : antilope *f*

**Antenatal** *a* : prénatal

**Anthelmintic** *a* : anthelmintique ; vermifuge

**Anthocyan** : anthocyane *f*

**Anthocyanidin** : anthocyanidine *f*

**Anthocyanin** : anthocyanine *f*

**Anthocyanogen** : anthocyanogène *m*

**Anthoxanthin** : anthoxanthine *f*

**Anthracoid** *a* : charbonneux *(pathology)*

**Antiacid** : antiacide *m*

**Antibacterial** *a* : antibactérien

**Antibiotic** : antibiotique *m a*

**Antibody** : anticorps *m*

**Antidiuretic** *a* : antidiurétique

**Antidote** : antidote *m*

**Antifoamer** : antimousse *m*

**Antifoaming** *a* : antimoussant

**Antifungal** *a* : antifongique

**Antifungus** : antifongique *m*

**Antigen** : antigène *m*

**Antigenic** *a* : antigène

**Antimony** : antimoine *m*

**Antimould** *a* : antifongique

**Antioxidant** : antioxydant *m*

**Antioxidative** : antioxydant *m a*

**Antioxygen** : antioxygène *m*

**Antirachitic** *a* : antirachitique

**Antiseptic** *a* : antiseptique

**Antiserum** : antisérum *m*

**Antitoxin** : antitoxine *f*

**Antitrypsic** *a* : antitrypsique

**Antitryptic** *a* : antitrypsique

**Anuria** : anurie *f*

**Aperient** : laxatif *m a*

**Aperture** : ouverture *f* ; fente *f (optic)*

**Apiarist** : apiculteur *m*

**Apicultural** *a* : relatif à l'apiculture

**Apiculture** : apiculture *f*

**Apoferritin** : apoferritine *f*

**Apparatus** : appareil *m* ; mécanisme *m*
  **Automatic** ~ : appareil automatique
  **Demonstration** ~ : appareil de
  démonstration
  **Electric** ~ : appareil électrique
  **Scientific** ~ : appareil scientifique

**Apparent** *a* : apparent

**Appearence** : vue *f* ; apparence *f* ;
aspect *m*

**Appendix** : appendice *m*

**Appetite** : appétit *m*

**Appetizer** : hors-d'œuvre *m, pl* hors
d'œuvre

**Appetizing** *a* : appétissant

**Apple** : pomme *f*
  ~ **cider** : cidre *m*
  ~ **pie** : tarte *[f]* aux pommes
  ~ **sauce** : compote *[f]* de pommes
  ~ **wine** : cidre *m*
  **Stewed** ~ : compote *[f]* de pommes

**Appliance** : appareil *m* ; accessoires *m pl*

**Applied** *a* : appliqué *(science)*

**Appraisal** : évaluation *f* ; estimation *f* ;
expertise *f*

to **Appraise** : évaluer ; estimer ; appré-
cier

to **Approximate** : arrondir *(number)*

**Approximate** *a* : approché *(data)* ;
approximatif

**Approximation** : approximation f

**Approximative** a : approximatif

**Apricot** : abricot m

**Aqua** : humeur f *(medicine)* ; liquide m

**Aquaculture** ; **Aquafarming** : aquaculture f

**Aqueduct** : aqueduc m

**Aqueous** a : aqueux

**Arabinose** : arabinose m

**Arabitol** : arabitol m

**Arable** a : arable ; cultivable
~ **land** : champ m

**Arachidic** a : arachidique

**Arachidonic** a : arachidonique

**Arborescence** : arborescence f

**Arborescent** a : arborescent

**Arboriculturist** : arboriculture [f] fruitière

**Arbutus berry** : arbouse f

**Arc** : arc m
~ **lamp** : lampe [f] à arc

**Area** : aire f ; région f ; surface f ; superficie f
**Testing** ~ : champ [m] d'essai

**Arginine** : arginine f

**Arid** a : aride

**Arnotto** : rocou m ; anotto m

**Aroma** : bouquet m *(wine)* ; arôme m ; odeur f ; parfum m

**Aromatic** a : aromatique

**Aromatization** : aromatisation f

to **Aromatize** : aromatiser

**Arrangement** : arrangement m ; combinaison f ; association f

**Arrowroot** : arrowroot m

**Arsenic** : arsénic m

**Arsenical** a : arsénical

**Arsenious** a : arsénieux

**Artefact** : artéfact m

**Arterial** a : artériel

**Artery** : artère f *(biology)*

**Artesian** a : artésien

**Arthrolithiasis** : goutte f

**Artichoke** : artichaut m

**Artifact** : artéfact m

**Artificial** a : artificiel
~ **fog** : brouillard [m] artificiel
~ **fibre** : fibre [f] artificielle

**Aryl** : aryle m

**Asbestos** : amiante m

**Ascorbic** a : ascorbique

**Asepsis** : asepsie f

**Asexual** a : asexué

**Ash** : cendres f pl ; matières minérales f
**Crude** ~ : cendres[f] totales
**Contents**[pl] **of ashes** : teneur [f] en cendres

**Ashing** : incinération f ; minéralisation [f] par voie sèche

**Asparagine** : asparagine f

**Asparagus** : asperge f
~ **tip** : pointe [f] d'asperge
**Bunch of** ~ ; **Bundle of** ~ : botte [f] d'asperges

**Aspartic** a : aspartique

**Aspect** : aspect m ; apparence f ; vue f

**Aspiration** : aspiration f *(physics)*

**Aspirator** : aspirateur m

**Ass** : âne m *(generic)*
**Jackass** : âne m *(male)*
**She-ass** : ânesse f

to **Assay** : essayer ; éprouver

**Assay** : essai m ; épreuve f ; dosage m *(chemistry)*
~ **sample** : échantillon m

to **Assess** : évaluer

to **Assimilate** : assimiler

**Assimilation** : assimilation f

**Assortment** : assortiment m

**Asthenia** : asthénie f

**Astringency** : astringence *f*

**Astringent** *a* : astringent

**Asymmetric** *a* : asymétrique

**Asymmetrical** *a* : asymétrique ; dyssymétrique

**Asymmetry** : asymétrie *f*

**Asynchronism** : asynchronisme *m*

**Asynchronous** *a* : asynchrone

**Ataxia** : ataxie *f*

**Atherosclerosis** : athérosclérose *f*

**Atmosphere** : atmosphère *f*

**Atmospheric** *a* : atmosphérique
~ **pressure** : pression *[f]* atmosphérique
~ **water** : eau *[f]* de pluie

**Atmospherical** *a* : atmosphérique

**Atom** : atome *m*
~ **number** : nombre *[m]* atomique

**Atomic** *a* : atomique
~ **weight** : poids *[m]* atomique

**Atomicity** : atomicité *f* ; valence *[f]* chimique

**Atomization** : atomisation *f* ; pulvérisation *f*

to **Atomize** : atomiser ; pulvériser

**Atomizer** : atomiseur *m* ; pulvérisateur
*m* ; vaporisateur *m*

**Atoxic** *a* : dépourvu de toxicité ;
atoxique

**Atrophy** : atrophie *f*

**Atropine** : atropine *f*

**Attrition** : attrition *f* ; frottement *m*

**Aubergine** : aubergine *f*

**Auburn** *a* : brun châtain

**Authentic** *a* : authentique

**Authenticity** : authenticité *f*

**Autocatalysis** : autocatalyse *f*

to **Autoclave** : autoclaver ; cuire sous
pression

**Autoclave** : autoclave *m*

**Auto-infection** : auto-infection *f*

**Autolysate** : autolysat *m*

**Autolysis** : autolyse *f*

**Autolytic** *a* : autolytique

**Automatic** *a* : automatique

**Autopsy** : autopsie *f*

**Autosomal** *a* : autosomique

**Autosome** : autosome *m*

**Autoxidation** : autooxydation *f*

**Autumnal** *a* : automnal

**Autumn** : automne *m*

**Auxiliaries** *pl* : accessoires *m pl*

**Auxiliary** *a* : auxiliaire

**Auxin** : auxine *f*

**Availability** : disponibilité *f* ; efficacité *f*
*(nutrient)*

**Available** *a* : disponible ; utilisable ; efficace *(nutrient)*

**Avenin** : avénine *f*

**Average** : moyenne *f*
~ **cost** : prix moyen
**On** ~ : en moyenne
**Weighed** ~ moyenne pondérée

**Avicolous** *a* : avicole

**Aviculture** : aviculture *f*

**Avitaminosis** : avitaminose *f*

**Avocado** : avocat *m*

**Axenic** *a* : axénique ; sans germe

**Azo dye** : colorant *[m]* azoïque

**Azoic** *a* : azoïque

**Azotemia** : azotémie *f*

**Azoturia** : azoturie *f*

# B

**Baby** : bébé *m* ; nourisson *m (unweaned)*
~ **bottle** : biberon *m*
~ **food** : aliment *[m]* pour nourisson ; aliment infantile

**Bacillary** *a* : bacillaire

**Bacillus** : bacille *m*

**Bacitracin** : bacitracine *f*

**Back** : dos *m* ; dossier *m*

**Back** : arrière ; en arrière ; à rebours
~ **diffusion** : diffusion *[f]* en retour *(intestine)*
~-**pressure** : contre-pression *f*
~ **tooth** : molaire *f*

**Backbone** : épine *[f]* dorsale ; colonne *[f]* vertébrale ; grande arête *(fish)*

**Backfat** : lard *[m]* dorsal

**Backflow** : reflux *m*

**Background** : fond *m*

**Backward harvest** : moisson *[f]* en retard

**Backwardness** : retard *m(child, harvest)*

**Bacon** : lard *m*
**Fresh** ~ : lard frais

**Baconer** : porc *[m]* à viande
**Heavy** ~ : porc à viande ; porc maigre

**Bacteria** *pl* : bactéries *f pl*
**Lactic acid** ~ : bactéries lactiques

**Bacterial** *a* : bactérien ; microbien

**Bactericidal** *a* : bactéricide

**Bactericide** : bactéricide *m*

**Bacteriological** *a* : bactériologique

**Bacteriologist** : bactériologiste *m*

**Bacteriology** : bactériologie *f*

**Bacteriophage** : bactériophage *m*

**Bacteriosis** : infection *[f]* bactérienne ; maladie *[f]* bactérienne

**Bacteriostatic** *a* : bactériostatique

**Bacterium** : bactérie *f*

**Bactofugation** : bactofugation *f*

**Baculiform** *a* : bacilliforme

**Bad** *a* : mauvais *(food)*
**To go** ~ : avarier

**Bag** : sac *m* ; sachet *m (small)* ; paquet *m (big)*
**Poison** ~ : glande *f* ; vésicule *f (venom)*

**Bagasse** : bagasse *f*

to **Bake** : cuire au four ; dessécher au four
**Baked beans** : haricots *[m pl]* cuits au four

**Bake** : barre *[f]* de céréales
**Apple** ~ : barre de céréales aux pommes
**Peanut butter** ~ : barre de céréales à la pâte d'arachide
**Raisin** ~ : barre de céréales aux raisins secs

**Baker** : boulanger *m*
~**'s yeast** : levure *[f]* de boulanger

**Bakery** : boulangerie *f*

**Baking** : cuisson *[f]* au four
~ **device** : équipement *[m]* de boulangerie
~ **dough** : pâte *[f]* à pain
~ **mould** : moule *m*
~ **oven** : four *[m]* de boulangerie
~ **plate** : tôle *f*
~ **powder** : poudre *[f]* levante ; levure *[f]* chimique
~ **soda** : bicarbonate *[m]* de soude ; poudre *[f]* levante
~ **strength** : force *[f]* boulangère
~ **tin** : tôle *f*

to **Balance** : équilibrer

**Balanced** a : équilibré (diet)

**Balance** : balance f ; bilan m (nutrition) ; équilibre m (nutrition) ; bascule f
~ **sheet** : balance f ; bilan m (economy)

to **Bale** : botteler (hay)

**Bale** : balle f ; botte f (hay)

**Baler** : presse f ; empaqueteuse f
**Hay** ~ : presse à foin
**Straw** ~ : presse à paille

**Ball** : boulette f
**Meat** ~ : boulette de viande
~ **mill** : broyeur [m] à boulet

**Ballast** : ballast m

**Balsam** : baume m

**Bamboo** : bambou m

**Banana** : banane f
**Bunch of** ~ : régime [m] de banane
**Hand of** ~ : régime [m] de banane

**Bane** : fléau m ; peste f

**Banian** : figuier [m] de l'Inde

**Bannock** : pain [m] plat sans levain ; pain azyme

**Baobab** : baobab m

**Bar** : barre f (candy) ; brique f
**Chocolate** ~ : barre de chocolat
**Peanut** ~ : barre à l'arachide

**Barb** : barbillon m

**Barbel** : barbeau m

to **Barre** : déchausser (teeth or root)

**Bare** a : dénudé

**Bark** : écorce f
**Peruvian** ~ : quinquina m

**Barley** : orge f
**Brewer's** ~ : orge brassicole
**Feeding** ~ : orge fourragère
~ **sugar** : sucre [m] d'orge

**Barlow's disease** : scorbut [m] infantile

**Barn** : grange f ; hangar m (hay) ; écurie f (cattle)

**Barometer** : baromètre m

**Barometric** a : barométrique

**Barrage** : barrage m (hydraulic)

**Barrel** : tonneau m ; barrique f
~ **churn** : baratte f

**Barren** a : stérile (animal)

**Barrenness** : infécondité f ; stérilité f

**Barrier** : barrière f

**Barrow** : porc [m] castré

**Basal** a : basal ; de base
~ **metabolic rate** : métabolisme [m] de base
~ **ration** : ration [f] de base

**Base** : base f (chemistry) ; base f

**Basedow's disease** : goître [m] exophtalmique

**Basic** a : basique

**Basicity** : alcalinité f ; basicité f

to **Basify** : alcaliniser

**Basil** : basilic m

**Basin** : cuvette f

**Basket** : panier m ; bourriche f (oyster)

**Basophil** a : basophile

**Basophilic** a : basophile

**Batch processing** : procédé [m] en discontinu

**Bath** : bain m
**Water** ~ : bain-marie m

**Bathochrome** a : bathochrome

**Bathochromic** a : bathochromique

**Bathycardia** : bathycardie f

**Batter** : pâte [f] lisse ; pâte à frire (frying)

**Battery** : batterie f

**Bay leaf** : feuille [f] de laurier

**Bay salt** : sel [m] gris ; sel marin

**Bay tree** : laurier m

**Bead** : bulle f (wine)

**Beak** : bec m (bird)

**Beaker** : bécher m (chemistry)

**Bean** : haricot *m* ; graine *f (only legumi-nous)*
  **Butter** ~ : haricot beurre ; haricot à écosser
  **Dried** ~ : haricot sec
  **French** ~ : haricot vert
  **Green** ~ : haricot vert
  **Kidney** ~ : haricot rouge ; haricot en grains
  **Snap** ~ : haricot sans fil
  **Wax** ~ : haricot beurre
  **White** ~ : haricot blanc
  **Yellow** ~ : haricot beurre

to **Beat** : battre *(cream)*

**Beater** : batteur *m (kitchen)*

**Becquerel** : becquerel *m*

**Beef** : bœuf *m (animal, meat)*
  **Corned** ~ : conserve *[f]* de bœuf
  **Ground** ~ : beefsteck *[m]* haché
  **Minced** ~ : beefsteck *[m]* haché
  **Preserved** ~ : conserve *[f]* de bœuf
  **Roast** ~ : rôti *[m]* de bœuf ; rosbif ; rosbeef *m*
  ~ **brisket** : poitrine *[f]* de bœuf
  ~ **on the hoof** : bétail *[m]* sur pied
  ~ **marrow fat** : graisse *[f]* de moelle de bœuf
  ~ **room** : saloir *m*
  ~ **rump steak** : culotte *[f]* de bœuf
  ~ **silverside** : gite *[m]* à la noix
  ~ **tallow** : suif *[m]* de bœuf ; gras *[m]* de bœuf
  ~ **tea** : bouillon *m*

**Beehive** : ruche *f*

**Beekeeper** : apiculteur *m*

**Beekeeping** : apiculture *f*

**Beer** : bière *f*
  **Bitter** ~ : bière amère ; bière forte-ment houblonnée
  **Bottled** ~ : bière en bouteille
  **Bottom-fermented** ~ : bière de fer-mentation basse
  **Brown** ~ : bière brune
  **Double** ~ : bière double ; bière forte
  **Draft** ~ : bière en tonneau ; bière pres-sion
  **Draught** ~ : bière en tonneau ; bière pression
  **Lager** ~ : bière de garde ; bière forte
  **Malt** ~ : bière de malt
  **Small** ~ : bière de table ; petite bière
  **Strong** ~ : bière forte

**Top-fermented** ~ : bière de fermenta-tion haute
  **White** ~ : bière blanche
  ~ **glass** : bock *m* ; chope *f*
  ~ **hall** : buvette *f*
  ~ **house** : brasserie *f* ; cabaret *m*
  ~ **most** : moût *[m]* de bière
  ~ **mug** : chope *f*
  ~ **store** : dépôt *[m]* de bière ; entre-pôt *m*
  ~ **wort** : moût *[m]* de bière
  ~ **yeast** : levure *[f]* de bière
  ~ **on draught** : bière au tonneau ; bière pression

**Beestings** : colostrum *m*

**Beeswax** : cire *[f]* d'abeille

**Beet** : betterave *f*
  **Fodder** ~ : betterave fourragère
  **Sugar** ~ : betterave sucrière
  ~ **chips** : cossette *[f]* de betterave
  ~ **pulp** : pulpe *[f]* de betterave
  ~ **sugar** : sucre *[m]* de betterave

**Beetroot** : betterave *f*
  ~ **cutter** : coupe-racines *m*
  ~ **molasses** : mélasse *[f]* de betterave
  ~ **pulp** : pulpe *[f]* de betterave
  ~ **rasp** : râpe *[f]* à betteraves
  ~ **spirit** : alcool *m* ; éthanol *m*
  ~ **storing** : ensilage *[m]* de betterave

**Behavior** : comportement *m* ; fonction-nement *m (engine)*

**Behenic** *a* : béhénique

to **Belch** : éructer ; avoir un renvoi

**Belch** : éructation *f (animal)* ; renvoi *m* ; rot *m (man)*

**Belching** : action d'éructer, action de faire un rot

**Bell-jar** : cloche *f (chemistry)*
  **Vacuum** ~ : cloche à vide

**Bend** : courbure *f* ; inflexion *f*

**Bengal gram** : pois *[m]* chiche

**Benign** *a* : bénin

**Benniseed** : graine *[f]* de sésame

**Benzoic** *a* : benzoïque

**Benzopyrene** : benzopyrène *m*

**Benzyl** : benzyle *m*

**Bergamot** : bergamote *f*

**Beriberi** : béribéri *m*
  ~ **dry** : béribéri sec
  ~ **wet** : béribéri humide

to **Berry** : cueillir des baies

**Berried** *a* : œuvré *(crustacean)*

**Berry** : baie *f (fruit)* ; cerise *[f]* de café ; frai *m (fish)* ; œufs *m pl (crustacean)*

---

**Bilberry** : myrtille *f* ; airelle *f*
**Blackberry** : mûre *f*
**Black raspberry** : mûre *f*
**Blueberry** : myrtille *f*
**Elderberry** : baie de sureau
**Huckleberry** : myrtille *f* ; airelle *f*
**Loganberry** : ronce-framboise *f*
**Mulberry** : mûre *f*
**Red raspberry** : framboise *f*
**Rowanberry** : sorbe *f*
**Strawberry** : fraise *f*
**Whortleberry** : myrtille *f* ; airelle *f*

---

to **Besprinkle** : saupoudrer ; parsemer ; arroser

**Betain** : bétaïne *f*

**Betel** : bétel *m*

**Beverage** : boisson *f*
  **Alcoholic** ~ : boisson alcoolique

**Bicarbonate** : bicarbonate *m*

to **Bidistil** ; to **Bidistill** : bidistiller ; redistiller

**Bidistilled** *a* : bidistillé

**Bifid** *a* : bifide

**Bilberry** *a* : myrtille *f* ; airelle *f*

**Biennal** *a* : bisannuel

**Bile** : bile *f*
  ~ **acid** : acide *[m]* biliaire
  ~ **calculus** : calcul *[m]* biliaire
  ~ **duct** : canal *[m]* biliaire
  ~ **pigment** : pigment *[m]* biliaire
  ~ **salt** : sel *[m]* biliaire
  ~ **stone** : calcul *[m]* biliaire

**Bilharziosis** : bilharziose *f*

**Biliary** *a* : biliaire

**Bilirubin** : bilirubine *f*

**Biliverdin** : biliverdine *f*

**Bill** : bec *m (bird)*

**Bin** : réservoir *m*
  **Corn** ~ : coffre *[m]* à avoine *(stable)*

to **Bind** : lier ; attacher

**Bound** *a* : lié *(chemistry)*

**Bind** : agglomérant *m* ; liant *m*

**Binder** : liant *m* ; agglomérant *m (product)* ; lieuse *f (engine)*

**Binding** : agglutination *f* ; agrégation *f (mechanism)* ; liant *m* ; agglomérant *m (product)* ; liaison *f* ; fixation *f (chemistry)*
  **Water** ~ : absorption *[f]* d'eau
  ~ **agent** : liant *m*

**Binding** *a* : liant ; agglomérant

**Bine** : sarment *m* ; tige *f*

**Binocular** *a* : binoculaire

**Bioassay** : essai *[m]* biologique

**Bioavailability** : disponibilité *f (nutrient)*

**Biocatalyst** : biocatalyseur *m*

**Biochemical** *a* : biochimique
  ~ **Oxygen Demand (BOD)** : Demande Biologique d'Oxygène (DBO)

**Biochemistry** : biochimie *f*

**Bioclimatology** : bioclimatologie *f*

**Biocytin** : biocytine *f*

**Biodegradability** : biodégradabilité *f*

**Biodegradable** *a* : biodégradable

**Biodynamics** : biodynamique *f*

**Biogen** *a* : biogène

**Biogenesis** : biogénèse *f*

**Biogenic** *a* : biogène

**Biogenous** *a* : biogène

**Biologic** *a* : biologique

**Biological** *a* : biologique

**Biologist** : biologiste *m*

**Biology** : biologie *f*
  **Plant** ~ : phytobiologie *f*

**Biomass** : biomasse *f*

**Biometric** *a* : biométrique

**Biometrics** : biométrie *f*

**Biometry** : biométrie *f*

**Biophysicist** : biophysicien *m*

**Biophysics** : biophysique *f*

**Biopsy** : biopsie *f*

**Biosphere** : biosphère *f*

**Biosynthesis** : biosynthèse *f*

**Biosynthetic** *a* : biosynthétique

**Biotechnology** : biotechnologie *f*

**Biotin** : biotine *f*

**Biotope** : habitat *m (ecology)*

**Biotype** : biotype *m*

**Bird** : oiseau *m*

**Birefractive** *a* : biréfringent

**Birefringence** : biréfringence *f*

**Birth** : naissance *f (infant)* ; mise-bas *f (animal)*
~ **rate** : taux *[m]* de natalité

**Biscuit** : biscuit *m*
~ **industry** : biscuiterie *f*

**Bisulfite** : bisulfite *m*

**Bitter** *a* : amer

**Bitterness** : amertume *f*

**Biuret** : biuret *m*
~ **reaction** : réaction *[f]* du biuret

**Bivalence** : bivalence *f*

**Bivalent** *a* : bivalent ; divalent

**Bivalve** *a* : bivalve *m (mollusc)*

**Black** *a* : noir
~ **bean** : haricot *[m]* domestique, haricot ordinaire
~ **mould** : humus *m* ; terre *[f]* végétable
~ **pudding** : boudin *m*
~ **and white** : pie noir

**Blackberry** : mûre *f (wild ; from brambles)*

**Blackcurrant** : cassis *m*

**Blackening** : noircissement *m*

**Blackish** *a* : noirâtre

**Blade** : lame *f* ; feuille *f* ; brin *[m]* de blé ; couperet *m*

to **Blanch** : blanchir *(vegetable)*
~ **almonds** : monder les amandes

**Blanching** : blanchiment *m* ; ébouillantage *m (vegetable)*

**Bland** *a* : suave ; doux ; douceatre ; insipide *(dish)*

**Blandness** : douceur *f (food)* ; manque *[m]* de goût *(food)*

**Blank** *(test)* : blanc *m* ; essai *[m]* à blanc
~ **value** : blanc *m*

**Blastomere** : blastomère *m*

**Bleaching** : blanchiment *m*
~ **agent** : décolorant *m*
~ **clay** : terre *[f]* décolorante
~ **earth** : terre*[f]* décolorante
~ **water** : eau *[f]* de javel

to **Bleed** : saigner

**Bleeding** : hémorragie *f* ; saignement *m* ; saignée *f*

**Blemish** : défaut *m* ; défectuosité *f*

to **Blend** : mélanger ; malaxer

**Blend** : mélange *m*

**Blending** : mélange *m (tea)*

**Blight** : nielle *[f]* du blé

**Blind** : aveugle *m a*
~ **gut** : caecum *m*
~ **test** : essai *[m]* en aveugle ; test *[m]* en aveugle

**Bloat** : météorisation *f (animal)*

**Bloater** : hareng *[m]* saur ; hareng bouffi

**Blocked** *a* : bouché

**Blocker** : agent *[m]* de blocage ; inhibiteur *m (chemistry)*

**Blood** : sang *m*
**Red ~ corpuscle** : hématie *f* ; érythrocyte *m* ; globule *[m]* rouge
**White ~ corpuscle** : leucocyte *m* ; globule *[m]* blanc
~ **corpuscle** : globule *[m]* sanguin

~ **platelet** : plaquette [f] sanguine ; thrombocyte m

~ **poisoning** : empoisonnement [m] du sang

~ **pudding** : boudin m

~ **red** : rouge [m] sang ; sanguinolent a

to **Bloom** : fleurir

**Blooming** : floraison f ; fleuraison f

**Blooming** a : fleurissant

to **Blossom** : fleurir

**Blossom** : fleur f

**Blossoming** : floraison f ; fleuraison f

to **Blow** : souffler ; gonfler

**Blown** a : gâté (food)

to **Blow into** : insuffler

**Blowing** : gonflement m

**Blue** a : bleu (cheese)
~ **mould** : à pâte persillée (cheese) ; fromage [m] bleu
~ **veined** : à pâte persillée (cheese) ; fromage [m] bleu

**Blueberry** : myrtille f

**Bluestone** : sulfate [m] de cuivre

**Boar** : verrat m
**Wild** ~ : sanglier m ; laie f

**Board** : planche f ; plateau m
**Bread** ~ : planche à pain
**Cheese** ~ plateau de fromages

**B.O.D.** : D.B.O.

**Body** : corps m : texture f (matter)
**Acetone bodies** : corps cétoniques
**Ketone bodies** corps cétoniques
**Vitreous** ~ : corps [m] vitré ; corps vitreux
~ **weight** : poids [m] corporel

**Bodying agent** : agent [m] de texture

**Bog** : marais m

to **Boil** : cuire à l'eau ; bouillir ; porter à l'ébullition

**Boiled** a : bouilli

**Boiler** : chaudière f ; cuiseur m (apparatus) ; bouilloire f (kitchen) ; raffineur [m] de sucre (industry)
**Double** ~ : bain-marie m, pl : bains-marie

**French** ~ : chaudière pour bouilleur
**Range** ~ : réservoir [m] d'eau chaude

**Boiling** : ébullition f ; cuisson [f] à l'eau bouillante
~ **point** : point [m] d'ébullition

**Bole** : fût m ; tige f (tree)

**Bologna sausage** : mortadelle f

to **Bolt** : tamiser ; bluter

**Bolter** : bluterie f ; blutoir m ; tamis m
**Size of the** ~ : numéro [m] du tamis

**Bolting** : blutage m
~ **cloth** : tissu [m] pour blutage
~ **machine** : bluterie f
~ **work** : tamis m

**Bolus** : bol m (alimentary)

**Bond** : liaison f (chemistry)
**Double** ~ : double liaison
**Unsaturated** ~ : liaison insaturée

to **Bone** : désosser

**Bone** : os m (animal) ; arête f (fish)
**Long** ~ : os long
**Marrow** ~ : os à moelle
**Medullary** ~ : os médullaire

**Boneless** a : désossé (meat) ; sans arête (fish)

**Boning** : désossage m
**Hot** ~ : désossage à chaud

**Bonito** : bonite f

**Bony** a : osseux

**Borax** : borax m

**Border** : bord m ; bordure f
**Brush** ~ : bordure en brosse

**Borderline case** : cas [m] limite

**Boric** a : borique

**Boron** : bore m

**Botanic** a : botanique

**Botanical** a : botanique

**Botanist** : botaniste m

**Botany** : botanique f

to **Bottle** : soutirer ; embouteiller ; mettre en bouteilles (wine) ; mettre en bocal (fruit)

**Bottle** : bouteille *f* ; flacon *m* ; botte *f (hay)*
~ **basket** : panier *[m]* à bouteilles
~ **cellar** : cave *f*
~ **feeding** : allaitement *[m]* artificiel ; alimentation*[f]* au biberon
~ **hamper** : panier *[m]* à bouteilles
~ **package** : caisse*[f]* à bouteilles
~ **rack** : caisse *[f]* à bouteilles *(beer)*
~ **shop** : commerce *[m]* de boissons ; cave *f*
~ **sterilizer** : stérilisateur *[m]* à bouteilles
~ **stopper** : bouchon *m*

**Bottling** : soutirage *m* ; mise *[f]* en bouteilles ; embouteillage *m*

**Botulin** : botuline *f*

**Botulism** : botulisme *m*

**Bough** : branche *f (tree)*

**Boulimia** : boulimie *f*

**Bound** *a* : lié *(chemistry)*

**Bouquet** : bouquet *m (wine)*

**Bovine** *a* : bovin

**Bowel** : intestin *m* ; entrailles *f pl* ; gros intestin ; côlon *m*

**Box** : boite *f* ; caisse *f* ; bac *m* ; box *m* *(animal)*
**Loose** ~ : stabulation *[f]* libre *(cattle)*

**Boy** : garçon *m*
**Baker's** ~ : mitron *m*
**Pastrycook's** ~ : mitron *m*

**Brackets** *pl* : parenthèses *f pl*
**In** ~ : entre parenthèses

**Bradycardia** : bradycardie *f*

**Brain** : cervelle *f (cooking)* ; cerveau *m* *(anatomy)*

to **Braise** : braiser ; cuire à l'étouffée
**Braised** : ragoût *m (beef)*
**Braised** : en cocotte *(chicken)*

**Braising** : cuisson *[f]* à l'étouffée

**Brambleberry** : mûre *f*

**Bran** : son *m (cereal)*
**Broad** ~ : gros son *m*
**Small** ~ : fin son *m*
~ **of grit** : remoulage *m*
~ **duster** : brosse *[f]* à son

**Branch** : branche *f (tree)*
**Main** ~ : tronc *m*

**Branched** *a* : ramifié

**Branchia** : branchie *f*

**Brandy** : eau de vie *f, pl* : eaux de vie ; cognac *m*
**Apple** ~ : calvados *m*
**Cherry** ~ : kirsch *m*
**Grape** ~ : marc *m* ; grape *f*
**Pear** ~ : eau de vie de poire
**Plum** ~ : eau de vie de prune
~ **and soda** : fine *[f]* à l'eau

**Brawn** : jeune verrat *m* ; fromage *[m]* de tête

**Bread** : pain *m*
**Brown** ~ : pain bis ; pain noir ; pain au son
**Fermentation of** ~ : fermentation *[f]* panaire
**Leavened** ~ : pain levé ; pain fermenté
**Pumpernickel** ~ : pain noir
**Sandwich** ~ : pain de mie
**Unleaven** ~ ; **Unleavened** ~ : pain azyme ; pain mollet
**Vienna** ~ : pain viennois
**Wholemeal** ~ pain complet
~ **bakery** : boulangerie *f*
~ **factory** : boulangerie industrielle *f*
~ **grain** : céréale *[f]* panifiable
~ **maker** : boulanger *m*
~ **making** : panification *f*
~ **manufacture** : panification *f*
~ **sauce** : sauce *[f]* à la mie de pain
~ **stuffs** : farines *f pl* ; céréales *[f pl]* panifiables
~ **toaster** : grille-pain *m*

**Breadstick** : gressin *m*

to **Break** : concasser ; broyer

to **Break down** : décomposer

to **Break up** : décomposer ; désagréger ; se désagréger

**Break** : brisure *f* ; bris *m* ; rupture *f* ; fente *f*
~**-even point** : point *[m]* d'inflexion
~ **taillings** : refus *[m]* de broyage *(milling)*

**Breakage** : ⇨ to **Break**

**Breaking** : broyage *m*

**Breaking up** : désintégration *f (physics)* ; émiettement *m (bread)*

**Breakdown** : dégradation *f* ; décomposition *f*

**Bream** : brème *f*

**Breast :** sein *m (woman)* ; mamelle *f (animal)*
~ **feeding** : allaitement *[m]* au sein ; allaitante *a (woman)*
~ **meat** : blanc *[m]* de poulet

to **Breathe** : respirer ; souffler

**Breath** : souffle *m* ; haleine *f*

**Breathing** : respiration *f* ; souffle *m*

**To breed** : sélectionner ; élever *(cattle)* ; engendrer ; faire naître

**Breed** : race *f*
**Dairy** ~ : race laitière
**Goat** ~ : race caprine
**Hardy** ~ :  race rustique
**Meat** ~ : race à viande

**Breeder** : éleveur *m* ; sélectionneur *m*

**Breeding** : sélection *f* ; élevage *m* ; reproduction *f*
**Selective** ~ : sélection *f*

to **Brew** : brasser

**Brewed** *a* : brassé *(beer)* ; infusé *(coffee, tea)*

**Brew** : brassin *m*

**Brewer** : brasseur *m*
~'**s barley** : orge *[f]* de brasserie
~'**s grain** : drèche *[f]* de brasserie
~'**s yeast** : levure *[f]* de bière

**Brewering** : brasserie *f*
~ **industry** : brasserie *f*

**Brewery** : brasserie *f*

**Brewhouse** : brasserie *f*

**Brewing** : brassage *m* ; brassin *m*

**Brick** : brique *f*

**Brill** : barbue *f*

**Brine** : saumure *f* ; eau *[f]* salée
**Chilled** ~ : saumure froide
**Weak** ~ : eau *[f]* de lessivage
~ **bath** : bain *[m]* de saumure
~ **marsh** : marais *[m]* salant
~ **spring** : source *[f]* d'eau salée

**Brining** : saumurage *m*  ; action de conserver dans la saumure

**Brittle** *a* : cassant

**Broad bean** : fève *f*

to **Broil** : griller *(meat)*

**Broil** : viande *[f]* grillée ; grillage *f*

**Broiler** : poulet *[m]* de chair

**Broiling** : grillade *f* ; cuisson *[f]* sur grill

**Bromate** : bromate *m*

**Bromatology** : bromatologie *f*

**Bromide** : bromure *m*

**Bromine** : brome *m*

**Bronchia** : bronche *f*

to **Brood** : couver

**Brood** : couvée *f*

**Brooder** : couveuse *[f]* artificielle

**Brooding** : couvaison *f*

**Broth** : bouillon *m (kitchen, microbiology)* ; soupe *f (dish)* ; milieu *[m]* de culture *(microbiology)*
**Beef** ~ : bouillon de bœuf

to **Brown** : dorer *(meat)*

**Brown** *a* : brun
~ **rice** : riz *[m]* brun ; riz rouge
~ **sugar** : sucre *[m]* roux

**Brownian movement** : mouvement *[m]* brownien

**Browning** : brunissement *m* ; caramel *m*
**Enzymic** ~ : brunissement enzymatique
**Non enzymic** ~ : brunissement non enzymatique

**Brucellosis** : brucellose *f*

to **Bruise** : meurtrir *(fruit)*

**Bruise** : talure *f* ; meurtrissure *f (fruit)*

**Bruising** : action de taler un fruit

to **Brush** : brosser

**Brush** : brosse *f*
~ **border** : bordure *[f]* en brosse

**Brushing** : brossage *m*

**Brussels sprouts** *pl* : choux *[m pl]* de Bruxelles

to **Bubble** : barbotter *(gas)* ;
bouillonner ; faire des bulles

**Bubble** : bulle *f*
~ **chamber** : barbotteur *m*

**Bubbles** *pl* : mousse *f (champagne)*

**Bubbler** : barbotteur *m*

**Bubbling** : bouillonnement *m* ; pétillement *m* ; barbotage *m (chemistry)*

**Bubbling** *a* : bouillonnant ; pétillant ;
moussant ; mousseux *(champagne)*

**Bubbly** *a* : mousseux

**Bubonic** *a* : bubonique

**Buccal** *a* : buccal ; oral ; par voie orale

**Buck** : mâle *m (daim,chevreuil, lapin ,
lièvre, etc.)*
~ **rabbit** : lapin *[m]* mâle
**Roe** ~ : chevreuil *[m]* mâle

**Buckwheat** : sarrazin *m* ; blé *[m]* noir

to **Bud** : bourgeonner *(plant)* ; greffer
*(tree)*

**Bud** : bouton *m (blossom)* ; bourgeon
*m (plant)* ; papille *f (anatomy)*
**Taste** ~ : papille gustative

**Budding** : floraison *f* ; bourgeonne-
ment *m*

**Buffalo** : buffle *m* ; bufflonne *f*

to **Buffer** : tamponner

**Buffer** : tampon *m*
**Buffering capacity** : effet-tampon *m* ;
pouvoir *[m]* tampon

to **Build up** : s'accumuler

**Build up** : accumulation *f*

**Bulb** : bulbe *m* ; oignon *m*

**Bulbaceous** *a* : bulbeux

**Bulbous** *a* : bulbeux

to **Bulge** : bomber ; ballonner ; gonfler

**Bulge** : bombement *m (can)* ; renflement *m* ; protubérance *f*

**Bulk** : encombrement *m* ; ballast *m
(intestine)*
~ **milk** : lait *[m]* en vrac

**Bulkage** : ballast *[m]* alimentaire

**Bulking agent** : élément *[m]* de charge

**Bulimia** : boulimie *f*

**Bulimic** *a* : boulimique

**Bull** : taureau *m*
**Young** ~ : taurillon *m*

**Bullock** : bœuf *m*

**Bulrush** : petit mil *m* ; mil *[m]* chandelle

**Bun** : petit pain *m* ; brioche *f* ; petit
pain au lait
**Currant** ~ : pain au raisin
**Raisin** ~ : pain au raisin

**Bunch** : botte *f (radish)* ; grappe *f
(fruit)* ; régime *m (banana)* ; troupeau
*m (cattle)*

**Bundle** : ballot *m* ; botte *f (asparagus)* ;
faisceau *m (anatomy)*

**Bunker** : soute *f* ; trémie *f*

**Bunsen burner** : bec *[m]* Bunsen

**Burbot** : lotte *f*

to **Burn** : brûler ; rôtir avec excès
~ **charcoal** : faire du charbon de bois

**Burnt** *a* : calciné ; brûlé
~ **lime** : chaux *[f]* éteinte
~ **spot** : brûlure *f*

**Burn** : brûlure *f*

**Burner** : brûleur *m* ; chalumeau *m*

**Burning** : grillage *[m]* intense ou exa-
géré

**Bushel** : boisseau *m*

to **Butcher** : abattre ; tuer

**Butcher** : boucher *m*

**Butchery** : boucherie *f*

**Butter** : beurre *m*
**Melted** ~ : beurre fondu
**Salt** ~ ; **Salted** ~ : beurre salé
~ **factory** : beurrerie *f*
~ **fat** : matière *[f]* grasse du lait ; lipide
*[m]* du lait
~ **making** : barattage *m*
~ **manufactory** : beurrerie *f*
~ **milk** : babeurre *m*
~ **muslin** : étamine *f (dropping)*

**Butterscotch** : caramel *[m]* au beurre

**Button** : culot *m* *(precipitate)*
  ~ **mushroom** : champignon *[m]* de
Paris

**Butyric** *a* : butyrique

**Butyrometer** : butyromètre *m*

to **Buy** : acheter

**Buyer** : acheteur *m* ; client *m*

**Buying** : achat *m*
  ~ **power** : pouvoir *[m]* d'achat
  ~ **speculator** : acheteur *m* ; ramas-
seur *m*

**By-effect** : effet *[m]* secondaire

**By-product** : sous-produit *m* ;
dérivé *m* ; issues *f pl* *(cereal)*
  ~ **recovery** : récupération *[f]* des sous-
produits

**C**

**Cabbage** : chou *m, pl* : choux
 **Red** ~ : chou rouge

**Cadmium** : cadmium *m*

**Caecal** *a* : caecal

**Caecum** : caecum *m*

**Caesarean** : césarienne *f*

**Caffeic** *a* : caféique

**Caffeine** : caféine *f*

**Caffeine-free** *a* : décaféiné

**Caffetannin** : tannin *[m]* du café

**Cake** : gâteau *m* ; biscuit *m* ; tourteau
 *m (feed)*
 **Fruit** ~ : cake *m*
 **Oat** ~ : galette *[f]* d'avoine
 **Oil** ~ : tourteau d'oléagineux
 **Rolled** ~ : roulé *[m]* à la confiture
 **Twelfth night** ~ : galette *[f]* des rois
 ~ **baker** : pâtissier *m*
 ~ **factory** : biscuiterie *f*
 ~ **form** : moule *[m]* à gâteau
 ~ **tin** : moule *[m]* à gâteau
 ~ **worm** : moule *[m]* à gâteau

**Caking** : action d'agglomérer ; action de
 compacter

**Calamary** : calmar *m*

**Calcareous** *a* : calcaire

**Calcemia** : calcémie *f*

**Calcic** *a* : calcique

**Calciferol** : calciférol *m*

**Calcific** *a* : calcifié

**Calcification** : calcification *f*

to **Calcify** : calcifier ; se calcifier

**Calcination** : calcination *f*

to **Calcine** : calciner ; se calciner

**Calcining** : calcination *f* ; action de calciner

**Calcinosis** : calcinose *f*

**Calcitonin** : calcitonine *f*

**Calcium** : calcium *m*

**Calciuria** : calciurie *f*

to **Calculate** : calculer

**Calculator** : calculatrice *f*

**Calculosis** : lithiase *f* ; calcul *m*

**Calculus** : calcul *m* ; concrétion *f*

**Calf** : veau *m (animal)*
 **Brood** ~ : veau d'élevage
 **Bull** ~ : veau mâle
 **Fasted** ~ : veau blanc ; veau de lait
 **Fat** ~ ; **Fattening** ~ : veau blanc
 **Meat** ~ : veau de boucherie
 **Heifer** ~ : veau femelle
 **Store** ~ : veau blanc
 **Sucking** ~ : veau de lait ; veau blanc
 ~ **feeder** : engraisseur *m*
 ~ **producer** : naisseur *m*

to **Calibrate** : calibrer ; jauger ; étalonner

**Calibrating** : étalonnage *m*

**Calibration** : étalonnage *m* ; graduation *f* ; calibrage *m*

**Calorie** : calorie *f*
 ~ **reduced food** : préparation *[f]*
 basses calories

**Calorific** *a* : calorifique

**Calorimetric ; calorimetrical** *a* : calorimétrique

**Calorimetry** : calorimétrie *f*

to **Calve** : vêler

**Calving** : vêlage *m*

**Cambium** : cambium *m*

**Camomile** : camomille *f*

to **Can** : mettre en conserve

**Can** : boite *[f]* de conserve ; bidon *m* ; récipient *m*
~ **product, canned product** : conserve *[f]* alimentaire

**Canal** : canal *m*
**Biliary** ~ : canal biliaire

**Canavanine** : canavanine *f*

**Cancellated** *a* : réticulé

**Cancellous** *a* : réticulé

**Cancer** : cancer *m*

**Cancerous** *a* : cancéreux

**Candied** *a* : candis ; confit *(fruit)*

to **Candle** : mirer *(egg)*

**Candling** : mirage *m*

to **Candy** : saupoudrer de sucre ; candir ; glacer *(cookies)* ; confire *(fruit)*

**Candy** : bonbon *m* ; candis *m pl (fruit)* ; sucre *[m]* candi ; confitures *f pl*
~ **floss** : barbe *[f]* à papa

**Candies** *pl* : sucreries *f pl*

**Cane** : canne *f*
~ **sugar** : canne à sucre

**Canine** *a* : canin

**Canines** *pl* : canines *f pl (teeth)*

**Canned** : conserve *f*

**Canned** *a* : appertisé ; conservé par appertisation
~ **food** : aliment *[m]* appertisé ; conserve *[f]* alimentaire appertisée
~ **fruit** : conserve *[f]* de fruits ; fruits confits
~ **goods** : fabrique *[f]* de conserves
~ **vegetables** *pl* : conserve *[f]* de légumes

**Canner** : conserveur *m*

**Cannery** : fabrique *[f]* de conserves

**Canning** : conservation *[f]* par appertisation
**Food** ~ : mise *[f]* en conserve
~ **industry** : conserverie *f* ; industrie *[f]* de la conserve

**Cannula** : canule *f*

**Cantaloupe** : cantaloup *m*

**Cantharellus** : chanterelle *f*

to **Cap** : boucher ; capsuler *(bottle)*

**Cap** : capsule *f* ; chapeau *[m]* de champignon

**Capacity** : contenu *m* ; contenance *f* ; capacité *f* ; volume *m*

**Caper** : câpre *m*

**Capillarity** : capillarité *f*

**Capillary** : capillaire *a m*

**Capon** : chapon *m*

to **Caponize** : chaponner

**Caponizing** : chaponnage *m*

**Capric** *a* : caprique

**Caprine** *a* : caprin

**Caproic** *a* : caproïque

**Caprylic** *a* : caprylique

**Capsaicin** : capsaisine *f*

**Capsanthin** : capsanthine *f*

**Capsule** : capsule *f (biology)*

**Car** : wagon *m*
**Livestock** ~ : wagon à bestiaux
**Regrigerator** ~ : wagon frigorifique
**Tank** ~ : wagon-citerne

**Caramel** : caramel *m*

**Carapace** : carapace *m*

**Caraway** : carvi *m* ; cumin *m*
~ **seed** : graine *[f]* de cumin

**Carbamate** : carbamate *m*

**Carbanion** : carbanion *m*

**Carbinol** : méthanol *m*

**Carbohydrate** : glucide *m*

**Carbon** : carbone *m*
**Activated** ~ : charbon *[m]* actif
~ **dioxide** : anhydride *[m]* carbonique ; gaz *[m]* carbonique
~ **monoxide** : oxyde *[m]* de carbone
~ **dioxide snow** : neige *[f]* carbonique

to **Carbonate** : carbonater ; saturer d'acide carbonique

**Carbonated** *a* : carbonaté

**Carbolic** *a* : phénique

**Carbonic** *a* : carbonique
~ **anhydride** : gaz carbonique

**Carbonization** : carbonisation *f*

to **Carbonize** : carboniser

**Carbonizing** : carbonisation *f*

**Carbonyl** : carbonyle *m*

**Carboxylase** : carboxylase *f*

**Carboxylic** *a* : carboxylique

**Carboxymethylcellulose** : carboxyméthylcellulose *f*

**Carboxypeptidase** : carboxypeptidase *f*

**Carboy** : dame-jeanne *f* ; bonbonne *f* ;
tourie *f*

**Carbuncle** : anthrax *m* ; bourgeon *m*
*(skin)*

**Carbuncular** *a* : charbonneux

**Carcase ; Carcass** : carcasse *f (butchery animal)*

**Carcinogen** : carcinogène *m a*

**Carcinogenic, carcinogenical** *a* : carcinogène

**Carcinoma** : carcinome *m* ; cancer *m*

**Cardamon** : cardamone *f*

**Cardiac** *a* : cardiaque

**Cardiopathy** : cardiopathie *f*

**Cardoon** : cardon *m*

**Care** : soins *m pl*

**Cargo** : cargaison *f*

**Caries** : carie *f (tooth)*

**Carminative** *a* : carminatif

**Carmine** : carmin *m*

**Carnitine** : carnitine *f*

**Carnivore** : carnivore *m*

**Carnivorous** *a* : carnivore

**Carob** : caroube *f*
~ **bean** : caroube *f*

**Carotene** : carotène *m*

**Carotenoid** : caroténoïde *m*

**Carotid** : carotide *f*

**Carotinoid** : caroténoïde *m*

**Carp** : carpe *f (fish)*

**Carpophore** : carpophore *m*

**Carpus** : carpe *m (anatomy)*

**Carrageenan** : carraghénane *m*

**Carrier** : transporteur *m (enzyme)* ; support *m*

**Carrot** : carotte *f*

to **Carry** : transporter

**Carryer** : transporteur *m (biology)*

**Carrying** : transport *m*

**Cartilage** : cartilage *m*

**Cartilaginous** *a* : cartilagineux

**Caryopsis** : caryopse *m*

**Casal's collar** : collier *[m]* de Casal

**Case** : caisse *f* ; cas *m*
~ **of goods** : caisse de marchandises

**Casein** : caséine *f*
**Acid** ~ : caséine acide
**Native** ~ : caséine native
**Rennet** ~ : caséine-présure

**Caseinate** : caséinate *m*

**Caseous** *a* : caséeux

**Cash register** : caisse *[f]* enregistreuse
*(money)*

**Cashew nut** : noix *[f]* de cajou

**Casing** : garniture *f* ; enrobage *m* ; couverture *f* ; enduit *m*

**Casings** *pl* : boyaux *m pl (animal)*

**Cask** : barrique *f* ; tonneau *m* ; fût *m*
*(wine)* ; pièce *f (wine)*
**Small** ~ : tonnelet *m*

**Casking** : mise *[f]* en tonneau

**Cassava** : manioc *m*

**Cassonade** : cassonade *f*

to **Cast** : fondre

**Castor bean** : ricin *m*

**Castor oil** : huile *[f]* de ricin

to **Castrate** : castrer

**Castration** : castration *f*

**Catabolism** : catabolisme *m*

to **Catalyse** : catalyser

**Catalyser** : catalyseur *m*

**Catalysis** : catalyse *f*

**Catalyst** : catalyseur *m*

**Catalytic** *a* : catalytique

to **Catalyze** : catalyser

**Cataract** : cataracte *f*

**Catchment** : captage *m (water)*

**Catechin** : catéchine *f*

**Catechol** : catéchol *m* ; catéchine *f*

**Catecholamine** : catécholamine *f*

**Catering** : approvisionnement *[m]* *(food)* ; restauration *f*

**Caterpillar** : chenille *f*

**Cat fish** : silure *m*

**Cathepsin** : cathepsine *f*

**Catheter** : cathéter *m*

**Cathode** : cathode *f*
 **~-ray** : rayon *[m]* cathodique

**Cathodic** *a* : cathodique

**Cation** : cation *m*

**Cationic** *a* : cationique

**Cattle** : bétail *m* ; bestiaux *m pl*
 **Beef ~** : bovin *[m]* de boucherie ; bovin à viande
 **Dairy ~** : bovin laitier
 **Horned ~** : bête à corne ; bovin *m*
 **~ plague** : peste *[f]* bovine

**Cattleman** : vacher *m*

**Caul** : crépine *f (dish)*

**Cauliflower** : chou-fleur *m, pl* : choux-fleurs

**Causal** *a* : causal

**Cause and effect relationship** : relation *[f]* de cause à effet

**Caustic** *a* : caustique ; corrosif
 **~ lime** : chaux *[f]* vive
 **~ lye** : lessive *[f]* caustique

**Causticity** : causticité *f*

**Cave** : cave *f* ; cellier *m* ; caverne *f*

**Cavernicole** : cavernicole *m*

**Cavernicolous** *a* : cavernicole

**Caviare** : caviar *m*

**Cavity** : cavité *f* ; creux *m*

**Cavy** : cobaye *m*

**Cecal** *a* : coecal

**Cecum** : coecum *m*

**Celeriac** : céleri-rave *m*

**Celery** : céleri *m*

**Celiac** *a* : coéliaque *(disease)*

**Cell** : cellule *f* ; alvéole *f*
 **Air ~** : alvéole *f* ; vésicule *f*
 **Blood ~** : globule *m*
 **Red blood ~** : érythrocyte *m* ; globule rouge
 **White blood ~** : leucocyte *m* ; globule blanc
 **Daughter ~** : cellule fille
 **Fat ~** : adipocyte *m*
 **Goblet ~** : cellule calciforme
 **Gonadotropin producing ~** : cellule gonadotrope
 **Mast ~** : mastocyte *m*
 **Mother ~** : cellule mère
 **Nerve ~** : neurone *m*
 **Target ~** : cellule cible
 **~ membrane** : membrane *[f]* cellulaire
 **~ wall** : paroi *[f]* cellulaire

**Cellar** : cave *f* ; cellier *m*

**Cellarer, Cellearer** : caviste *m* ; garçon *[m]* de cave

**Cellarman** ⇨ to **Cellarer**

**Cellobiose** : cellobiose *m*

**Cellodextrin** : cellodextrine *f*

**Cellular** *a* : cellulaire

**Cellulase** : cellulase *f*

**Cellulose** : cellulose *f*
  **Modified** ~ : cellulose modifiée *f*

**Cellulosic** *a* : cellulosique

**Center** : centre *m*

**Centigrade** *a* : centigrade

**Centigram** : centigramme *m*

**Centiliter, Centilitre** : centilitre *m*

**Centimeter, Centimetre** : centimètre *m*

**Centinormal** *a* : centinormal

**Central** *a* : central

**Centre** : centre *m*

**Centrifugal** *a* : centrifuge

**Centrifugation** : centrifugation *f*

to **Centrifuge** : centrifuger

**Centrifuge** : centrifugeuse *f*

**Centrifuge** *a* : centrifuge

**Cephalin** : céphaline *f*

**Ceratin** : kératine *f*

**Ceratinogenous** *a* : kératogène

**Ceratinous** *a* : kératinique

**Cereal** : céréale *f*

**Cereals** *pl* : céréales *f pl* ; grains *m pl*
  ~ **food** : produit *[m]* céréalier

**Cerebelum** : cervelet *m*

**Cerebral** *a* : cérébral

**Cerebroside** : cérébroside *m*

**Cerebrum** : cerveau *m*

**Cerotic** *a* : cérotique

**Certain** *a* : assuré

**Certainty** : certitude *f*

to **Certify** : certifier

**Cesarean, cesarian** : césarienne *f*

**Cesspit** : fosse *[f]* à fumier *(manure)* ;
  fosse à purin *(liquid manure)*

**Cesspool** ⇨ to **Cesspit**

**Cetacea** *pl* : cétacés *m pl*

**Cetacean** : cétacé *m a*

**Cetaceous** *a* : cétacé

**Cetic** *a* : cétacé ; relatif à la baleine

**Chaconine** : chaconine *f*

**Chaff** : paille *[f]* hachée ; balle *f (cereal)*

**Chalk** : craie *f*
  **French** ~ : talc *m*

**Chalkiness** : nature crayeuse *f* ; caractère crayeux *m*

**Chalky** *a* : crayeux ; plâtreux ; calcaire

**Chalybeate** *a* : ferrugineux

**Chamber** : chambre *f*

**Chamomile** : camomille *f*

**Champagne** : champagne *m*

**Champaign** : campagne *f*

**Champignon bed** : champignonnière *f*

**Chandler** : épicier-droguiste *m*

**Change** : changement *m* ; modification
*f* ; évolution *f* ; altération *f*

**Chaptalization** : sucrage *m* ; chaptalisation *f (wine)*

to **Char** : charbonner ; carboniser

**Char** : noir *[m]* animal

**Character** : caractère *m*
  **Acquired** ~ : caractère acquis
  **Inherited** ~ : caractère héréditaire

**Characteristic** : caractéristique *f*

**Characteristical** *a* : caractéristique

**Characterization** : caractérisation *f*

to **Characterize** : caractériser

**Charcoal** : charbon *[m]* de bois
  **Activated** ~ : charbon actif
  **Animal** ~ : noir *[m]* animal ; charbon
animal
  **Black** ~ : charbon de bois ; houille *f*
  **Medical** ~ : charbon médicinal
  ~ **burning** : carbonisation *[f]* du bois
  ~ **filter** : filtre *[m]* à charbon de bois

**Chard** : bette *f* ; blette *f*

to **Charge** : charger *(electricity)*

**Charge** : charge *f (electricity)*

**Charring** : carbonisation *f*

**Chase** : chasse *[f]* à courre

**Check** : vérification *f* ; contrôle *m*

**Checking** : action de contrôler, action de vérifier

**Cheese** : fromage *m*
  **Blue mould** ~ : fromage à pâte persillée
  **Blue veined** ~ : fromage à pâte persillée
  **Boiled** ~ : fromage à pâte cuite
  **Cream** ~ : fromage blanc ; petit suisse *m*
  **Double cream** ~ : fromage double crème
  **Dutch** ~ : fromage de Hollande
  **Fatless** ~ : fromage maigre
  **Fermented** ~ : fromage fermenté ; fromage affiné
  **Fresh** ~ : fromage frais
  **Full fat** ~ : fromage gras
  **Goat's milk** ~ : fromage de chèvre
  **Hard** ~ : fromage à pâte dure
  **Lowfat** ~ : fromage demi-gras
  **Pressed** ~ : fromage à pâte pressée
  **Processed** ~ : fromage fondu ; crème *[f]* de gruyère
  **Resolidified** ~ : fromage fondu
  **Ripe** ~: fromage à point ; fromage bien fait
  **Single cream** ~ : fromage demi-gras
  **Soft** ~ : fromage à pâte molle
  **Soft white** ~ : fromage blanc ; fromage frais
  ~ **biscuit** : biscuit *[m]* au fromage ; biscuit non sucré
  ~ **cake** : tarte *[f]* au fromage blanc
  ~ **cloth** : étamine *f (dropping)*
  ~ **dairy** : fromagerie *f*
  ~ **finger** : biscuit *[m]* au fromage
  ~ **maker** : fromager *m*
  ~ **making** : fromagerie *f*
  ~ **merchant** : marchand *[m]* de fromages ; fromager *m*
  ~ **monger** : marchand *[m]* de fromages ; fromager *m*
  ~ **paring** : croûte *[f]* de fromage
  ~ **sticks** : allumettes *[f pl]* au fromage
  ~ **straws** : allumettes *[f pl]* au fromage

**Cheesy** *a* : goût *[m]* de fromage

**Cheilitis** : cheilite *f*

**Cheilosis** : cheilite *f*

to **Chelate** : chélater

**Chelate** : chélate *m*

**Chelating** *(agent)* : chélateur *m*

**Chelation** : chélation *f*

**Chemical** *a* : chimique
  ~ **oxygen demand** *(COD)* : demande *[f]* chimique en oxygène *(DCO)*

**Chemicals** *pl* : produits *[m pl]* chimiques

**Chemico-physical** *a* : physico-chimique

**Chemist** : chimiste *m (researcher)* ; pharmacien *m*
  **Chemist's chop** : pharmacie *f*

**Chemistry** : chimie *f*
  **Agricultural** ~ : chimie agricole
  **Analytical** ~ : chimie analytique
  **Applied** ~ : chimie appliquée
  **Food** ~ : chimie alimentaire
  **Inorganic** ~ : chimie minérale
  **Organic** : chimie organique
  **Philosophical** ~ : chimie théorique
  **Physical** ~ : chimie physique
  **Practical** ~ : chimie appliquée
  **Technical** ~ : chimie industrielle
  **Theoretical** ~ : chimie théorique
  **Vegetable** ~ : chimie végétale ; phytochimie

**Chemotherapy** : chimiothérapie *f*

**Cherry** : cerise *f*
  **Hard fleshed heart** ~ : bigarreau *m*
  **Heart** ~ : guigne *f*
  **Morello** ~ : griotte *f*
  **Sweet** ~ : merise *f*
  **Wild** ~ : merise *f*
  ~ **red** *a* : rouge cerise

**Chervil** : cerfeuil *m*

**Chestnut** : châtaigne *f*

to **Chew** : mâcher ; mâchonner ; mastiquer

**Chewing** : mastication *f*

**Chewing gum** : gomme *[f]* à mâcher ; pâte *[f]* à mâcher

**Chiasma** : chiasma *m*

**Chick** : poussin *m* ; jeune poulet *m*
  **Day old** ~ : poussin d'un jour

**Chicken** : poulet *m*
  **Corn-fed** ~ : poulet de grain

Fatted ~ : poularde f
~ **in aspect** : poulet en gelée

**Chickeny** a : relatif au poulet ; de poulet

**Chick pea** : pois [m] chiche

**Chicory** : chicorée f ; endive f (salad)

**Child** : enfant m

**Childhood** : enfance f

**Chili, red chili** : piment [m] rouge
~ **powder** : poivre [m] de Cayenne ;
poivre de Guinée

to **Chill** : refroidir ; rafraîchir ; frapper
(champagne)

**Chilled** a : réfrigéré ; rafraîchi

**Chilli, Chilly** ⇨ to **Chili**

**Chilling** : réfrigération f

**Chine** : échine f

**Chinese persimmon** : kaki m

**Chipped potatoes** pl : pommes de terre
[f pl] frites ; frites f pl

**Chips** : chips f pl ; pomme [f] de terre
frite ; lamelle f

**Chitin** : chitine f

**Chitinous** a : chitineux

**Chitobiose** : chitobiose m

**Chitosan** : chitosane m

**Chitterlings** : andouille f

**Chives** pl : ciboulette f : appétits m pl ;
civette f

**Chloramphenicol** : chloramphénicol m

**Chlorate** : chlorate m

**Chlorhydrate** : chlorhydrate m

**Chloric** a : chlorique

**Chloride** : chlorure m

to **Chloridize** : chlorurer

to **Chlorinate** : chlorurer

**Chlorinating** ⇨ to **Chlorination**

**Chlorination** : javellisation f ; verdunisation f (hygiene) ; chloruration f (chemistry)

**Chlorine** : chlore m

**Chloroform** : chloroforme m

**Chlorogenic** a : chlorogénique

**Chlorophyll** : chlorophylle f

**Chloroplast** : chloroplaste m

**Chlorosis** : chlorose f : étiolement m

**Choc-ice** : chocolat [m] glacé ; esquimeau m

**Chocolate** : chocolat m
**White** ~ : chocolat blanc
~ **bar** : barre [f] de chocolat
~ **biscuit** : biscuit [m] enrobé de chocolat
~ **button** : pastille [f] de chocolat
~ **cake** : gâteau [m] au chocolat
~ **chip cookie** : biscuit [m] aux perles
de chocolat
~ **cream** : chocolat fourré à la crème
~ **drop** : pastille [f] de chocolat
~ **maker** : chocolatier m
~ **mousse** : mousse [f] au chocolat
~ **nut** : cabosse f

**Cholelithiasis** : lithiase [f] biliaire

**Cholesterol** : cholestérol m

**Cholesterolemia** : cholestérolémie f

**Cholic** a : cholique

**Choline** : choline f

**Cholinesterase** : cholinestérase f

**Chondrodystrophy** : chondrodystrophie f

**Chondroitin sulfate** : chondroïtine [f]
sulfate

**Chondrosamine** : chondrosamine f

to **Chop** : couper ; fendre (wood) ;
hacher (meat)

**Chop** : côtelette f : (mutton, pork)
~ **suey** : ragoût [m] chinois

**Chopper** : hachoir m

**Chopping** : hachage m (meat)
~ **down** : abattage m (tree)
~ **block** : hachoir m

**Chou pastry** : pâte [f] à choux

**Chromatin** : chromatine f

**Chromatography** : chromatographie *f*
  **Affinity** ~ : chromatographie d'affinité
  **Gas** ~ : chromatographie en phase gazeuse
  **High performance liquid** ~ : chromatographie liquide à haute performance
  **Ion-exchange** ~ : chromatographie échangeuse d'ions
  **Liquid** ~ : chromatographie liquide
  **Molecular sieve** ~ : chromatographie sur tamis moléculaire
  **Paper** ~ : chromatographie sur papier
  **Partition** ~ : chromatographie de partage
  **Thin-layer** ~ : chromatographie sur couche mince

**Chrome** : chrome *m*

**Chromium** : chrome *m*

**Chromoprotein** : chromoprotéine *f*

**Chromosomal** *a* : chromosomique

**Chromosome** : chromosome *m*

**Chromosomic** *a* : chromosomique

**Chronaxia** : chronaxie *f*

**Chronic** *a* : chronique

**Chrysalid, Chrysalis** : chrysalide *f*

**Chuck** : paleron *[m]* de bœuf

**Chunk** *m* : quignon *m (bread)*

to **Churn** : agiter ; barratter *(cream)*

**Churn** : agitateur *m* ; baratte *f*

**Churnability** : aptitude *[f]* au barattage

**Churning** : barattage *m*

**Chutney** : condiment *[m]* à base de fruits

**Chyle** : chyle *m*

**Chylomicron** : chylomicron *m*

**Chylus** : chyle *m*

**Chyme** : chyme *m*

**Chymosin** : chymosine *f*

**Chymotrypsin** : chymotrypsine *f*

**Cider** : cidre *m*

**Cichlid** : tilapia *f*

**Cilia** : cil *m*

**Cinnamon** : cannelle *f*

**Circadian** *a* : circadien

**Circular** *a* : circulaire

**Cirrhosis** : cirrhose *f*

**Citral** : citral *m*

**Citrate** : citrate *m*

**Citraxanthin** : citraxanthine *f*

**Citric** *a* : citrique

**Citrulline** : citrulline *f*

**Citrus** : agrume *m*

**Civet cat** : civette *f*

**Clam** : palourde *f* ; peigne *m* ; clovisse *f*

to **Clamp** : ensiler

**Clamp** : silo *[m]* à pommes de terre

**Clarification** : clarification *f* ; collage *m (wine)* ; soutirage *m (wine)*

**Clarifier** : épurateur *m* ; clarificateur *m*

to **Clarify** : clarifier *(butter, syrup)* ; coller *(wine)*

**Clarifying** : clarification *f* ; collage *m (wine)*

**Class** : classe *f*

**Classification** : classification *f* ; calibrage *m*
  **Air** ~ : turboséparation *f*

to **Classify** : classifier ; classer

**Claw** : griffe *f (animal)* ; ongle *m* ; sabot *m* ; pince *f (crayfish)*

**Clay** : argile *f* : glaise *f*
  **Fire** ~ : terre *[f]* réfractaire

**Clayey** *a* : glaiseux

**Claying** : action de décolorer *(sweets)*

to **Clean** : nettoyer ; purifier ; débourber *(industry)* ; décrasser *(industry)*

to **Clean out** : vider *(fowl)* ; curer *(sewage)*

**Clean** *a* : propre

**Cleaner** : trieuse *f*

**Cleaning** : épluchage *m (vegetable)* ; nettoyage *m* ; curage *m* ; lavage *m*

**Cleaning out** : curage *m*

**Cleanliness** : propreté *f*

**Cleanness** : propreté *f*

to **Cleanse** : purifier ; assainir ; débourber ; épurer

**Cleansing** : purification *f* ; assainissement *m* ; épuration *f* ; nettoyage *m*

**Cleansing** : détersif *m ;* nettoyant *m*

to **Clear** : défricher *(ground)* ; se clarifier

to **Clear out** : dégager ; se dégager

**Clearing** : épuration *f* ; débourbage *m* *(liquid)*

**Cleavage** : décomposition *f* ; clivage *m*

to **Cleave** : fendre *(wood)* ; se fendre ; se cliver

**Cleaver** : hachoir *m* ; couperet *m* *(meat)*

**Clementine** : clémentine *f*

**Climate** : climat *m*

**Climatic** *a* : climatique

to **Climatize** : climatiser

**Clingstone** : fruit à noyau adhérent *m*

**Clinic** *a* : clinique

to **Clip** : tondre *(sheep, grass)* ; tailler *(tree)*

**Clip** : tonte *f (sheep)*

**Clipping** : tonte *f*

**Cloaca** : égout *m* ; cloaque *m*

to **Clod** : s'agglomérer

**Clod** : grumeau *m* ; motte *f (earth)*

**Cloddy** *a* : grumeleux ; coagulé

to **Clot** : cailler ; former des grumeaux ; cailleboter *(milk)* ; coaguler *(blood)*

**Clotted** *a* : caillé ; grumeleux

**Clotting** : coagulation *f* ; caillage *m* ; floculation *f*

**Clotty** *a* : coagulé ; grumeleux

**Cloud** : trouble *m* ; louche *m (liquid)*

**Clouded** *a* : troublé

**Cloudiness** : turbidité *f*

**Clouding** : trouble *m* ; action de troubler un liquide

**Cloudy** *a* : trouble *(liquid)*

**Clove** : clou *[m]* de girofle
  ~ **of garlic** : gousse *[f]* d'ail

**Clover** : trèfle *m*
  **Red** ~ : trèfle incarnat
  **White** ~ : trèfle blanc

to **Clump** : s'agglomérer ; s'agglutiner

**Clump** : masse *f (compact)* ; bloc *m*

**Clumping** : agglutination *f*

**Clumpy** *a* : grumeleux

**Cluster** : grappe *f (fruit)* ; régime *m* *(banana)*

**Clutch** : couvée *f (bird)*

**Coacervation** : coacervation *f*

**Coagulant** : coagulant *m a*

to **Coagulate** : coaguler ; se coaguler *(cheese)* ; floculer

**Coagulation** : coagulation *f* ; caillage *m* ; floculation *f*

**Coagulum** : coagulum *m* ; caillé *m* *(milk)* ; caillot *m (blood)* ; précipité *m* *(chemistry)*

**Coal** : charbon *m* ; houille *f*

**Coalfish** : colin *m* ; lieu *[m]* noir

to **Coalesce** : se rassembler ; se grouper *(matter in suspension)*

**Coalescence** : coalescence *f*

**Coalescent** *a* : coalescent

**Coarse** *a* : grossier *(particle)* ; fort *(taste)*
  ~ **meal** : farine *[f]* grossière

to **Coat** : revêtir ; enrober ; enduire ; couvrir
  ~ **with chocolate** : enrober de chocolat
  ~ **with yolk of egg** : dorer au jaune d'œuf

**Coat** : pelage *m* ; robe *f (animal)* ; enveloppe *f*

**Coating** : revêtement *m* ; enduit *m* ; enrobage *m* ; couverture *f*

**Cob** : épi *[m]* de maïs ; grosse noisette *f*

**Cobalamin** : cobalamine *f*

**Cobalt** : cobalt *m*

**Coccidiosis** : coccidiose *f*

**Cock** : coq *m (fowl)* ; meule *f (hay)*

**Cockerel** : coquelet *m*

**Cockle** : coque *f* ; clovisse *f* ; moule *f*

**Cocoa** : cacao *m*
~ **in beans** : cacao en fèves
~ **bean** : fève *[f]* de cacao
~ **butter** : beurre *[m]* de cacao
~ **husk** : coque *[f]* de cacao
~ **meal** : cacao en poudre
~ **paste** : pâte *[f]* de cacao
~ **pellicle** : pellicule *[f]* de cacao
~ **powder** : poudre *[f]* de cacao
~ **shell** : coque *[f]* de cacao

**Coconut** : noix *[f]* de coco
~ **butter** : beurre *[m]* de coco
~ **fibre** : fibre *[f]* de coco
~ **oil** : huile *[f]* de coco
~ **palm** : cocotier m
~ **shell** : coque *[f]* de noix de coco

**Cocoyam** : taro *m*

**COD** : DCO

**Cod** : morue *f* ; cabillaud *m*

**Codex** : codex *m*

**Coecal** *a* : caecal

**Coecum** : caecum *m*

**Coefficient** : coefficient *m*
**Digestibility** ~ : coefficient de digesti-
bilité
**Regression** ~ : coefficient de régres-
sion
**Retention** ~ : coefficient de rétention

**Coeliac** *a* : coéliaque ; céliaque

**Coenzyme** : coenzyme *m or f*

**Coffee** : café *m*
**Black** ~ : café noir
**Green** ~ : café vert
**Ground** ~ : café moulu
**Instant** ~ : café en poudre
**Raw** ~ : café vert
**Roasted** ~ : café grillé, torréfié

**Tinted** ~ : café au lait
**Unclean** ~ : café gras
**Unroasted** ~ : café vert
**White** ~ : café au lait ; café crème
~ **bean** : grain *[m]* de café
~ **in beans** : café en fèves
~ **berry** : cerise *[f]*
~ **grounds** : marc *[m]* de café
~ **shrub** : caféier *m*

**Cohesion** : cohésion *f*

**Cohesiveness** : cohésivité *f*

**Coil** : serpentin *m*

**Coke** : coke *m* ; charbon *m*

**Colander** : passoire *f* ; égouttoir *m*

**Colchicine** : colchicine *f*

**Cold** : froid *m* ; refroidissement *m*
~ **blooded** *a* : à sang froid *(animal)* ;
poecilotherme *m*
~ **material** : substance *[f]* froide
~ **shortening** : contraction *[f]* par le
froid
~ **storage** : usine *[f]* frigorifique
~ **store** : entrepôt *[m]* frigorifique

**Coleopter, coleopteron** : coléoptère *m*

**Coleseed** : graine *[f]* de colza

**Coleslaw** : salade *[f]* de chou

**Colic** *a* : colique

**Colicky** *a* : colique

**Coliform** *a* : coliforme *(bacteria)*

**Colitis** : colite *f*

**Collagen** : collagène *m*

**Collagenosis** : collagénose *f*

**Collapse** : collapsus *m*

**Collection** : ramassage *m* ; captage *m*
*(water)* ; rassemblement *m*

**Colloid** : colloïde *m*

**Colloidal** *a* : colloïdal
~ **suspension** : suspension *[f]* colloïdale

**Collop** : tranche *[f]* de viande
**Minced** ~ : hachis *m (Scottish)*

**Colon** : côlon *m*
**Ascending** ~ : côlon ascendant
**Descending** ~ : côlon descendant

**Iliac** ~ : côlon iliaque
**Transverse** ~ : côlon transverse

**Colonic** a : relatif au côlon

**Colonization** : implantation f (micro-biology)

to **Colonize** : implanter (microbiology)

**Colony** : colonie f (microbiology)

**Color** : couleur f
~ **blindness** : daltonisme m

**Colorado beetle** : doryphore m

**Colorant** : colorant m

**Colorimeter** : colorimètre m

**Colorimetry** : colorimétrie f

**Coloring** : colorant m

**Colostrum** : colostrum m

**Colour** : couleur f
~ **blindness** : daltonisme m

**Colouring** : colorant m

**Colourless** a : incolore

**Colt** : poulain m

**Column** : colonne f
**Anion exchange resin** ~ : colonne à résine anionique
**Spinal** ~ : colonne vertébrale
~ **output** : débit [m] de colonne chro-matographique

**Coma** : coma m (biology) ; chevelure f (botany)

**Comb** : crête f (bird)

**Combine harvester** : moissonneuse-batteuse f

**Combustion** : combustion f

**Comfit** : bonbon m ; dragée f

**Commensal** : commensal a m

**Commissure** : commissure f

**Commodities** pl : marchandises f pl

**Common beet** : betterave [f] fourragère

**Common fennel** : fenouil m

**Common Market** : Marché Commun [m]

**Compact** : convention f ; accord m

**Compaction** : compactage m (soil)

**Comparison** : comparaison f

**Compensatory** a : compensatoire
~ **tax** : taxe [f] compensatoire

**Competition** : concurrence f ; concours m

**Competitive** a : compétitif

**Component** : composé m ; compo-sant m

**Composite** a : composite

**Composition** : composition f

**Compound** : composé m ; consti-tuant m
**New chemical** ~ : Nouvelle espèce [f] chimique

**Compression** : compression f ; compactage m (soil)

**Computer** : ordinateur m ; calcula-teur m
**Digital** ~ : calculateur numérique

**Concanavalin** : concanavaline f

to **Concentrate** : concentrer

**Concentrated** a : concentré

**Concentrate** : concentré m

**Concentrates** pl : aliments [m pl] concentrés ; aliments composés

**Concentration** : concentration f
**Dry** ~ : concentration en sec
**At high** ~ : concentré a

**Conching** : conchage m (chocolate) ; malaxage m

**Concrement** : calcul m ; concrétion f

**Concretion** : concrétion f

**Condensate** : condensé m

**Condensation** : condensation f ; buée f

to **Condense** : condenser

**Condensed** a : condensé

**Condenser** : condenseur m
**Spiral** ~ : condenseur tubulaire
**Surface** ~ : condenseur à plaques

**Condensing** : condensation f

**Condiment** : condiment *m* ; épice *f*

**Conditioner** : conditionneur *m*

**Conductibility** : conductibilité *f*
**Heat** ~ : conductibilité thermique *f*

**Conduction** : conduction *f*

**Conductivity** : conductivité *f*

**Cone** : cône *m*

**Configuration** : configuration *f*

to **Congeal** : congeler ; glacer

**Congelable** *a* : congelable

**Congenital** *a* : congénital

**Conger eel** : congre *m*

**Conjugate** *a* : conjugué *(compound)*

**Conjugation** : conjugaison *f*

**Conjunctiva** : conjonctive *f*

**Conjunctivitis** : conjonctivite *f*

to **Connect** : relier ; connecter

**Connective** *a* : conjonctif *(tissue)*

**Conservatory** : serre *f (plant)*

**Conserved** *a* : conservé ; confit *(duck)*

**Consistence** : consistance *f* ; densité *f*

**Consistency** : consistance *f*

**Consistent** *a* : consistant
~ **grease** : graisse *[f]* concrète

**Constant** : continu ; constant *a* ;
constante *f*

**Constituent** : constituant *m* ; composant *m* ; composé *m*

**Consumer** : consommateur *m*
~ **price** : prix *[m]* à la consommation

**Consumerism** : consumérisme *m*

**Consumption** : consommation *f (food)*
**Domestic** ~ : consommation intérieure
**Farm** ~ : autoconsommation *f*
**Indigenous** ~: consommation inté-
rieure

**Contagion :** contagion *f*

**Contagious** *a* : contagieux

**Contagiousness** : contagion *f*

**Container** : récipient *m (large size)* ;
réservoir *m* ; contenant *m*

**Contaminant** : contaminant *m* ; polluant *m*

to **Contaminate** : contaminer ; abimer
*(food)* ; infecter *(medium)*

**Contamination** : contamination *f* ;
pollution *f*

**Content** : teneur *[f]* en ; taux *[m]* de *;*
contenu *m*

**Continuity** : continuité *f*

**Continuous** *a* : continu

**Contraction** : contraction *f*

**Control** : contrôle *m* ; témoin *m*

**Conventional** *a* : conventionnel
~ **animal** : animal holoxénique

**Conversion** : transformation *f* ; conversion *f*
~ **table** : table *[f]* de conversion

to **Convert** : se transformer en ;  se
convertir en

**Converter** : convertisseur *m*

**Conveyer, Conveying, Convoyor** :
transport *m* ; transporteur *m (engine)*
**Belt** ~ : transporteur à bande
**Bucket** ~ : transporteur à godets
~ **screw** : transporteur à vis

**Convolution** : circonvolution *f*

**Convulsion** : convulsion *f*

to **Cook** : cuire ; cuisiner
to **Pressure** ~ : autoclaver ; cuire sous
pression

**Cook** : cuisinier *m (person)*

**Cooker** : cuisinière *f* ; cuiseur *m (appa-
ratus)*
**Double** ~ : cuiseur à vapeur
**Electric** ~ : cuisinière électrique
**Gas** ~ : cuisinière à gaz

**Cookie** : petit gâteau *[m]* sec ; galette *f* ;
biscuit *m*

**Cooking** : cuisson *f* ; cuisine *f (food
preparation)*
~-**extrusion** : cuisson-extrusion *f*

to **Cool** : refroidir ; réfrigérer

**Cool** *a* : frais ; froid

**Cooler** : réfrigérant *m*

**Cooling** : refroidissement *m* ; réfrigération *f (physics)* ; rafraîchissement *m*
*(drink)*
**Air** ~ : refroidissement par air
**Shower** ~ : refroidissement par ruissellement
~ **chain** : chaîne *[f]* du froid
~ **chamber** : chambre *[f]* de refroidissement
~ **coil** : serpentin *[m]* de refroidissement
~ **cupboard** : armoire *[f]* frigorifique
~ **machine** : machine *[f]* frigorifique
~ **pipe** : serpentin *[m]* de refroidissement
~ **room** : chambre *[f]* froide
~ **ship** : navire *[m]* frigorifique
~ **tank** : appareil *[m]* réfrigérant
~ **tower** : tour *[f]* de réfrigération
~ **trough** : lit *[m]* réfrigérant
~ **tunnel** : tunnel *[m]* de réfrigération
~ **wagon** : wagon *[m]* frigorifique

**co-op** : coopérative *f*

**Cooperative** : coopérative *f*
**Agricultural** ~ : coopérative agricole
**Buying** ~ : coopérative d'achat
**Farmer's** ~ : coopérative agricole
**Processing** ~ : coopérative de trans-
formation
**Purchasing** ~ : coopérative d'achat
~ **movement** : mouvement *[m]* coopé-
ratif

**Coordinate** : coordonnée *f*

**Copolymer** : copolymère *m*

**Copper** : cuivre *m*

**Copra** : coprah *m* ; amande *[f]* de la
noix de coco

**Coprecipitate** : coprécipité *m*

**Coprophagous** *a* : coprophage

**Coprophagy** : coprophagie *f*

**Coprophillia** : coprophilie *f*

to **Copy** : copier

**Copy** : copie *f* ; exemplaire *m* ; calque
*m* ; duplicata *m*

**Copying machine** : duplicateur *m* ;
photocopieuse *f*

**Cord** : corde *f* ; cordon *m*
**Cervical** ~ : moelle *[f]* cervicale
**Spinal** ~ : moelle *[f]* épinière
**Umbilical** ~ : cordon *[m]* ombilical

**Cordial** : cordial *m* ; liqueur *f* ; sirop *m*
**Mint** ~ : sirop de menthe
**Pineapple** ~ : sirop d'ananas
**Redcurrent** ~ : sirop de groseilles

**Core** : trognon *m (fruit)*

**Coriander** : coriandre *f*

to **Cork** : boucher

**Cork** : bouchon *[m]* de liège ; liège *m*
**Raw** ~ : liège *[m]* brut
**Rubber** ~ : bouchon *[m]* de caoutchouc

**Corking** : bouchage *m*

**Corn** : maïs *m (US)* ; blé *m (GB)* ;
grains *pl (cereals or other)*
**Kaffir** ~ : sorgho *m*
**Pop** ~ : maïs *[m]* éclaté ; pop corn *m*
~ **cleaner** : nettoyeur *[m]* de blé
~ **cob** : épi *[m]* de maïs
~ **cockle** : nielle *[f]* du blé
~ **crusher** : concasseur *[m]* de grain ;
broyeur *m*
~ **distillery** : distillerie *[f]* de grain
~ **drill** : semoir *m*
~ **grinding** : minoterie *f*
~ **house** : grenier *m* ; magasin *[m]* à
blé *(GB)*
~ **loft** : grenier *m* ; magasin *[m]* à blé
*(GB)*
~ **meal** : farine *[f]* de maïs *(US)* ; farine
de blé *(GB)*
~ **mill** : minoterie *f*
~ **miller** : meunier *m*
~ **mower** : moisonneuse *f*
~ **van** : van *m*

**Cornea** : cornée *f*

**Corned beef** : bœuf *[m]* en conserve ;
conserve *[f]* de bœuf

**Corneous** *a* : corné ; kératinisé

**Coronary** *a* : coronaire ; coronarien

**Corpuscle** : globule *m (blood)*
**Red blood** ~ : hématie *f* ; globule rouge
**White blood** ~ : leucocyte *m* ; globule
blanc

**Correlation** : corrélation *f*
**Step-wise multiple** ~ : corrélation
multiple régressive

to **Corrode** : corroder

**Corrodible** *a* : corrosif

**Corroding** *a* : corrodant

**Corrosion** : corrosion *f*
~ **proof** : inattaquable ; incorruptible

**Corrosive** *a* : corrosif

**Cortex** : cortex *m*

**Corticosteroid** : corticostéroïde *m*

**Corticosterone** : corticostérone *f*

**Cortisol** : cortisol *m*

**Cortisone** : cortisone *f*

**Cosmetic** : cosmétique *m a*

**Cost** : dépense *f* ; frais *m pl*

**Costs** *pl* : frais *m pl (administration)* ;
coûts *m pl*
**At ~, at ~ price** : à prix *[m]* coûtant
**Extra ~** : augmentation *[f]* du coût
~ **of production** : prix *[m]* coûtant ;
prix de revient
~ **cutting** : réduction *[f]* des coûts

**Cottage cheese** *m* : fromage *[m]* blanc,
fromage frais

**Cotton** : coton *m*

**Cottonseed** : graine *[f]* de coton
~ **oil** : huile *[f]* de graine de coton

**Cotyledon** : cotylédon *m*

**Cotyledonous** *a* : cotylédoné

**Cough** : toux *f*

**Coumarin** : coumarine *f*

**Coumarone** : coumarone *f*

to **Count** : compter ; faire une numérotation

**Count** : numérotation *f*

**Counter** : compteur *m* ; comptoir *m* ; à
l'opposé de
~ **balance** : contrepoids *m*
~ **current** : contre courant *m*
~ **feit** : contrefaçon *f*
~ **flow** : contre courant *m*
~ **poise** : contrepoids *m*
~ **pressure** : contre-pression *f*
~-**proof** : contre-épreuve *f*
~-**sample** : échantillon *[m]* de contrôle

~**weight** : contrepoids *m*
~**weighted** : équilibré *a*

**Counting** : numération *f (microbiology)* ;
comptage *m* ; dénombrement *m*

**Countryman** : paysan *m*

**Countrywoman** : paysanne *f*

**Courgette** : courgette *f*

**Couveuse** : couveuse *f* ; incubateur *m*

**Covalence** : covalence *f*

**Covalency** : covalence *f*

**Covalent** *a* : covalent

**Cover** : revêtement *m* ; couverture *f* ;
couvercle *m*

**Covering** : saillie *f (animal)*

**Cow** : vache *f*
**Beef ~** : vache de boucherie
**Brood ~** : vache reproductrice
**Calfing ~** : vache pleine
**Culled ~** : vache de réforme
**Dairy ~** : vache laitière
**Dry ~** : vache tarie
**Suckling ~** : vache allaitante
~ **in calf** : vache pleine *f*
~ **boy** : vacher *m*
~ **droppings** : bouse *[f]* de vache
~ **herd** : vacher *m*
~ **in milk** : vache en lactation
~ **pea** : dolique
~ **shed** : étable *f*

**Cowy** *a* : relatif à la vache ; de vache

**Crab** : crabe *m* ; tourteau *m* (crustacean)

**Crack** : fissure *f* ; fente *f* ; brisure *f*

**Cracked** *a* : fissuré ; crevassé ; fendu

**Cracker** : biscuit *[m]* d'apéritif ; biscuit
craquant ; biscuit croustillant
**Cheese ~** : biscuit au fromage

to **Cram** : gaver

**Cramming** : gavage *m*

**Crambe** : oléagineux *m*

**Cranberry** : airelle *f*

**Crate** : cage *f*
**Balance ~** : cage à métabolisme

**Crawfish** : écrevisse *f*

**Crayfish** : écrevisse f ; langouste f
~ **tail** : queue [f] de langouste

to **Cream** : écrémer (milk) ; battre (cream)

**Cream** : crème (milk)
**Double** ~ : crème fraîche épaisse
**Heavy** ~ : crème fraîche épaisse
**Ice** ~ : crème glacée
**Sour** ~ : crème aigre ; crème sure
**Whipped** ~ : crème fouettée
~ **cheese** : fromage [m] à la crème ; fromage gras
**Creamed cheese** : fromage [m] à la crème

**Creamery** : laiterie [f] industrielle

**Creaming** : montée [f] de la crème ; addition de crème f

**Creamy** a : crémeux

**Creatine** : créatine f

**Creatinine** : créatinine f

**Creatinuria** : créatinurie f

**Creeping** a : rampant

to **Cremate** : incinérer

**Cremation** : crémation f ; incinération f

**Crematory** : four [m] crématoire

**Cresol** : crésol m

**Cress** : cresson m

**Crest** : crête f (bird)

**Cretaceous** a : crétacé ; crayeux

**Crib** : mangeoire f

**Crisp** : biscuit [m] croustillant

**Crista** : crête f (bird)

**Crocein** : crocéine f

**Crocin** : crocine f

**Crockery** : vaisselle f

to **Crop** : cultiver ; récolter ; moissonner

**Crop** : moisson f (cereal) ; récolte f ; cueillette f (fruit)
**Continuous cropping** : monoculture f
**One** ~ **system** : monoculture f
**Rotating** ~ : culture par rotation

**Single** ~ **system** : monoculture f
~ **farming** : culture f
~ **year** : campagne [f] annuelle

**Croquette** : croquette f (meat)

to **Cross** : traverser ; croiser ; passer

**Cross** : croix f ; croisée f
~**bred** a : croisé (animal, plant)
~**breeding** : croisement m ; hybridation f
~ **esterification** : transestérification f
~ **fertilization** : fécondation [f] croisée ; hybridation f
~ **lines** pl : réticule m ; réseau m
~ **matching** : épreuve [f] croisée
~**-pollination** : pollinisation [f] croisée

**Crossing** : croisement m
~**-over** : croisement m (botany)

**Crotonic** a : crotonique

**Crow** : corbeau m

**Crucible** : creuset m ; pot m
~ **furnace** : four [m] à moufle

**Crucifer** : crucifère m

**Cruciferous** a : crucifère

**Cruciform** a : cruciforme ; en forme de croix

**Crude** a : brut ; total (content)

**Crumb** : mie f (bread)

to **Crumble** : s'effriter

**Crumbling** : émiettement m ; effritement m

to **Crush** : concasser ; brosser ; écraser

**Crushed** a : broyé ; concassé

**Crusher** : broyeur m ; concasseur m

**Crushing** : broyage [m] grossier ; concassage m ; pilage m

**Crust** : croûte f (bread ; potted meat)

**Crust** a : qui a du dépôt (wine)

**Crustacean** : crustacé m

**Crustaceous** a : relatif au crustacé

**Crustiness** : dureté [f] de la croûte (bread)

**Cryogen** : réfrigérant m (liquid) ; cryogène m

**Cryogenic** a : cryogénique

**Cryogenics** : cryogénie f

**Cryogeny** : cryogénie f

**Cryoscopy** : cryoscopie f

**Cryostat** : cryostat m

**Cryptogam** : cryptogame m

**Cryptogamic, Cryptogamous** a : cryptogamique

**Cryptogamy** : cryptogamie f

**Crystal** : cristal m

**Crystalline** a : cristallin

**Crystallizable** a : cristallisable

**Crystallization** : cristallisation f

to **Cube** : élever au cube

**Cube** : cube m

**Cubic** a : cubique
~ **content** : cubage m
~ **meter** : mètre [m] cube

**Cucumber** : concombre m

**Cucurbit** : courge f (botany) ; matras m (chemistry)

**Cud** : bol [m] alimentaire (ruminant)

**Culling** : réforme f (animal)

to **Cultivate** : cultiver

**Cultivated** a : cultivé

**Cultivation** : culture f ; plantation f

**Cultivator** : cultivateur m

**Culture** : agriculture f (plant) ; culture f (microbiology)
**Needle** ~ : culture par piqûre (microbiology)
**Plate** ~ : culture sur plaque (microbiology)
**Stab** ~ : culture par piqûre (microbiology)
**Streak** ~ : culture en strie (microbiology)
~ **dish** : plaque [f] de culture (microbiology)
~ **tube** : tube [m] pour culture (microbiology)

**Cultured** a : acidifié ; aigre ; maturé (milk)

**Cumarin** : coumarine f

**Cumin** : cumin m

**Cumulative** a : cumulatif

**Cup** : tasse f

**Cupreous** a : cuivreux

**Cupric** a : cuivrique

**Cuprous** a : cuivreux

**Curative** a : curatif

**Curd** : caillé m (milk)
**Acid** ~ : caillé acide

to **Curdle** : cailler (milk) ; former des grumeaux ; caillebotter (milk)

**Curdled** a : caillé

**Curdling** : caillage m ; coagulation f (food)

**Cure** : traitement m ; salaison f (food) ; guérison f ; cure f (medicine)

to **Cure** : fumer ; sécher ; saler (food) ; boucaner (meat) ; affiner ; maturer (milk, cheese)

**Cured** a : fumé ; séché

**Curer** : saleur m (meat)

**Curie** : curie m

**Curing** : boucanage m (meat) ; conservation f ; fumaison f ; salaison f ; séchage m

**Currant** : groseille f
**Black** ~ : cassis m
**Red** ~ : groseille f

**Current** : courant m (electricity)
**Alternative** ~ : courant alternatif
**Direct** ~ : courant continu

**Curry** : carry m ; curry m

**Curve** : courbe f
**Decay** ~ : courbe de décroissance
**Probability** ~ : courbe de probabilité

**Curved** a : courbé ; incurvé

**Custard** : crème [f] anglaise ; crème cuite (sweet)
~ **ice cream** : crème [f] glacée aux œufs

**Custom** : coutume f

**Customs** : douane *f*

**Customer** : client *m* ; consommateur *m*

to **Cut** : cisailler ; couper ; découper ; trancher ; faucher *(harvesting)* ; tondre *(sheep)* ; abattre *(tree)*

to **Cut down** : abattre *(tree)*

**Cut** : coupe *f* ; taille *f* ; coupure *f*

**Cutaneous** *a* : cutané

**Cutis** : peau *f (medicine)*

**Cutitis** : dermatite *f*

**Cutlet** : côtelette *f (mutton)* ; côte *f (veal)* ; croquette *f (any meat)*

**Cutter** : machine *[f]* à découper

**Cutting** : coupe *f* ; découpage *m* ; taille *f* ; tonte *f (sheep)* ; abattage *m (tree)* ; fauchage *m (grass)*
**Rooted** ~ : bouture *f*
**Tree** ~ : abattage *[m]* des arbres
**Wood** ~ : abattage *[m]* des arbres
~ **down** : abattage *m (tree)*
~ **machine** : machine *[f]* à découper ; à couper
~ **off** : découpage *m* ; tronçonnage *m* ; cisaillement *m*
~ **out** : découpage *m* ; taille *f*

**Cuttle bone** : os *[m]* de seiche

**Cuttle fish** : calmar *m*

**Cyanide** : cyanure *m*

**Cyanidin** : cyanidine *f*

to **Cyanize** : cyanurer

**Cyanocobalamin** : cyanocobalamine *f*

**Cyanogen** : cyanogène *a m*

**Cyclamate** : cyclamate *m*

**Cycle** : cycle *m*
**Estrous** ~ : cycle oestral
**Laying** ~ : cycle de ponte
**Menstrual** ~ : cycle menstruel
**Mitotic** ~ : cycle cellulaire
**Reproductive** ~ : cycle de reproduction
**Ovarian** ~ : cycle ovarien

**Cyclic** *a* : cyclique

**Cyclization** : cyclisation *f*

to **Cyclize** : cycliser

**Cyclone** : cyclone *m*

**Cylinder** : cylindre *m* ; rouleau *m*
**Graduated** ~ : éprouvette *[f]* graduée
**Jacketed** ~ : cylindre à chemise
~ **boiler** : chaudière *[f]* cyclindrique
~ **mill** : moulin *[m]* à cylindre

**Cylindrical** *a* : cylindrique

**Cyst** : kyste *m*

**Cysteine** : cystéine *f*

**Cystine** : cystine *f*

**Cytidine** : cytidine *f*

**Cytoblast** : cytoblaste *m*

**Cytochemistry** : cytochimie *f*

**Cytochrome** : cytochrome *m*

**Cytogamy** : cytogamie *f*

**Cytogenesis** : cytogénèse *f*

**Cytology** : cytologie *f*

**Cytolysis** : cytolyse *f*

**Cytoplasm** : cytoplasme *m*

**Cytoplasmic** *a* : cytoplasmique

**Cytosine** : cytosine *f*

**Cytotoxin** : cytotoxine *f*

# D

**Dab** : limande f

**Daily** a : journalier ; quotidien

**Dainty** a : de choix (food) ; délicat

**Dairy** : laiterie f ; crèmerie f (shop)
~ **herd** : troupeau [m] de vaches
~ **product** : produit [m] laitier

**Dalton** : dalton m

**Daltonism** : daltonisme m

**Dam** : barrage m (hydraulic)

to **Damage** : détériorer ; avarier ;
endommager

**Damaged** a : endommagé ; avarié ;
défectueux ; abimé

**Damage** : dommage m ; dégât m ; préjudice m ; détérioration f

**Damages** pl : dégâts m pl ; dommages
m pl

**Damageable** a : dommageable ; préjudiciable ; néfaste

to **Damp** : mouiller ; humecter ; humidifier ; couper l'appétit

**Damp** a : humide ; moite

**Damp** : humidité f ; moiteur f
~ **steam** : vapeur [f] humide

to **Dampen** : ⇨ to **Damp**

**Damper** : galette [f] sans levain

**Damping** : trempe f ; trempage m

**Dandelion** : pissenlit m

**Dark** a : sombre
~ **red** : rouge sombre
~ **room** : chambre [f] noire

to **Darken** : assombrir ; se foncer

**Darkening** : brunissement m ; noircissement m

**Darkness** : obscurité f

**Data** pl : données f pl ; faits m pl ; infor-
mations f pl
**Raw** ~ : données brutes

**Date** : datte f
~ **palm** : dattier m

**Day** : jour m
~ **labourer** : journalier m

**Deacidification** : désacidification f

to **Deacidify** : désacidifier

**Deactivation** : désactivation f

to **Deaerate** : désaérer

**Deaeration** : désaération f

**Deamination** : désamination f

**Dealer** : négociant m ; marchand [m] en
gros (US)
**Grain** ~ : négociant en grains (US)

**Dearth** : pénurie f ; disette f

**Death** : mort f
~ **point** : température [f] de stérilisation
~ **rate** : taux [m] de mortalité ; mortalité f

to **Debone** : désosser

to **Decaffeinate** : décaféiner

**Decalcification** : décalcification f

to **Decalcify** : décalcifier

to **Decant** : décanter ; filtrer ;
transvaser ; soutirer (beer)

**Decantation** : décantation f ; transvasement m

**Decanting** : soutirage [m] des fûts
(wine)

**Decarboxylase** : décarboxylase f

**Decarboxylation** : décarboxylation f

to **Decay** : pourrir ; détériorer

**Decayed** a : pourri ; gâté ; carié (tooth)

**Decay** : pourriture f ; altération f ; putréfaction f

**Deciduous** a : caduque (botany) ; feuillu (forest)

**Decline** : décroissance f

**Declining** a : décroissant

**Decoction** : décoction f

**Decoloration** : décoloration f

to **Decolorize** : décolorer

to **Decolour** : décolorer

**Decolouration** : décoloration f

**Decolouring** : décoloration f

**Decolourization** : décoloration f

to **Decolourize** : décolorer

**Decolourizing** a : décolorant
~ **coal** : charbon [m] décolorant

to **Decompose** : décomposer (chemistry) ; corrompre ; se décomposer ; analyser (compound)

**Decomposition** : décomposition f ; altération f ; putréfaction f

to **Decompress** : décomprimer

**Decompression** : décompression f

**Decontamination** : désinfection f ; décontamination f

**Decorticating** : décorticage m

to **Decrease** : diminuer ; réduire ; baisser

**Decrease** : diminution f ; réduction f ; décroissance f ; baisse f

**Decreasing order** : ordre décroissant m

**Decrement** : perte f ; décroissance f

to **Deemulsify** : désémulsifier

**Deemulsifying** (agent) : désémulsionnant

**Deep** a : profond ; foncé
to ~ **freeze** : congeler ; surgeler
~ **freezing** : congélation f ; surgélation f
~ **frozen** : congelé ; surgelé

**Deer** : cerf m ; biche f
**Roe** ~ : chevreuil m

to **Defat** : dégraisser

**Defatted** a : dégraissé

**Defatting** : dégraissage m

to **Defecate** : déféquer (physiology) ; purifier (chemistry)

**Defecation** : défécation f (physiology, chemistry)

**Defect** : défaut m ; insuffisance f ; manque m

**Defectiness** : défectuosité f

**Deficiency** : manque m ; insuffisance f déficience f ; carence f
~ **disease** : maladie par carence f

**Deficient** a : insuffisant ; incomplet ; défectueux

**Deficit** : déficit m

**Definite** a : défini (number)

**Definition** : définition f (term)

**Defoliant** : défoliant m

**Defoaming** : anti-mousse m

to **Deform** : déformer ; défigurer

**Deformation** : déformation f ; altération f ; changement [m] défavorable

**Defrosting** : décongélation f ; dégivrage m

**Degenerate** a : dégénéré

**Degeneration** : dégénération f ; dégénérescence f

**Deglutition** : déglutition f ; effritement m

to **Degrade** : dégrader ; désagréger ; se dégrader ; s'effriter

**Degreasing** : nettoyage m ; dégraissage m

**Degree** : degré m
~ **of alcohol** : degré alcoolique
~ **of humidity** : taux [m] d'humidité

**Degression** : diminution [f] progressive ; régression f

**Degumming agent** : agent [m] de démucilagination

**Dehiscence** : déhiscence *f*

**Dehiscent** *a* : déhiscent

**Dehumification** : deshydratation *f*

to **Dehydrate** : déshydrater

**Dehydrating** *a* : déshydratant

**Dehydration** : déshydratation *f* ; dessication *f*
  **Vacuum** ~ : déshydratation *[f]* sous vide

**Dehydrator** : deshydratant *m*

**Dehydrogenase** : déshydrogénase *f*

**Deicing** : dégivrage *m*

**Deionization** : désionisation *f*

to **Delay** : retarder

**Delay** : retard *m* ; délai *m*

**Deleterious** *a* : nuisible ; défavorable

**Delicious** *a* : délicieux ; succulent

to **Delight** : se délecter ; prendre du plaisir à

**Delight** : régal *m* ; délices *m pl*

**Delightful** *a* : délicieux

**Deliquescence** : déliquescence *f*

**Deliquescent** *a* : déliquescent

to **Deliver** : livrer ; distribuer ; remettre *(goods)* ; accoucher *(woman)*

**Delivery** : livraison *f* ; distribution *f* ; remise *f (goods)* ; accouchement *m* *(woman)*

**Delphinidin** : delphinidine *f*

**Delphinin** : delphinine *f*

to **Demethylate** : déméthyler

**Demethylation** : déméthylation *f*

**Demijohn** : bonbonne *f* ; tourie *f* ; dame-jeanne *f*

**Demineralization** : déminéralisation *f*

**Demineralizer** : déminéralisateur *m* ; équipement *[m]* de déminéralisation

**Demineralizing** *(plant)* : ⇨ to **Demineralizer**

**Demography** : démographie *f*

**Demonstration** : démonstration *f*
  ~ **model** : appareil *[m]* de démonstration

**Demyelination** : démyélinisation *f*

**Demyelinization** : ⇨ to **Demyelination**

**Denaturation** : dénaturation *f*

to **Denature** : dénaturer

**Denatured** *a* : dénaturé

**Denaturing** : action de dénaturer

**Denitrification** : dénitrification *f*

to **Denitrify** : dénitrifier

**Dens** : dent *f (medicine)*
  ~ **acutus** : incisive *f*
  ~ **caninus** : canine *f*
  ~ **deciduus** : dent de lait
  ~ **incisivus** : incisive *f*
  ~ **molaris** : molaire *f*

**Densimeter** : densimètre *m*

**Densimetry** : densimétrie *f*

**Density** : densité *f*

**Dental** *a* : dentaire

**Dentin** : dentine *f*

**Dentine** : dentine *f*

**Dentition** : dentition *f*
  **Deciduous** ~ : dentition de lait

**Denutrition** : dénutrition *f*

**Deodorization** : désodorisation *f*
  **Vacuum** ~ : désodorisation sous vide

to **Deodorize** : désodoriser

**Deodoriser** : dégazeur *m*

**Deoxy -** : désoxy -

**Deoxidation** : désoxydation *f*

**Deoxyribonucleic** *a* : désoxyribonucléique

**Deoxyribose** : désoxyribose *m*

to **Deplete** : épuiser

**Depletion** : épuisement *m*

**Depolymerase** : dépolymérase *f*

**Depopulation** : dépeuplement *m*

to **Deposit** : sédimenter ; déposer ; se déposer *(chemistry)*

**Deposit** : précipité *m (chemistry)* ; dépôt *m* ; sédiment *m* ; résidu *m*

**Depot** : dépôt *m* ; magasin *m* ; entre-pôt *m*

to **Depreciate** : déprécier

**Depreciation** : dévalorisation *f* ; moins-value *f* ; dépréciation *f* ; amortissement *m (economy)*
~ **rate** : taux *[m]* d'amortissement

to **Depress** : déprimer

**Depression** : dépression *f*

**Deprivation** : carence *f*

**Depth** : profondeur *f (thing)* ; épaisseur *f* ; hauteur *f*

to **Deration** : mettre en vente libre

**Derivative** : dérivé *m (chemistry)*

to **Derive** : dériver *(chemistry)*

**Derived** *a* : dérivé

**Derm** : derme *m*

**Dermal** *a* : dermique ; cutané

**Dermatitis** : dermatite *f*

**Dermatosis** : dermatose *f*

**Dermic** *a* : dermique

**Dermis :** derme *m (medicine)*

**Dermitis** : dermatite *f*

to **Desactivate** : désactiver

**Desactivation** : désactivation *f*

to **Desalt** : désaler

**Desalting** : désalage *m*

to **Descale** : détartrer

**Descaling** : détartrage *m*

**Descendant** : descendant *m*

to **Desemulsify** : désémulsionner ; désémulsifier

**Desensibilization** : désensibilisation *f*

**Desert date** : datte *f*

**Desiccant** : desséchant *m* ; déshydra-tant *m*

to **Desiccate** : dessécher

**Desiccation** : séchage *m* ; dessiccation *f*

**Desiccator** : dessiccateur *m*

**Design** : conception *f (equipment)*

**Designation** : appellation *f*

to **Desludge** : débourber

to **Desorb** : désorber

**Desorption** : désorption *f*

**Desquamation** : desquamation *f*

**Dessert** : dessert *m*

**Destabilization** : déstabilisation *f*

to **Destroy** : détruire

**Destruction** : destruction *f* ; rupture *f*

**Desultory** *a* : sans méthode

**Detection** : détection *f* ; dépistage *m*

**Detergent** : détergent *m*
~ **sanitizer** : détergent-désinfectant *m (US)*
~ **sterilizer** : détergent-désinfectant *m (GB)*

to **Deteriorate** : détériorer

**Deterioration** : détérioration *f* ; dégra-dation *f* ; altération *f*

**Determination** : dosage *m (analysis)* ; détermination *f* ; tendance *f*
**Blank** ~ : blanc *m* ; témoin *m (analy-sis)*

to **Determine** : déterminer ; fixer ; doser ; résoudre

**Detersif** : détersif *m* ; détergent *m*

**Detersive** *a* : détersif

**Detoxication** ; **Detoxification** : détoxi-cation *f*

**Detrimental** *a* : néfaste ; nuisible ; pré-judiciable ;

**Devaluration** : dévalorisation *f*

to **Develop** : développer

**Development** : développement *m* ; croissance *f*

**Deviation** : écart *m* ; déviation *f*
  **Mean** ~ : écart moyen *m*
  **Standard** ~ : écart-type *m*

**Device** : appareil *m* ; mécanisme *m* ;
  dispositif *m*

**Devoid** *a* : dénué de ; dépourvu de

to **Dew** : humecter ; arroser

**Dew** : rosée *f*
  ~ **point** : point *[m]* de rosée

**Dewclaw** : ergot *m (dog)*

**Dextran** : dextrane *m*

**Dextrin** : dextrine *f*

**Dextrinization** : dextrinisation *f*

**Dextrorotatory** *a :* dextrogyre

**Dextrose** : glucose *m*

**Dhan** : paddy *m (rice)*

**Diabetes** : diabète *m*
  **Mellitus** ~ : diabète sucré

**Diabetogenic** *a* : diabétogène

**Diacetyl** : diacétyle *m*

**Diagnosis** : diagnostic *m*

**Diagram** : diagramme *m*

**Dialysate** : dialysat *m*

**Dialysis :** dialyse *f*

to **Dialyze** : dialyser

**Dialyzer** : dialyseur *m*

**Diaphragm** : diaphragme *m (anatomy,
  optics)*

**Diarrhea** : diarrhée *f*
  **Tropical** ~ : sprue *[f]* tropicale

**Diathesis** : diathèse *f*
  **Exudative** ~ : diathèse exsudative

**Diatom** : diatomée *f*

**Diatomaceous earth** : terre *[f]* d'infusoires

to **Diazotize** : diazoter

to **Dice** : couper en dés

**Dice** : dés *m pl*

**Dichotomy** : dichotomie *f*

**Dicotyledon** : dicotylédone *f*

**Dycotyledonous** *a* : dicotylédoné

**Dielectric** *a* : diélectrique

**Diene** : diène *m*

**Diet** : régime *m (food)* ; ration *f* ; alimentation *f (meaning the whole consu-
  med products)*
  **Balanced** ~ : régime équilibré
  **Control** ~ : régime témoin

**Dietary** *a* : alimentaire ; diététique
  ~ **fiber** : fibre *[f]* alimentaire ;
  ballast *[m]* intestinal ; indigestible *[m]*
  glucidique

**Dietetic** *a* : diététique ; alimentaire

**Dietetics** : diététique *f*

**Diethylstilbestrol** : diéthylstilbestrol *m*

to **Differ** *(from)* : se différencier de

**Difference** : différence *f*

to **Differenciate** *(from)* : se différencier
  de

**Different** *a* : différent

to **Diffract** : diffracter

**Diffraction** : diffraction *f*

to **Diffuse :** diffuser

**Diffuse** *a* : diffus *(optics)*

**Diffusion** : diffusion *f*

to **Dig out** : déterrer

to **Digest** : digérer ; faire digérer

**Digestate** : digestat *m*

**Digester** : digesteur *m*

**Digestibility** : digestibilité *f*
  **Apparent** ~ **:** digestibilité apparente
  **Bag** ~ : digestibilité in saco
  **Net** ~ : digestibilité réelle

**Digestible** *a* : digestible

**Digestion** : digestion *f*
  ~ **tank** : digesteur *m*

**Digestive** *a* : digestif

**Digital** *a* : digital

**Digitalin** : digitaline *f*

**Diglyceride** : diglycéride *m*

**Dihydro-** : dihydro-

**Dihydroxy -** : dihydroxy -

**Diketone** : dicétone *f*

**Dilatability** : dilatabilité *f*

**Dilatation ; Dilation** : dilatation *f*

to **Dilate** : dilater

**Dill** : aneth *m*

**Diluent** *a* : diluant

to **Dilute** : diluer

**Diluted** *a* : dilué ; étendu *(chemistry)*

**Diluting** : diluant *a m*

**Dilution** : dilution *f*

**Dimethyl** : diméthyle *m*

to **Diminish** : diminuer ; réduire

**Diminuing** *a* : décroissant

**Diminution** : diminution *f* ; réduction *f* ;
   rétrécissement *m*

**Dinkum** *a* : authentique *(goods)*

**Diopter ; Dioptre** : dioptrie *f*

**Dioxide** : dioxyde *m*
   **Carbon ~** : dioxyde de carbone ; gaz
   carbonique

to **Dip** : plonger ; tremper

**Diploid** *a* : diploïde

**Diploidy** : diploïdie *f*

**Dipper** : plongeur *m*

**Dipper** : louche *f (US)*

**Dirt** : boue *f* ; crasse *f* ; impureté *f*

**Disability** : incapacité *f*

**Disaggregation** : désagrégation *f*

**Disagreable** *a* : désagréable *(smell)*

**Disappearance** : disparition *f*

to **Discharge** : débarquer ; décharger ;
   dégorger

**Discharge** : décharge *f* ; vidange *f* ;
   déchargement *m* ; écoulement *m* ;
   sécrétion *f (biology)* ; déversement *m*

**Discoloration** : décoloration *f*

to **Discolour** : décolorer

**Discolorouring** : décoloration *f* ; décolorant *m*

**Discontinous** *a* : discontinu

**Discount** : rabais *m* ; ristourne *f*

to **Discover** : découvrir

**Discover** : découvreur *m*

**Discovery** : découverte *f*

to **Disease** : tomber malade

to **Become diseased** : tomber malade

**Disease** : maladie *f*
   **~ carrier** : contagieux *m*
   **~ transmission** : contagion *f*
   to **Catch a ~** : tomber malade

to **Disgorge** : dégorger *(food)*

**Dish** : plat *m* ; terrine *f* ; mets *m (meat,
   vegetabe)*
   **Crystallizing ~** : cristallisoir *m (laboratory)*
   **Flan ~** : moule *[m]* à tarte
   **Petri ~** : boîte *[f]* de Pétri
   **~ washer** : plongeur *m*
   **~ water** : eau *[f]* de vaisselle

**Dishes** *pl* : vaisselle *f*

to **Disinfect** : désinfecter

**Disinfectant** : désinfectant *m a*

**Disinfection** : désinfection *f*

**Disinsectization** : désinsectisation *f*

**Disintegration** : désintégration *f*

**Disorder** : désordre *m* ; perturbation *f* ;
   trouble *m (pathology)*

to **Dispense** : distribuer ; exempter

**Dispenser** : distributeur *m*

**Dispensing** : distribution *f*

**Dispersal** : éparpillement *m*

to **Disperse** : disperser ; éparpiller

**Dispersed** *a* : dispersé

**Dispersibility** : dispersibilité *f* ; faculté
   *[f]* de dispersion

**Dispersing** *(agent)* : dispersant *m*

**Dispersion** : dispersion f *(statistics)*

to **Display** : exposer

**Display** : exposition f ; étalage m *(goods)*

to **Dissect** : disséquer

**Dissecting** : dissection f

**Dissection** : dissection f

to **Dissipate** : dégrader ; dissiper

**Dissipation** : dégradation f

**Dissociable** a : dissociable ; fractionable *(from)*

to **Dissociate** : dissocier

**Dissociation** : dissociation f

**Dissolubility** : dissolubilité f

**Dissoluble** a : soluble dans

**Dissolution** : solubilisation f ; dissolution f ; solution f

**Dissolvable** a : soluble dans

to **Dissolve** : dissoudre

**Dissolved** a : dissous

**Dissolvent** : dissolvant m a

**Dissolving** : dissolution f

**Dissymmetry** : asymétrie f

**Distal** a : distal

**Distension** : dilatation f ; ballonnement m *(medicine)*

to **Distill** ; to **Distil** : distiller

**Distilled ; Distiled** a : distillé

**Distillability** : caractère [m] distillable

**Distillable** a : distillable

to **Distillate** : distiller

**Distillate** : distillat m

**Distillation** : distillation f
  **Azeotropic** ~ : distillation azéotropique
  **Batch** ~ : distillation en discontinu
  **Fractional** ~ : distillation fractionnée

**Distiller** : alambic m ; appareil [m] à distiller ; distallateur m *(person)*

~**'s grains** : drèche [f] de distillerie

**Distillery** : distillerie f ; raffinerie f
  ~ **yeast** : levure [f] de distillerie ; levure de récupération

**Distilling** a : relatif à la distillation

**Distoma hepaticum** : douve [f] du foie

**Distortion** : distortion f

**Distress** : embarras m *(gastro-intestinal)* ; gêne f

**Distribution** : distribution f ; répartition f
  **Frequency** ~ : distribution des fréquences
  **Gaussian** ~ : distribution gaussienne

**Distributor** : distributeur m

to **Distribute** : distribuer ; répartir ; partager

**Disturbance** : perturbation f ; trouble m *(working)*

**Disulfide bond** : pont [m] disulfure

**Diuresis** : diurèse f

**Diuretic** a : diurétique

**Diurnal** a : diurne *(animal)* ; quotidien ; journalier

**Divalent** a : divalent

**Divergence** : divergence f ; écart m

**Divergency** : divergence f ; écart m

**Divergent** a : divergent

**Diverticulitis** : diverticulite f

to **Divide** : diviser ; partager ; se diviser ; se partager

**Divisable** a : fractionable

**Division** : fractionnement m ; partage m ; division f

**Doe** : daim [m] femelle

**Dog-fish** : chien [m] de mer ; roussette f

**Dolphin** : dauphin m ; daurade f

**Domestic** : domestique m a ; de ménage
  ~ **consumption** : consommation [f] intérieure

~ **economy** : économie *[f]* domestique

~ **market :** marché *[m]* intérieur

**DOPA** : DOPA

**Dopamine** : dopamine *f*

**Donkey** : âne *m*
  **Female** ~ : ânesse *f*

**Dormancy** : dormance *f*

**Dormant** *a* : en dormance ; dormant *(vegetal)*

**Dorsal** *a* : dorsal
  ~ **fin** : nageoire *[f]* dorsale

**Dorsum** : dos *m (medicine)*

**Dosage** *m* : dosage *m* ; posologie *f*

to **Dose** : doser *(product)*

**Dose** : dose *f*
  **Average** ~ : dose moyenne
  **Curative** ~ : dose curative
  **Daily** ~ : dose journalière
  **Effective** ~ **:** dose efficace
  **Fatal** ~ : dose létale
  **Lethal** ~  : dose létale
  **Lethal** ~ **50** : dose létale 50
  **Tolerance** ~ dose tolérée

**Dosimeter** : doseur *m* ; dosimètre *m*

**Double blind** *a* : double aveugle

**Double effect** *a* : double effet

**Dough** : pâte *f (bakery)*
  ~ **mixer** : pétrin *m*
  ~**maker** : pétrisseur *m* ; mitron *m*
  ~**nut**  : beignet ; pet *[m]* de nonne

**Doughing in** : empâtage *m (brewery)*

**Doughty** *a* : pâteux

**Downy** *a* : cotonneux *(fruit)*

to **Drain** : égoutter ; écouler ; drainer

**Drain** : canal *[m]* d'écoulement ; drain *m*

**Drainage** : drainage *m* ; écoulement *m* ; égouttage *m*

**Draining** : drainage *m* ; action d'écouler ; action d'égoutter

**Drake** : canard *[m]* mâle

**Draught** : pêche *f (collection from the trawl)* ; gorgée *[f]* d'une boisson ; courant *[m]* d'air

to **Dress** : assaisonner ; garnir *(meal)*

**Dress** : assaisonnement *m*

**Dressing** : sauce *f (salad)*
  **French** ~ : vinaigrette *f*

**Dried** *a* : séché ; désseché
  ~ **apple** : pomme *[f]* tapée
  ~ **egg** : œuf *[m]* en poudre
  ~ **fruit** : fruit *[m]* sec
  ~ **pear** : poire *[f]* tapée

**Drier** : séchoir *m*

to **Drink** : boire

**Drink** : boisson *f* ; breuvage *m*
  **Alcoholic** ~ : boisson alcoolisée
  **Hard drink** : boisson alcoolisée
  **Long** ~ : boisson à l'eau
  **Soft** ~ : boisson sans alcool ; sirop *m* ; limonade *f* ; boisson gazeuse
  **Strong** ~  : alcools *m pl* ; spiritueux *m pl*

**Drinkable** *a* : potable ; buvable

**Drinking chocolate** : chocolat *m*

to **Drip** : égoutter ; s'égoutter ; dégoutter

**Drip** : goutte *f* ; égouttement *m* ; graisse *[f]* de rôti
  **Bread and** ~ : tartine *[f]* à la graisse

**Drips** *pl* : sirop *m (sweet)*

**Dripping** : égouttement *m* ; égouttage *m*

**Dripping** *a* : ruisselant

**Drippings** *pl* : gouttes *[f pl]* de graisse d'un rôti

**Drop** : goutte *f (liquid)*
  **Chocolate** ~ : pastille *[f]* de chocolat
  **Peppermint** ~ : pastille *[f]* de menthe
  ~ **scone** : galette *[f]* cuite au four et renversée

**Droplet** : gouttelette *f*

**Droppings** *pl* : fiente *f*

**Dropsy** : hydropisie *f*
  **Cutaneous** ~ : oedème *m*

**Drug** : drogue *[f]* végétale ; médicament *[m]* pharmaceutique
  **Sulpha** ~ : sulfamide *m*

**Drugstore** : pharmacie *f*

**Drum** : fût *m* ; tambour *m* ; cylindre *m* ;
tonnelet *m*
  **Drying** ~ : tambour de séchage
  **Revolving** ~ : tambour rotatif
  **Rotary** ~ : tambour rotatif
  **Rotary** ~ **drying** : séchage sur
cylindre rotatif
  **Washing** ~ : tambour de lavage
  ~ **drier** : séchoir *[m]* à cylindre
  ~ **heater** : pasteurisateur *[m]* à tambour

**Drumstick** : pilon *m (chicken)*

**Drupe** : fruit *[m]* à noyau ; drupe *f*

to **Dry** : sécher ; essorer ; tourailler
  *(beer)*
  ~ **off** : faire évaporer ; s'évaporer ; tarir

**Dry** *a* : sec
  ~ **crop** : fourrage *m*
  ~ **crushing** : broyage *[m]* à sec
  ~ **extract** : extrait *[m]* sec
  ~ **fruit** : fruit *[m]* sec
  ~ **ice** : neige *[f]* carbonique
  ~ **matter** : matière *[f]* sèche
  ~ **process** : procédé *[m]* à sec
  ~ **rot** : pourriture *[f]* sèche
  ~ **shed** : séchoir *m*
  ~ **state** : sécheresse *f (atmosphere)*
  ~ **tower** : tour *[f]* de séchage
  ~ **treatment** : voie *[f]* sèche
  ~ **vapour** : vapeur *[f]* sèche

**Dryer** : séchoir *m*
  **Spin** ~ : essoreuse *f*

**Drying** : séchage *m* ; desséchant *m* ;
déshydratant *m* ; déshydratation *f* ;
ressuyage *m (agriculture)*
  ~ **chamber** : chambre *[f]* de séchage ;
étuve *f*
  ~ **closet** : séchoir *m* ; étuve *f*
  ~ **drum** : séchoir *m* rotatif ; séchoir à
tambour
  ~ **flask** : flacon *[m]* sécheur
  ~ **kiln** : étuve *[f]* à sécher
  ~ **off** : évaporation *f* ; tarissement *m*
  ~ **oil** : huile *[f]* siccative ; siccatif *m*
  ~ **oven** : étuve à sécher
  ~ **process** : procédé *[f]* de séchage
  ~ **room** : séchoir *m*
  ~ **tower** : tour *[f]* de séchage

**Dryness** : sécheresse *f (agriculture)* ;
siccité *f (matter)*

**Duck** : canard *m*

~ **with orange sauce** : canard à
l'orange
  **Mandarin** ~ : canard de Pékin
  **Muscovy** ~ : canard de Barbarie
  **Musk** ~ : canard de Barbarie
  **Wild** ~ : canard sauvage

**Duckling** : caneton *m (small)* ; canette
*f (female)*

**Duct** : canal *m* ; voie *f*
  **Bile** ~ : canal biliaire ; canal cholé-
doque
  **Lymph** ~ : canal lymphatique
  **Hepatic** ~ canal biliaire
  **Pancreatic** ~ : canal pancréatique

**Ductless gland** : glande *[f]* endocrine

**Dug** : mamelle *f* ; pis *m* ; trayon *m*
*(cow)* ; tétine *f (infant)*

**Dulcitol** : galactitol *m*

to **Dump** : décharger ; écouler ; déverser

**Dump** : tas *m* ; amas *m* ; dépôt *m*

**Dumping** : vidange *f* ; évacuation *f* ;
déversement *m*

**Dumpling** : boulette *[f]* de pâte
cuite ; rissole *f*

to **Dung** : fumer *(ground)*

**Dung** : excréta *m pl* ; excréments *m*
*pl* ; fiente *f* ; fumier *m* ; engrais *m*
  ~ **eating** : coprophage *m*

**Duodenum** : duodénum *m*

**Duration** : durée *f (operation)*

**Durum wheat** : blé dur *m*

to **Dust** : réduire en poudre ; réduire
en poussière ; vaporiser ; saupoudrer *(cooking)*

**Dust** : poussière *f* ; poudre *f* ;
ordures *[f pl]* ménagères ; sciure *f*
*(wood)*
  **To reduce to** ~ : réduire en poussière
  ~ **brand** : charbon *[m]* de blé ;
rouille *f (cereal)*
  ~ **extracting** : dépoussiérage *m*
  ~ **filter** : filtre *[m]* à poussières
  ~ **removing** : dépoussiérage *m*
  ~ **shell** : tamis *[m]* à poussières
  ~ **sieve** : tamis *[m]* à poussières
  ~ **sucking** : aspiration *[f]* des poussières

**Dusting** : saupoudrage *m*

**Dusty** *a* : poudreux

**Duty** : impôt *m* ; taxe *f* ; droit *m* (customs)

**Dwarfism** : nanisme *m*

**Dwindling** : affaiblissement *m* ; diminution *f*

to **Dye** : teindre

**Dye** : colorant *m* ; teinte *f*

**Dye** *a* : tinctorial

**Dyes** *pl* : produit *[m]* colorant ; colorant *m*

**Dyeing** : teinture *f*

**Dyestuff** : matière *[f]* colorante

**Dysentery** : dysenterie *f*

**Dysfunction** : dysfonctionnement *m* ; trouble *[m]* fonctionnel

**Dyspepsia** : dyspepsie *f*

**Dystrophia** : dystrophie *f*

**Dystrophy** : dystrophie *f*

# E

**Ear** : oreille *f* ; épi *m (corn)*
 **Inner** ~ : oreille interne
 **Outer** ~ : oreille externe
 **Small** ~ : épillet *m* ; jeune épi *(corn)*

**Early** *a* : hâtif ; précoce

**Earth** : terre *f* ; terrain *m*
 **Fire proof** ~ : terre réfractaire
 **Fuller's** ~ : terre à foulon
 **Infusional** ~ : terre d'infusoires
 **Vegetable** ~ : terreau *m*
 ~ **flake** : amiante *f*
 ~ **magnetism** : magnétisme *[m]* terrestre
 ~ **nut** : arachide *f*
 ~ **rare** : terres rares *(chemistry)*

**Earthen** *a* : relatif à la terre ; de terre

**Earthenware** : poterie *f* ; faïence *f*
 **Glazed** ~ : poterie vernissée

**Earthworm** : ver *[m]* de terre

**Earthy** *a* : terreux ; friable ; terrestre

**Eatable** *a* : comestible ; propre à la consommation *(egg)*

**Eaves** *pl* : égout *m*

**Ebullition** : ébullition *f* ; bouillonnement *m*

**Echinodermata** *pl* : échinoderme *m*

**Echinodermatous** *a* : échinoderme

**Eclampsia** : éclampsie *f*

**Ecological** *a* : écologique

**Ecology** : écologie *f*

**Economic** ; **Economical** *a* : économique

**Economist** : économiste *m*

**Ecosystem** : écosystème *m*

**Ecotype** : écotype *m*

**Ectoblast** : ectoblaste *m*

**Ectoderm** : ectoderme *m*

**Ectoplasm** : ectoplasme *m*

**Eczema** : eczéma *m*
 **Baker's** ~ : eczéma du boulanger

**Edema** : oedème *m*

**Edentate** : édenté *m a*

**Edge** : bord *m*

**Edible** *a* : alimentaire ; comestible ; de table *(oil)*

**Education** : enseignement *m*

**EEC** : CEE

**Eel** : anguille *f*

**Effect** : effet *m*
 **Side** ~ : effet secondaire
 **Triple** ~ : triple effet

**Effective** *a* : efficace

**Effectiveness** : efficacité *f*

to **Effervesce** : bouillonner ; faire une effervescence

**Effervescence** : effervescence *f*

**Effervescent** *a* : effervescent
 ~ **salt** : sel *[m]* effervescent

**Efficiency** : efficacité *f (nutrient)* ; rendement *m (engine)*

**Efficient** *a* : efficace ; utilisable ; capable

**Effluent** : effluent *m*

to **Egest** : évacuer *(biology)*

**Egestion** : évacuation *f*

**Egg** : œuf *m*
 **Beaten** ~ **whites** : blancs *[m]* montés ; blancs battus
 **Boiled** ~ : œuf cuit à l'eau ; œuf dur
 **Chocolate** ~ : œuf en chocolat
 **Dried** ~ : œuf en poudre

**Easter** ~ : œuf de Pâques
**Fresh** ~ : œuf frais
**Fried** ~ : œuf au plat
**Hard cooked** ~ : œuf dur
**Poached** ~ : œuf poché
**Scrambled** ~ : œuf brouillé
**Soft boiled** ~ : œuf mollet
**Stiff** ~ **whites** : œufs battus ; blancs *[m pl]* battus
~ **flip** : lait *[m]* de poule
~ **laying** : ovipare *m a*
~ **nog** : lait *[m]* de poule
~ **shapped** : ovale ; ovoïde *(form)*
~ **white** : blanc *[m]* d'œuf ; albumen *m*
~ **yolk** : jaune *[m]* d'œuf ; vitellus *m*

**Eggplant** : aubergine *f*

**Eicosanoic** *a* : eicosanoïque

to **Eke** : ménager *(food)*
~ **out** allonger *(soup, sauce)*

**Elaidic** *a* : élaïdique

**Elastic** *a* : élastique

**Elasticity** : élasticité *f*

**Elastin** : élastine *f*

**Elastomer** : élastomère *f*

**Elderberry** : baie *[f]* de sureau

**Elderly** *a* : agé *(person)* ; vieux *m*

**Electric** ; **Electrical** *a* : électrique
~ **battery** : batterie *[f]* électrique
~ **current** : courant *[m]* électrique
~ **energy** : énergie *[f]* électrique
~ **impulsion** : impulsion *[f]* électrique
~ **potential** : potentiel *[m]* électrique
~ **power** : puissance *[f]* électrique
~ **resistance** : résistance *[f]* électrique

**Electricity** : électricité *f*

to **Electrify** : électrifier

**Electroanalysis** : électroanalyse *f*

**Electrochemical** *a* : électrochimique
~ **equivalent** : équivalent *[m]* électrochimique

**Electrode** : électrode *f*

**Electrodialysis** : électrodialyse *f*

**Electrolysis** : électrolyse *f*

**Electrolyte** : électrolyte *m*

**Electrolytic** ; **Electrolytical** *a* : électrolytique

to **Electrolyze** : électrolyser

**Electron** : électron *m*

**Electronegative** *a* : électronégatif

**Electronic** *a* : électronique

**Electronics** : électronique *f*

**Electro-osmosis** : électroosmose *f*

**Electro-osmotic** *a* : électroosmotique

**Electrophoresis** : électrophorèse *f*

**Electrophoretic** *a* : électrophorétique

**Electrophysiology** : électrophysiologie *f*

**Electro-positive** *a* : électropositif

**Electrostatic** *a* : électrostatique

**Electrosynthesis** : électrosynthèse *f*

**Element** : élément *m*
**Major** ~ : macroélément *m*
**Trace** ~ : oligoélément *m*

**Elementary** *a* : élémentaire
~ **analysis** : analyse *[f]* élémentaire
~ **mass** : quantité *[f]* élémentaire
~ **substance** : substance *[f]* élémentaire

**Elephant grass** : herbe *[f]* à éléphant

**Eleusine** : éleusine *f*

**Eleusinine** : éleusinine *f*

**Elevator** : élévateur *m* ; aspirateur *m* *(grain)*
**Grain** ~ : aspirateur pour grains *(silo)*

to **Eliminate** : éliminer

**Elimination** : élimination *f*

**Elongation** : allongement *m* ; élongation *f*

**Eluent** : éluant *m*

to **Elute** : éluer

**Elution** : élution *f*

to **Emaciate** : appauvrir *(ground)*

**Emaciated** *a* : décharné *(animal)*

**Embryo** : germe *m (vegetal)* ; embryon
*(animal)*
  **In ~** : à l'état embryonnaire

**Embryogenesis** : embryogénèse *f*

**Embryonary** *a* : embryonnaire

**Embryonic** *a* : embryonnaire

**Emery** : émeri *m*

**Emetic** : émétique *m a*

**-émia** : -émie *f*

**Emictory** *a* : diurétique

**Emporium** : entrepôt *m* ; marché *m*

to **Empty** : vider ; vidanger ; évacuer ;
déverser

**Empty** *a* : vide

**Emptying** : vidange *f*

**Emulsification** : émulsification *f*

**Emulsifier** : émulsifiant *m*

to **Emulsify** : émulsionner

**Emulsifying** : émulsifiant *m*

**Emulsin** : émulsine *f*

**Emulsion** : émulsion *f*

to **Emulsionize** : émulsionner

**Emulsive** *a* : émulsionnant

to **Enamel** : émailler

**Enamelled** a : émaillé
  **~ utensils** *pl* : batterie *[f]* de cuisine
émaillée

**Enamel** : émail *m*

**Enantiomer** : énantiomère *m*

**Enantiomorph** : énantiomère *m*

**Enantiomorphous** *a* : énantiomorphe

**Encapsulation** : encapsulage *m*

**Encephalomalacia** : encéphalomalacie *f*

**Enclosure** : enclos *m* ; parc *m*

to **Encrust** : couvrir d'une croûte

to **End** : achever ; finir ; terminer

**End** : fin *f* ; extrêmité *f*

**Endemic** *a* : endémique

**Endive** : endive *f*

**Endoamylase** : endoamylase *f*

**Endocrinal** *a* : endocrinien

**Endocrine** *a* : endocrine *(gland)* ; endocrinien

**Endocrinology** : endocrinologie *f*

**Endoderm** ; **Endodermis** : endoderme *m*

**Endogen** ; **Endogenous** *a* : endogène

**Endopeptidase** : endopeptidase *f*

**Endoplasm** : endoplasme *m*

**Endoplast** : endoplaste *m*

**Endosmosis** : endosmose *f*

**Endosperm** : amande *f (grain)*

**Endothelium** : endothélium *m*

**Endothermic** *a* : endothermique

**Energy** : énergie *f*
  **Digestible ~** : énergie digestible
  **Gross ~** : énergie brute
  **High ~ food** : aliment énergétique
  **Metabolizable ~** : énergie métaboli-
sable
  **Net ~** : énergie nette

to **Enflame** : enflammer

to **Engender** : engendrer *(effect,
disease)*

**Engine** : machine *f* ; engin *m*

**Engineer** : ingénieur *m*

**Engineering** : sciences *[f]* de
l'ingénieur ; ingénierie *f* ; génie *m*

to **Enhance** : rehausser ; augmenter

**Enhancer** : renforçateur *m* ; exhausteur *m*

to **Enlarge** : agrandir ; s'étendre ; augmenter ; s'agrandir ; s'accroître

**Enlarged** *a* : hypertrophié *(organ)*

**Enlarging** : agrandissement *m* ; élargissement *m*

**Enlargment** : extension *f* ; agrandissement *m* ; hypertrophie *f (organ)*

**-enoic** *(acid)* : -énoïque *(acide)*

**Enol** : énol *m*

**Enolic** *a* : énolique

**Enolization** : énolisation *f*

to **Enrich** : enrichir

**Enriched with** : enrichi en

**Enrichment** : enrichissement *m (product)*

to **Ensilage** : ensiler

**Ensilage** : ensilage *m*

**Ensiling** : ensilage *m*

**Entanglement** : enchevêtrement *m* ; encombrement *m*

**Enteral** *a* : entéral

**Enteramine** : sérotonine *f*

**Enterocyte** : entérocyte *m*

**Enterotoxin** : entérotoxine *f*

**Enthalpy** : enthalpie *f*

**Entrails** *pl* : boyaux *m pl* ; entrailles *f pl (animal)*

to **Entrap** : piéger

**Entrapment** : piégeage *m*

**Entropy** : entropie *f*

**Enumeration** : numération *f* ; comptage *m*

**Environment** : environnement *m* ; milieu *[m]* ambiant

**Environmental** *a* : relatif à l'environnement ; relatif au milieu ambiant

**Enzymatic** *a* : enzymatique

**Enzyme** : enzyme *f, m*

**Enzymic** *a* : enzymatique

**Enzymology** : enzymologie *f*

**Ephedrine** : éphédrine *f*

**Ephemeral** *a* : éphémère

**Epicarp** : épicarpe *m*

**Epicatechin** : épicatéchine *f*

**Epicure** : gourmet *m* ; gastronome *m*

**Epidemic** *a* : épidémique

**Epidemiology** : épidémiologie *f*

**Epiderm** : épiderme *f*

**Epidermal** *a* : épidermique

**Epidermis** : épiderme *f*

**Epimer** : épimère *m*

**Epimysium** : épimysium *m*

**Epinephrine** : épinéphrine *f*

**Epithelial** *a* : épithélial

**Epithelium** : épithélium *m*

**Epizootic** *a* : épizootique

**Epoxy** : époxyde *m a*

**Epson salt** : sulfate *[m]* de magnésie

**Equatorial** *a* : équatorial

to **Equilibrate :** équilibrer

**Equilibrated** *a* : équilibré

**Equilibrium** : équilibre *m*
**Condition of ~** : condition *[f]* d'équilibre

to **Equilibrize** : équilibrer

**Equimolecular** *a* : équimoléculaire

**Equipment** : installation *f* ; équipement *m*

**Equivalence** : équivalence *f*

**Equivalent** *a* : équivalent

**Eradication** : élimination *f* ; éradication *f*

to **Erect** : ériger

**Erepsin** : érepsine *f*

**Ergamine** : histamine *f*

**Ergot** : ergot *m (rye)*

**Ergotamine** : ergotamine *f*

**Ergotism** : ergotisme *m*

to **Erode** : ronger *(acid)*

**Erratic** *a* : irrégulier

**Erucic** *a* : érucique

to **Eructate** : éructer

**Eructation** : éructation *f*

**Eryodictin** : éryodictine *f*

**Erythorbic** *a* : érythorbique

**Erythroblastic** *a* : érythroblastique

**Erythrodema** : acrodynie *f*

**Erythroedema** : acrodynie *f*

**Erythropoiesis** : érythropoïèse *f*

**Erythropoietin** : érythropoïétine *f*

**Erythrose** : érythrose *m*

**Esculent** *a* : comestible

**Esculin** : esculine *f*

**Esophagus** : œsophage *m*

to **Essay** : essayer

**Essay** : essai *m* ; recherche *f* ; épreuve *f*

**Essence** : essence *f* ; extrait *m*

**Essential** *a* : essentiel *(oil)* ; indispensable *(nutrient)*

**Essentiality** : caractère *[m]* indispensable *(nutrient)*

**Ester** : ester *m*

**Esterase** : estérase *f*

**Esterification** : estérification *f*

to **Estimate** : déterminer ; évaluer

**Estimate** : évaluation *f* ; appréciation *f* ; dosage *m* ; détermination *f*

**Estradiol** : œstradiol *m*

**Estral** *a* : œstral

**Estrial** *a* : œstral

**Estriol** : œstriol *m*

**Estrogen** : œstrogène *m*

**Estrogenic** *a* : œstrogène ; œstrogénique

**Estrogenous** *a* : œstrogène

**Estrone** : œstrone *f*

**Estrous** *a* : œstrien

**Estrus** : œstrus *m* ; rut *m* *(female)*

**Ethanol** : éthanol *m* ; alcool *[m]* éthylique

**Ethereal** *a* : volatile *(liquid)*

**Ethionine** : éthionine *f*

**Ethnology** : ethnologie *f*

**Ethyl** : éthyle *m* ; éthylique *a (alcohol)*
~ **alcohol** : alcool *[m]* éthylique ; éthanol *m* ; alcool *m*

**Ethylic** *a* : éthylique

**Etiology** : étiologie *f*

**Eucaryote** : eucaryote *m a*

**Euploidy** : euploïdie *f*

**European Economy Community (EEC)** : Communauté *[f]* Economique Européenne (CEE)

to **Evacuate** : évacuer

**Evacuation** : évacuation *f (stomach)* ; éjection *f (urine)*

to **Evaluate** : estimer ; évaluer *(damage)*

**Evaluation** : évaluation *f (damage)* ; estimation *f*

to **Evaporate :** évaporer ; concentrer *(substance)*
~ **off** : éliminer par évaporation
~ **to dryness** : évaporer à sec
to **make** ~ : faire évaporer

**Evaporated off** : semi-condensé *(milk)*

**Evaporating** : évaporation *f*

**Evaporation** : évaporation ; vaporisation *f*

**Evaporator** : évaporateur *m*

**Everglade** : terrain *[m]* marécageux *(US)*

**Everted** *a* : éversé ; retourné *(intestine)*

to **Eviscerate** : éviscérer

**Evisceration** : éviscération *f*

**Evolution** : évolution *f*

to **Evolve** : dégager ; développer ; se dégager *(chemistry)*

**Ewe** : brebis *f*
**Breeding** ~ : brebis allaitante
**Dairy** ~ : brebis laitière
**Nursing** ~ : brebis allaitante
**Suckling** ~ : brebis allaitante

**Exact** *a* : exact

**Exactly** : exactement

**Exactness** : exactitude *f*

**Exam** : examen *m* ; inspection *f* ; essai *m*

**Examination** : examen *m* ; inspection *f* visite *f*
~ **by expert** : expertise *f*

to **Examine** : examiner ; inspecter ; visiter ; vérifier

**Excess** : excès *m*

**Exchange** : bourse *f (stock)*
**Corn** ~ : bourse aux grains *(GB)*
**Grain** ~ : bourse aux grains *(US)*
~ **rate** : taux *[m]* de change

**Exchanger** : échangeur *m*
**Plate-**~ : échangeur à plaques

**Excision** : excision *f* ; ablation *f*

**Excrement** : excrément *m*

**Excreta** : excreta *m pl* ; excréments *m pl*

**Excrescence** : excroissance *f* ; bourrelet *m (tree)*

**Exertion** : emploi *[m]* d'une force

**Excretion** : excrétion *f*

to **Exfoliate** : défeuiller ; exfolier

**Exfoliation** : exfoliation *f* ; perte *[f]* du feuillage

to **Exhaler** : s'exhaler *(vapour)*

to **Exhaust** : s'épuiser *(resources)* ; aspirer *(matter)* ; vider ; faire le vide *(laboratory)* ; s'échapper *(vapour)*

**Exhauster** : exhausteur *m* ; renforçateur *m (savour)*

**Exhaustion** : exhaustion *f* ; aspiration *f* *(matter)* ; épuisement *m (soil)*

**Exhibition** : exposition *f* ; foire *f (commercial)*

**Exoamylase** : exoamylase *f*

**Exocarp** : épicarpe *m*

**Exocrine** *a* : exocrine

**Exoderm** ; **exodermis** : exoderme *m*

**Exogen** *a* : exogène

**Exogenous** *a* : exogène

**Exopeptidase** : exopeptidase *f*

**Exothermic** *a* : exothermique

**Exotic** *a* : exotique

**Exotoxin** : exotoxine *f*

to **Expand** : élargir ; dilater ; détendre ; gonfler ; expanser

**Expanded** *a* : expansé

**Expanding** *a :* extensible

**Expanse** : étendue *f*

**Expansibility** : caractère *[m]* expansible

**Expansion** : expansion *f* ; dilatation *f* ; gonflement *m* ; élargissement *m*
~ **coefficient** : coefficient *[m]* de dilatation
~ **degree** : degré *[m]* d'expansion
~ **steam** : détente *[f]* de la vapeur

**Expansive** *a* : expansif

**Expansiveness** : pouvoir *[m]* expansif ; capacité *[f]* d'expansion

**Expenses** *pl* : dépense *f* ; frais *m pl*

**Expenditure** : dépense *f (biology)*
**Energy** ~ : dépense énergétique

to **Experience** : expérimenter ; éprouver ; essayer

**Experience** : expérience *f*

to **Experiment** : expérimenter ; essayer

**Experiment** : expérience *f* ; essai *m*
**Double-blind** ~ : expérience en double aveugle

**Experimental** *a* : expérimental

**Expert** : expert *m* ; spécialiste *m*

**Exponential** *a :* exponentiel

to **Expose** : exposer

**Exposure** : exposition *f (counter)*

to **Express** : exprimer *(juice ; oil)*

**Exsiccant** *a* : dessicatif

to **Exsiccate** : dessécher

**Exsiccator** : dessiccateur *m*

to **Extend** : étendre ; se répandre ; prolonger ; allonger

**Extensibility** : expansibilité f ; dilatabilité f ; extensibité f

**Extensible** a : extensible

**Extension** : extension f ; accroissement
m ; allongement m ; dilatation f ; pro-
longation f ; prolongement m

**Extensive** a : étendu

**Extensograph** : extensographe m

**Exterior** a : extérieur

**External** a : externe

**Extinction** : extinction f

to **Extinguish** : éteindre (fire)

**Extinguishing** : extinction f

**Extracellular** a : extracellulaire

to **Extract** : extraire ; épuiser

**Extract** : extrait m
  **Dry** ~ : extrait sec

**Extracter** : extracteur m
  **Juice** ~ : centrifugeuse f (kitchen)

**Extracting** : extraction f

**Extraction** : extraction f
  **Step-wise** ~ : extraction par palier
  ~ **rate** : taux [m] d'extraction

**Extractive** a : extractif

**Extraneous** a : étranger

**Extraneousness** : absence [f] de rapport

**Extremity** : extrêmité f

**Extrinsic** a : extrinsèque
  ~ **factor** : facteur [m] extrinsèque

**Extruder** : extrudeur m
  **Twin screw** ~ : extrudeur à double vis

**Extrusion** : extrusion f
  ~ **cooking** : cuisson-extrusion f

**Exudate** : exsudat m

**Exudation** : exsudation f

**Eye** : œil m
  ~ **preserver** : lunette [f] de protection

**Eyeball** : globe [m] oculaire

**Faba bean** : fève *f*

**Fabism** : favisme *m*

**Facilities** *pl* : installation *f*

**Facts** *pl* : faits *m pl*

**Factor** : facteur *m*
**Growth** ~ : facteur de croissance
**Hereditary** ~ : facteur héréditaire

**Factory** : fabrique *f* ; usine *f* ; manufacture *f* ; fabrication *f*
**Biscuit** ~ ; **cake** ~ ; **cookie** ~ : biscuiterie *f*

to **Fade** : se faner ; se flétrir

**Faded** *a* : fané ; flétri

**Fading** : flétrissure *f*

**Faecal** *a* : fécal

**Faeces** *pl* : fèces *m pl*

**Failure** : manque *m* ; défaut *m* ; échec *m*

to **Fall** : tomber ; baisser ; chuter

**Fall** : automne *m*

**Fallout** : retombée *f*

**Fallow** : jachère *f* ; friche *f*

**Falsification** : adultération *f* ; falsification *f*

to **Falsify** : falsifier ; adultérer

**Fames** : faim *f*

**Family** : famille *f*

to **Fan** : vanner

**Fan** : van *m*

**Fanning** : vannage *m*

**FAO** : FAO or OAA

**Farina** : fécule *f* ; farine *f*

**Farinaceous** *a* : farineux

**Farinograph** : farinographe *m*

**Farinose** *a* : farineux

to **Farm** : cultiver ; exploiter une propriété

**Farm** : ferme *f* ; exploitation *[f]* agricole ; domaine *[m]* agricole ; métairie *f*
~ **labourer** : employé *[m]* agricole ; ouvrier agricole
~ **land** : terre *[f]* agricole
~ **owner** : propriétaire *[m]* terrien
~ **rent** : fermage *m*
~ **servant** : valet *m* ; garçon *[m]* de ferme
~ **worker** : ouvrier *[m]* agricole
~ **yard** : ferme *f* ; métairie *f*

**Farmer** : propriétaire *[m]* agricole ; agriculteur *m*

**Farming** : agriculture *f* ; exploitation *[f]* agricole ; économie *[f]* rurale
**One course** ~ : monoculture *f*
**Single crop** ~ : monoculture *f*

**Farmland** : terre *[f]* agricole

**Farrow** : porcelet *m*

**Farrowing :** mise-bas *f (swine)*

**Fasciola hepatica** : douve *[f]* du foie

to **Fast** : jeûner

**Fasted calf** : veau *[m]* de lait

**Fast** : jeûne *m*

**Fast** *a* : solide ; résistant ; ferme ; stable ; rapide
~ **food** : restauration *[f]* rapide

to **Fasten** : fixer ; attacher

**Fastidium** : dégoût *m*

**Fasting** *a* : à jeun

**Fat** : matière grasse *f* ; graisse *f* ; huile *f* ; corps gras *m*
**Animal** ~ : graisse animale

**Vegetable** ~ : huile végétale ; graisse végétale
~ **cell** : adipocyte *m*
~**-free** *a* : délipidé *(matter)* ; lipidoprive *(diet)*
~ **removal** : écrémage *m*
~ **soluble** *a* : liposoluble

**Fatal** *a* : fatal

**Fatness** : obésité *f*

to **Fatten** : engraisser *(animal)* ; empâter

**Fattening** : engraissement *m (animal)* ; à l'engrais *(animal)*
**Winter** ~ : engraissement en stabulation
**Summer** ~ : engraissement en pâture ; engraissement à l'herbage

**Fatting** : engraissement *m (cattle)*

**Fatty** *a* : graisseux ; gras ; adipeux *(tissue)*

**Fault** : faute *f* ; défaut *m* ; défectuosité *f (goods)*

**Faulty** *a* : défectueux ; endommagé ; avarié

**Fauna** : faune *f*

**Faveolus** : alvéole *f*

**Favism** : favisme *m*

**Feasibility** : faisabilité *f*

**Feast** : festin *m* ; régal *m, pl* : régals

**Feather** : plume *f*
**Down** ~ : plume pour duvet

**Feature** : caractéristique *f*

**Feces** : fèces *m pl* ; matières *[f pl]* fécales ; selles *f pl (human)*

**Fecula** : fécule *f*

**Feculent** *a* : féculent

**Fecundation** : fécondation *f* ; fertilisation *f*
**Artificial** ~ : insémination *[f]* artificielle

**Fecundity** : fécondité *f* ; fertilité *f*

**Fee** : honoraires *m pl* ; redevance *f*

to **Feed** : alimenter ; nourrir ; ravitailler ; affourager *(cattle)* ; approvisionner ; faire manger ; faire paître *(cattle)*

**Feed** : aliment *m (animal)* ; pâturage *m* ; alimentation *f*
**Compound** ~ : aliment composé
**Growth** ~ : aliment de croissance
**Ingested** ~ : ingéré *m*
**Pelleted** ~ : aliment aggloméré
**Rearing** ~ : aliment d'élevage
**Starter** ~ : aliment de démarrage
**Wet feed** : pâtée *f*
~ **lot** : élevage *[m]* intensif du bétail
~ **stock** : matière *[f]* de base ; matière première
~ **value** : valeur *[f]* fourragère

**Feedback** ; rétroaction *f* ; rétrocontrôle *m* ; rétroinhibition *f (enzyme)*

**Feeder** : nourrisseur *m (cattle)*
**Commercial** ~, **Custom** ~, **Farm** ~ : éleveur *[m]* de bétail

**Feeding** : alimentation *[f]* animale ; affouragement *m*
**Sham-**~ : repas *[m]* fictif *(medicine)*
~ **bottle** : biberon *m*
~ **standard** : norme *[f]* alimentaire
~ **stuff** : matière *[f]* alimentaire *(animal)*
~ **yeast** : levure *[f]* fourragère

**Fel** : fiel *m*

**Female** : femelle *f*

**Femoral** *a* : femoral

**Femur** : fémur *m*

**Fen** : marais *m*

**Fence** : clôture *f* ; palissade *f*

**Fennel** : fenouil *m*
**Bitter** ~ : fenouil amer
**Sweet** ~ : fenouil officinal

**Fenugreek** : fenugrec *m*

to **Ferment** : fermenter ; travailler *(wine)* ; s'échauffer *(cereal)* ; faire fermenter

**Fermented** *a* : fermenté
~ **from below** : à fermentation *[f]* basse
~ **from top** : à fermentation *[f]* haute

**Ferment** : ferment *m* ; fermentation *f*

**Fermentability** : fermentescibilité *f*

**Fermentable** *a* : fermentescible

**Fermentation** : fermentation *f*

**After ~** : fermentation secondaire
**Cask ~** : fermentation en tonneau
**Deep ~** : fermentation basse
**Putrid ~** : fermentation putride
**Sour ~** : fermentation acide
**Spontaneous ~** : fermentation spontanée
**Standing ~** : fermentation en cuve
**Top ~** : fermentation haute

**Fermentative** *a* : fermentatif ; fermentescible

**Fermenter** : fermenteur *m* ; cuve *[f]* de fermentation
**Airlift ~** : fermenteur à courant d'air ascensionnel

**Fermentescible, Fermentible** *a* : fermentescible

**Fermenting** : fermentation *f*
**~ beer** : bière *[f]* jeune
**~ power** : pouvoir *[m]* fermentatif
**~ room** : cave *[f]* de fermentation
**~ tun** : cuve *[f]* de fermentation
**~ vessel** : tonneau *[m]* pour fermentation

**Fermentor** ⇨ to **Fermenter**

**Ferret** : furet *m*

**Ferric** *a* : ferrique

**Ferriferous** *a* : ferrugineux

**Ferritin** : ferritine *f*

**Ferrous** *a* : ferreux

**Ferruginous** *a* : ferrugineux

**Fertile** *a* : fertile ; fécondé

**Fertility** : fertilité *f*

**Fertilization** : fécondation *f* ; fertilisation *f* ; apport *[m]* d'engrais

to **Fertilize** : fertiliser

**Fertilizer** : fertilisant *m* ; engrais *m*
**Artificial ~** : engrais chimique

**Fertilizing** : fertilisation *f* ; apport *[m]* d'engrais

**Ferulic** *a* : férulique

**Fescue** : fétuque *f*

**Fetal** *a* : fœtal

**Fetid** *a* : fétide

**Fetus** : fœtus *m*

**Fever** : fièvre *f*
**Hay ~** : rhume *[m]* des foins

**Fiber** : fibre *f* ; ballast *[m]* intestinal ; indigestible *[m]* glucidique *(nutrition)*
**Crude ~** : cellulose *[f]* brute ; fibre alimentaire
**Nerve ~** : fibre nerveuse
**Smooth muscle ~** : fibre musculaire lisse
**Wool ~** : brin *[m]* de laine

**Fibre** ⇨ to **Fiber**

**Fibred** *a* : fibreux

**Fibril** : fibrille *f*

**Fibrin** : fibrine *f*

**Fibrinogen** : fibrinogène *m*

**Fibroma** : fibrome *m*

**Fibrosis** : fibrose *f* ; dégénérescence *[f]* fibreuse

**Fibrous** *a* : fibreux

**Ficin** : ficine *f*

**Field** : champ *m* ; terrain *m*
**Cereal ~** : emblavure *f*
**Corn ~** : emblavure *f*
**Experimental ~** : champ *[m]* d'expérience
**Test ~** : champ *[m]* d'essai
**~ bean** : féverole *f*
**~ pea** : pois *[m]* des champs

**Fig** : figue *f*

**Filament** : filament *m*

**Filamentous** *a* : filamenteux

**Filbert** : aveline *f*

**Filial** *a* : filial

**Filiform** *a* : filiforme

to **Fill** : remplir ; charger

**Fillet** : filet *m (fish)*

**Filling** : remplissage *m* ; matière *[f]* de remplissage ; farce *f (meat)* ; garniture *f (pie, tart, sandwich)*
**~ apparatus** : soutireuse *f (wine)*
**~ earth** : terre *[f]* pour remblai
**~ substance** : matière *[f]* inerte ; ballast *m*
**~ up** : remblai *m*

**Filling** *a* : substantiel *(meal)*

**Filly** : pouliche *f*

**Film** : pellicule *f* ; couche *f* ; film *m*

to **Filter** : filtrer ; tamiser ; épurer

**Filter** : filtre *m* ; épurateur *m*

**Filtering** : filtration *f* ; épuration *f*

**Filtrable** *a* : filtrable

to **Filtrate** ⇨ to **Filter**

**Filtrate** : filtrat *m*

**Filtration** : filtration *f* ; épuration *f*

**Fimbria** : villosité *f*

**Fin** : nageoire *f*
**Anal** ~ : nageoire anale
**Dorsal** ~ : nageoire dorsale
**Tail** ~ : nageoire caudale
**Ventral** ~ : nageoire ventrale

**Final** *a* : final ; ultime

to **Find** : trouver
~ **a fault** : relever une erreur

**Finder** : chercheur *m* ; découvreur *m*

**Finding** : découverte *f*

**Finger** : doigt *m*
~ **millet** : éleusine *f*

**Fingerling** : alevin *m*

to **Finish** : terminer ; achever ; finir

**Finished** *a* : fini ; achevé

to **Fire** : allumer ; enflammer ; chauffer

**Fire** : feu *m* ; incendie *m* ; foyer *m* ;
four *m*
~ **resisting** *a* : réfractaire

**Fireproof** *a* : incombustible ; ignifuge
~ **earth** : terre *[f]* réfractaire

**Firewood** : bois *[m]* de chauffage

**Firing** : feu *m* ; four *m*
**Direct** ~ : feu *[m]* nu
**Gas** ~ : chauffage *[m]* au gaz

**Firm** : firme *f* ; établissement *[m]* commercial

**Firm** *a* : ferme ; fixe

**Firmness** : fermeté *f* ; consistance *f*

**First order** : premier ordre *m*
~ **reaction** : réaction *[f]* de premier
ordre

**Fish** : poisson *m*
**Cultured** ~ : poisson d'élevage
**Fresh water** ~ : poisson d'eau douce
**Salt water** ~ : poisson de mer
**Scorpion** ~ : rascasse *f*
~ **breeder** : pisciculteur *m*
~ **breeding** : pisciculture *f*
~ **farmer** : pisciculteur *m*
~ **farming** : pisciculture *f*
~ **monger** : poissonnier *m*
~ **pond** : vivier *m*
~ **pot** : casier *m* ; nasse *f*
~ **rearing** : alevinage *m*
~ **roe** : œufs *[m pl]* de poisson
~ **smoking** : fumage *[m]* de poissons
~ **stocking** : alevinage *m*
~ **tank** : réservoir *[m]* à poisson ;
vivier *m*
~ **trade** : poissonnerie *f*
~ **train** : train *[m]* de marée
~ **well** : vivier *m*

**Fisher** : pêcheur *m*

**Fisherman** : pêcheur *m*
**Sea** ~ : marin-pêcheur *m*

**Fishery, Fishing** : pêche *f* ; pêcherie *f*
**Coast** ~, **Coastal** ~ : pêche côtière
**Deep sea** ~ : grande pêche
**Fly** ~ : pêche à la mouche
**Great** ~ : grande pêche
**High-sea** ~ : grande pêche
**Inshore** ~ : pêche côtière
~ **fleet** : flotte *[f]* de pêche
~ **ground** : fond *[m]* poissonneux
~ **line** : ligne *[f]* de pêche
~ **net** : filet *[m]* de pêche
~ **on the open sea** : pêche en haute
mer ; pêche hauturière
~ **preserve** : réserve *[f]* de pêche ;
pêche réservée
~ **right** : droit *[m]* de pêche
~ **rod** : canne *[f]* à pêche

**Fission** : fission *f*

**Fissure** : fissure *f*

**Fissured** *a* : fissuré

**Fistula** : fistule *f*

**Fixation** : fixation *f* *(nitrogen)*

to **Fizz** : pétiller *(wine)*

**Fizz** : pétillement *m* ; effervescence *f*

**Fizzing** *a* : pétillant

**Fizzle** : pétillement *m*

to **Fizzle** : pétiller *(wine)*

**Fizzy** *a* : pétillant

**Flagellate** : flagellé *m* ; flagellaire *a*

**Flagellum** : cil *m* ; flagelle *f*

**Flagon** : flacon *m*

**Flake** : lamelle *f* ; paillette *f (soap)* ; flocon *m (cereal)*
  **Mineral ~** : amiante *f*

**Flakiness** : friabilité *f*

**Flaking** : action *[f]* de réduire en paillettes ; – en flocons ; – en lamelles

**Flaky** *a* : friable ; en paillettes ; laminaire *(texture)*

**Flame** : flamme *f*
  **Reducing ~** : flamme réductrice
  **~ proof** : ignifuge

**Flaming** : action *[f]* de s'enflammer

**Flank** : flanc *m (animal)*

**Flap mushroom** : cèpe *m* ; bolet *m*

to **Flash** : jeter un éclair ; jeter des étincelles

**Flash** : éclair *m*
  **~ heat** : chauffage *[m]* rapide
  **~ pasteurization** : pasteurisation *[f]* haute
  **~ point** : point *[m]* d'inflammation

**Flask** : fiole *f*
  **Evacuated ~** : fiole à vide
  **Vacuum ~** : fiole à vide
  **Volumetric ~** : fiole jaugée

**Flat** *a* : insipide ; monotone ; fade ; plat ; eventé *(wine)*
  **~ fish** : flétan *m* ; pleuronecte *m*

**Flatulence** : flatulence *f*

**Flatulency ; Flatus** ⇨ to **Flatulence**

**Flavanol** : flavanol *m*

**Flavin** : flavine *f*

**Flavone** : flavone *f*

**Flavonoid** : flavonoïde *m*

**Flavonol** : flavonol *m*

**Flavoprotein** : flavoproteine *f*

**Flavor** ⇨ **Flavour**

**Flavour** : flaveur *f* ; bouquet *m (wine)*
  **~ enhancer** : renforçateur *[m]* de goût

**Flavoured** *a* : aromatisé

**Flavouring** : agent *[m]* de sapidité ; aromatisant *m*

**Flavoursome** *a* : savoureux

**Flaw** : défaut *m (goods)*

**Flax** : lin *m*
  **~ fibre** : filasse *[f]* de lin
  **~ seed** : graine *[f]* de lin

**Flaxen** *a* : relatif au lin ; de lin

to **Flay** : écorcher ; dépouiller *(animal)*

**Flayer** : équarrisseur *m*

**Flaying** : équarrissage *m*

**Fleece** : toison *f* ; peau *[f]* de chèvre

**Flesh** : chair *f (animal)*
  **~ eating** : carnivore *m a*

**Fleshy** *a* : charnu

**Flipper** : nageoire *f*

**Floccose** *a* : floconneux

to **Flocculate** : floculer

**Flocculation** : floculation *f* ; précipitation *f*

**Flocculent** *a* : floconneux

**Flocculus** : précipité *m (chemistry)*

**Flock** : troupeau *m*

**Flocks** *pl* : précipité *m*

**Flocky** *a* : floconneux

to **Flood** : irriguer ; inonder ; submerger *(water)* ; déborder *(river)*

**Flood** : inondation *f* ; marée *f (sea)* ; crue *f (river)* ; flux *m*
  **~ tide :** marée montante ; flux montant

**Floodable** *a* : inondable *a (country)* ; irrigable

**Flooding** : irrigation *f (country)* ; inondation *f* ; débordement *m* ; crue *f (river)*

**Flora** : flore *f*
  **Intestinal** ~ : flore digestive ; flore
  intestinale
  **Marine** ~ : flore marine

**Floral** *a* : floral

**Florescence** : floraison *f*

**Flounder** : flet *m* ; carrelet *m*

**Flour** : farine *f (cereal)*
  **Brown** ~ : farine complète
  **Household plain** ~ : farine ménagère
  simple
  **Light** ~ : farine blanche
  **Potato** ~ : fécule *[f]* de pomme de
  terre
  **Pure wheaten** ~ : fleur *[f]* de farine
  **Refined** ~ : farine blanche
  **Superfine** ~ : fleur *[f]* de farine ; farine
  fleur
  **Wheaten** ~ : farine de blé
  **White breadmaking** ~ : farine
  blanche de boulangerie
  **Whole wheat** ~ : farine complète
  ~ **box** : silo *[m]* à farine
  ~ **for bread** : farine panifiable
  ~ **milling** : minoterie *f*
  ~ **packer** : ensacheuse *f*
  ~ **sifter** : plansichter *m*
  ~ **sifting** : tamisage *m*
  ~ **wafer :** hostie *f* ; gaufrette *[f]* azyme

**Floury** *a* : farineux ; enfariné

to **Flow** : circuler ; s'écouler ; couler

**Flow** : écoulement *m* ; débit *m*
  **Milk** ~ : montée *[f]* du lait
  ~ **meter** : débimètre *m*

to **Flower** : fleurir

**Flower** : fleur *f*

**Flowering** : floraison *f*

to **Fluctuate** : varier ; fluctuer

**Fluctuating** *a* : variable ; fluctuant

**Fluctuation** : variation *f* ; oscillation *f*

**Fluffy** *a* : floconneux ; pelucheux

**Fluid** : fluide *m* ; liquide *m* ; fluidité *f*
  **Amniotic** ~ : liquide amniotique
  **Bouin's** ~ : liquide de Bouin
  **Scintillation** ~ : liquide de scintillation

**Fluid** *a* : fluide ; liquide

**Fluidity** : fluidité *f*

**Fluidization** : fluidisation *f*

**Fluke** : douve *f*

to **Fluoresce** : entrer en fluorescence ;
  fluorescer

**Fluorescein** : fluorescéine *f*

**Fluorescence** : fluorescence *f*

**Fluorescent** *a* : fluorescent

**Fluoride** : fluorure *m*

**Fluorination** : fluoration *f*

**Fluorine** : fluor *m*

**Fluorimeter** : fluoromètre *m*

**Fluorimetry** : fluorométrie *f*

**Fluoriscopy** : fluoroscopie *f*

**Fluorosis** : fluorose *f*

to **Flute** : canneler ; faire des rainures
  **Fluted roll** : cylindre *[m]* cannelé

**Flute** : cannelure *f* ; rainure *f*

**Flux** : flux *m*

to **Foal** : pouliner

**Foal** : poulain *m*

**Foaling** : poulinage *m*

to **Foam** : mousser ; écumer

**Foam** : mousse *f* ; écume *f*

**Foaming** : écumage *m* ; moussage *m*

**Foaming** *a* : moussant ; mousseux
  ~ **power** : pouvoir *[m]* moussant

**Foamy** *a* : mousseux : écumeux

**Focal** *a* : focal
  ~ **length** : distance *[f]* focale

**Focus** : foyer *m (optics)*

**Focusing** : mise *[f]* au point

to **Fodder :** affourager ; approvisionner
  en fourrage

**Fodder** : fourrage *m* ; pâture *f* ; aliment *m*
  **Grain** ~ : céréale *[f]* fourragère
  ~ **bin** : mangeoire *f*
  ~ **straw** : paille *[f]* fourragère
  ~ **unit :** unité *[f]* fourragère

**Foddering** : affouragement *m*

**Fœtal** *a* : fœtal

**Fœtus** : fœtus *m* ; embryon *m*

to **Fog** : embrumer ; embuer ; former un brouillard

**Fog** : brouillard *m* ; brume *f ;* regain *m (pasture)*

**Fogging** : atomisation *f* ; nébulisation *f*

**Foil :** feuille *f*
**Aluminium ~, Aluminun ~** : papier *[m]* d'aluminium
**Silver ~** : papier *[m]* d'argent
**Tin ~** : papier *[m]* d'argent

**Foliage** : feuillage *m*

**Foliation** : feuillaison *f*

**Folic** *a* : folique

**Folinic** *a* : folinique

**Follicle** : follicule *m*

**Follicular** *a* : folliculaire

**Food and Agriculture Organization (FAO)** : Organisation pour l'Agriculture et l'Alimentation (OAA, FAO)

**Food** : aliment *m*
**Baby ~** : aliment infantile
**Complet ~** : aliment complet
**Exotic ~** : produit *[m]* exotique
**Fine ~** : comestible *[m]* fin
**Imported ~** : produit exotique
**Infant ~** : aliment infantile
**Luxury ~** : produit de luxe ; comestible *[m]* de luxe
**Non-~** : non alimentaire
**~ chain** : chaîne *[f]* alimentaire
**~ control** : ravitaillement *m*
**~ industry** : industrie *[f]* alimentaire
**~ material** : matière *[f]* alimentaire
**~ paste** : pâte *[f]* alimentaire
**~ service** : aliment-service *m*
**~ value** : valeur *[f]* alimentaire
**~ web** : chaîne *[f]* alimentaire

**Foodstuff** : produit *(m)* alimentaire ; matière *( f)* alimentaire
**Animal ~** : aliment *[m]* pour bétail ; fourrage *m*
**~ for children** : produit *[m]* d'alimentation infantile ; aliment infantile
**~ factory** : fabrique *[f]* de produits alimentaires

**~ industry** : industrie *[f]* alimentaire

**Foot** : pied *m (human)* ; patte *f (animal)* ; longueur : 0,3048 m

to **Forage** : fouiller

**Forage** : fourrage *m*
**Green ~** : fourrage vert
**~ cake** : tourteau *m (industry)*

to **Force feed** : gaver *(animal)*

**Force fed** *a* : gavé

**Force feeding** : gavage *m*

**Forced** *a* : forcé
**~ feeding** : gavage *m*

**Forebay** : château *[m]* d'eau

**Foregut** : intestin supérieur *m*

**Foreign body** : corps *[m]* étranger

**Fore-milk** : colostrum *m*

**Formaldehyde** : formol *m*

**Forestry** : sylviculture *f*

**Formol** : formol *m*

**Formula** : formule *f*

**Formulary** : formulaire *m*

to **Formulate** : formuler

**Formyl** : formyle *m*

**Fortification** : enrichissement *m (food)*

to **Fortify** : enrichir *(food value)*

**Fortified** *a* : enrichi en *(food)*

**Fowl** : oiseau *[m]* de basse-cour ; volaille *f* ; volatile *m*
**Guinea ~** : pintade *f*
**Water~** : gibier *[m]* d'eau
**~ pest** : peste *[f]* aviaire
**~ plague** : peste *[f]* aviaire

**Fractional** *a* : fractionné
**~ distillation** : distillation *[f]* fractionnée

to **Fractionate** : fractionner

**Fractionating** : fractionnement *m*

**Fractionation** : fractionnement *m*

**Fragrance** : parfum *m*

**Framework** : charpente *f* ; bâti *m*

**Frankfurter** : saucisse *[f]* de Frankfort

to **Free** : se dégager ; se libérer

**Free** *a* : à l'état libre *(chemistry)* ; libre

to **Freeze** ; congeler ; glacer ; se congeler
  ~ **drying** : lyophilisation *f*

**Freezer** : congélateur *m (kitchen)* ;
chambre *[f]* de congélation

**Freezing** : congélation *f (food)* ; gel *m*
*(economy)*
  **Deep** ~ : surgélation *f*
  **Quick** ~ : congélation rapide ; surgélation
  ~ **chamber** : chambre *[f]* de  congélation
  ~ **cupboard** : armoire *[f]* de congélation
  ~ **mixture** : mélange *[m]* réfrigérant
  ~ **point** : point *[m]* de congélation
  ~ **room** : chambre *[f]* de congélation

**Freight** : cargaison *f*

**French beans** : haricots *[m pl]* verts

**French dressing** : vinaigrette *f*

**French fries** *pl* : frites *f pl* ; pommes de
terre *[f pl]* frites

**French loaf** : baguette *f (bread)*

**French plum** : pruneau *[m]* d'Agen

**French roll** : petit pain *[m]* au lait

**French toast** : pain perdu *m*

**Frequency** : fréquence *f (electricity)* ;
  **Low** ~ : basse fréquence

**Fresh** : fraîcheur *f* ; crue *f (river)*

**Fresh** *a* : frais ; vert *(vegetable)*
  ~ **killed** : fraîchement tué *(animal)*
  ~ **water** : eau *[f]* douce ; eau de
rivière, eau de source

to **Freshen** : vêler *(US)*

**Freshening** : vêlage *m (US)*

**Friability** : friabilité *f*

**Friable** *a* : friable

**Friableness** : friabilité *f*

**Friction** : frottement *m* ; friction *f*

**Fried** *a* : frit

**Frigorific** *a* : frigorifique
  ~ **mixture** : mélange *[m]* réfrigérant

**Frill** : papillotte *f (ham, cutlet)*

**Fringe** : villosité *f* ; cil *m*

**Fritted** *a* : fritté *(glass)*

**Fritter** : beignet *m*
  **Apple** ~ : beignet aux pommes

**Frog** : grenouille *f*
  ~ **legs** : cuisses *[f pl]* de grenouille

**Frondous** *a* : feuillu

to **Frost** : couvrir de gelée blanche
*(ground)* ; glacer avec du sucre
*(cake)*

**Frosted** *a* : gelé *(temperature)* ; dépoli
*(glass)* ; recouvert de glaçage *(cake)*

**Frost** : gelée *f* ; givre *m (temperature)* ;
glaçage *m (cake)*
  ~ **proof** *a* : résistant à la gelée

**Frosting** : gélification *f (food)* ; givrage
*m* ; glaçage *m (cake)* ; sucre *[m]* glace

**Frosty** *a* : gelé ; glacial

to **Froth** : écumer ; mousser ; faire
mousser *(egg)*

**Froth** : écume *f (broth)* ; mousse *f*
*(beer)*

**Frothiness** : caractère *[m]* moussant
*(beer)*

**Frothy** *a* : mousseux ; écumant

**Frozen** *a* : congelé
  ~ **foods** : aliments *[m pl]* congelés ;
aliments surgelés

**Fructification** : fructification *f*

**Fructose** : fructose *m*

**Fruit** : fruit *m*
  **Candied** ~ : fruit confit
  **Canned** ~ : fruit en conserve
  **Crystallized** ~ : pâte *[f]* de fruit
  **Dried** ~ : fruit sec
  **Eatable** ~, **Edible** ~ : fruit comestible
  **Exotic** ~ : fruit exotic
  **Preserved** ~ : fruit en conserve ; fruit
confit
  **Preserved in brandy ; in spirits** : fruit
conservé à l'eau de vie
  **Stewed** ~ : fruit en compote
  **Stone** ~ : fruit à noyau

Tinned ~ : fruit en conserve
~ **bearing** : fructification *f*
~ **culture** : arboriculture *[f]* fruitière
~ **dryer** : séchoir *[m]* à fruits
~ **gum** : boule *[f]* de gomme
~ **juice** : jus *[m]* de fruit
~ **mill** : presse *[f]* à fruits
~ **paste** : pâte *[f]* de fruit ; pulpe *[f]* de fruit
~ **peel** : peau *[f]* de fruit
~ **picking** : cueilloir *m*
~ **pie** : tarte *[f]* aux fruits ; tourte *[f]* aux fruits
~ **pulp** : pulpe *[f]* de fruit
~ **spirits** *pl* : eau de vie *[f]* de fruit ; alcool *[m]* de fruit
~ **sugar** : fructose *m*
~ **syrup** : sirop *[m]* de fruit

**Fry** : frai *m* ; alevin *m (fish)*

to **Fry** : frire ; faire frire *(food)*
**Fried egg** : œuf *[m]* au plat
**Fried potato** : pomme de terre *[f]* frite

**fry** : friture *f* ; viande *[f]* frite ; fressure *f (meat)*
**French fries** : pommes de terre *[pl]* frites ; frites *f pl*

**Frying** : friture *f*
**Deep ~** : friture en bain
**Deep fat ~** : friture en bain
**Shallow ~** : friture plate

**Fucose** : fucose *m*

**Fudge** : fondant *m (candy)*

**Fugacious** *a* : éphémère ; fugace

**Full** *a* : plein ; rempli ; pleine *(female)*
**too ~** : trop-plein *m*
~ **cream** *a* : extra gras
~ **cream milk** : lait *[m]* entier
~ **fat** *a* : extra gras
~ **ripeness** : pleine maturité *f (fruit)* ; affinage *[m]* complet *(cheese)*

**Fuller's earth** : terre *[f]* à foulon

**Fumaric** *a* : fumarique

**Fume** : fumée *f* ; vapeur *f* ; gaz *m*
~ **hood** : hotte *f*

**Fumigant** : fumigant *m*

to **Fumigate** : traiter par fumigation ; exposer à la fumée

**Fumigating** : fumigation *f*

**Fumigator** : fumigateur *m*

**Function** : fonction *f*

**Functional** *a* : fonctionnel

**Functionary** : fonctionnaire *m*

**Functioning** : fonctionnement *m*

**Fundamental** *a* : fondamental

**Fundement** : fondement *m*

**Fundus** : base *[f]* d'un organe

**Fungal** *a* : fongique

**Fungi** *pl* : champignon *m (superior, inferior)*
**Edible fungus** : champignon comestible
**Poisonous fungus** : champignon vénéneux

**Fungicidal** *a* : fongicide

**Fungicide** : fongicide *m*

**Fungistatic** *a* : fongistatique

**Fungus** : champignon *m (superior and inferior)*
~ **disease** : mycose *f*

**Funnel** : entonnoir *m*

to **Fur** : entartrer ; incruster ; détartrer ; décrasser
~ **up** : entartrer

**Fur** : dépôt *m (wine)* ; tartre *m* ; entartrage *m* ; poil *m (animal)*
**To remove ~** : détartrer

**-furanose** : -furanose

**Furze** : ajonc *m*

**Fusion** : fusion *f* ; fonte *f*
~ **heat** : chaleur *[f]* de fusion

**Fusty** *a* : moisi ; couvert de moisissure

# G

Gain : augmentation *f* ; gain *m*
  Weight ~ : gain de poids

Galactan : galactane *m*

Galactogen *a* : galactogène

Galactogenic *a* : galactogène

Galactophorous *a* : galactophore

Galactopoiesis : galactopoïèse *f*

Galactosamine : galactosamine *f*

Galactosemia : galactosémie *f*

Galactosis : galactopoïèse *f*

Galacturia : galacturie *f*

Galacturonan : galacturonane *m*

Galacturonase : galacturonase *f*

Galenic ; Galenical *a* : galénique

Gall : bile *f* ; fiel *m (animal)*
  ~ **bladder** : vésicule *[f]* biliaire
  ~ **duct** : conduit *[m]* biliaire
  ~ **stone** : calcul *[m]* biliaire

Gallic *a* : gallique

Gallinacean : gallinacé *m a*

Gallinaceous *a* : gallinacé

Gallnut : noix *[f]* de galle

Gallon : gallon *m* : 4,51 l *(GB)* ou 3,71 l
  *(US)*

Game : gibier *m*

Gamete : gamète *m*

Gamy *a* : faisandé

Gander ; Ganger : jars *m*

Ganglion : ganglion *m*

Garanty : garantie *f* ; caution *f*

Garbage : ordures *[f pl]* ménagères ;
  ordures de cuisine

Garbanzo bean : pois *[m]* chiche

Garden : jardin *m*
  Vegetable ~ : jardin potager
  ~ **mould** : terreau *m*

Gardening : jardinage *m*

Garfish : anguille *f (fish)*

Garget : mammite *f*

Garlic : ail *m, pl* : aulx

to Garnish : garnir un plat *(kitchen)*

Garnish : garniture *f (dish)*

Gas : gaz *m, pl* : gaz
  ~ **chromatography** : chromatographie
  *[f]* en phase gazeuse
  ~ **storage** : conservation *[f]* sous gaz

Gaseous *a* : gazeux

Gasification : gazéification *f*

to Gasify : gazéifier

Gassy *a* : gazeux

Gasteropod : gastéropode *m*

Gastral ; Gastric *a* : gastrique ; stomacal

Gastricsin : gastricsine *f*

Gastrin : gastrine *f*

Gastritis : gastrite *f*

Gastrointestinal *a* : gastrointestinal

Gastronomy : gastronomie *f*

Gastropod : gastropode *m*

to Gather : cueillir ; engranger

Gathering : récolte *f*
  ~ **machine** : machine *[f]* à récolter

to Gauge : étalonner ; mesurer ; calibrer
  *(apparatus)*

**Gauge** : échantillon *m* ; étalon *m* ; jauge *f* ; calibre *m*
**Pressure ~** : manomètre *m*
**~ glass** : indicateur *[m]* de niveau d'eau

**Gauging** : calibrage *m*
**~ instrument** : instrument *[m]* de mesure

**Gean** : merise *f*

**Gel** : gel *m* ; gelée *f*

**Gelatin** : gélatine *f*
**~ works** : fabrique *[f]* de gélatine

**Gelatinization** : gélatinisation *f*

to **Gelatinize** : gélatiniser ; gélatinifier

**Gelatinizing** *a* : gélatinisant ; relatif à la gélatinisation

**Gelatinous** a : gélatineux

**Gelation** : gélification *f*

**Gelification** : gélification *f*

**Gelling** : gélifiant *m a* ; gélification *f*

**Gelose** : gélose *f*

**Gene** : gène *m*
**Autosomal ~** : gène autosomique

to **Generate** : produire ; engendrer

**Genetic** *a* : génétique

**Genetics** : génétique *f*

**Gengiva** : gencive *f*

**Gengivitis** : gengivite *f*

**Genotype** : génotype *m*

**Gentian** : gentiane *f*
**Yellow ~** : gentiane jaune

**Gentiobiose** : gentiobiose *m*

**Genu** : genou *m*

**Genuine** *a* : authentique

**Genus** : genre *m*

**Geological** *a* : géologique

**Gerbil ; Gerboa** : gerboise *f*

**Geriatrics** : gériatrie *f*

**Germ** : germe *m*
**~ carrier** : porteur *[m]* de germes *(microbiology)*

**~ disease** : maladie *[f]* microbienne
**~ killer** : microbicide *m*

**Germfree** a : axénique

**Germen** : ovaire *m* ; germe *m (vegetal)*

**Germicidal** a : germicide

**Germicide** : germicide *m*

**Germinal** a : germinal ; germinatif

to **Germinate** : germer

**Germinated** a : germé

**Germination** : germination *f*
**~ power** : pouvoir *[m]* germinatif

**Germinative** a : germinatif

to **Gestate** : gester *(animal)* ; porter un enfant *(woman)*

**Ghee** : ghee *m*

**Gherkin** : cornichon *m*

**Gibberellin** : gibbérelline *f*

**Giblets** *pl* : abatis *m (fowl)*

**Gill** : lamelle *f (mushroom)* ; branchie *f (fish)*

**Gilt** : jeune truie *f*

**Gilt-head bream** : daurade *f*

to **Gin** : égrener

**Ginger** : gingembre *m*
**~ bread** : pain *[m]* d'épices

**Gingiva** : gencive *f*

**Gingival** a : gingival

**Ginning** : égrenage *m*

**Gizzard** : gésier *m*

**Glabrous** a : nu ; atriche *(animal)*

**Gland** : glande *f*
**Adrenal ~** : glande surrénale
**Endocrine ~** : glande endocrine
**Exocrine ~** : glande exocrine
**Lachrymal ~** glande lacrymale
**Lactiferous ~** : glande mammaire
**Lymph ~** : glande lymphatique
**Mammary ~** : glande mammaire
**Parotid ~** : glande parotide
**Pituitary ~** : hypophyse *f*
**Seminal ~** : testicule *m*
**Tear ~** : glande lacrymale

**Glands** *pl* : ganglion *m*

**Glandula** : glande *f*
  **Pituitary** ~ : hypophyse *f*
  ~ **suprarenalis** : glande surrénale

**Glass** : verre *m*
  **Measuring** ~ : verre gradué ; éprouvette *f (laboratory)*
  ~ **house** : serre *f*

**Glassine** : papier *[m]* cristal

**Glassiness** : vitrosité *f* ; glaçage *m*

**Glassware** : verrerie *f*

**Glassy** *a* : hyalin

to **Glaze** : dorer *(with yolk egg)* ; glacer
  *(with sugar)*

**Glazing** : glaçage *m*

**Gliadin** : gliadine *f*

**Globin** : globine *f*

**Globular** *a* : globulaire

**Globule** : globule *m*

**Globulin** : globuline *f*

**Glomerulus** ; **Glomerus** : glomérule *m*

**Glossa** : langue *f*

**Glossitis** : glossite *f*

**Glottis** : glotte *f*

**Glucagon** : glucagon *m*

**Glucan** : glucane *m*

**Glucide** : glucide *m*

**Glucitol** : sorbitol *m*

**Glucofuranose** : glucofuranose *m*

**Glucomannan** : glucomannane *m*

**Gluconic** *a* : gluconique

**Glucopyranose** : glucopyranose *m*

**Glucosamine** : glucosamine *f*

**Glucosan** : glucosane *m*

**Glucose** : glucose *m*

**Glucosidase** : glucosidase *f*

**Glucoside** : glucoside *m*

**Glucuronic** *a* : glucuronique

**Glue** : colle *f*

**Glume** : balle *f* ; glume *f*

**Glumella** : glumelle *f*

**Glut** : surabondance *f (foodstuffs)*

**Glutamate** : glutamate *m*

**Glutamic** *a* : glutamique

**Glutamine** : glutamine *f*

**Glutaric** *a* : glutarique

**Glutathione** : glutathion *m*

**Glutelin** : glutéline *f*

**Gluten** : gluten *m*

**Glutenin** : gluténine *f*

**Glycaemia** : glycémie *f*

**Glycan** : glycane *m*

**Glyceraldehyde** : glycéraldéhyde *m*

**Glyceride** : glycéride *m*

**Glyceridemia** : glycéridémie *f*

**Glycerin** : glycérine *f* ; glycérol *m*

**Glycerol** : glycérol *m*

**Glycine** : glycine *f*

**Glycogen** : glycogène *m*

**Glycogenesis** : glycogénèse *f*

**Glycol** : glycol *m*

**Glycolic** *a* : glycolique

**Glycolipid** : glycolipide *m*

**Glycolysis** : glycolyse *f*

**Glycoprotein** : glycoprotéine *f*

**Glycosuria** : glycosurie *f*

**Glycuronic** *a* : glycuronique

**Glyoxylic** *a* : glyoxylique

to **Gnaw** : ronger *(animal, acid)* ; corroder *(acid)*

**Gnawing** *a* : rongeur *(animal)*

**Goat** : chèvre *f (generic)*
  **Billy** ~ : chèvre mâle ; bouc *m*
  **He-**~ : chèvre mâle
  **Nanny** ~ : chèvre femelle ; bique *f*
  **Polled** ~ ; **Pulled goat** : chèvre motte

**She--** : chèvre femelle
**~ herd** : chevrier *m*

**Gobbler** : dindon *m*

**Goiter** : goître *m*
**Endemic ~** : goître endémique

**Goitrogen** : goîtrogène *m a*

**Gonad** : gonade *f*
**~ hormone** : hormone *[f]* sexuelle

**Gonadotrope** : cellule *[f]* gonadotrope (GB)

**Gonadotroph** : cellule *[f]* gonadotrope (US)

**Gonadotrophic** *a* : gonadotrope

**Gonadotrophin** : gonadotrophine *f*

**Good** *a* : bon
**~ manufacturing practice** : bonnes pratiques *[f pl]* de fabrication

**Goods** *pl* : marchandises *f pl* ; produits *m pl*

**Goose** : *oie f*

**Gooseberry** : groseille *[f]* à maquereau

**Gosling** : oison *m*

**Gossypol** : gossypol *m*

**Gourd** : gourde *f (bottle)* ; courge *f* ; potiron *m (vegetable)*
**Red ~** : potiron *m*
**Yellow ~** : potiron *m*

**Gout** : goutte *f (pathology)*

to **Grade** : classer ; mesurer ; passer au crible ; calibrer ; tamiser

**Grade** : mesure *f* ; calibre *m*
**~ A** : premier choix *m*

**Gradient** : gradient *m*

**Grading** : classification *f* ; classement *m* ; tamisage *m* ; criblage *m*

to **Graduate** : graduer ; jauger

**Graduate** : verre *[m]* gradué

**Graduation** : graduation *f*

to **Graft** : greffer *(plant)*

**Graft** : greffe *f (plant)*

**Grafting** : greffe *f* ; greffage *m* ; implantation *f (organ)*

**Grain** : grain *m* ; graine *f* ; semence *f* ; blé *m* ; céréales *f pl*
**Bread ~** : céréale *[f]* panifiable
**Brewer's ~** : drèche *[f]* de brasserie
**Coarse ~** : céréale *[f]* secondaire
**Feed ~** : céréale fourragère
**~ alcohol** : alcool *[m]* de grain
**~ crops** : céréales *f pl*
**~ fodder** : céréale *[f]* fourragère

**Grains** *pl* : graines *[f pl ]* de semence

**Grained** *a* : granulaire : relatif à une structure en grain
**Coarse ~** : à gros grains
**Fine ~** : à petits grains
**Large ~** : à gros grains
**Small ~** : à petits grains

**Grainy** *a* : veiné *(wood)*

**Gram** : gramme *m (weight)*

**Gram negative** : gram négatif *(microbiology)*

**Gram positive** : gram positif *(microbiology)*

**Graminaceous** *a* : graminé

**Graminivorous** *a* : mangeur de grains ; mangeur de graminées ; herbivore

**Grange** : ferme *f*

**Grant** : subvention *f*

**Granular** *a* : granulaire

to **Granulate** : granuler *(matter)* ; cristalliser *(sugar)*

**Granulated** *a* : granulé ; cristallisé *(sugar)*

**Granulation** : granulation *f*

**Granule** : granule *m* ; petit grain *m*

**Grape** : grain *[m]* de raisin ; grappe *f*
**Dessert~** : raisin *[m]* de table
**~ brandy** : marc *m*
**~ fruit** : pamplemousse *m*
**~ gatherer** : vendageur *m*
**~ grower** : viticulteur *m*
**~ growing** : viticulture *f*
**~ juice** : jus *[m]* de raisin
**~ seed** : pépin *[m]* de raisin
**~ stalk** : rafle *f*
**~ stone** : pépin *[m]* de raisin
**~ wine** : vigne *f* ; treille *f*

**Graph** : graphique *m* ; courbe *f*

**Graphic** *a* : graphique

**Grass** : herbage *m* ; graminées *[f pl]* fourragères ; herbe *f*
**Meadow** ~ : pâturin *m*
**Milled dried** ~ : graminées *[f pl]* deshydratées

**Grassland** : prairie *f* ; herbage *m*

to **Grate** : râper *(cheese)*

**Grate** : grille *f* ; tamis *m (flour)* ; râpe *f* *(cheese)*

**Grating** : grille *f* ; caillebotis *m* ; claire-voie *f, pl* : claires-voies ; râpage *m*

**Gravid** *a* : gravide *(animal)* ; enceinte *(woman)*

**Gravida** : femme *[f]* enceinte

**Gravidity** : gravidité *f*

**Gravimetry** : gravimétrie *f*

**Gravity** : gravité *f* ; pesanteur *f*
**Specific** ~ : poids *[m]* spécifique

**Gravy** : jus *m (meat)* ; sauce *f*
~ **beef** : gîte *m*
~ **boat** : saucière *f*

**Gray** *a* : gris

**Grayish** *a* : grisâtre

**Grayling** : ombre *f*

to **Graze** : paître ; pâturer ; faire paître *(cattle)* ; brouter

**Grazier** : herbager *m* ; éleveur *m*

**Grazing** : pâturage *m* ; pâture ; pacage *m*
**Free range** ~ : pâturage libre
**Rotational** ~ pâturage en rotation
**Uncontrolled** ~ : pâturage libre

to **Grease** : graisser ; lubrifier

**Grease** : graisse *[f]* animale ; saindoux *m* ; graisse *f*
~ **pan** : lèchefrite *f*

**Greasiness** : état *[m]* graisseux ; caractère *[m]* gras ; onctuosité *f*

**Greasing** : graissage *m* ; lubrification *f*

**Greasy** *a* : pommadeux *(butter)* ; onctueux ; adipeux ; ´huileux ; graisseux

to **Green** : verdir

**Green** *a* : vert
~ **coffee** : café *[m]* vert
~ **crop** : fourrage *[m]* vert
~ **crops** *pl* : cultures *[f pl]* fourragères
~ **pasture** : fourrage vert
~ **vegetables** : légumes *[m pl]* verts

**Greens** *pl* : légumes *[m pl)* verts

**Greenery** : verdure *f* ; feuillage *m*

**Greengage** : Reine-Claude *f, pl* : Reines-Claude

**Greengrocer** : marchand *[m]* de légumes
~ **shop** : boutique *[f]* de légumes

**Greenhouse** : serre *f*
**Cold** ~ : serre froide

**Greenish** *a* : verdâtre

**Greenness** : immaturité *f* ; verdeur *f* *(fruit)*

**Greenstuff** : verdure *f*

**Grey** *a* : gris

**Greyish** *a* : grisâtre

**Griddle** : tamis *m* ; crible *m* ; plaque *[f]* en fonte *(cooking)*

**Griddlecake** : crêpe *[f]* épaisse ; mate-faim *m*

to **Grill** : griller *(meat)* ; cuire sur un gril

**Grill** : grillade *f (meat)* ; grillage *m*

**Grilling** : cuisson *[f]* au gril ; grillade *f*

to **Grind** : broyer ; concasser ; moudre

**Grinder** : concasseur *m*

**Grinding** : concassage *m* ; broyage *m* ; pilage *m* ; mouture *f*
**Coarse** ~ : broyage *[m]* grossier
**Fine** ~ : mouture *[f]* fine
~ **cylinder** : broyeur *m* ; cylindre *[m]* de broyage
~ **diagram** : diagramme *[m]* de mouture
~ **disk** : meule *f*
~ **mill** : broyeur *m*
~ **wheel** : meule *f*

**Grindstone** : meule *f (stone)*

**Grist** : blé *[m]* à moudre

**Gristle** : cartilage *m*

**Gristly** *a* : cartilagineux

**Groats** *pl* : gruau *[m]* d'avoine
~ **mill** : semoulerie *f*

**Groceries** *pl* : provisions *pl* ; comestibles *m pl* ; épicerie *f*

**Grocer** : épicier *m*

**Grocery** : épicerie *f*

**Groove** : sillon *m* ; gouttière *f* ; rainure *f*

**Ground** : terre *f* ; sol *m (earth)*

**Grounds** *pl* : marc *m (coffee)* ; lie *f (wine)*

**Ground** *a* : moulu ; concassé

**Groundnut** : arachide *f* ; cacahuète *f (human food)*

**Grouse** : coq *[m]* de bruyère

to **Grow** : croître ; pousser ; grandir ; s'accroître ; cultiver ; planter *(plants)*

**Grown** *a* : qui a fini sa croissance ; poussé
~ **out** : germé

**Grower** : cultivateur *m*

**Growing** : croissance *f* ; culture *f*

**Growing** *a* : croissant ; grandissant
~ **out** : germination *(cereal)*

**Growth** : croissance *f*
**Out** ~ : excroissance *f*
~ **feed** : aliment *[m]* de croissance
~ **hormone** : hormone *[f]* de croissance
~ **regulator** : facteur *[m]* de croissance *(plant)*

**Grub** : larve *f*

**Gruel** : bouillie *f (cereal)* ; gruau *m (oats)*

**Grumous** *a* : grumeleux

**Grunter** : perche *[f]* de mer

**Guaiacol** : gaïacol *m*

**Guanidine** : guanidine *f*

**Guanine** : guanine *f*

**Guano** : guano *m*

**Guanosine** : guanosine *f*

to **Guarantee** : garantir ; cautionner ; certifier

**Guarantee** : garantie *f* ; caution *f* ; sécurité *f*

**Garanteeing** : garantie *f*

**Guava** : goyave *f*

**Guinea fowl** : pintade *f*

**Guinea pig** : cobaye *m*

**Gullet** : gosier *m*

**Gulonic** *a* : gulonique

**Gulose** *m* : gulose *m*

**Gum** : gomme *f* ; mucilage *m* ; hydrocolloïde *m (texture)* ; gencive *f*
**British** ~ : dextrine *f*
**Chewing** ~ : gomme à macher
~ **acacia** ; ~ **arabic** : gomme du Sénégal ; gomme arabique
~ **ball** : boule *[f]* de gomme
~ **tragacanth** : gomme adragante

**Gummous** *a* : gommeux

**Gummy** *a* : gommeux ; gluant

**Gurnard** : petit grondin *m* ; grondin *m*

**Gush** : jaillissement *m*

**Gustatory** *a* : gustatif

to **Gut** : vider *(chicken, fish)* ; éviscérer *(carcass)*

**Gut** : intestin *m* ; boyau *m*
**Blind** ~ : caecum *m*
**Lower** ~ : gros intestin *m* ; côlon *m*
**Mid** ~ : jéjunum *m*

**Gymnosperm** : gymnosperme *m*

# H

**Habit** : accoutumance *f* ; habitude *f*

**Habitat** : habitat *m* ; biotope *m*

**Haddock** : aiglefin *m* ; haddock *m*

**Haem** : hème *m*

**Haemagglutinin** : hémagglutinine *f*

**Haemato-** : hémato-

**Haematocrit** : hématocrite *m*

**Haematocryal** *a* : à sang froid *(animal)*

**Haematolysis** : hémolyse *f*

**Haematopoiesis** : hématopoïèse *f*

**Haematopoietic** *a* : hématopoïétique

**Haemic** *a* : sanguin

**Haemocyte** : globule *[m]* sanguin

**Haemocytolysis** : hémolyse *f*

**Haemoglobin** : hémoglobine *f*

**Haemolysis** : hémolyse *f*

**Haemolytic** *a* : hémolytique

**Haemopoiesis** : hématopoïèse *f*

**Haemorrhage** : hémorragie *f*

**Haemosiderin** : hémosidérine *f*

**Haemotoxin** : hémotoxine *f*

**Haggis** : estomac *[m]* de mouton farci *(Scottish meal)*

**Hair** : poil *m* ; cheveu *m* ; crin *m*
~ **follicle** : follicule *[m]* pileux

**Hairless** *a* : atriche

**Hairy** *a* : poilu ; pileux

**Hake** : merluche *f* ; merlu *m*

**Half** : moitié *f* ; oreillon *m (fruit)*
~-**life** : demi-vie *f*

**Halibut** : flétan *m*

**Halite** : sel *[m]* gemme

**Halogen** : halogène *m*

**Halogenation** : halogénation *f*

**Ham** : jambon *m* ; jarret *m*

**Hamburger** : hamburger *m*

**Hammer** : marteau *m*
~ **mill** : broyeur *[m]* à marteaux

**Hammerhead** : marteau *m (fish)*

**Hamper** : bourriche *f*
**A~ of food** : un panier *[m]* garni ; un picnic *m*

**Hamstring** : tendon *[m]* du jarret

**Hand** : main *f*
~ **of pork** : jambonneau *m*
~ **of bananas** : régime *[m]* de bananes

**Handle** : manche *m* ; queue *f (pan)*

**Handling** : manipulation *f* ; manutention *f*

**Haploid** *a* : haploïde

**Haploidy** *a* : haploïdie *f*

**Hard** *a* : dur ; sclérosé *(tissue)*
~**cheese** : fromage *[m]* à pâte dure

to **Harden** : durcir

**Hardening** : durcissement *m* ; solidification *f*

**Hardening** *(agent)* : durcisseur *m*
~ **of fat** : hydrogénation *f*

**Hardiness** : rusticité *f (animal)*

**Hardness** : dureté *f (wheat, water)*

**Hardy** *a* : vivace ; résistant

**Hare** : lièvre *m*
**Doe ~** : hase *f*

**Harmful** *a* : nuisible ; nocif ; néfaste

**Harmfulness** : nocivité *f*

**Harmless** *a* : sain ; inoffensif ; anodin

**Harmlessness** : innocuité *f*

to **Harrow** : herser

to **Harry** : ravager *(country)*

**Harsh** *a* : dur ; âpre

to **Harvest** : moissonner *(cereal)* ; récolter ; cueillir *(fruit)*

**Harvest** : récolte *f (fruit, vegetable)* ; moisson *f (cereal)* ; fenaison *f (hay)* ; vendange *f (grapes)*
**Grain** ~ : moisson *f*
**Late** ~ : moisson tardive ; récolte tardive

**Harvester** : moissonneur *m (person)* ; moissonneuse *f (engine)* ; faucheuse *f* ; machine *[f]* à récolter

**Harvesting** : moisson *f*

to **Hash up** : hâcher menu

**Hasty** *a* : hâtif

to **Hatch** : éclore

**Hatch** : éclosion *f* ; couvée *f*

**Hatchability** : éclosabilité *f*

**Hatchery** : écloserie *f* ; incubateur *m (egg)* ; alevin *m (fish)*

**Hatching** : couvée *f* ; incubation *f* ; éclosion *f*
~ **egg** : œuf *[m]* à couver

**Haugh** *(score)* : Haugh *(échelle de )*

**Haulm** : fanes *f pl (vegetable)*

**Haunch** : gigot *m (mutton)* ; cuisseau *m (venison)*

**Haunches** *pl* : arrière-train *m (animal)* , *pl* : arrière-trains

to **Hay** : faire des foins ; faner

**Hay** : foin *m* ; fourrage *[m]* sec
**Burgundian** ~ : luzerne *f*
~ **crop** : récolte *[f]* du foin ; fenaison *f*
~ **harvest** : fenaison *f* ; récolte *[f]* du foin
~ **loft** : grange *[f]* à foin

**Haying** : fenaison *f*

**Hazel nut** : noisette *f*

**H-bonding** : liaison *[f]* hydrogène

**Head :** tête *f (tree, flower ; lettuce)* ; pointe *f (asparagus)* ; pied *m (celery)* ; épi *m (corn)*
~ **of steam** : pression *f*

**Health** : santé *f*

**Healthy** *a* : sain ; en bonne santé

**Heart** : cœur *m (organ; cabbage)* ; âtre *m (fire)*
**Fatty** ~ : cœur gras
~ **hurry** : tachycardie *f*

**Heat** : chaleur *f*
**Specific** ~ : chaleur spécifique
~ **coagulation** : coagulation *[f]* thermique ; thermocoagulation *f*
~ **conductibility** : conductibilité *[f]* thermique
~ **dissipation** : dissipation *[f]* de chaleur
~ **economizer** : échangeur *[m]* de chaleur
~ **exchanger** : échangeur *(m)* de chaleur
~ **interchanging** : échange *[m]* de chaleur
~ **labile** *a* : thermolabile ; thermosensible
~ **period** : saison *[f]* du rut *(female)*
~ **resistant** *a* : thermorésistant ; thermostable
~ **stabile** *a* : thermostable ; thermorésistant
~ **storage** : accumulation *[f]* de chaleur
~ **transmission** : transmission *[f]* de chaleur
~ **treatment** : traitement *[m]* thermique
~ **value** : valeur *[f]* calorique
**In** ~ ; **On**~ : en chaleur *(physiology)*
to **be in** ~ : être en rut *(male)* ; être en chaleur *(female)*

**Heater** : réchauffeur *m*

**Heating** : chauffage *m*
**Convective** ~ : chauffage par convection
**Radiant** ~ : chauffage par rayonnement

**Heavy** *a* : lourd
~ **cream** : crème *[f]* extra-grasse
~ **metal** : métal *[m]* lourd

**Hedonic** *a* : hédonique

**Heifer** : génisse *f*
~ **calf** : veau *[f]* femelle

**Height** : hauteur *f*

**Helicoid** *a* : hélicoïdal

**Helicoidal** *a* : hélicoïdal

**Helping** : portion *f (at table)*

**Hemagglutination** : hémagglutination *f*

**Hemagglutinin** : hémagglutinine *f*

**Hematherm** : homéotherme *m a*

**Hematin** : hématine *f*

**Hemic** *a* : sanguin

**Hemicellulase** : hémicellulase *f*

**Hemicellulose** : hémicellulose *f*

**Hemoglobin** : hémoglobine *f*

**Hemolytic** *a* : hémolytique

**Hemorrhage** : hémorragie *f*

**Hen** : poule *f*
  **Brood** ~ ; **broody** ~ : couveuse *f*
  **Moor** ~ : poule d'eau
  ~ **house** : poulailler *m*

**Heparin** : héparine *f*

**Hepatic** *a* : hépatique ; du foie

**Hepatitis** : hépatite *f*

**Heptulose** : heptulose *m*

**Herb** : herbe *f*

**Herbaceous** *a* : herbacé

**Herbicide** : herbicide *m* ; désherbant *m*

**Herbivore** : herbivore *m*

**Herbivorous** *a* : herbivore

**Herd** : troupeau *m*
  **Breeding** ~ : troupeau de sélection
  ~ **book** : livre *[m]* généalogique *(animal)*
  ~ **management** : conduite *[f]* du troupeau

**Herdsman** : gardien *[m]* de troupeau

**Heriditability** : hériditabilité *f*

**Hereditary** *a* : héréditaire

**Heredity** : hérédité *f*

**Heritage** : héritage *m (genetics)*

**Herring** : hareng *m*
  **Red** ~ : hareng saur
  **Smoked** ~ : hareng fumé

**Hesperidin** : hespéridine *f*

**Heterocyclic** *a* : hétérocyclique *(compound)*

**Heterofermentative** *a* : hétérofermentatif

**Heterogeneity** : hétérogénéité *f*

**Heterogeneous** *a* : hétérogène

**Heterotonia** : tension *[f]* variable

**Hexadecanoic** *a* : hexadécanoïque

**Hexitol** : hexitol *m*

**Hexokinase** : hexokinase *f*

**Hexose** : hexose *m*

**Hide** : peau *f* ; cuir *m*
  ~ **and skins** : cuirs et peaux

**High** *a* : élevé ; avancé ; gâté *(meat)* ; haut ; fort
  ~ **frequency** : haute fréquence *f*
  ~ **grade** : de qualité supérieure
  ~ **pressure** : haute pression *f*
  ~ **production** : à rendement élevé
  ~ **sea** : de haute mer ; hauturière
  ~ **speed** : à haute vitesse
  ~ **temperature short time** *(HTST)* : pasteurisation *[f]* haute
  ~ **tension** : haute tension *f*
  ~ **vacuum** : vide *[m]* poussé
  ~ **water** : marée *[f]* montante

**Hilar** *a* : hilaire

**Hilum** : hile *m*

**Hilus** : hile *m*

**Hindrance** : empêchement *m* ; encombrement *m*
  **Steric** ~ : encombrement stérique

**Hinny** : bardot *m* ; bardeau *m*
  **Female** ~ : mule *f*

**Hippuric** *a* : hippurique

**Histamine** : histamine *f*

**Histidine** : histidine *f*

**Histiocyte** : macrophage *m*

**Histochemistry** : histochimie *f*

**Histogram** : histogramme *m*

**Histological** *a* : histologique

**Histology** : histologie *f*

**Histone** : histone *f*

**Hive** : ruche *f*

**Hob** : plaque *[f]* chauffante

**Hock** : jarret *m (animal)* ; vin *[m]* du Rhin

to **Hoe** : biner ; sarcler

**Hoe** : houe *f* ; binette *f* ; bineuse *f* *(machine)*

**Hoeing** : sarclage *m*

**Hog** : porc *m (US)* ; cochon *m* ; porc châtré
**Lard** ~ : porc à viande
~ **fat** : saindoux *m*
~ **fish** : rascasse *f*

**Hogget** : agneau *[m]* d'un an

**Hogling** : cochon *[m]* de lait

**Hogshead** : fût *m (240 l.)* ; muid *m* ; foudre *m* ; barrique *f*

**Holder pasteurization** : pasteurisation *[f]* basse

**Holdfast** : bulbe *m*

**Hollow** : creux *m* ; cavité *f*

**Holoxenic** *a* : holoxénique

**Home** : maison *f* ; foyer *m*
~ **cooking** : cuisine *[f]* familliale
~ **made** *a* : ménager ; fait à la maison
~ **processing** : préparation *[f]* ménagère

**Homeostasis** : homéostase *f*

**Homeotherm** : homéotherme *m a*

**Homofermentative** *a* : homofermentatif

**Homogeneity** : homogénéité *f*

**Homogenization** : homogénéisation *f*

to **Homogenize** : homogénéiser

**Homogenizer** : homogénéisateur *m*

**Homologous** *a* : homologue

**Homoserine** : homosérine *f*

**Homothermal** : à sang chaud *(animal)* ; homéotherme *m*

**Honest** *a* : loyal ; honnête

**Honey** : miel *m*
~ **bee** : abeille *f*
~**comb stomach** : bonnet *m (polygastric)*
~**dew** : miellée *f*
~ **wine** : hydromel *m*

**Hood** : sorbonne *f* ; hotte *f (laboratory)*
**Fume** ~ : hotte *f*

**Hoof** : sabot *m (animal)*
**Beef on the** ~ : bétail *[m]* sur pied

**Hoofed** *a* : ongulé *(animal)*

**Hop** : houblon *m*

**Hopper** : trémie *f* ; semoir *m*

**Hordein** : hordéine *f*

**Hordeum** : orge *f*

**Hormonal** *a* : hormonal

**Hormone** : hormone *f*
**Follicle-stimulating** ~ : hormone folliculo-stimulante
**Growth** ~ : hormone de croissance ; hormone somatotrope
**Luteinizing** ~ : hormone lutéinisante
**Luteotrophic** ~ : hormone lutéinisante
**Thyroid-stimulating** ~ : hormone thyréotrope

**Horn** : corne *f (cattle)*

**Horned** *a* : cornu

**Horny** *a* : cornu ; corné ; calleux ; kératinisé

**Horse** : cheval *m*
~ **bean** : féverole *f*
~ **chesnut** : marron *[m]* d'Inde
~ **mackerel** : saurel *m*
~ **radish** : raifort *m*
~ **power** : cheval-vapeur *m, pl* : chevaux-vapeur

**h. p.** : c.v. *(cheval vapeur)*

**Horticulture** : horticulture *f*

**Host** : hôte *m*

**Hotbed** : couche *f (agriculture)*

**Hothouse** : serre *f*

**Houry** *a* : horaire

**Household** : ménage *m* ; famille *f*
~ **consumption** : consommation *[f]* ménagère

**Households** *pl* : farine *[f]* bise ; farine de ménage

**Housing** : stabulation *f*
**Dry-lot** ~ : stabulation permanente
**Loose** ~ : stabulation libre
~ **in tying stalls** : stabulation entravée

**HPLC** : CLHP *(Chromatographie Liquide Haute Performance )* f

**Huckleberry** : myrtille *f* ; airelle *f (US)*

to **Hull** : écosser ; décortiquer ; monder *(barley)*

**Hulled** *a* : mondé ; décortiqué *(grain)*

**Hull** : coque *f* ; cosse *f* ; gousse *f (leguminous)* ; écale *f (walnut)*

**Hulling** : ⇨ **Husking**

**Human** *a* : humain
~ **milk** : lait *[f]* de femme
~ **milk bank** : lactarium *m*

**Humanized milk** : lait *[m]* maternisé

**Humectant** : humectant *m*

**Humic** *a* : humique

**Humid** *a* : humide

**Humidification** : humidification *f*

**Humidifier** : humidificateur *m*

to **Humidify** : humidifier

**Humidity** : humidité *f*

**Humulone** : humulone *f*

**Humus** : humus *m*

**Hung** *a* : fumé *(meat)*

**Hunger** : faim *f*

**Hunt** : chasse *f*

**Hurdle** : claie *f*

**Husbandman** : cultivateur *m* ; agriculteur *m*

**Husbandry** : exploitation *[f]* agricole ; élevage *m* ; agriculture *f*

to **Husk** : décortiquer ; écosser *(pea)* ; éplucher ; vanner *(cereal)* ; monder *(barley)*

**Husk** : cosse *f* ; gousse *f (leguminous, fruit)* ; bogue *f (chestnut)* ; coque *f (peanut)* ; balle *f (cereal)* ; pelure *f (onion)* ; tégument *m* ; pellicule *f*

**Husking** : décorticage *m (cereal)* ; mondage *m (oat))* ; écossage *m (leguminous)* ; vannage *m (cereal)*

**Husky** *a* : à cosse épaisse

**Hyaluronic** *a* : hyaluronique

**Hyaluronidase** : hyaluronidase *f*

**Hybrid** *a* : hybride

**Hybridism** : hybridisme *m*

**Hybridity** : hybridité *f*

**Hybridization** : hybridisation *f* ; croisement *m*

to **Hybridize** : hybrider ; s'hybrider

**Hydantoin** : hydantoïne *f*

**Hydrate** : hydrate *m*

**Hydrated** *a* : hydraté

**Hydration** : hydratation *f*

to **Hydratize** : hydrater

**Hydraulic** *a* : hydraulique

**Hydrocarbon** : hydrocarbure *m*

**Hydrochloric** *a* : chlorhydrique

**Hydrochloride** : chlorhydrate *m*

**Hydrocolloid** : hydrocolloïde *m*

**Hydrocyanic** *a* : cyanhydrique

**Hydrogen** : hydrogène *m*
~ **bond** ; ~ **bonding** : liaison *[f]* hydrogène
~ **peroxide** : eau *[f]* oxygénée
~ **sulfide** : hydrogène sulfuré

**Hydrogenase** : hydrogénase *f*

to **Hydrogenate** : hydrogéner

**Hydrogenated** *a* : hydrogéné

**Hydrogenation** : hydrogénation *f*

to **Hydrogenize** : hydrogéner

**Hydrogenized** *a* : hydrogéné

**Hydrolase** : hydrolase *f*

**Hydrolysate** : hydrolysat *m*

to **Hydrolyse** : hydrolyser

**Hydrolysis** : hydrolyse *f*

**Hydrolytic** *a* : hydrolytique

**Hydromel** : hydromel *m*

**Hydrometry** : hydrométrie *f*

**Hydroperoxide** : hydroperoxyde *m*

**Hydrophil** ; **Hydrophilic** ;
  **Hydrophilous** *a* : hydrophile

**Hydrothermal** *a* : hydrothermique

**Hydrous** *a* : aqueux ; hydraté ; hydrogéné *(chemistry)*

**Hydroxide** : hydrate *m* ; hydroxyde *m*

**Hydroxy-acid** : oxacide *m*

**Hydroxyl** : hydroxyle *m*

**Hydroxylated** *a* : hydroxylé

**Hydroxylysine** : hydroxylysine *f*

**Hydroxyproline** : hydroxyproline *f*

**5-hydroxytryptamin** : sérotonine *f*

**Hydrozoa** : phytozoaire *m*

**Hygiene** : hygiène *f*

**Hygienic** *a* : hygiénique

**Hygric** *a* : humide

**Hygrometer** : hygromètre *m*

**Hygrometric** *a* : hygrométrique

**Hygroscopic** *a* : hygroscopique

**Hygroscopicity** : hygroscopicité *f*

**Hyperchromic** *a* : hyperchrome

**Hyperplasia** : hyperplasie *f*

**Hypertonic** *a* : hypertonique

**Hypertrophy** : hypertrophie *f*

**Hypochlorite** : hypochlorite *m*

**Hypochromic** *a* : hypochrome

**Hypoderm** ; **Hypodermis** : hypoderme *m*

**Hypoglycaemia** : hypoglycémie *f*

**Hypophyseal** *a* : hypophysaire

**Hypophysis** : hypophyse *f*

**Hypoplasia** : hypoplasie *f*

**Hypothalamus** : hypothalamus *m*

**Hypothesis** : hypothèse *f*

to **Hypothesize** : établir une hypothèse

**Hypotonic** *a* : hypotonique

**Hypotrophy** : hypotrophie *f* ; atrophie *f*

**Hypovitaminosis** : hypovitaminose *f*

**Hysterectomy** : hysterectomie *f*

**Hysteresis** : hystérésis *f*

# I

**Ibex** : bouquetin *m*

to **Ice** : rafraîchir ; faire rafraîchir ;
mettre dans la glace *(champagne)* ;
mettre des glaçons

**Ice** : glace *f*
**Dry** ~ : neige *[f]* carbonique
~ **box** : réfrigérateur *m*
~ **brick ;** ~ **cream bar** : esquimau *m*
~ **cream** : crème *[f]* glacée ; glace *f*
~ **cream dairy** : glace à la crème
~ **cub** : glaçon *m*

**Icing** : givrage *m* ; glaçage *m* ; action de
mettre dans la glace *(champagne)*

**Icterus** : ictère *m* : jaunisse *f*

**Identical** *a* : identique

**Identification** : identification *f*

**Idiopathic** *a* : idiopathique

**Ignition** : inflammation *f*
~ **point** : point *[m]* d'inflammation

**Ileum** : iléon *m*

**Iliac** *a* : iliaque

**Ill** *a* : malade
**to fall** ~ : tomber malade

**Illness** : maladie *f*
**Occupational** ~ : maladie professionnelle

**Imbalance** : déséquilibre *m*

to **Imbibe** : imbiber ; absorber ; avaler ;
aspirer

**Imbibing** : absorption *f*

**Imbibition** : imbibition *f*

**Imbricate** *a* : imbriqué

**Immature** *a* : immature ; impubère
*(animal)*

**Immaturity** : immaturation *f* ; immaturité *f*

to **Immerse** : immerger

**Immersion** : immersion *f*
~ **heater** : thermoplongeur *m*
~ **pipe** : tube *[m]* plongeur

**Immiscible** *a* : non-miscible

**Immobilization** : immobilisation *f*

**Immobilized** *a* : immobilisé

**Immune** *a* : immun
~ **body** : anticorps *m*
~ **globulin** : immunoglobuline *f*

**Immunity** : immunité *f*
**Acquired** ~ : immunité acquise
**Congenital** ~ : immunité congénitale
**Inherited** ~ : immunité héréditaire

**Immunization** : immunisation *f*

to **Immunize** : immuniser

**Immunoglobulin** : immunoglobuline *f*

**Immunoprotein** : anticorps *m*

**Impatent** *a* : obstrué

**Imperfect** *a* : défectueux ; imparfait

**Imperfection** : défaut *m*

**Impermeability** : imperméabilité *f*

**Impermeable** *a* : imperméable

**Impervious** *a* : imperméable

**Imperviousness** : imperméabilité *f*

**Implant** : implant *m*

**Implantation** : implantation *f* ; nidation
*f (biology)*

**Implement** : instrument *m* ; outil *m* ;
ustensile *m*

to **Import** : importer

**Import** : importation *f*
~ **duty** : droits *[m pl]* d'importation

**Importation** : importation *f*

**Importer** : importateur *m*

**Importing** *a* : relatif à l'importation
~ **firm** : maison *[f]* d'importation

**Impost** : impôt *m* ; taxe *f* ; droit *m*

to **Impregnate** : féconder ; imprégner

**Impregnated** *a* : fécondé

**Impregnating** : imprégnation *f*

**Impregnation** : fécondation *f* ; imprégnation *f*

to **Improve** : améliorer ; perfectionner ; amender *(ground)*

**Improvement** : amélioration *f*

**Improver** : améliorant *m (bakery)*

**Improving** : amélioration *f*

**Impulse** : influx *m (nervous)*

**Impulse** : impulsion *f*

**Impure** *a* : impur

**Impurity** : impureté *f*

**Imputrescible** *a* : imputrescible

**Inability** : incapacité *f*

**Inaccurate** *a* : inexact ; imprécis

**Inactinic** *a* : inactinique

to **Inactivate** : inactiver

**Inactivation** : inactivation *f* ; dénaturation *f*

**Inanition** : inanition *f*

**Inappetence** : inappétence *f*

**Inavailable** *a* : inutilisable ; indisponible *(nutrient)*

**Inborn** *a* : inné

**Inbreeding** : élevage *[m]* consanguin ; consanguinité *f*

**Incapacity** : incapacité *f* ; inaptitude *f*

to **Incept** : absorber

**Inception** : absorption *f*

**Incidence** : incidence *f* ; fréquence *f*

to **Incinerate** : incinérer ; réduire en cendres

**Incineration** : incinération *f*

**Incenerator** : incinérateur *m*

**Incisor** : incisive *f (tooth)*

to **Incite** : provoquer ; inciter

to **Inclose** : enfermer ; enclore ; inclure

**Inclosure** : clôture *f*

**Inclusion** : inclusion *f*

**Inclusive** *a* : inclus

**Income** : revenu *[m]* annuel *(financial)*
~ **tax** : impôt *[m]* sur le revenu

**Incompetence** : insuffisance *f (physiology)*

**Incorrodible** *a* : inattaquable *(by chemicals)*

to **Increase** : augmenter ; s'enfler ; s'accumuler ; croître

**Increase** : augmentation *f* ; accroissement *m* ; extension *f* ; hausse *f*

to **Incubate** : incuber *(illness)* ; couver *(hen)*

**Incubation** : incubation *f* ; couvaison *f*
~ **period** : époque *[f]* de couvaison

**Incubative period** : période *[f]* d'incubation *(illness)*

**Incubator** : incubateur *m* ; couveuse *f*

**Incurved** *a* ; incurvé

**Index** : index *m* ; indice *m*

**Indicator** : indicateur *m*
~ **balance** : balance *[f]* à cadran gradué

**Indigenous** *a* : indigène

**Indigestible** *a* : indigestible

**Indispensable** *a* : indispensable

**Indol** : indole *m*

to **Induce** : induire

**Induction** : induction *f*
~ **coil** : bobine *[f]* d'induction
~ **furnace** : four *[m]* à induction

**Inductor** : inducteur *m (electricity)*

**Induration** : durcissement *m*

**Industrial** *a* : industriel

**Industry** : industrie *f*

**Inedible** *a* : non comestible ; inconsommable

**Inefficiency** : inefficacité *f* ; insuffisance *f (machine)*

**Inert** *a* : inerte ; neutre ; inactif

**Inertia** : inertie *f*
 **Moment of** ~ : moment *[m]* d'inertie

**Inertness** : inactivation *f*

**Inexact** *a* : inexact

**Inexperienced** *a* : inexpérimenté *(person)*

**Infancy** : première enfance *f* ; premier âge *m*

**Infant** : nourrisson *m* ; bébé *m*
 ~ **feeding** : alimentation *[f]* infantile
 ~ **food** : aliment *[m]* infantile ; aliment de premier âge
 ~ **milk** : lait *[m]* infantile ; lait maternisé
 ~ **milk formula** : bouillie *[f]* lactée
 ~ **school** : école *[f]* maternelle
 ~ **suckling bottle :** biberon *m*

**Infected** *a* : infecté

**Infection** : infection *f* ; contagion *f*
 **Bacterial** ~ : infection microbienne

**Infectious** *a* : infectieux ; contagieux

**Infecund** *a* : infécond ; stérile

**Infecundity** : stérilité *f*

**Inferior** *a* : inférieur
 ~ **goods** : produits *[m pl]* de rebut, produits déclassés ; produits de second choix

**Infertile** *a* : stérile ; infécond

**Infertility** : stérilité *f*

to **Infest** : infester

**Infestation** : infestation *f*

to **Infiltrate** : s'infiltrer

**Infiltration** : infiltration *f*

**Inflammation** : inflammation *f*

to **Inflate** : gonfler ; enfler *(medicine)* ; augmenter ; accroître *(economy)*

**Inflation** : gonflement *m (medicine)* ; inflation *f (economy)*

**Inflexion** : inflexion *f*
 **Point of** ~ : point *[m]* d'inflexion
 ~ **of light** : diffraction *[f]* de la lumière

**Inflorescence** : inflorescence *f*

**Inflorescent** *a* : en fleurs ; fleurissant

**Influence** : influence *f*
 **Under the** ~ : sous l'influence de

**Infrared** : infra-rouge *m*

to **Infuse** : infuser

**Infusion :** macération *f (cold)*

**Infusoria** *pl* : infusoires *m pl*
 ~ **earth** : terre *[f]* d'infusoires ; terre de diatomées

to **Ingest** : ingérer *(diet)*

**Ingesta** *pl* : ingesta *m pl*

**Ingestion** : ingestion *f*

**Ingredient** : composant *m* ; ingrédient *m*

**Inhalation** : inhalation *f*

**Inherent** *a* : inhérent

**Inheritance** : héritage *m* ; hérédité *f*

to **Inhibit** : retarder ; empêcher ; inhiber

**Inhitibiting factor** : inhibiteur *m*

**Inhibition :** inhibition *f*
 **Competitive** ~ : inhibition compétitive
 ~ **zone** : zone *[f]* d'inhibition

**Inhibitor** : inhibiteur *m*

**Inhibitory** *(agent)* : inhibiteur *m*

**Initial** *a* : initial ; de départ
 ~ **acceptability** : puissance *[f]* absorbée *(electricity)*
 ~ **cost** : prix *[m]* d'achat

to **Inject** : injecter

**Injection** : injection *f*
 **Intramuscular** ~ : injection intramusculaire
 **Intravenous** ~ : injection intraveineuse
 **Subcutaneous** ~ : injection sous-cutanée

**Injurious** *a* : nuisible ; préjudiciable

**Inlet** : arrivée *f* ; entrée *f (device)*

**Innate** *a* : inné

**Inner** *a* : intérieur

**Innidation** : métastase *f*

**Innocuous** *a* : inoffensif ; sans danger

**Innocuousness** : innocuité *f*

**Innovation** : innovation *f*

to **Inoculate** : inoculer ; ensemencer ; vacciner

**Inoculation** : inoculation *f* ; ensemencement *m*

**Inoculum** : inoculum *m* ; culture *f*

**Inodorous** *a* : inodore

**Inoffensive** *a* : inoffensif

**Inorganic** *a* : minéral *(chemistry)*

**Inosine** : inosine *f*

**Inositol** : inositol *m*

**Inoxidable** *a* : inoxydable

**Inoxidizable** *a* : inoxydable

**Input** : entrée *f* ; admission *f* ; énergie *[f]* absorbée ; puissance *[f]* d'un appareil *(electricity)*

**Input** *a* : d'entrée *(electricity)*

**Insalubrious** *a* : insalubre

**Insect** : insecte *m*
 ~ **control** : désinsectisation *f*
 ~ **powder** : insecticide *m*

**Insecticidal** *a* : insecticide

**Insecticide** : insecticide *m a*

**Insectivore** : insectivore *m*

**Insectivorous** *a* : insectivore

to **Inseminate** : inséminer

**Insemination** : insémination *f*
 **Artificial** ~ : insémination artificielle

**Insensitive** *a* : insensible

**Insensitiveness** : insensibilité *f*

**Insensitivity** : insensibilité *f*

to **Insert** : insérer

**Insertion** : insertion *f*

**Insipid** *a* : insipide ; fade

**Insolubility** : insolubilité *f*

**Insolubilization** : insolubilisation *f* ; précipitation *f (chemistry)*

to **Insolubilize** : insolubiliser ; précipiter *(chemistry)*

**Insoluble** *a* : insoluble

**Insolubleness** : insolubilité *f*

to **Inspect** : inspecter ; examiner ; visiter ; contrôler

**Inspection** : inspection *f* ; examen *m* ; visite *f* ; contrôle *m*

**Inspector** : inspecteur *m* ; visiteuse *f*

**Instability** : instabilité *f*

**Instant food** : aliment *[m]* instantané
 **Instant milk powder** : poudre *[f]* de lait instantanée

**Institute** : institut *m*
 **Scientific** ~ : institut scientifique

**Institution** : fondation *f* : établissement *m* ; école *f*

**Instructions** *pl* : instructions *f pl*

**Instrument** : instrument *m* ; outil *m*

**Instruments** *pl* : ustensiles *m pl* ; outils *m pl*
 **Calculating** ~ : machine *[f]* à calcul ; calculatrice *f*
 **Measuring** ~ : instrument de mesure
 **Scientific** ~ : instrument scientifique
 ~ **for calculating** : instrument de calcul
 ~ **of precision** : instrument de précision

**Instrumental** *a* : instrumental

**Insubstantial** *a* : insuffisant *(meal)*

**Insufficiency** : insuffisance *f*

**Insufficient** *a* : insuffisant

to **Insufflate** : insuffler *(medicine)*

to **Insulate** : isoler

**Insulation** : isolation *f*

**Insulin** : insuline *f*

**Insulinemia** : insulinémie *f*

**Insurance** : assurance *f*
~ **against breakage** : assurance contre la casse
~ **against damage by hail** : assurance contre la grêle
~ **against damage in transit** : assurance contre les risques de transport
~ **policy** : police *[f]* d'assurance
~ **premium** : prime *[f]* d'assurance

to **Insure** : assurer

**Intake** : ingéré *m* : ingesta *m pl*
**Acceptable daily** ~ : dose *[f]* journalière admissible
**Per capita daily** ~ : dose *[f]* journalière par tête
**Potential daily** ~ : dose *[f]* journalière potentielle

**Integral** : intégral *a* ; intégrale *f*

**Integument** : enveloppe *f* ; tégument *m*
**Egg** ~ : coquille *[f]* d'œuf

**Integumentary** *a* : tégumentaire

**Intensification** : intensification *f* ; renforcement *m*

**Intensifier** : renforçateur *m*

**Intensity** : intensité *f*
~ **of irradiation** : intensité de l'irradiation

**Intensive** *a* : intensif ; intense

**Interaction** : interaction *f*

to **Interbreed** : croiser *(animals)*

**Interesterification** : interestérification *f*

**Interface** : interface *f*

**Interfacial** *a* : interfacial

**Interference** : interférence *f*
**Phenomenon of** ~ : phénomène *[m]* d'interférence
~ **prevention** : élimination *[f]* de l'interférence

**Interior** *a* : intérieur

**Intermediary** *a* : intermédiaire

**Intermediate** *a* : intermédiaire

**Internal** *a* : interne ; intérieur

**Internally** : en dedans

**International** *a* : international
~ **unit** : unité *[f]* internationale

**Interspace** : interstice *m*

**Interstice** : interstice *m*

**Interval** : intervalle *m*

**Intestinal** *a* : intestinal

**Intestine** : intestin *m*
**Large** ~ : côlon *m* ; gros intestin
**Small** ~ : intestin grêle

**Intolerance** : intolérance *f*

**Intoxication** : intoxication *f* ; empoisonnement *m*

**Intramuscular** *a* : intramusculaire

**Intraperitoneal** *a* : intrapéritonéal

**Intravenous** *a* : intraveineux

**Intravenously** : par voie *[f]* intraveineuse

**Intrinsic** *a* : intrinsèque

**Intubation** : intubation *f*

**Inulin** : inuline *f*

**Inundation** : inondation *f*

**Invariable** *a* : invariable

to **Invent** : inventer

**Invention** : invention *f*

**Inventory** : inventaire *m*

**Inverse** *a* : inverse

**Inversely** : inversement

**Inversion** : inversion *f (sugar)* ; renversement *m*

to **Invert** : inverser *(polarized light)* ; renverser

**Inverted** *a* : inverti
~ **sugar** : sucre *[m]* inverti

**Invertase** : invertase *f*

**Invertebrate** : invertébré *a m*

to **Investigate** : examiner ; étudier ; rechercher

**Investigation** : recherche *f* ; examen *m* ; investigation *f*

**Iodate** : iodate *m*

**Iodite** : iodure *m*

to **Iodinate** : ioder ; enrichir en iode ; iodurer

**Iodinated** *a* : iodé

**Iodine** : iode *m*
~ **number** : indice *[m]* d'iode

**Iodism** : iodisme *m*

**Iodization** : ioduration *f*

to **Iodize** : ioder ; iodurer

**Iodoform** : iodoforme *m*

**Iodous** *a* : iodeux

**Ion** : ion *m*

**Ionic** *a* : ionique

**Ionizable** *a* : ionisable

**Ionization** : ionisation *f*

to **Ionize** : ioniser

**Ionizer** : ionisateur *m*

**Ionizing** *a* : ionisant
~ **ray** : rayon *[m]* ionisant

**Ionogen** : électrolyte *m*

**Ionophoresis** : ionophorèse *f*

**Irish moss** : carraghénane *m*

**Irish stew** : ragoût *[m]* de mouton

**Iron** : fer *m* ⇨ **Ferrous, Ferric**

to **Irradiate** : irradier

**Irradiation** : irradiation *f*

**Irregular** *a* : irrégulier

**Irregularity** : irrégularité *f*

**Irreversibility** : irréversibilité *f*

**Irreversible** *a* : irréversible

to **Irrigate** : arroser ; ruisseler ; irriguer

**Irrigating** : arrosage *m* ; irrigation *f*

**Irrigation** : irrigation *f*
~ **field** : champ *[m]* d'épandage

**Irritant** *a* : irritant

to **Irritate** : irriter ; stimuler

**Irritation** : irritation *f*

**Ischaemia, Ischemia** : ischémie *f*

**Islet** : îlot *m (anatomy)*

**Isoamyl** *a* : isoamylique

**Isobutyl** *a* : isobutylique

**Isobutyric** *a* : isobutyrique

**Isoelectric** *a* : isoélectrique
~ **point** : point *[m]* isoélectrique

to **Isolate** : isoler

**Isolated bottle** : bouteille *[f]* isolante

**Isoleucine** : isoleucine *f*

**Isomer** : isomère *m*

**Isomerase** : isomérase *f*

**Isomeric** *a* : isomère

**Isomerism, isomerization** : isomérisation *f*

**Isomorphous** *a* : isomorphe

**Isoprene** : isoprène *m*

**Isotherm** : isotherme *f*

**Isothermal** *a* : isotherme ; isothermique
~ **curve** : isotherme *f*

**Isotonic** *a* : isotonique

**Isotope** : isotope *m*
**Radioactive** ~ : isotope radioactif

**Isthmus** : isthme *m (anatomy)*

**Italian leprosy** : pellagre *f*

# J

**Jack** : manœuvre *m (person)* ; brocheton *m (fish)*

**Jackal** : chacal *m*

**Jackass** : âne *m*

**Jam** : confiture *f*
~ **puff** : puits *[m]* d'amour *(kind of cake)*
~ **tart** : tarte *[f]* à la confiture

**Japanese persimmon** : kaki *m*

**Jar** : récipient *m* ; bocal *m* ; bonbonne *f* ; pot *m* ; bocal *[m]* pour conserves

**Jaundice** : jaunisse *f* ; ictère *m*

**Jaw breaker** : broyeur *m*

**Jejunal** *a* : jéjunal

**Jejunum** : jéjunum *m*

**Jelification** : gélification *f*

**Jellied** *a* : en gelée ; gélifié
~ **veal** : veau *[m]* en gelée

to **Jelly** : faire prendre en gelée

**Jelly** : gelée *f*
**Meat** ~ : viande *[f]* en gelée
**Red-currant** ~ : gelée de groseilles
**Vegetable** ~ : pectine *f (citrus)*
~ **powder** : poudre *[f]* pour gelée ;
poudre pour confiture
~-**like** *a* : gélatineux

**Jennet** : ânesse *f (US)*

**Jenny** : ânesse *f*

**Jerusalem artichoke** : topinambour *m*

**Jerusalem corn** : sorgho *[m]* dourra

**Job's tear** : larmes de Job *f pl*

**John Dory** : Saint-Pierre *m (fish)*

to **Join** : relier ; réunir

**Joint** : nœud *m (botany)* ; articulation *f (anatomy)*

**Jointed** *a* : articulé

**Jojoba** : jujube *m*

**Juice** : jus *m* ; suc *m*
**Cane** ~ : jus de canne
**Pancreatic** ~ : sécrétion *[f]* pancréatique
**Stomach** ~ : suc *[m]* gastrique
~ **maker** ; ~ **squeezer** : presse *[f]* à fruit

**Juiceless** *a* : sans jus ; sec

**Juiciness** : jutosité *f* ; caractère *[m]* juteux

**Juicy** *a* : juteux ; succulent

**Jujube** : jujube *m*

**Juniper berry** : genièvre *m*

**Junket** : lait *[m]* emprésuré

**Jute** : jute *m*

**Juvenile** *a* : immature

# K

**Kaffir beer** : bière [f] de sorgho

**Kaffir bean** : dolique

**Kaffir corn** : sorgho m

**Kaffir pea** : pois [m] bambara

**Kaki** : kaki m

**Kale** : chou [m] frisé, pl choux

**Kaliemia** : kaliémie f

**Karyotype** : caryotype m

to **Keep** : conserver ; garder

**Keeping** : conservation f ; stockage m ; élevage m ; garde f (wine)

**Kefir** : kéfir m

**Keg** : tonnelet m ; barillet m ; caque f (herring)

**Kelp** : varech m

**Keratic** a : corné

**Keratin** : kératine f

**Keratinization** : kératinisation f

**Keratinized** a : kératinisé

**Keratinous** a : corné

**Keratitis** : kératite f

**Keratomalacia** : kératomalacie f

**Keratose** a : corné (pathology)

**Kernel** : noyau m ; pépin m (fruit) ; grain m (cereal)
~ **oil** : huile [f] de pépin

**Ketogenesis** : cétogénèse f

**Ketogenetic, Ketogenic** a : cétogène

**Ketone** : cétone f
~ **bodies** : corps [m] cétoniques

**Ketonic** a : cétonique

**Ketosis** : acidose f

**Ketosuria** : cétosurie f

**Kettle** : bouilloire f

**Key** : clef f ; clé f
~**-word** : mot-clé m, pl : mots-clés

**Kid** : chevreau m ; cabri m

**Kidding** : mise-bas f (goat)

**Kidney** : rein m (anatomy) ; rognon m (cooking)
~ **bean** : haricot [m] en grain

**Kieselgur** : kieselgur m ; terre [f] d'infusoires

**Kinase** : kinase f

**Kind** : genre m ; espèce f ; sorte f

**Kinetic** a : cinétique

**Kinetics** : cinétique f

**Kingdom** : règne m

**Kinship** : parenté m

**Kipper** : hareng [m] saur ; hareng fumé

**Kirsch, Kirschwasser** : kirsch m ; eau de vie [f] de cerises

**Kitchen** : cuisine f (room) ; aliments m pl (Scotland)
~ **gardener** : maraîcher m
~ **range** : fourneau [m] de cuisine
~ **stuff** : légumes m pl ; graisses f pl
~ **utensils** : batterie [f] de cuisine
~ **ware** : batterie [f] de cuisine

**Kiwi fruit** : kiwi m

**Kjeldahl** : kjeldahl m

**Knacker** : équarrisseur m

**Knackering** : équarrissage m (carcass)

to **Knead** : pétrir ; malaxer ; mélanger

**Kneadable** a : pétrissable

**Kneading** : pétrissage *m (pastry)* ;
malaxage *m*
~ **machine** : pétrin *m*

**Knee** : genou *m*

**Knife** : couteau *m*
**Fish** ~ : couteau à poisson
~ **grinder** : meule *[f]* à aiguiser
~ **sharpener** : aiguiseur *m (appara-tus)*
~ **sharpening** : aiguisage *m* ; affu-tage *m*

to **Knot** : nouer ; faire un nœud ; se
nouer

**Knot** : nœud *m (net, botany)* ; nodosité
*f (histology)*

**Knottiness** : nodosité *f (plant)*

**Knotting** : nouage *m* ; nouement *m*
*(fishing)*

**Knowledge** : connaissance *f* ; savoir *m*

**Knuckle** : articulation *f*
~ **of veal** : jarret *[m]* de veau
~ **of ham** : jambonneau *m*
~ **end** : souris *[f]* d'un gigot
~ **of a leg *(mutton)*** : manche *m*
*(bone)* ; souris *f (meat)*

**Kohlrabi** : chou-rave *m, pl* : choux-raves

**Kola** : cola *m*
~ **nut** : noix *[f]* de cola

**Koumiss** : koumis *m*

**Kvass** : bière *[f]* de seigle

**Kyloe** : bovin *m (Scotland)*

# L

to **Label** : étiqueter

**Label** : étiquette *f* ; désignation *f* ; qualification *f*

**Labelling** : étiquetage *m*

**Labile** *a* : labile ; instable ; fragile

**Lability** : instabilité *f* ; fragilité *f* ; sensibilité *[f]* à

**Laboratory**: laboratoire *m*

**Labour** : travail *m* ; ouvrage *m* ; main-
d'œuvre *f*
  **Native** ~ : main d'œuvre locale ; main-
  d'œuvre indigène

**Lachrymal** ; **Lacrymal** *a* : lacrymal

**Lactalbumin** : lactalbumine *f*

**Lactase** : lactase *f*

to **Lactate** : produire du lait

**Lactation** : lactation *f* ; allaitement *m*

**Lacteal** *a* : lacté ; laiteux *(consistency)*

**Lacteous** *a* : laiteux

**Lactic** *a* : lactique
  ~ **acid bacteria** *pl*: bactéries *[f pl]* lactiques
  ~ **fermentation** : fermentation *[f]* lactique

**Lactoferrin** : lactoferrine *f*

**Lactoflavin** : riboflavine *f* ; vitamine B2 *f*

**Lactogenic** *a* : galactogène *(agent)*
  ~ **hormone** : prolactine *f*

**Lactoglobulin** : lactoglobuline *f*

**Lactone** : lactone *f*

**Lactoperoxidase** : lactoperoxydase *f*

**Lactose** : lactose *m*
  ~ **free** : délactosé
  ~ **removal** : délactosage *m*

**Lactoserum** : lactosérum *m*

**Lactosuria** : lactosurie *f*

**Lactulose** : lactulose *m*

**Lading** : cargaison *f*

**Ladle** : louche *f*

**Laevorotary** ; **Laevorotatory** *a* : lévogyre

**Laevulose** : fructose *m*

**Lager** : bière *[f]* blonde

**Lagging** : calorifuge *m (material)*

to **Lamb** : agneler *m*

**Lamb** : agneau *m*
  **Ewe** ~ : agnelle *f*
  **Fattening** ~ : agneau de boucherie
  **Ram** ~ : agneau mâle
  **Stock** ~ ; **Sucking** ~ : agneau de lait
  **Wether** ~ : agneau châtré
  ~ **breast** : poitrine *[f]* d'agneau
  ~ **chop** : côtelette *[f]* d'agneau
  ~ **'s lettuce** : mache *f*
  ~ **loin** : côtelette *[f]* de filet d'agneau
  ~ **shoulder** : épaule *[f]* d'agneau

**Lambing** : agnelage *m*

**Lambkin** : agnelet *m*

**Lamella** : lamelle *f (biology)*

**Lamellibranchiate** : lamellibranche *m a*

**Lamina** : lame *f* ; écaille *f* ; limbe *f*

**Laminar** *a* : laminaire

**Laminaria** : laminaire *f (alga)*

**Laminarin** : laminarine *f*

**Lanate** *a* : laineux

**Lancet** : lancette *f*

**Land** : terre *f* ; terrain *m* ; planche *f*
*(garden)*
  **Dry** ~ : terre ferme
  **Marshy** ~ : terrain marécageux ;
  marécage *m*

Swampy ~ : ⇨ **Marshy land**
**Plough~** : terre labourable
**Plow~** : terre labourable

**Lane** : chemin *[m]* rural

**Lanolin** : lanoline *f (pure)* ; suint *m*
*(crude)*

**Lard** : saindoux *m* ; panne *f* ; lard *m*
~ **oil** : huile *[f]* de lard

**Larding** : enrobage *[m]* avec de la
graisse

**Larva** : larve *f*

**Larval** *a* : larvaire

**Late** *a* : tardif
~ **season** : fin *[f]* de campagne *(agriculture)*

**Latency** : latence *f* ; dormance *f*

**Lateness** : retard *m*

**Latent** *a* : latent ; dormant
~ **period** : latence *f* ; période *[f]* de
latence ; période de dormance

**Lateral** *a* : latéral

**Lateritic** *a* : latéritique

**Laterization** : latérisation *f*

to **Lather** : savonner ; mousser *(soap)*

**Lather** : mousse *f (soap)* ; écume *f*
*(horse)*

**Lathyrism** : lathyrisme *m*

**Laurel** : laurier *[m]* sauce

**Lauric** *a* : laurique

**Laver** : varech *m* ; algue *[f]* comestible

**Laxative** *a* : laxatif

to **Lay** : pondre *(egg)*

to **Lay up** : amasser *(provisions)*

**Layer** : couche *f* ; bouture *f (vegetal)*
**Thin** ~ : couche mince *(chromatography)*

**Layered** *a* : feuilleté ; clivé

**Layering** : feuilletage *m* ; clivage *m*

**Laying** : pondeuse *f (hen)*

**LD 50** : DL 50

to **Leach through** : filtrer à travers

**Lead** : plomb *m*
~ **poisoning** : saturnisme *m*

**Leaded** *a* : atteint de saturnisme ;
intoxiqué par le plomb

**Leaf** : feuille *f*
~ **fodder** : fourrage *[m]* vert
~ **lard** : saindoux *m*
~ **mold** ; ~ **mould** : terreau *[m]* de
feuilles
~ **organ** : organe *[m]* foliaire

**Leafless** *a* : dénudé

**Leak** : fuite *f*

**Lean** *a* : maigre

**Leather** : cuir *m*

to **Leaven** : faire lever *(dough)*

**Leaven** : levain *m*

**Leavening** : fermentation *[f]* panaire ;
levain *m*

**Lecithin** : lécithine *f*

**Lecithinase** : lécithinase *f*

**Lectin** : lectine *f*

**Leek** : poireau *m*

**Lees** : lie *f (wine)*

**Leg** : jambe *f (human)* ; patte *f (animal)* ;
branche *f (tree)*
**Lamb** ~ : gigot *m*
**Beef** ~ : gîte *m*
**Veal** ~ : sous-noix *f*

**Legal** *a* : honnête ; loyal ; légal ; valide

**Legality** : authenticité *f* ; validité *f* ; légalité *f*

to **Legalize** : certifier ; légaliser

**Legend** : légende *f*

**Legislation** : législation *f*

**Legume** : légumineuse *f* ; graine *f*
*(leguminous)*
**Dried** ~ : légume sec

**Legumes** *pl* : légumes *m pl*

**Legumen** : ⇨ **Legume**

**Leguminous** *a* : légumineux

**Lemon** : citron *m*
~ **cheese** : gelée *[f]* d'œufs et de jus de citron
~ **curd** : crème *[f]* de citron ; gelée d'œufs et de jus de citron
~ **dab** : limande *f*
~ **drop** : bonbon *[m]* acidulé
~ **grove** : plantation *[f]* de citronnier
~ **juice** : jus *[m]* de citron
~ **sole** : plie *f*
~ **squash** : limonade *[f]* non gazeuse ; citronnade *f*
~ **tree** : citronnier *m*
~ **verbena** : verveine *f* ; citron *[m]* pressé
Still ~ : limonade *[f]* non gazeuse ; citronnade *f*

**Length** : longueur *f* ; étendue *f* ; durée *f* ; métrage *m (textile)*
**Focal** ~ : distance *[f]* focale
**Wave**~ : longueur *[f]* d'onde

to **Lengthen** : allonger

**Lengthening** : allongement *m* ; prolongement *m*

**Lengthwise** *a* : longitudinal

**Lens** : cristallin *m* ; lentille *f (optic)*

**Lentil** : lentille *f (legume)*

**Lesion** : lésion *f*

**-less** : privé de ; sans

to **Lessen** : diminuer ; amortir *(effect)*

**Lessening** : diminution *f*

**Letchi** : lychee *m*

**Lethal** *a* : létal ; léthal

**Lethality** : mortalité *f*

**Lettuce** : laitue *f*

**Leucemia** : leucémie *f*

**Leucine** : leucine *f*

**Leuco-** : leuco- *(derivative)*

**Leucoanthocyanin** : leucoanthocyanine *f*

**Leucoblast** : leucoblaste *m*

**Leucocyte** : leucocyte *m* ; globule *[m]* blanc

**Leucocytosis** : leucocytose *f*

**Leucopenia** : leucopénie *f*

**Leucoplast** : leucoplaste *m*

**Leucopoiesis** : leucopoïèse *f*

**Leucocyte** : leucocyte *m*

**Levan** : lévane *m*

**Level** : niveau *m* ; taux *m* ; teneur *f*
**Feeding** ~ : niveau de rationnement *(animal)*

to **Level off** ; to **Level out** : stabiliser

**Leverage** : influence *f*

**Leveret** : levraut *m*

**Levulinic** *a* : lévulinique

**Levulose** : fructose *m*

**Lid** : couvercle *m (can)*

**Lienopathy** : splénopathie *f*

**Life** : vie *f*
**Animal** ~ : vie animale
**Embryonic** ~ : vie embryonnaire

**Ligament** : ligament *m*

**Ligand** : ligand *m* ; liaison *f*

**Ligase** : ligase *f*

to **Light** : allumer

**Light** : lumière *f*
**Incident** ~ : lumière incidente
**Infrared** ~ : lumière infrarouge
**Monochromatic** ~ : lumière monochromatique
**Polarized** ~ : lumière polarisée
**Transmitted** ~ : lumière transmise
**Ultraviolet** ~ : lumière ultraviolette
~ **diffraction** : diffraction *[f]* de la lumière
~ **negative** *a* : photorésistant ; photostable
~ **positive** *a* : photolabile ; photosensible
~ **ray** : rayon *[m]* lumineux
~ **sensitive** *a* : photosensible
~ **wave** : onde *[f]* lumineuse

**Light** *a* : clair ; léger ; faible
~ **hydrocarbon gas** : méthane *m*
~ **petroleum** : éther *[m]* de pétrole

to **Lighten** : réduire ; alléger

**Lighting** : éclairage *m* ; éclairement *m*

**Lightning** : éclair *m* ; foudre *f*

**Ligneous** *a* : ligneux

**Lignification** : lignification *f*

**Lignified** *a* : lignifié

**Lignin** : lignine *f*

**Lignite** : lignite *f*

**Lignocellulose** : lignocellulose *f*

**Lignocellulosic** *a* : lignocellulosique

**Lignoceric** *a* : lignocérique

**Lima bean** : haricot *[m]* de Lima

**Lime** : chaux *f* ; calcaire *m* ; citron *[m]*
vert ; tilleul *m (tree)*
~**stone** : pierre *[f]* à chaux ; calcaire *m*
~**water** : eau *[f]* de chaux

**Limiting** *a* : limitant
~~ **factor** : facteur-limitant *m*, *pl* : facteurs-limitant

**Limon** : limon *m*

**Limonene** : limonène *m*

**Limonin** : limonine *f*

**Linalool** : linalool *m*

**Lindane** : lindane *m*

**Line** : ligne *f (geometry)* ; lignée *f*
*(genetics)*
**Broken** ~ ; **Dashed** ~ : ligne disconti-
nue
**Dotted** ~ : ligne pointillée
**Germ** ~ : lignée *[f]* germinale
**Straight** ~ : ligne droite

**Lineage** : lignée *f* ; descendance *f*

**Lined** *a* : rayé

**Linen** : lin *m (textile)*

**Ling** : morue *[f]* longue ; julienne *f* ; lotte
*[f]* de rivière

to **Linger** : persister *(smell)* ; subsister
*(doubt)*

**Link** : liaison *f (chemistry)*
**Cross-**~ : liaison croisée ; liaison inter-
chaîne *(chemistry)*

**Linkage** ; **Linking** : liaison *f (chemis-
try)* ; enchaînement *m*
**Double** ~ : double liaison
**Unsaturated** ~ : liaison insaturée

**Linoleic** *a* : linoléique

**Linolenic** *a* : linolénique

**Linseed** : graine *[f]* de lin
~ **cake** tourteau *[m]* de lin
**Boiled** ~ **oil** : huile *[f]* de lin cuite

**Lip** : lèvre *f*

**Lipase** : lipase *f*

**Lipemia** : lipémie *f*

**Lipid** : lipide *m*

**Lipidemia** : lipémie *f*

**Lipoclasis** : lipolyse *f*

**Lipocyte** : lipocyte *m*

**Lipogenesis** : lipogénèse *f*

**Lipoid** : lipoïde *m a*

**Lipolysis** : lipolyse *f*

**Lipolytic** *a* : lipolytique

**Lipopenia** : lipopénie *f*

**Lipophilic** *a* : lipophile

**Lipoprotein** : lipoprotéine *f*
**Hight density** ~ : lipoprotéine de
haute densité
**Low density** ~ : lipoprotéine de faible
densité

**Liposaccharide** : liposaccharide *m*

**Liposoluble** *a* : liposoluble

**Lipotropic** *a* : lipotrope

**Lipotropy** : lipotropie *f*

**Lipovitellin** : lipovitelline *f*

**Lipoxidase** : lipoxydase *f*

**Lipoxygenase** : lipoxygénase *f*

**Liquefacient** *a* : liquéfiant

**Liquefaction** : liquéfaction *f*

**Liquefiable** *a* : liquéfiable

to **Liquefy** : liquéfier

**Liquefying** : liquéfaction *f*

**Liquescence** : liquescence *f*

**Liquescent** *a* : liquescent

**Liquid** : liquide *m* ; fluide *m*
  ~ **manure** : purin *m*
  ~ **condenser** : condensateur *m*

**Liquor** : liqueur *f* ; lessive *f (industry)* ;
alcool *[m]* de fruit ; alcools *m pl*
*(drink)*
  **Mother** ~ : eau-mère *f, pl* : eaux-
mères
  **Sulfite waste** ~ : liqueur bisulfitique

**Liquorice** : réglisse *f*

**List** : liste *f*
  **Positive** ~ : liste positive

**Liter** : litre *m*

**Lithiasis** : lithiase *f*
  **Arthro**~ : goutte *f*

**Litre** : litre *m*

**Litter** : litière *f* ; nichée *f* ; portée *f (animal)*

**Live** *a* : vivant
  ~ **animal** : animal *[m]* sur pied
  ~ **weight** : poids *[m]* vif

**Liver** : foie *m*
  **Fatty** ~ : stéatose *[f]* hépatique
  ~ **fluke** : douve *[f]* du foie
  ~**stone** : hépatite *f* ; calcul *[m]* biliaire ;
lithiase *[f]* biliaire

**Livestock** : cheptel *m* ; bétail *m* ; bestiaux *m pl*
  ~ **unit** : unité *[f]* de gros bétail

**Livetin** : livétine *f*

**Living** *a* : vivant

to **Load** : charger ; remplir

**Load** : charge *f* ; poids *[m]* d'une
charge ; cargaison *f (ship)*
  **Dead** ~ : poids *[m]* mort
  **Live** ~ : charge utile
  **Ultimate** ~ : charge de rupture
  **Useful** ~ : charge utile
  ~ **per square meter** : charge par
mètre carré

**Loading** : chargement *m* ; charge *f*
  ~ **band** : bande *[f]* de chargement
  ~ **bridge** : pont *[m]* transporteur
  ~ **limit** : limite *[f]* de charge
  ~ **platform** : plate-forme*[f]* de chargement ; quai *[m]* de chargement
  ~ **porter** : portefaix *m* ; porteur *m*
  ~ **test** : épreuve *[f]* de charge

**Loaf** : miche *f* ; pain *m (bread)* ; meule *f*
*(cheese)* ; pain *m (sugar)* ; cœur *m*
*(vegetable)*
  **Cottage** ~ : pain de ménage
  **English** ~ : pain de mie
  **French** ~ ; **Long** ~ : baguette *f*
  **Pan** ~ : pain au moule
  **Sandwich** ~ : pain de mie
  **Sugar** ~ : pain de sucre
  **Tin** ~ : pain au moule
  ~ **bread** : pain *[m]* levé

**Loam** : glaise *f*

**Loamy** *a* : glaiseux ; gras *(ground)*

**Lobe** : lobe *m*

**Lobed** *a* : lobé

**Lobster** : homard *m*
  **Norway** ~ : langoustine *f*
  **Spiny** ~ : langouste *f*

**Local** *a* : régional

**Locust** : sauterelle *f* ; criquet *m*
  **Migratory** ~ : criquet *[m]* pélerin
  ~ **bean** : caroube *f*
  ~ **tree** : caroubier *m*

**Loess** : limon *[m]* pulvérulent ; terre *[f]*
jaune

**Loft** : grenier *m (cereal, hay)*

**Loganberry** : ronce-framboise *f, pl* :
ronces-framboises

**Loin** : rein *m* ; lombes *f pl* ; filet *m*
*(mutton, veal)* ; longe *f (veal)* ; aloyau
*m (beef)*
  **Strip** ~ : faux-filet *m (beef)*
  **Tender**~ : filet *m (beef)*
  ~ **chop** : côtelette *[f]* de filet

**Logarithm** : logarithme *m*

**Logarithmic** *a* : logarithmique

**Longitudinal** *a* : longitudinal

**Longlife** *a* : de longue durée

**Long term** : à long terme

**Loop** *a* : lâche ; mou

**Loosening** : désagrégation *f* ; lochage
*m (sugar)* ; déchaussement *m (tooth)*

to **Lop** : tailler ; émonder *(plant)*

**Lorry** : benne *f*

**Louse** : pou *m, pl* : poux

**Low** : bas ; profond
   ~ **frequency** : basse fréquence f
   ~ **pressure** : basse pression f
   ~ **tension** : basse tension f
   ~ **water** : étiage m

to **Lower** : baisser ; diminuer ; déprimer ; abaisser

**Lower** a : inférieur ; plus bas

**Lowering** : abaissement m ; réduction f ; diminution f
   ~ **of price** : rabais m

**Lubrifiant** : lubrifiant m a

to **Lubricate** : lubrifier ; huiler ; graisser

**Lubricating** ; **Lubrication** : graissage m ; lubrification f

**Lucerne** : luzerne f

**Lumen** : lumière f (duct)
   **Intestinal** ~ : lumière intestinale

**Lumiflavine** : lumiflavine f

**Luminal** a : relatif à la lumière (duct)

**Luminescence** : luminescence f

**Luminescent** a : luminescent

**Luminosity** : luminosité f

**Luminous** a : lumineux

**Lumpy** a : grumeleux
   to **Go** ~ : faire des grumeaux

**Luncheon** : déjeuner m ; repas [m] de midi

**Lung** : poumon m

**Lupine** : lupin m

**Lupulin** : lupuline f

**Lupulone** : lupulone f

**Lutein** : lutéine f

**Luteinization** : lutéinisation f

**Luteotrophin** : prolactine f

**Lyase** : lyase f

**Lychee** : letchi m ; litchi m

**Lycopene** : lycopène m

**Lye** : lessive f (chemistry)
   **Caustic** ~ : lessive caustique
   **Caustic soda** ~ : lessive de soude caustique
   ~ **treatment** : traitement [m] à la soude

**Lymph** : lymphe f

**Lymphatic** a : lymphatique

**Lymphoblast** : lymphoblaste m

**Lymphocyte** : lymphocyte m

**Lymphoid** a : lympoïde

**Lyophilization** : lyophilisation f

to **Lyophilize** : lyophiliser

**Lysate** : lysat m

**Lysine** : lysine f

**Lysinoalanine** : lysinoalanine f

**Lysis** : lyse f

**Lysozyme** : lysozyme m

**-lytic** : -lytique

# M

**Macaroni** : macaroni *m*
  ~ **and cheese** : macaroni au gratin

**Macaroon** : macaron *m*

**Mace** : macis *m*

to **Macerate** : macérer ; tremper ;
  mouiller

**Maceration** : macération *f*

**Macerator** : cuve *[f]* de macération

**Machine** : machine *f*
  **Duplicating** ~ : duplicateur *m*
  ~ **data** : caractéristiques *[f pl]* d'une
  machine
  ~ **hall** ; ~ **house** : salle *[f]* des
  machines
  ~ **maker** ; mécanicien *m*

**Machinery** : machinerie *f* ; machinisme *m*
  ~ **store** : hangar *m*

**Mackerel** : maquereau *m*

**Macrobiotic** *a* : macrobiotique

**Macrobiotics** : macrobiotique *f*

**Macroblast** : macroblaste *m*

**Macrocyte** : macrocyte *m*

**Macrocytic** *a* : macrocytique

**Macrophage** : macrophage *m*

**Macrophageous** *a* : macrophage

**Macroscopic** *a* : macroscopique

**Madefaction** : humidification *f*

**Maggot** : ver *m* ; asticot *m*

**Maggoty** *a* : véreux *(fruit)*

**Magnesia** : magnésie *f*

**Magnesium** : magnésium *m*

**Magnetic, Magnetical** *a* : magnétique

**Magnetism** : magnétisme *m*

**Magnifier** : loupe *[f]* binoculaire

to **Magnify** : grossir ; agrandir *(optics)*

**Magnifying** : agrandissement *m* ; grossissement *m* ; grossissant *a*
  ~ **lens** : lentille *[f]* grossissante

**Magnitude** : grandeur *f*

**Maidism** : pellagre *f*

**Maillard reaction** : réaction *[f]* de
  Maillard

**Maintenance** : entretien *m*
  ~ **diet** : régime *[m]* d'entretien

**Maize** : maïs *m*
  ~ **cob** : épi *[m]* de maïs
  ~ **oil** : huile *[f]* de maïs

**Maker** : fabricant *m* ; façonnier *m*
  *(industry)*

**Making** : façonnage *m*

**Malabsorption** : malabsorption *f* ;
  défaut *[m]* d'absorption

**Malacia** : malacie *f* ; ramollissement *m*

**Malady** : maladie *f*

**Malaria** : paludisme *m*

**Malaxation** : malaxage *m*

**Male** : mâle *a m*
  ~ **de la rosa** : pellagre *f*

**Maleic** *a* : maléique

**Malformation** : malformation *f*

**Malic** *a* : malique

**Malign** *a* : pernicieux ; malin *(pathology)*

**Malignancy, malignity** ; malignité *f*

**Mallard** : canard *[m]* sauvage

**Malnutrition** : malnutrition *f*

**Malonate** : malonate *m*

**Malonic** *a* : malonique

to **Malt** : malter

**Malted** *a* : malté

**Malt** : malt *m*
  **Black** ~ : malt torréfié
  **Bruised** ~ : drêche *f*
  ~ **extract** : extrait *[m]* de malt
  ~ **floor** : germoir *m*

**Maltase** : maltase *f*

**Maltery** : malterie *f*

**Malting** : malterie *f* ; maltage *m*
  ~ **kiln** : touraille *f*

**Maltitol** : maltitol *m*

**Maltose** : maltose *m*

**Maltulose** : maltulose *m*

**Malty** *a* : malté ; relatif au malt

**Malvidin** : malvidine *f*

**Mamma** : mamelle *f*

**Mammal** *a* : mammifère

**Mammals** *pl* : mammifères *m pl*

**Mammary** *a* : mammaire

**Mammate** *a* : mammifère

**Mammitis** : mammite *f*

**Mammotrophin** : prolactine *f*

**Management** : direction *f* ; conduite *f* ;
  gestion *f*
  **Works** ~ : direction d'usine

**Manager** : directeur *m* ; administrateur
  *m* ; gérant *m*
  **Works** ~ : directeur d'usine

**Mandarin, Mandarine** : mandarine *f*

**Mandibula** : mandibule *f*

**Mandibular** *a* : mandibulaire

**Manganese** : manganèse *m*

**Mangel** : betterave *[f]* fourragère

**Manger** : mangeoire *f* ; auge *f*

**Mango** : mangue *f*

**Mangold** : betterave *[f]* fourragère

**Mangy** *a* : galeux *(animal)*

**Manioc** : manioc *m*

**Manna** : manne *f*

**Mannan** : mannane *m*

**Mannite** : mannitol *m*

**Mannitol** : mannitol *m*

**Mannose** : mannose *m*

**Manometer** : manomètre *m*

**Manual** *a* : manuel

**Manufactory** : fabrique *f* ; usine *f* ;
  manufacture *f*

to **Manufacture** : fabriquer ; manufacturer

**Manufacture** : fabrication *f* ; produit
  manufacturé *m*

**Manufacturer** : fabricant *m* ; industriel *m*

**Manufacturing** : fabrication *f* ; façonnage *m*

to **Manure** : fumer ; engraisser
  *(ground)*

**Manure** : engrais *m* ; compost *m* ;
  fumier *m*
  **Chemical** ~ : engrais chimique ;
  engrais artificiel
  **Green** ~ : engrais vert
  **Liquid** ~ : purin *m*

**Manurial** *a* : pour engrais, pour fertiliser

**Manuring** : fumure *f*

**Maple** *(syrup)* : sirop *[m]* d'érable

**Marasmus** : marasme *m*

**Marc** : marc *m* ; eau de vie *f (grape)* ;
  rape *f*

**Mare** : jument *f*
  **In-foal** ~ : jument pleine

**Margarine** : margarine *f*
  **Print** ~ : margarine en pain
  **Soft** ~ : margarine tartinable

**Margin** : marge *f*
  **Profit** ~ : marge bénéficiaire

**Marginal** *a* : marginal

**Marinated** *a* : mariné *(meat)*

**Marination** : marinade f

**Marine** a : marin
~ **acid** : acide [m] chlorhydrique
~ **fauna** : faune [f] marine
~ **flora** : flore [f] marine
~ **life** : vie [f] marine

**Marjoram** : marjolaine f ; origan m

**Mark** : marque f ; signe m ; tache f ;
cible f ; but m

**Marked** a : marqué ; tavelé (fruit)

**Marker** : marqueur m ; traceur m

**Market** : marché m
Cattle ~ : marché aux bestiaux ; foire
[f] aux bestiaux
Common ~ : Marché Commun
Domestic ~ : marché intérieur (economy)
Falling ~ : marché en baisse (economy)
Future ~ : marché à terme (economy)
Free ~ : marché libre
Overseas ~ : marché d'outre-mer
Rising ~ : marché en hausse (economy)
Sugar ~ : marché du sucre
Terminal ~ : marché à terme (economy)
~ **analysis** : analyse [f] du marché
~ **hall** : halles f pl
~ **garden** : jardin [m] maraîcher
~ **price** ; au cours (economy) ; au prix
[m] courant
~ **rate** : taux [m] au cours libre
~ **research** : étude [f] de marché
~ **survey** : étude [f] de marché
~ **value** : valeur [f] marchande

**Marketable** a : commercialisable

**Marketing** : mercatique f (official term) ;
commercialisation f ; théorie et pratique de la vente ; denrées f pl

**Marking** : repérage m

**Marl** : marne f

**Marmalade** : confiture [f] d'oranges

**Marmite** : sauce f (for soup)

**Marrow** : moelle f
Spinal ~ : moelle épinière
Bone ~ : moelle osseuse

**Marsh** : marais m

**Salt** ~ : marais salant
~ **fever** : paludisme m

**Marshland** : marécage m

**Marshmallow** : guimauve f

**Marshy** a : marécageux

**Marzipan** : massepain m

**Mash** : purée f ; bouillie f ; pulpe f ;
pâtée f (animal)

**Mashed** a : en purée
~ **potatoes** pl : purée de pomme de
terre

**Mashing** : brassage m ; malaxage m ;
foulage m (grape)

to **Mask** : masquer (taste, smell)

**Maslin** : méteil m

**Mass** : masse f

**Master gland** : hypophyse f

**Mastication** : mastication f

**Masticatory** a : masticatoire

**Mastitis** : mammite f

**Matches** pl : allumettes f pl

**Matching** : assortiment m ; méchage m
(cask)

**Material** : matériel m ; matériau m ;
matière f

**Mating** : accouplement m ; monte f ;
lutte f (sheep)

**Matrix** : matrice f ; moule m ; utérus m

**Matter** : matière f ; substance f

**Maturation** : maturation f

**Mature, Matured** a : mûr ; affiné

**Maturing** : maturation f

**Maturity** : maturité f

**Matzo biscuit** : galette [f] de pain
azyme

**Maveric** : veau [m] non marqué

**Mayonnaise** : mayonnaise f

**Meadow** : prairie f

**Meagre** a : maigre

**Meal** : farine *f (cereal)* ; tourteau *m*
(oil) ; repas *m*
  **Blood** ~ : farine de sang
  **Coarse** ~ : farine grossière ; gruau *m*
  **Fish** ~ : farine de poisson
  ~ **groats** *pl* : farine de semoule
  ~ **times** *pl : temps [m]* du repas

**Mealies** *pl* : maïs *m*

**Mealy** *a* : farineux ; cotonneux ; poudreux

**Mean** : moyen *a* ; moyenne *f*
  **Weighted** ~ : moyenne pondérée

**Means** *pl* : moyens *m pl* ; ressources *f pl*

**Measurable** *a* : mesurable

to **Measure** : mesurer ; métrer

**Measure** : mesure *f*
  **Cubic** ~ : mesure de volume
  **Linear** ~ : mesure de longueur
  **Long** ~ : mesure de longueur
  **Square** ~ : mesure de surface
  ~ **of capacity** : mesure de volume

**Measurement, Measuring** : mensuration *f* ; métrage *m (textile)* ; cubage *m*
(wood) ; dosage *m*

**Meat** : viande *f (butchery)*
  **Boned** ~ : viande désossée
  **Canned** ~ : conserve *[f]* de viande
  **Chilled** ~ : viande réfrigérée
  **Fresh** ~ : viande fraîche
  **Fresh-killed** ~ : viande fraîchement
abattue
  **Frozen** ~ : viande réfrigérée ; viande
congelée
  **Ground** ~ : hachis *(m)* de viande ;
viande hachée
  **Minced** ~ : ⇨ **Ground meat**
  **Preserved** ~ : conserve *[f]* de viande
  **Salted** ~ : viande salée
  **Smoked** ~ : viande fumée
  **Tinned** ~ : conserve *[f]* de viande
  ~ **broth** : bouillon *[m]* de viande
  ~ **cooling room** : chambre *[f]* froide
pour les viandes
  ~ **flour** : farine *[f]* de viande
  ~ **freezing room** : chambre *[f]* de
congélation pour les viandes
  ~ **peptone** : peptone *[f]* de viande
  ~ **waste** : déchets *[m pl]* de viande
  ~ **water** : bouillon *[m]* de viande

**Mechanical** *a* : mécanique

**Mechanically boned meat** : viande
désossée mécaniquement

**Mechanics** *pl* : mécanique *f*

**Mechanism** : mécanisme *m*

**Mechanization** : mécanisation *f*
  **Farm** ~ : mécanisation agricole

to **Mechanize** : mécaniser

**Mechanized farming** : motoculture *f*

**Mediator** : médiateur *m* ; intermédiaire *m*
  **Chemical** ~ : médiateur chimique

**Medical** *a* : médical

**Medicinal** *a* : médicinal

**Medicine** : médecine *f* ; médicament *m*

**Medicines** *pl* : produit *[m]* pharmaceutique ; médicament *m*

**Medium** : milieu *m*
  **Culture** ~ : milieu de culture *(microbiology)*

**Medlar** : nèfle *f*

**Medulla** : moelle *f*
  **Bone** ~ : moelle osseuse

**Medullary** *a* : médullaire

**Megaloblast** : mégaloblaste *m*

**Megaloblastic** *a* : mégaloblastique

**Megalocyte** : mégalocyte *m*

**Megalocytic** *a* : mégalocytique

**Meiosis** : méiose *f*

**Melanin** : mélanine *f*

**Melanoblast** : mélanoblaste *m*

**Melanoidin** : mélanoïdine *f*

**Melba toast** : biscotte *f*

**Melezitose** : mélézitose *m*

**Melibiose** : mélibiose *m*

to **Mellow** : faire mûrir *(fruit)* ; mûrir ;
prendre du velouté *(wine)*

**Mellow** *a* : fondant *(fruit)* ; velouté
*(wine)*

**Mellowing** : maturation *f (fruit, wine)*

**Mellowness** : maturité *f* ; moelleux *m*
*(fruit)* ; moelleux *m* ; velouté *m (wine)* ;
richesse *f (soil)*

**Melon** : melon *m*
  **Musk ~** : cantaloup *m*
  **Water ~** : pastèque *f*

to **Melt** : fondre
  **Melted butter** : beurre *[m]* fondu

**Melt** : masse *[f]* fondue

**Melting** : fondant *a ;* fonte *f* ; fusion *f*
  **~ point** : point *[m]* de fusion
  **~ pot** : creuset *m*

**Membrane** : membrane *f*

**Menadione** : ménadione *f*

**Menhaden** : menhaden *m*

**Meningitis** : méningite *f*

**Meniscus** : ménisque *m (glassware)*

**Menthol** : menthol *m*

**Mercaptan** : mercaptan *m*

**Merchandise** : marchandise *f*

**Merchant** : commerçant *m* ; négociant
*m* ; marchand *[m]* en gros
  **Corn ~** : négociant en grains

**Mercurial** *a* : mercuriel

**Mercuric** *a* : mercurique

**Mercurous** *a* : mercureux

**Mercury** : mercure *m*
  **~ vapour** : vapeur *[f]* de mercure

**Mericarp** : méricarpe *m*

**Meringue** : meringue *f*

**Merino** : mérinos *m*

**Merycism** : mérycisme *m* ; rumination *f*

**Mescaline** : mescaline *f*

**Mesencephalon** : mésencéphale *m*

**Mesenchyma** : mésenchyme *m*

**Mesenchymal** *a* : mésenchymateux

**Mesentery** : mésentère *m*

**Mesh** : maille *f (sieve, fillet)* ; particule
*[f]* passant à travers le tamis

**Meslin** : méteil *m*

**Mesoblast** : mésoblaste *m*

**Mesocarp** : mésocarpe *m*

**Mesoderm** : mésoderme *m* ; mésoblaste *m*

**Mesodermal, Mesodermic** *a* : mésodermique

**Mesomere** : mésomère *m*

**Mesomeric** *a* : mésomère

**Mesomerism** : mésomérie *f*

**Mesophilic** *a* : mésophile

**Mesophyll** : mésophylle *m*

**Mess** : cantine *[f]* militaire *(place)* ;
gamelle *f*
  **A ~ of pottage** : un plat *[m]* de len-
tilles

**Metabisulphite** : métabisulfite *m*

**Metabolic** *a* : métabolique
  **~ waste** : catabolite *m*

**Metabolism** : métabolisme *m*
  **Basal ~** : métabolisme basal
  **Degradative ~** : catabolisme *m*
  **Fat ~** : métabolisme lipidique
  **Protein ~** : métabolisme protidique

**Metabolite** : métabolite *m*

to **metabolize** : métaboliser ; utiliser
*(nutrient)*

**Metal** : métal *m*

**Metallic** *a* : métallique

**Metalloid** : métalloïde *m*

**Metastasis** : métastase *f*

**Meteorism** : météorisme *m*

**Meteorological** *a* : météorologique
  **~ service** : service *[m]* météorologique

**Meteorology** : météorologie *f*

**Methaemoglobin** : méthémoglobine *f*

**Methaemoglobinaemia** : méthémoglobinémie *f*

**Methane** : méthane *m*

**Methanol** : méthanol *m*

**Methanolysis** : méthanolyse *f*

**Methemoglobin** : méthémoglobine *f*

**Methemoglobinemia** : méthémoglobinémie f

**Methionine** : méthionine f

**Method** : méthode f

**Methodical** a : méthodique

**Methyl** : méthyle m
~ **alcohol** : alcool [m] méthylique ;
méthanol m

**Methylamine** : méthylamine f

to **Methylate** : méthyler

**Methylated** a : méthylé
~ **spirit** : alcool [m] dénaturé

**Methylesterase** : méthylestérase f

**Methylic** a : méthylique

**Methylpentose** : méthylpentose m

**Metmyoglobin** : metmyoglobine f

**Mettle** : ardeur f (animal)

**Micella** : micelle f

**Micellar** a : micellaire

**Micelle** : micelle f

**Micranatomy** : histologie f

**Microalga** : algue [f] microscopique

**Microbe** : microbe m ; micro-orga-
nisme m

**Microbial** a : microbien ; microbiologique
~ **protein** : protéine [f] microbiologique

**Microbic** a : microbien

**Microbicide** : germicide m

**Microbiological** a : microbiologique

**Microbiology** : microbiologie f

**Microelement** : oligoélément m

**Microflora** : microflore f

**Micronutrient** : oligélément m ; oligo-
nutriment m : élément [m] mineur

**Microorganism** : microorganisme m

**Microscope** : microscope m
**Phase contrast** ~ : microscope à
contraste de phase
**Polarizant** ~ : microscope polarisant

**Scanning electron** ~ : microscope
électronique à balayage

**Microscopic** a : microscopique

**Microscopy** : microscopie f

**Microvillus** : microvillosité f

**Microwave** : micro-onde f

**Midbrain** : mésencéphale m

**Midden** : fumier m

**Middle** : intermédiaire a ; central a ; partie [f] centrale ; médiane f ; milieu m

**Middlings** pl : issues f pl ; remoulage
m ; finots m pl (cereal)

**Midriff** : diaphragme m ; estomac m

**Migration** : migration f

**Migratory** a : migrateur

**Mild** a : doux
~ **steel** : acier [m] doux

to **Mildew** : rouiller (cereal) ; se moisir
(bread) ; prendre le mildiou

**Mildewed** a : rouillé (plant) ; mildiousé
(vine) ; moisi

**Mildew** : rouille f (cereal) ; mildiou m
(vine) ; oïdium m (plant) ; moisissure f

**Mildewy** a : moisi ; rouillé (cereal) ; mildiousé (vine)

**Miliary** a : de petite taille, de la taille
d'un grain de mil

to **Milk** : traire

**Milk** : lait m
**Coconut** ~ : lait de coco
**Condensed** ~ : lait condensé
**Cow in** ~ : vache [f] en lactation
**Curdled** ~ : lait caillé
**Dried** ~ : lait sec ; lait en poudre
**Evaporated** ~ : lait semi-condensé
**Fermented** ~ : lait fermenté
**Fresh** ~ : lait frais
**Homogenized** ~ : lait homogénéisé
**Infant's** ~ : lait maternisé
**Longlife** ~ : lait de longue
conservation (UHT treated)
**Malted** ~ : lait malté ; farine [f] lactée
**New** ~ : lait bourru ; lait encore chaud
**Pasteurized** ~ : lait pasteurisé
**Powdered** ~ : lait en poudre
**Skim** ~, **skimmed** ~ : lait écrémé

**Sour** ~ : lait aigre, lait caillé
**Sterilized** ~ : lait stérilisé
**Sweetened** ~ : lait condensé sucré
**Unskimmed** ~ : lait entier
**Unsweetened** ~ : lait condensé non
sucré
**Watered** ~ : lait mouillé
**Whole** ~ : lait entier
~ **can** : boîte *[f]* à lait ; pot *[m]* à lait
~ **churn** : bidon *[m]* à lait
~ **diet** : régime *[m]* lacté
~ **float** : voiture *[f]* de laitier
~ **of magnesia** : lait *[m]* de magnésie ;
magnésie *[f]* hydratée
~ **powder** : lait en poudre ; poudre *[f]*
de lait
~ **product** : produit *[m]* laitier
~ **pudding** : entremets *[m]* au lait
~ **serum** : lactosérum *m*
~ **stage** : laiteux *a (grain)*
~ **shake** : lait *[m]* parfumé fouetté ;
milk-shake *m*
~ **skin** : peau *[f]* du lait
~ **substitute** : aliment *[m]* d'allaitement ; lactoremplaceur *m*
~ **sugar** : lactose *m*

**Milking** : traite *f*
**Machine** ~ : traite mécanique

**Milky** *a* : laiteux

to **Mill** : moudre ; broyer

**Mill** : moulin *m*
**Ball** ~ : broyeur *[m]* à boulets
**Corn** ~ : moulin à blé
**Dust** ~ : pulvérisateur *m*
**Grinding** ~ : broyeur *m*
**Hammer** ~ : broyeur à boulets
**Oil** ~ : moulin à huile
**Pebble mill** : broyeur *[m]* à boulet
**Roller** ~ : moulin à cylindres
**Smooth roller** ~ : convertisseur *m*
**Vertical** ~ : meule *[f]* verticale
**Water** ~ : moulin à eau
**Wind** ~ : moulin à vent
~ **dust** : poussière *[f]* de farine
~ **laboratory** : laboratoire *[m]* de meu-
nerie
~ **with fluted rolls** : moulin à
cyclindres cannelés
~ **with millstones** : moulin à meules

**Miller** : meunier *m* ; minotier *m*
**Miller's industry** : industrie *[f]* meunière
**Miller's product** : produit *[m]* de minoterie

**Millery** : meunerie *f* ; minoterie *f*

**Millet** : mil *m*
**Finger** ~ : éleusine f
**Pearl** ~ : mil *[m]* chandelle ; petit mil ;
pennisetum *m*
**Spiked** ~ : mil *[m]* chandelle

**Milling** : mouture *f* ; meunerie *f*
~ **by-products** *pl* : issues *[f pl]* de
meunerie
~ **industry** : meunerie *f* ; minoterie *f*
~ **process** : procédé *[m]* de mouture ;
diagramme *[m]* de mouture
~ **waste** : issues *[f pl]* de meunerie

**Millstone** : meule *[f]* en pierre
**Bottom** ~ : meule dormante
**Upper** ~ : molette *f* ; meule courante ;
meule tournante

**Milo** : sorgho *m*

**Milt** : laitance *f (fish)*

**Mimosine** : mimosine *f*

to **Mince** : hacher

**Mince, Minced meat** : bifteck *[m]*
haché ; hachis *[m]* de viande

**Mincer** : hachoir *m*

**Mincing** : hachage *m*

**Mineral** : minéral *a* ; minerai *m*
~ **manure** : engrais *[m]* minéral
~ **material** : produit *[m]* minéral
~ **resources** : richesses *[f pl]* minérales
~ **water** : eau *[f]* minérale

**Minerals** *pl* : matières *[f]* minérales ;
cendres *f pl*

**Mineralization** : minéralisation *f*

to **Mineralize** : minéraliser

**Mineralizer** : catalyseur *[m]* de minéralisation

**Mineralizing** *(agent)* : minéralisateur *m*

**Minimum** : minimum *m*

**Minister** : ministre *m*

**Ministry** : ministre *m* ; ministère *m*
~ **of Agriculture** : ministre de
l'Agriculture ; ministère de l'Agriculture

**Minnow** : vairon *m* ; fretin *m (small
fish)*

Mint : menthe *f*

Minute : minute *f*

Minute *a* : minime ; extrêmement petit

Miosis : miose *f*

Miotic *a* : miotique

Mirabelle : mirabelle *f*

Mire : bourbe *f*

Miscalculation : erreur *[f]* de calcul

Miscibility : miscibilité *f*

Miscible *a* : miscible

to Mist : embuer

Mist : brouillard *m* ; buée *f*

Mite : mite *f* ; acarien *m*

Mitochondrion : mitochondrie *f*

Mitosis : mitose *f*

Mitotic *a* : mitotique

to Mix : mélanger ; malaxer

Mix : mélange *m*

Mixability : miscibilité *f*

Mixer : malaxeur *m* ; mélangeur *m*
(*apparatus*)

Mixing : mélange *m* ; action de mélanger
~ drum : mélangeur à tambour
~ mill : mélangeur *m* ; broyeur *m* ;
malaxeur *m*
~ runner : mélangeur *[m]* à meules
verticales
~ mixing worm : vis *[f]* mélangeuse

Mixture : mélange *m*
Dry ~ : mélange sec

Mobilis *a* : mobile

Mobility : mobilité *f*

Mock *a* : faux ; imité

Modality : modalité *f*

Model : modèle *m*

Modelling : façonnage *m*

Modern *a* : moderne

Modernization : modernisation *f*

to Modernize : moderniser

Modification : modification *f*

Module : module *m*

Moist *a* : humide ; mouillé

to Moisten : humidifier ; humecter ;
mouiller ; imprégner

Moistener : humecteur *m* ; humidificateur *m*

Moistening : humectant *m* ; mouillage
*m (milk)* ; humidification *f* ; arrosage *m*

Moistness : humidité *f* ; teneur *[f]* en
eau

Moisture : humidité *f* ; teneur *[f]* en eau

Molality : molalité *f*

Molar : molaire *(chemistry) a* ; molaire
*m (tooth)*

Molarity : molarité *f*

Molasses : mélasse *f*

Mold ⇨ Mould

Molecular *a* : moléculaire
~ weight : poids *[m]* moléculaire

Molecule : molécule *f*

Mollescence : ramollissement *m*

Mollusc : mollusque *m*

Molt, Molting : mue *f*

Molybdenum : molybdène *m*

Monad : protozoaire *m*

Monochromatic *a* : monochromatique

Monochromator : monochromateur *m*

Monocular *a* : monoculaire

Monoculture : monoculture *f*

Monocyte : monocyte *m*

Monogamy : monogamie *f*

Monogastric : monogastrique *m a*

Monography : monographie *f*

Monomer : monomère *m*

Monomeric *a* : monomère *(chemistry)*

Mononuclear *a* : mononucléaire

**Monosaccharide** : ose *m*

**Monovalence** : monovalence *f*

**Monovalent** *a* : monovalent ; univalent

**Month** : mois *m*

**Monthly** *a* : mensuel

**Moon-fish** : poisson-lune *m*

**Morbid** *a* : morbide

**Morbidity** : morbidité *f*

**Morphology** : morphologie *f*

**Mortality** : mortalité *f*

**Mortar** : mortier *m*

**Moss** : mousse *f*
   **Irish** ~ : carraghénane *m*

**Mother** : mère *f (human, animal, vinegar)*
   **~-lie** ; **~-lye** ; ~ **liquor** : eaux-mères *f pl*

**Motile** *a* : mobile

**Motility** : mobilité *f*

to **Mould** : moisir ; se couvrir de moisissures

**Mould** : moisissure *f (botany)* ; forme *f* ; moule *m (industry)*
   **Baking** ~ : moule pour pain
   **Vegetable** ~ : terreau *m*
   ~ **infection** : mycose *f*

to **Moulder** : moisir ; se désagréger

**Mouldy** *a* : moisi
   to **Go** ~ : moisir

to **Moult** : muer

**Moult** : mue *f*

**Moulting** : moisissure *f* ; action de moisir *(microbiology)* ; mue *f* ; en mue *(bird)*

**Mouse** : souris *f*

**Mouth** : bouche *f* ; ouverture *f*

**Mouthful** : bouchée *f (food)* ; gorgée *f (drink)*

**Movement** : mouvement *m*
   **Brownian** ~ : mouvement brownien

to **Mow** : faucher ; moissonner *(cereal)* ; tondre *(grass)*

**Mowing** : fauchage *m* ; moissonnage *m (cereal)* ; fenaison *f (hay)* ; tonte *f (grass)*

⇨ **Corn** *(mower)*

**Mowing** : fauchaison *f* ; foin *m*

**Mucic** *a* : mucique

**Mucilage** : mucilage *m*

**Mucilaginous** *a* : mucilagineux

**Mucin** : mucine *f*

**Mucoid** : mucoïde *m*

**Mucoitin sulfate** : mucoïtine sulfate *f*

**Mucopolysaccharide** : mucopolysaccharide *m*

**Mucoprotein** : mucoprotéine *f*

**Mucosa** : muqueuse *f*

**Mucosity** : mucosité *f*

**Mucous** *a* : mucilagineux ; muqueux

**Mucus** : mucus *m* ; mucosité *f*

**Mud** : boue *f* ; vase *f* ; bourbe *f* ; limon *m* ; excréments *m pl*

**Muddy** *a* : boueux ; bourbeux ; vaseux

**Muffin** : petit pain *m*

**Muffle** : mufle *m (cattle)* ; moufle *m (industry)*
   ~ **furnace** : four *[m]* à moufle

**Mulberry** : mûre *f*

**Mule** : mulet *m (generic)*
   **He** ~ : mulet *m*
   **She** ~ : mule *f*

to **Mull** : faire du vin chaud

**Mull** : vin *[m]* chaud

**Mullet** : mulet *m (fish)*

**Multiannual** *a* : pluriannuel

**Multinuclear** *a* : polynucléaire

**Multipara** *a* : multipare

**Multipare** : multipare *f*

**Multiparous** *a* : multipare

**Multiple** : multiple *m a*

to **Multiply** : multiplier

**Multivalence** : polyvalence *f*

**Multivalent** *a* : polyvalent

**Multure** : mouture *f*

**Mung bean** : haricot *[m]* mungo

**Muscle** : muscle *m*
  **Smooth ~** : muscle lisse
  **Striated ~** : muscle strié
  **~ fibre** : fibre *[f]* musculaire

**Muscular** *a* : musculaire
  **~ fibril** : myofibrille *f*

**Museum** : musée *m*

**Mushroom** : champignon *m*
  **Button ~** : champignon de Paris
  **Cultivated ~** : champignon de Paris
  **Edible ~** : champignon comestible
  **Poisonous ~** : champignon vénéneux
  **~ bed** : champignonnière *f*

**Mussel** : moule *f*

**Must** : moût *m (grape)* ; vin *[m]* doux

**Mustard** : moutarde *f*

**Musty** *a* : moisi

**Mutagen** : mutagène *m a*

**Mutagenic** *a* : mutagène

**Mutagenicity** : mutagénicité *f*

**Mutant** : mutant *m a*

**Mutarotation** : mutarotation *f*

**Mutase** : mutase *f*

**Mutation** : mutation *f*
  **Controlled ~** : mutation dirigée

**Mutton** : mouton *m*
  **~ stew** : ragoût *[m]* de mouton

**Muzzle** : museau *m* ; mufle *m (cattle)*

**MW** *(mol. weight)* : PM *(poids mol.)*

**Mycelial, Mycelian** *a* : mycélien

**Mycelium** : mycélium *m*

**Mycoderm, Mycoderma** : mycoderme *m*

**Mycodermic** *a* : mycodermique

**Mycologic, Mycological** *a* : mycologique

**Mycology** : mycologie *f*

**Mycosis** : mycose *f*

**Mycotoxin** : mycotoxine *f*

**Myelin** : myéline *f*

**Myelinization** : myélinisation *f*

**Myeloblast** : myéloblaste *m*

**Myelonic** *a* : médullaire ; spinal

**Myeloplast** : cellule *[f]* de la moelle

**Myelopoiesis** : myélopoïèse *f*

**Myelosis** : myélose *f*

**Myoblast** : myoblaste *m*

**Myocard, Myocardium** : myocarde *m*

**Myocyte** : cellule *[f]* musculaire

**Myofibril , Myofibrilla** : myofibrille *f*

**Myogen** : myogène *m*

**Myogenic** *a* : myogène

**Myoglobin** : myoglobine *f*

**Myoglobulin** : myoglobuline *f*

**Myohemoglobin** : myohémoglobine *f*

**Myolemma** : sarcolemme *m*

**Myopathia, Myopathy** : myopathie *f*

**Myosin** : myosine *f*

**Myosis** : myose *f*

**Myriapod** : myriapode *m*

**Myristic** *a* : myristique

**Myrosin** : myrosine *f*

# N

**Nail** : ongle *m*

**Nanism** : nanisme *m*

**Narcosis** : narcose *f*

**Naringenin** : naringénine *f*

**Naringin** : naringine *f*

**Narrowness** : étroitesse *f*

**Nascent** *a* : naissant

**Nastiness** : mauvais goût *m* ; odeur *[f]* désagréable

**Nasty** *a* : désagréable *(taste, smell)*

**Natal** *a* : natal

**Natality** : natalité *f*

**Natimortality** : mortalité *[f]* périnatale

**Native** *a* : natif *(chemistry)* ; indigène

**Natrium** : sodium *m*

**Natron** : soude *[f]* carbonatée ; natron *m*

**Natural** *a* : naturel

**Naturalist** : naturaliste *m*

**Naturalization, Naturalizing** : acclimatation *f*

**Nature** : nature *f*
**In the nature state** : à l'état naturel ; à l'état natif *(chemistry)*

**Nausea** : nausée *f*

**Nauseating** *a* : nauséabond

**Nauseous** *a* : nauséeux

**Navel** : nombril *m*
~ **string** : cordon ombilical
~ **wort** : ombilic *m (botany)*

**Neat** *a* : pur ; sans eau *(spirits)*

**NCC** : ECN

**Nebulizer** : nébuliseur *m* ; atomiseur *m*

**Necessary** *a* : nécessaire

**Neck** : collet *m (mutton)* ; collier *m (beef)* ; cou *m* ; goulot *m (bottle)* ; col *m (vase)* ; rétrécissement *m (tube)*
**Best end of** ~ : côtelettes *[f pl]* premières de mouton

**Necrophageous** *a* : nécrophage

**Necropsy** : autopsie *f*

**Necrosis** : nécrose *f*

**Nectar** : nectar *m*

**Nectarine** : brugnon *m*

**Need** : besoin *m*

**Needle** : aiguille *f*

**Negative** *a* : négatif

**Neglect** : mauvais entretien *m (machine)*

**Nematoblast** : nématoblaste *m*

**Nematocide** : nématocide *m*

**Nematode** : nématode *m*

**Neoblast** : néoblaste *m*

**Neogenesis** : néogénèse *f*

**Neohesperidin** : néohespéridine *f*

**Neonatal** *a* : néonatal

**Neonate** : nouveau-né *m*

**Nephelometer** : néphélomètre *m*

**Nephelometry** : néphélométrie *f*

**Nephric** *a* : rénal

**Nephritic** *a* : néphritique

**Nephritis** : néphrite *f*

**Nephron** : néphron *m*

**Nephros** : rein *m*

**Nephrosis** : néphrose *f*

**Nerve** : nerf m
~ **fibre** : fibre [f] nerveuse

**Nervous** a : nerveux
~ **system** : système [m] nerveux

**Nervonic** a : nervonique

**Nervure** : nervure f

**Nest** : nid m (bird, insect)
~ **box** : pondoir m

**Nesting** : nidification f
~ **time** : époque [f] de la couvaison

to **Net** : prendre au filet (fish, hare) ;
pêcher au filet

**Net** : filet m (fishing) ; tulle m (textile)
**Crayfish** ~ : balance [f] à écrevisses
**Hoop** ~ : casier [m] à homards
**Shrimp** ~ : filet à crevettes
~ **mender** : réparateur [m] de filet
~ **mending** : réparation [f] de filet

**Net** a : net
~ **weight** : poids [m] net

**Netting** : fabrication [f] de filet ; nouage
[m] de filet ; pêche [f] au filet
~ **sieve** : toile [f] pour tamis

**Nettle** : ortie f
~-**rash** : urticaire m

**Network** : réseau m ; treillis m

**Neuraminic** a : neuraminique

**Neuric** a : nerveux

**Neuroblast** : neuroblaste m

**Neurocyte** : neurone m

**Neuron , Neurone** : neurone m

**Neurotoxic** a : neurotoxique

**Neuter** a : neutre

**Neutral** a : neutre (chemistry, electricity)

**Neutrality** : neutralité f

**Neutralization** : neutralisation f

to **Neutralize** : neutraliser

**Neutralizer** : neutralisant m

**Neutralizing** : neutralisant m a

**Neutron** : neutron m

**Neutrophil** a : neutrophile

**New-born** : nouveau-né m

**New chemical compound (NCC)** :
espèce [f] chimique nouvelle (ECN)

**Newness** : manque [m] de maturité
(wine, cheese)

**Newspaper** : journal m

**Niacin** : niacine f

**Niacinamide** : nicotinamide f

**Nib** : bec m (bird) ; grain [m] de café

to **Nibble** : grignoter ; brouter (sheep)

**Nickel** : nickel m

**Nickeled ; nickelled** a : nickelé

to **Nickelize** : nickeler

**Nicotinamide** : nicotinamide f

**Nicotine** : nicotine f
**Free from** ~ : dénicotinisé
~-**free** : dénicotinisé

**Nicotinic** a : nicotinique

**Nidus** : nid m (insect)

**Ninhydrin** : ninhydrine f

**Nip** : morsure f ; coup [m] de gelée
(frost)

**Nipper** : pince f (lobster)

**Nisin** : nisine f

**Nit** : lente f ; œuf [m] de pou

**Nitrate** : nitrate m ; salpêtre m

**Nitre** : salpêtre m

**Nitric** a : nitrique

**Nitrification** : nitrification f

**Nitrite** : nitrite m

**Nitrogen** : azote m
~ **free** : protéiprive (diet) ; sans azote
**Non protein** ~ : azote non protidique
**Under** ~ **stream** : sous courant d'azote

**Nitrogenous** a : azoté

**Nitrosamine** : nitrosamine f

**Nitrosation** : nitrosation f

**Nitrous** a : nitreux

**Nives** : urticaire *m*

**Nocturnal** *a* : nocturne

**Nocuity** : nocivité *f*

**Nocuous** *a* : nocif

**Nodal** *a* : ganglionnaire

**Node** : nœud *m (tree)*

**Nodosity** : nodosité *f*

**Nodular** *a* : nodulaire ; bulbeux

**Nodule** : nodosité *f (leguminous)*
~ **bacteria** : rhizobium *m*

**Noduled** *a* : nodulaire

**Noduliferous** *a* : nodulaire

**NMR** : RMN

**No-effect** *a* : sans-effet

**Noisome** *a* : nocif ; nuisible ; fétide
*(smell)*

**Nomenclature** : nomenclature *f*

**Non-actinic** *a* : inactinique

**Non-aqueous** *a* : non-aqueux

**Non-ferrous** *a* : non-ferreux

**Non-food** *a* : non alimentaire

**Non-oxidizing** *a* : inoxydable

**Non-protein** *a* : non protidique
~ **nitrogen** : azote *[m]* non protidique

**Non-saponifiable** : insaponifiable *m a*

**Non-significant** *a* : non significatif

**Non-volatile** *a* : non volatil ; fixe *(compound)*

**Noodles** *pl* : pâtes *[f pl]* alimentaires ;
nouilles *f pl*

**Norleucine** : norleucine *f*

**Norm** : norme *f*

**Normal** *a* : normal

**Normality** : normalité *f*

**Normalization** : normalisation *f*

**Norvaline** : norvaline *f*

**Nostril** : narine *f* ; naseau *m (horse)*

**Nostrum** : drogue *f*

**Notal** *a* : dorsal

**Noticeable** *a* : perceptible ; apparent

**Nougat** : nougat *m*

to **Nourish** : nourrir ; alimenter

**Nourishing** *a* : nourrissant ; nutritif

**Nourishment** : alimentation *f* ; nourriture *f* ; aliments *m pl*

**Noxa** : principe *[m]* nuisible ; microorganisme *[m]* pathogène

**Noxious** *a* : nocif ; nuisible

**Noxiousness** : nocivité *f*

**Nub sugar** : sucre *[m]* concassé

**Nuclear** *a* : nucléaire
~ **magnetic resonance** : résonance
magnétique nucléaire *f*

**Nuclease** : nucléase *f*

**Nucleated** *a* : nucléé

**Nucleic** *a* : nucléique

**Nucleophilic** *a* : nucléophile

**Nucleophilicity** : nucléophilie *f*

**Nucleoplasm** : nucléoplasme *m*

**Nucleoprotein** : nucléoprotéine *f*

**Nucleosidase** : nucléosidase *f*

**Nucleoside** : nucléoside *m*

**Nucleotidase** : nucléotidase *f*

**Nucleotide** : nucléotide *m*

**Nucleus** : noyau *m*

**Nullipara** : nullipare *f*

**Nulliparous** *a* : nullipare

to **Number** : numéroter ; chiffrer ; compter

**Number** : nombre *m* ; indice *m (chemistry)* ; matricule *m*
**Atomic** ~ : numéro *[m]* atomique
~ **of blows per minute** : nombre de
coups par minute
~ **of cycle** : nombre de périodes
~ **of kind** : numéro *[m]* de la série

**Numbering** : numérotation *f* ; comptage *m*

**Numeral** *a* : numérique

**Numerical** *a* : numérique

to **Nurse** : allaiter

**Nurse** : nourrice *f*

**Nursery** : chambre *[f]* d'enfant ; nourri-
cerie *f* ; alevinier *m (fish)*
~ **garden** : pépinière *f*

**Nursing** : allaitement *m*

**Nursling** : nourrisson *m*

to **Nurture** : nourrir ; élever *(children)*

**Nurture** : nourriture *f* ; éducation *f* ;
soins *m pl* ; aliments *m pl*

**Nut** : noix *f* ; fruit *[m]* à écale *(generic)*
**Monkey** ~ : cacahuète *f*

**Nutmeg** : muscade *f*

**Nutrient** : nutriment *m*
**Available** ~ : nutriment disponible ;
nutriment utilisable
**Essential** ~ : nutriment indispen-
sable  ; nutriment essentiel
**Macro-**~ : nutriment majeur
**Micro-**~ : oligo-élément

**Non-essential** ~ : nutriment banal
**Semi-essential** ~ : nutriment secondaire ; nutriment accessoire

**Nutriment** : nourriture *f*

**Nutrition** : nutrition *f*

**Nutritional** *a* : nutritionnel

**Nutritionist** : nutritioniste *m*

**Nutritious** *a* : nutritif

**Nutritive** *a* : nutritif ; substance *[f]* alimentaire
~ **value** : valeur *[f]* alimentaire

**Nutty** *a* : qui se rapporte à la noix

**Nux vomica** : noix *[f]* vomique

to **Nuzzle** : fouiller avec le groin *(pig)*

**Nychthemeral** *a* : nycthéméral ; nycthé-
mère

**Nylon** : nylon *m*

**Nymph** : nymphe *f*

**Nymphal** *a* : nymphal

**Nystatin** : nystatine *f*

**Oak** : chêne *m*
~ **apple** ; ~ **gall** : noix *[f]* de galle

**Oast house** : séchoir *[m]* à houblon

**Oasis** : oasis *f*

**Oat** : avoine *f*
**Dehulled** ~ : avoine décortiquée
**Naked** ~ : avoine nue
**Porridge oats** ; **Rolled oats** : flocons *[m pl ]* d'avoine
~ **bin** : coffre *[m]* à avoine

**Oaten** *a* : relatif à l'avoine

**Oatmeal** : farine *[f]* d'avoine

**Obesity** : obésité *f*

**Obligate** *a* : strict *(microbiology)*

**Observation** : observation *f* ; contrôle *m*

to **Observe** : observer

**Obscurity** : obscurité *f*

**Obsolescence** : sénéscence *f* ; atrophie *f (biology)*

**Obsolescent** *a* : atrophié ; en voie de disparition

**Obsolete** *a* : obsolète

**Obstinacy** : persistance *f (disease)*

**Obstruction** : engorgement *m (tube)* ; encombrement *m* ; occlusion *f (intestine)*

to **Occlude** : fermer *(duct)*

**Occlusion** : occlusion *f*

**Occupation** : profession *f*

**Occupational disease** : maladie *[f]* professionnelle

to **Occur** : se produire ; avoir lieu ; arriver

**Occurrence** : présence *f* ; occurrence *f* ; existence *f (fact)*

**Ochratoxin** : ochratoxine *f*

**Octanoic** *a* : octanoïque

**Octopus** : poulpe *m*

**Ocular** *a* : oculaire

**Oculus** : œil *m*

**Odd** *a* : excédant
~ **number** : nombre *[m]* impair

**Odontoblast** : odontoblaste *m*

**Odontogenesis** : odontogénèse *f*

**Odontoplast** : odontoplaste *m*

**Odor** : odeur *f* ; arôme *m (agreable perception)*

**Odorant** *a* : odorant

**Odorific** *a* : odorifique

**Odoriphore** : constituant *[m]* odorant

**Odorless** *a* : inodore

**Odour** : odeur *f* ; arôme *m*

**Odourless** *a* : inodore

**OECD** : OCDE

**Oedema** : œdème *m*

**Oesophageal** *a* : œsophagien

**Oesophagus** : œsophage *m*

**Oestradiol** : œstradiol *m*

**Oestral** ; **Oestrial** *a* : œstral

**Oestrin** : œstrogène *m*

**Oestriol** : œstriol *m*

**Oestrogen** : œstrogène *m*

**Oestrogenic** *a* : œstrogénique

**Oestrone** : œstrone *f*

**Oestrous** *a* : œstral ; œstrien
~ **cycle** : cycle *[m]* œstrien ; chaleur *f (animal)*

**Oestrus** : œstrus *m* ; chaleur *f (sexual)* ;
rut *m (female)*

**Offal** : issues *f pl (cereal)* ; abats *m pl*
*(meat)* ; déchet *m* ; reste *m*

**Offals** *pl* : abats *m pl (butchery)* ;
entrailles *f pl*

**Office** : bureau *m* ; office *m*

**Officer** : fonctionnaire *m*

**Official** : officiel *a* ; fonctionnaire *m*

**Officinal** *a* : officinal

**Offspring** : descendance *f* ; progéniture *f* ; descendant *m*

to **Oil** : huiler

**Oil** : huile *f* ; matière *[f]* grasse
 **Animal** ~ : huile animale
 **Aromatic** ~ : huile essentielle
 **Cooking** ~ : huile pour friture
 **Crude** ~ : huile brute
 **Drying** ~ : huile siccative
 **Essential** ~ : huile essentielle ;
 essence *f (perfum)*
 **Fish** ~ : huile de poisson
 **Grapeseed** ~ : huile de pépin de
 raisin
 **Half-drying** ~ : huile semi-siccative
 **Non-drying** ~ : huile non siccative
 **Raw** ~ : huile brute
 **Refined** ~ : huile raffinée
 **Salad** ~ : huile pour salade ; huile
 pour assaisonnement
 **Vegetable** ~ : huile végétale
 ~ **bearing** : oléagineux *(seed)*
 ~ **cake** : tourteau *m*
 ~ **expelling** : extraction *[f]* de l'huile
 par pression
 ~ **palm** : palmier *[m]* à huile
 ~ **seed** : graine *[f]* oléagineuse ; oléagineux *m*
 ~ **soluble** : liposoluble *a*

**Oily** *a* : huileux ; gras

**Ointment** : onguent *m* ; pommade *f*

**Okra** : gombo *m*

**Old** *a* : vieux

**Oleaginous** *a* : oléagineux ; huileux

**Olefin** : oléfine *f*

**Oleic** *a* : oléique

**Oleiferous** *a* : oléagineux ; oléifère

**Olein** : oléine *f*

**Oleomargarine** : oléomargarine *f*

**Oleoresin** : oléorésine *f*

**Oleosus** *a* : huileux

**Olfactive** ; **Olfactory** *a* : olfactif

**Oligomer** : oligomère *m*

**Oligopeptide** : oligopeptide *m*

**Oligosaccharide** : oligosaccharide *m*

**Olive** : olive *f*
 **Table** ~ : olive de table

**Oliver** : olivier *m*

**Omasum** : feuillet *m (ruminant)*

**Omnivore** : omnivore *m*

**Omnivorous** *a* : omnivore

**Oncogenesis** : oncogénèse *f*

**Oncology** : oncologie *f*

**Oncosis** : oncose *f*

**One-celled** *a* : unicellulaire *(microorganism)*

**Onion** : oignon *m*
 **Pickled onions** : petits oignons
 **Spring** ~ : ciboule *f*
 ~ **sauce** : sauce *[f]* à l'oignon
 ~ **skin** : pelure *[f]* d'oignon
 ~ **stew** : fricassée *f*

**Ontogenesis** : ontogénèse *f*

**Oocyte** : ovocyte *m*

**Oogenesis** : ovogénèse *f*

to **Ooze** : suinter ; égouter ; dégoutter

**Ooze** : limon *m* ; vase *f* ; suintement *m* ;
dégouttement *m (liquid)*

**Oozing** : suintement *m* ; dégouttement
*m (liquid)*

**Opacification** : opacification *f*

**Opacifying** *(agent)* : opacifiant

**Opacity** : opacité *f*

**Opalescence** : opalescence *f*

**Opalescent** *a* : opalescent

**Opaque** *a* : opaque

to **Open** : ouvrir

**Open** *a* : ouvert

**Opener** : ouvreur *m (apparatus)*
  **Can** ~ : ouvre-boite *m*
  **Oyster** ~ : couteau *[m]* à huîtres
  **Tin** ~ : ouvre-boite *m*

**Opening** : ouverture *f*

**Operation** : opération *f*

**Operculum** : opercule *m*

**Ophthalmic** *a* : ophtalmologique

**Ophthalmology** : ophtalmologie *f*

**Ophthalmus** : œil *m*

**Opposite** *a* : contraire à ; opposé à

**Opsin** : opsine *f*

**Optical** *a* : optique

**Optically active** : optiquement actif

**Optics** : optique *f*

**Optimum** *a* : optimum *m*

**Oral** *a* : oral ; buccal ; par voie orale
  ~ **cavity** : cavité *[f]* buccale
  ~ **administration** : administration *[f]*
  par voie orale

**Orange** : orange *f*
  **Bitter** ~ : orange *[f]* amère
  **Blood** ~ : orange *[f]* sanguine
  **Cox's** ~ : pomme *[f]* reinette *(pippin)*
  **Seville** ~ : orange *[f]* amère
  ~ **blossom cologne** : eau *[f]* de fleur
  d'oranger
  ~ **flower** : fleur *[f]* d'oranger
  ~ **flower water** : eau *[f]* de fleurs
  d'oranger
  ~ **grove** : orangeraie *f*
  ~ **house** : orangerie *f*
  ~ **plantation** : orangeraie *f*

**Orangery** : orangeraie *f*

**Orcein** : orcéine *f*

**Orcin** : orcinol *m*

**Orcinol** : orcinol *m*

**Order** : ordre *m*
  **Ascending** ~ : ordre croissant
  **Descending** ~ : ordre décroissant

**Ordinate** : ordonnée *f*

**Axis of ordinates** : axe *[m]* des
ordonnées

**Oregano** : origan *m*

**Organ** : organe *m*

**Organelle** : organite *m*

**Organic** *a* : organique

**Organiscist** : organicien *m*

**Organism** : organisme *m*
  **Living** ~ : organisme vivant

**Organization** : organisation *f*

**Organochlorine** *a* : organochloré

**Organoleptic** *a* : organoleptique
  ~ **evaluation** : analyse *[f]* organoleptique ; analyse sensorielle

**Origanum** : origan *m*

**Origin** : origine *f*
  **Country of** ~ : pays *[m]* d'origine
  **Designation of** ~ : appellation *[f]* d'ori-
  gine
  **Indication of** ~ : appellation *[f]* d'ori-
  gine

**Ornithine** : ornithine *f*

**Ornithinoalanine** : ornithinoalanine *f*

**Ornithological** *a* : ornithologique

**Ornithology** : ornithologie *f*

**Orotic** *a* : orotique

**Orthophosphate** : orthophosphate *m*

**Orthophosphoric** *a* : orthophosphorique

**Oryzenin** : oryzénine *f*

**Osazone** : osazone *f*

**Oscheal** *a* : scrotal

to **Oscillate** : osciller ; faire osciller

**Oscillation** : oscillation *f*

**Oscillator** : oscillateur *m*

**Oscillatory** *a* : oscillant ; oscillatoire

**Oscillograph** : oscillographe *m*

**Osmesis** : olfaction *f*

**Osmics** : science *[f]* des odeurs

**Osmol** : osmole *f*

**Osmolarity** : osmolarité *f*

**Osmose** ; **Osmosis** : osmose *f*
  **Reverse** ~ : osmose inverse

**Osmotic** *a* : osmotique
  ~ **pressure**  : pression *[f]* osmotique

**Osmyl** : odeur *f*

**Osphresis** : odorat *m*

**Ossein** : osséine *f*

**Osselet** : osselet *m*

**Osseous** *a* : osseux

**Ossiculum** : osselet *m*

**Ossification** : ossification *f*

to **Ossify** : ossifier ; s'ossifier

**Ossified** *a* :  ossifié ; calcifié

**Osteal** *a* : osseux

**Ostein** : osséine *f*

**Osteoblast** : ostéoblaste *m* ; ostéocyte *m*

**Osteoplast** : ostéoblaste *m* ; ostéocyte *m*

**Osteoporosis** : ostéoporose *f*

**Ounce** : once *f (28,35 g)*
  **Fluid** ~ : once *f (28,4 ml)*

**Out** *a* : fini ; vide

**Outdoor temperature** : température *[f]*
  extérieure

**Outer** *a* : extérieur ; externe

**Outflow** : écoulement *m*

to **Outgas** : dégazer

**Outlet** : sortie *f (apparatus)*

**Out meter** : débimètre *m*

**Output** : débit *m (liquid)* ; production *f* ;
  rendement *m (machine)* ; puissance *f*
  **Annual** ~ : production *[f]* annuelle ;
  rendement *[m]* annuel
  **Average** ~ : rendement *[m]* moyen ;
  débit *[m]* moyen
  **Continuous** ~ : débit *[m]* continu
  **Maximum** ~ : puissance *[f]* maximale

**Outside**  : dehors ; à l'extérieur

**Oval** *a* : ovale

**Ovalbumin** : ovalbumine *f*

**Ovary** : ovaire *m*

**Oven** : four *m (cooking)*
  **Drying** ~ : four Pasteur ; étuve *[f]* à
  dessication

**Ovenware** : vaisselle *[f]* allant au four

**Overabundance** : surabondance *f*

**Overeating** : hyperphagie *f*

to **Overfeed** : suralimenter

**Overfeed** ; **Overfeeding** : suralimentation *f*

to **Overflow** : déborder ; inonder

**Overflow** ; **Overflowing** : débordement
  *m* ; inondation *f* ; trop-plein *m*

to **Overfood** : suralimenter

**Overhaul** : examen *[m]* détaillé *(person, machine)*

to **Overheat** : surchauffer

**Overheated** *a* : surchauffé

**Overheat** ; **Overheating** : surchauffe *f* ;
  échauffement *[m]* anormal

to **Overload** : surcharger

**Overload** : surcharge *f*

**Overloaded** : trop-plein *m* ; excédent *m*

**Overpopulation** : surpeuplement *m*

to **Overproduce** : produire en excès

**Overproduction**  : surproduction *f*

**Overripe** *a* : surfait ; trop fait ; passé
  *(cheese)*

**Oversaturated** *a* : sursaturé *(chemistry)*

**Overtails** : refus *m (bolting)*

**Overview** : aperçu *m*

**Overweight** : excédant *[m]* pondéral
  obésité *f* ; surcharge *f*

**Overwintering** : hivernage *m*

**Oviduct** : oviducte *m*

**Oviductal** *a* : relatif à l'oviducte

Ovines pl : ovins m pl

Oviparous a : ovipare

to Oviposit : pondre (insect)

Oviposition : ponte f (insect)

Ovogenesis : ovogénèse f

Ovoglobulin : ovoglobuline f

Ovoid a : ovoïde

Ovomucin : ovomucine f

Ovomucoid : ovomucoïde m

Ovoviviparous a : ovovivipare

Ovula pl : ovule m

to Ovulate : pondre des ovules

Ovulation : ovulation f

Ovule : ovule m

Ovum : ovule m

Ox : bœuf m
Fat ~ ; Fattening ~ ; Fedder ~ : bœuf à l'engrais ; bœuf de boucherie

Oxacid : oxacide m

Oxaloacetic a : oxaloacétique

Oxalemia : oxalémie f

Oxalic a : oxalique

Oxalosis : oxalose f

Oxaluria : oxalurie f

Oxidability : oxydabilité f

Oxidable a : oxydable

Oxidant : oxydant m

Oxidase : oxydase f

to Oxidate : oxyder

Oxidation : oxydation f

Oxidation-reduction : oxydo-réduction f

Oxidative a : oxydatif

Oxide : oxyde m

Oxidizability : oxydabilité f

Oxidizable a : oxydable

to Oxidize : oxyder

Oxidized a : oxydé

to Oxidize off : détruire par oxydation

Oxidizer : oxydant m

Oxidizing : oxydant a m ; oxydation f

Oxidoreductase : oxydoréductase f

Oximeter : oxymètre m

Oximetry : oxymétrie f

Oxydant : oxydant m

Oxydase : oxydase f

Oxygen : oxygène m
Active ~ : oxygène actif

Oxygenase : oxygénase f

to Oxygenate : oxygéner ; oxyder
Oxygenated water : eau [f] oxygénée

Oxygenation : oxygénation f ; oxydation

Oxygenizable a : oxygénable

to Oxygenize : oxygéner ; oxyder

Oxyhaemoglobin : oxyhémoglobine f

Oxyurid : oxyure m

Oyster : huître f

Ozone : ozone m
~ bleaching : blanchissement [m] à l'ozone

Ozonization : ozonisation f

to Ozonize : ozoniser ; ozoner

Ozonizer : ozoniseur m ; ozonateur m

Ozoning : ozonisage m

# P

**Pabular** *a* : alimentaire

**Pabulum** : aliment *m*

to **Pack** : emballer ; empaqueter ; conditionner

**Pack** : paquet *m* ; ballot *m* ; charge *f* ; portée *f*

**Package** : emballage *m* ; empaquetage *m* ; paquet *m* ; ballot *m*

**Packager** : conditionneur *m*

**Packaging** : emballage *m* ; conditionnement *m* (goods)
**Vacuum** ~ : emballage *[m]* sous-vide

**Packet** : sachet *m*

**Packing** : empaquetage *m* ; emballage *m*
~ **case** : caisse *[f]* d'emballage
~ **machine** : machine *[f]* d'emballage ; empaqueteuse *f* ; emballeuse *f*

**Paddock** : enclos *m* (horse)

**Paddy** : riz *[m]* non décortiqué ; paddy *m*
~ **field** : rizière *f*

**Pair** *a* : pair ; paire *f*
~ **feeding** : alimentation par paire

**Pairs** *pl* : par paires *f pl* ; par couples *m pl*

**Paired** *a* : par paire ; par couple ; appairé *a*

**Palatability** : appétence *f* ; sapidité *f*

**Palatable** *a* : sapide ; appétent ; savoureux ; agréable

**Palate** : palais *m* ; goût *m*

**Palatinose** : palatinose *m*

**Pale** *a* : pâle ; sans couleur
~ **ale** : bière *[f]* blonde

**Palette** : pelle *f (cake)* ; spatule *f (cooking)*

**Pallet** : palette *f* ; plateau *[m]* de chargement

**Palletization** : palletisation *f*

**Palm** : palme *f*
~ **kernel** : palmiste *m*
~ **kernel oil** : huile *[f]* de palmiste
~ **nut** : palmiste *m*
~ **nut oil** : huile *[f]* de palmiste
~ **oil** : huile de palme
~ **wine** : vin *[m]* de palme

**Palmate** *a* : palmé

**Palmitic** *a* : palmitique

**Palmitin** : palmitine *f*

**Paludism** : paludisme *m*

**Pan** : casserole *f* ; fait-tout *m* ; poëlon *m* ; bassin *m* ; cuvette *f* ; cuve *f*
**Cake** ~ : moule *[m]* à gâteau
**Dripping** ~ : lèchefrite *f*
**Frying** ~ : poêle *[f]* à frire

**Panary fermentation** : fermentation *[f]* panaire

**Pancake** : crêpe *f*

**Pancreas** : pancréas *m*

**Pancreatic** *a* : pancréatique

**Pancreatin** : pancréatine *f*

**Pancreatitis** : pancréatite *f*
**Calcareous** ~ : lithiase *[f]* pancréatique

**Panel** : jury *m*

**Panelist** : dégustateur *m* ; membre d'un jury de dégustation

**Panicle** : panicule *f*

**Panicled** *a* : paniculé

**Panning** : lavage *m (chemistry)*

**Panose** : panose *m*

**Pantothenic** *a* : pantothénique

**Pap** : bouillie *f*

**Papain** : papaïne *f*

**Papaya** : papaye *f*

**Paper** : papier *m*
**Wax** ~ : papier paraffiné
~ **chromatography** : chromatographie
*[f]* sur papier

**Papilla** : papille *f*
**Lingual** ~ : papille linguale

**Papillary** *a* : papillaire

**Paprika** : paprika *m*

**Parabiosis** : parabiose *f*

**Paracasein** : paracaséine *f*

**Paraffin** : paraffine *f*
~ **oil** : huile *[f]* de paraffine
~ **paper** : papier *[m]* paraffiné

**Paraffined** *a* : paraffiné

**Paraffining** : paraffinage *m*

**Parallel** : parallèle *f a*

**Parallelism** : parallélisme *m*

**Parasite** : parasite *m*

**Parasitic** *a* : parasitaire ; parasite

to **Parasitize** : parasiter

**Parasitology** : parasitologie *f*

**Parathyroid** : parathyroïde *f a*

to **Parboil** : bouillir à demi ; cuire à demi
*(in water)*

**Parboiled** *a* : étuvé
~ **rice** : riz étuvé pré-cuit

**Parboiling** : précuisson *f* ; action de
cuire à moitié

to **Parcel** : morceler ; parceller

**Parcel** : parcelle *f (soil)* ; paquet *m* ;
colis *m*

to **Parch** : déssécher ; brûler *(crops, land)*

**Parching** : prétrempage *m*

**Parchment** : parchemin *m (coffee)*

to **Pare** : éplucher

**Parencephalon** : cervelet *m*

**Parenchyma** : parenchyme *m*

**Parenchymal** *a* : parenchymateux

**Parenchymatous** *a* : parenchymateux

**Parenteral** *a* : parentéral

**Parietal** *a* : pariétal
~ **bone** : pariétal *m*

**Parity number** : numéro *[m]* de la portée

**Parma ham** : jambon *[m]* de Parme

**Parmesan** : parmesan *m (cheese)*

**Parotid** : parotide *f a*

**Parr** : saumonneau *m*

**Parsley** : persil *m*

**Parsnip** : panais *m*

**Parson's nose** : croupion *m (fowl)*

**Parthenogenesis** : parthénogénèse *f*

**Partial** *a* : partiel ; en partie

**Particle** : particule *f*
**Colloidal** ~ : particule colloïdale
~ **size analysis** : granulométrie *f*

**Particulate** *a* : particulaire

**Parturient** *a* : sur le point d'accoucher
*(woman)* ; sur le point de mettre-bas
*(animal)*

**Parturition** : accouchement *m*
*(woman)* ; mise-bas *f (animal)*

**Parvalbumin** : parvalbumine *f*

to **Pass** : se transformer *(chemistry)*

**Pasta** : nouilles *f pl* ; pâtes *f pl* ; pâtes
alimentaires
~ **goods** *pl* : pâtes *[f pl]* alimentaires
~ **manufacturing** : fabrication *[f]* de
pâtes alimentaires

**Paste** : pâte *f (flour)* ; pâte d'amidon
*(starch)* ; colle *f*
**Almond** ~ : pâte *[f]* d'amandes
**Anchovy** ~ : beurre *[m]* d'anchois
**Liver** ~ : pâté *[m]* de foie
**Meat** ~ : pâté *[m]* de viande
**Puff** ~ : pâte *[f]* feuilletée
**Scented** ~ : pâte *[f]* parfumée
**Starch** ~ : colle *[f]* d'amidon
**Tomato** ~ : concentré *[m]* de tomates
~ **goods** *pl* : pâtes *[f pl]* alimentaires
~ **manufacturing** : fabrication *[f]* de
pâtes alimentaires

**Pasteurization** : pasteurisation *f*

to **Pasteurize** : pasteuriser

**Pasteurized** *a* : pasteurisé

**Pasteurizer** : pasteurisateur *m*

**Pasteurizing** : pasteurisation *f* ; action de pasteuriser

**Pastille** : pastille *f (chemistry)*
  **Fruit** ~ : pâte *[f]* de fruits

**Pastry** : pâtisserie *f* ; pâte *f*
  **Fine** ~ : pâtisserie fine
  **Flakey** ~ **; flaky** ~ : pâte feuillettée
  **Puff** ~ : pâte feuillettée
  **Short crust** ~ : pâte sablée
  **Sugar** ~ : pâte sablée
  ~ **baker** : pâtissier *m*
  ~ **board** : planche *[f]* à pâtisserie
  ~ **case** : croûte *f*
  ~ **cook** : pâtissier *m*
  ~ **making** : pâtisserie *f*
  ~ **mould** : moule *[m]* à pâtisserie
  ~ **shop** : pâtisserie *f*

**Pasturage** : pâturage *m* ; pâture *f*

to **Pasture** : pâturer ; paître

**Pasture** : pâturage *m* ; herbage *m* ; paccage *m* ; pâture *f* ; fourrage *m*
  **Green** ~ : fourrage vert

**Pasty** : petit pâté *m* ; feuilleté *m*

**Pasty** *a* : pâteux
  ~ **condition** : état *[m]* pâteux

**Patch** : plaque *f (ice)* ; carré *m (vegetables)*

to **Patent** : prendre un brevet

**Patent** : brevet *m*
  to **Take out a** ~ : prendre un brevet

**Patent** *a* : ouvert ; libre *(place)*

**Patentable** *a* : brevetable

**Path** : chemin *m* ; voie *f*

**Pathogen** *a* : pathogène

**Pathogenesis** : pathogénèse *f*

**Pathogenic** *a* : pathogène

**Pathological** *a* : pathologique

**Pathology** : pathologie *f*

**Pathway** : chemin *m* ; voie *f* ; route *f*

**Patty** : petit pâté *m* ; bouchée *[f]* à la reine

**Patulin** : patuline *f*

**Paunch** : panse *f (animal)* ; abdomen *m* ; ventre *m (human)*

**Paw** : patte *f (animal)*

**Pawpaw** : papaye *f*

**Pay** : paie *f* ; paye *f (worker)* ; salaire *m (employee)* ; traitement *m* ; appointements *m pl (engineer)*

**Pea** : pois *m (generic)*
  **Black-eyed** ~ : dolique *[m]* de Chine
  **Cow**~ : dolique *[m]* de Chine
  **Field** ~ : pois fourrager
  **Garden** ~ : petit pois
  **Green** ~ : petit pois
  **Grey** ~ : pois fourrager
  **Low** ~ : dolique *m*
  **Split** ~ : pois cassé
  **Yellow** ~ : fève *f*
  ~ **pod** : cosse *[f]* de pois
  ~ **soup** : soupe *[f]* de pois

**Peach** : pêche *f (fruit)*

**Peak** : pointe *f* ; apogée *f (curve)* ; pic *m*

**Peanut** : arachide *f*

**Pear** : poire *f*

to **Pearl** : faire la perle *(sugar)* ; perler

**Pearl** : perle *f*
  ~ **barley** : orge *[f]* perlée
  ~ **millet** : mil *[m]* chandelle

**Pearled** *a* : perlé *(cereal)*

**Peasant** : cultivateur *m* ; agriculteur *m*

**Peat** : tourbe *f*

**Peccant** *a* : insalubre

**Pectase** : pectase *f*

**Pectic** *a* : pectique

**Pectin** : pectine *f*

**Pectinase** : pectinase *f*

**Pectinesterase** : pectinestérase *f*

**Pectinolytic** *a* : pectinolytique

**Pectolytic** *a* : pectolytique

**Pediatrics, Pediatry** : pédiatrie *f*

**Pedigree** : généalogie *f* ; arbre *[m]* généalogique

**Pedologic, Pedological** *a* : pédologique

**Pedology** : pédologie *f*

**Peduncle** : pédoncule *m*

**Peduncular** *a* : pédonculaire

**Pedunculate** *a* : pédonculé

to **Peel** : peler *(fruit)* ; écorcer *(tree)* ; décortiquer *(seed)*

**Peeled** *a* : décortiqué *(grain)* ; pelé *(fruit)*

to **Peel off** : écorcer

**Peel** : peau *f (fruit, vegetable)* ; pelure *f (potato)* ; zeste *m (citrus)* ; cosse *f* ; gousse *f (bean)*

**Peeler** : éplucheuse *f (implement)*

**Peeling** : pelage *m* ; épluchage *m* ; mue *f (bird)* ; écorçage *m (wood)* ; décorticage *m (grain)* ; desquamation *f (skin)*

**Pelargonidin** : pélargonidine *f*

**Pelargonin** : pélargonine *f*

**Pella** : peau *f*

**Pellagra** : pellagre *f*

**Pellagral** *a* : pellagreux

**Pellet** : granulé *m (zootechny)* ; comprimé *m (pharmaceuticals)* ; boulette *f*

**Pelleted** *a* : comprimé

**Pelleting** : granulation *f* ; action de faire des granulés

**Pellicle** : pellicule *f* ; tégument *m* ; membrane *f*

**Pen** : enclos *m* ; parc *m (cattle)*

**Penetrating** *a* : pénétrant *(flaveur)*

**-penia** : -pénie

**Penicillin** : pénicilline *f*

**Penicillinase** : pénicillinase *f*

**Pentosan** : pentosane *m*

**Pentose** : pentose *m*

**Pentosuria** : pentosurie *f*

**Peonidin** : péonidine *f*

**Pepper** : poivre *m*
  **Black** ~ : poivre noir
  **Cayenne** ~ : poivre de Cayenne ; piment *m*
  **Green** ~ : poivre vert ; poivron *[m]* vert
  **Red** ~ : poivre de Cayenne ; piment *m* ; poivron *[m]* rouge
  **White** ~ : poivre blanc
  **Whole** ~ : poivre en grains
  ~ **corns,** ~ **in corns** : poivre en grains
  ~ **mill** : moulin *[m]* à poivre

**Peppermint** : menthe *[f]* poivrée

**Peppery** *a* : poivré *(taste)*

**Pepsin** : pepsine *f*

**Pepsinogen** : pepsinogène *m*

**Pepsinum** : pepsine *f*

**Peptic** *a* : peptique ; pepsique ; gastrique

**Peptid** : peptide *m*

**Peptidase** : peptidase *f*

**Peptide** : peptide *m*

**Peptizable** *a* : peptisable ; peptonisable

to **Peptizate** : peptiser ; peptoniser

**Peptolysis** : peptolyse *f*

**Peptone** : peptone *f*

**Peptonizable** *a* : peptonisable

**Peptonization** : peptonisation *f* ; solubilisation *[f]* de protéines

to **Peptonize** : peptoniser

**Peptonizing** *a* : peptonisant

**PER** : CEP

**Per annuum** : par an *m* ; annuel *a* ; annuellement

**Per capita** : par tête ; per capita

**Per cent** : pour cent

**Per day** : par jour ; journalier *a*

**Per gram** : par gramme

**Per thousand** : pour mille

**Per year** : par an ; annuel *a*

**Percentage :** pourcentage *m*

**Perceptible** *a* : perceptible
 **Scarcely** ~ : à peine perceptible

**Perch** : perche *f (fish)*

to **Percolate** : filtrer ; s'infiltrer

**Percolation** : filtration *f* ; infiltration *f*

**Perennial** *a* : vivace *(plant)*

to **Perfect** : achever ; accomplir *(work)* ;
 perfectionner ; mettre au point
 *(method)*

**Perfect** *a* : parfait ; complet *(anatomy)*

**Perfecting ; perfection** : achèvement
 *m* ; perfectionnement *m*

**Pericardium** : péricarde *m*

**Pericarp** : péricarpe *m*

**Perimysium** : périmysium *m*

**Perinatal** *a* : périnatal

**Perineum** : périnée *m*

**Period** : période *f*

**Periodical** : périodique *m a*

**Periodicity** : périodicité *f*

**Periost, Periosteum** : périoste *m*

**Peripheral** *a* : périphérique

**Perishability** : caractère *[m]* périssable

**Perishable** *a* : périssable
 ~ **goods** *pl* : marchandises *[f pl]* péris-
 sables

**Peristalsis** : péristaltisme *m*

**Peristaltic** *a* : péristaltique

**Peritoneal** *a* : péritonéal

**Peritoneum** : péritoine *m*

**Periwinkle** : bigorneau *m*

**Permanent** *a* : permanent ; fixe ;
 durable ; solide

**Permeability** : perméabilité *f*

**Permeable** *a* : perméable

to **Permeate** : filter ; s'infiltrer

**Permissible** *a* : admissible

**Pernicious** *a* : nocif ; nuisible ; pernicieux

**Peroral** *a* : par voie *[f]* orale

**Peroxidase** : peroxydase *f*

**Peroxide** : peroxyde *m*
 ~ **value** : indice *[m]* de peroxyde

to **Peroxidize** : peroxyder

**Persimmon** : kaki *m*

to **Persist** : persister ; continuer ; durer

**Persistence** : persistance *f* ; continuité *f*

**Perspiration** : perspiration *f*

**Persulphate, Persulfate** : persulfate *m*

**Perturbation** : désordre *m* ; perturbation *f*

**Pervasive** *a* : pénétrant *(flavour)*

**Pervious** *a* : perméable

**Perviousness** : perméabilité *f*

**Pest** : parasite *m* ; peste *f*
 **Fowl** ~ : peste *[f]* aviaire

**Pesticide** : pesticide *m*

**Pestilence** : peste *f* ; maladie *[f]* épidémique

**Pestle** : pilon *m*

**Petal** : pétale *m*

to **Peter out** : s'épuiser *(supplies)*

**Petri dish** : boite *[f]* de Pétri

**Petroleum** : pétrole *m* ; essence *f*
 **Light** ~ : éther *[m]* de pétrole

**Petroselinic** *a* : pétrosélinique

**Petunidin** : pétunidine *f*

**pH** : pH *m*

**Phage** : phage *m* ; bactériophage *m*

**Phagocyte** : phagocyte *m*

**Phagocytic** *a* : phagocytaire

to **Phacocytize,** to **Phagocytose** : phagocyter

**Phagocytosis** : phagocytose *f*

**Phagolysis** : phagolyse *f*

**Phanerogam** : phanérogame *m*

**Phanerogamic, Phanerogamous** *a* : phanérogame

**Pharmaceutical** *a* : pharmaceutique

**Pharmaceuticals ; pharmaceutics** : préparation *[f]* pharmaceutique ; produit *[m]* pharmaceutique ; spécialité *[f]* pharmaceutique

**Pharmacodynamics** : pharmacodynamie *f*

**Pharmacology** : pharmacologie *f*

**Pharmacopoeia** : pharmacopée *f*

**Pharmacy** : pharmacie *f*

**Phase** : phase *f*

**Phaseolin** : phaséoline *f*

**Phaseolunatin** : phaséolunatine *f*

**Pheasant** : faisan *m (generic)*
  **Cock** ~ : faisan mâle
  **Golden** ~ : faisan doré
  **Hen** ~ : faisanne *f*
  **Young** ~ : faisandeau *m*

**Pheasantry** : faisanderie *f*

**Phenol** : phénol *m*

**Phenolase** : phénolase *f*

**Phenolic** *a* : phénolique

**Phenoloxidase** : phénoloxydase *f*

**Phenomenon** : phénomène *m*

**Phenotype** : phénotype *m*

**Phenyl** : phényle *m*

**Phenylalanine** : phénylalanine *f*

**Phenylated** *a* : phénylé

**Phlobaphene** : phlobaphène *m*

**Phloroglucinol** : phloroglucinol *m*

**Phosgene** : phosgène *m*

**Phosphatase** : phosphatase *f*

**Phosphate** : phosphate *m*

**Phosphatemia** : phosphatémie *f*

**Phosphatide** : phosphatide *m*

**Phosphine** : phosphine *f*

**Phospholipase** : phospholipase *f*

**Phospholipid** : phospholipide *m*

**Phospholipin** : phospholipine *f*

**Phosphonuclease** : phosphonucléase *f*

**Phosphoprotein** : phosphoprotéine *f*

to **Phosphoresce** : entrer en phosphorescence

**Phosphoresence** : phosphorescence *f*

**Phosphorescent** *a* : phosphorescent

**Phosphoric** *a* : phosphorique

**Phosphorous** *a* : phosphoreux

**Phosphorus** : phosphore *m*

**Phosphorylase** : phosphorylase *f*

**Phosphorylated** *a* : phosphorylé

**Phosphorylation** : phosphorylation *f*
  **Oxidative** ~ : phosphorylation oxydative

**Photocopier** : photocopieuse *f (apparatus)*

**Photochemical** *a* : photochimique

**Photochemistry** : photochimie *f*

**Photocolorimetry** : photocolorimétrie *f*

**Photoelectric** *a* : photoélectrique

**Photolysis** : photolyse *f*

**Photolytic** *a* : photolytique

**Photometer** : photomètre *m*

**Photometry** : photométrie *f*

**Photon** : photon *m*

**Photonegative** *a* : photorésistant

**Photooxidation** : photooxydation *f*

**Photophore** : photophore *m*

**Photoreaction** : photoréaction *f*

**Photoreceptor** : photorécepteur *m*

**Photosensibilization** : photosensibilisation *f*

**Photosensitive** *a* : photosensible

**Photosensitivity** : photosensibilité *f*

**Photosynthesis** : photosynthèse *f*

**Photosynthetic** *a* : photosynthétique

**Phreatic** *a* : phréatique
~ **water** : nappe *[f]* phréatique

**Physical** *a* : physique

**Physician** : médecin *m*

**Physicist** : physicien *m*

**Physico-chemical** *a* : physico-chimique

**Physics** *pl* : physique *f*

**Physiochemistry** : chimie *[f]* physiologique

**Physiological** *a* : physiologique

**Physiologist** : physiologiste *m*

**Physiology** : physiologie *f*
**Animal** ~ : physiologie animale
**Morbid** ~ : physiopathologie *f*
**Pathologic** ~ : physiopathologie *f*

**Phytase** : phytase *f*

**Phytate** : phytate *m*

**Phytic** *a* : phytique

**Phytin** : phytate *m* ; phytine *f*

**Phytohormone** : hormone *[f]* végétale ;
phytohormone *f*

**Phytol** : phytol *m*

**Phytology** : botanique *f* ; phytobiologie *f*

**Phytophagous** *a* : phytophage

**Phytoplankton** : phytoplancton *m*

**Phytoplasm** : phytoplasme *m*

**Phyto-sanitary** *a* : phytosanitaire

**Phytosterol** : phytostérol m

**Phytotoxic** *a* : phytotoxique

**Phytozoon** : phytozoaire *m*

**Pica** : pica *m*

to **Pick** : éplucher *(salad)* ; cueillir
*(fruit)* ; vendanger *(grape)* ; piocher
*(soil)*

**Pick** : cueillette *f (fruit)* ; vendange *f*
*(grape)*

**Picker** : éplucheur *m (vegetable)* ;
égrappeur *m (grape)* ; récolteur *m* ;
cueilleur *m (fruit)*
**Grape** ~ : vendangeur *m*

**Picking** : épluchage *m (salad)* ; cueillette *f* ; cueillage *m*

**Picking off** : égrappage *m*

**Pickings** *pl* : épluchures *f pl* ; restes *m pl*

to **Pickle** : saumurer ; mariner ; conserver au vinaigre

**Pickled** *a* : saumuré ; mariné ; conservé
au vinaigre

**Pickle** : saumure *f* ; marinade *f* ;
vinaigre *m*

**Pickles** *pl* : petits légumes *[m pl]* au
vinaigre ; conserve *[f]* au vinaigre

**Pickling** : conservation *[f]* au vinaigre ;
saumurage *m* ; marinade *f*

**Picnic** : pique-nique *m*
~ **basket** ; panier *[m]* de pique-nique

**Pie** : tourte *f (various)* ; tarte *f (fruit)* ;
pâté *m (meat)* ; croustade *f (fish)*
**Chicken** ~ : croustade *[f]* de volaille
**Eel** ~ : pâté d'anguilles
**Fish** ~ : timbale *[f]* de poisson
**Game** ~ : pâté de gibier
**Meat** ~ : pâté de viande ; friand *m*
**Raised** ~ ; **raising** ~ : pâté en croûte
**Small pork** ~ : petit pâté
~ **dish** : plat *[m]* pour le four ; terrine *f*

**Pied** *a* : pie *(cattle)*

**Pieplant** : rhubarbe *f*

**Pier** : môle *m* ; jetée *f*

**Pig** : porc *m*
**Bacon** ~ : porc à viande
**Lard** ~ : porc à viande

**Pigeon** : pigeon *m*
**Hen** ~ : pigeonne *f*

**Piggery** : porcherie *f*

**Piglet** : porcelet *m* ; cochon *[m]* de lait
**Boar** ~ : porcelet mâle

**Pigling** : porcelet *m*

**Pigment** : pigment *m*
**Bile** ~ : pigment biliaire

**Pigmentary** *a* : pigmentaire

**Pigmentation** : pigmentation *f*

**Pigsty** : porcherie *f* ; étable *[f]* pour porc

**Pike** : brochet *m*

**Pilchard** : pilchard *m*

**Pill** : pilule *f*

**Pilot** : pilote *m*

**Pimaricin** : pimaricine *f*

**Pimento** : piment *m*

**Pimple** : bourgeon *m* ; pustule *f (skin)*

**Pincer** : pince *f (crab)*

**Pine** : pin *m*

**Pineal** *a* : pinéal

**Pineapple** : ananas *m*

**Pinocytosis** : pinocytose *f*

**Pint** : pinte *f (demi-litre m)*

**Pinta** : demi-litre *m (only for milk)*

**Pip** : pépin *m (fruit)*

**Pipecolic** *a* : pipécolique

**Piperazine** : pipérazine *f*

to **Pipette** : pipetter

**Pipette** : pipette *f*

**Pipkin** : poêlon *[m]* en terre

**Piquant** *a* : piquant *(flavour)*

**Pisciculture** : pisciculture *f*

**Pisciculturist** : pisciculteur *m*

**Pistachio** : pistache *f*

**Pistil** : pistil *m*

to **Pit** : ensiler ; corroder *(acid)*

**Pit** : fosse *f* ; alvéole *f (metal)* ; pépin *m*

**Pituitary** *a* : pituitaire
  ~ **gland** : hypophyse *f*

**Pizza** : pizza *f*

**Placebo** : placebo *m*

**Placenta** : placenta *m*

**Placental** *a* : placentaire

**Placentary** *a* : placentaire

**Plague** : peste *f*
  **Bubonic** ~ : peste *[f]* bubonique
  **Cattle** ~ : peste *[f]* bovine
  **Fowl** ~ : peste *[f]* aviaire
  **Swine** ~ : peste *[f]* porcine

**Plaice** : carrelet *m* ; plie *f*

**Plain** : plaine *f*

**Plan** : plan *m*

**Plankton** : plancton *m*

**Planktonic** *a* : planctonique

**Planning** : planification *f* ; programmation *f*

**Plansifter** : plansichter *m* ; blutoir *m*

to **Plant** : planter *(plant)*

to **Plant out** : repiquer *(plant)*

**Plant** : plante *f (botany)*

**Plant** : installation *f* ; usine *f* ; fabrique *f* ; établissement *m (industry)*

**Plantain** : banane *[f]* plantain ; banane à cuire

**Plantation** : plantation *f*
  **Coffee** ~ : plantation *[f]* de café

**Planter** : planteur *m (person)* ; planteuse *f (machine)*

**Planting** : plantation *f*
  ~ **out** : repiquage *m* ; dépotage *m*

**Plantlet** : plantule *f*

**Plasma** : plasma *m*
  **Blood** ~ : plasma sanguin

**Plasmatic** *a* : plasmatique

**Plasmid** : plasmide *m*

**Plasmin** : plasmine *f*

**Plasminogen** : plasminogène *m*

**Plasmolysis** : plasmolyse *f*

**Plasmolytic** *a* : plasmolytique

**Plastic** *a* : plastique

**Plastics** : matière *[f]* plastique ; plastique *m*

**Plasticity** : plasticité *f*

**Plasticizer** : plastifiant *m*

**Plate** : plaque *f* ; assiette *f* ; tôle *f*
*(cooking)* ; lame *f*
  **Dinner ~** : assiette plate
  **Pie ~** : moule *[m]* à tarte
  **Soup ~** : assiette creuse
  **Tin ~** : fer-blanc *m*
  **~ count** : numération *[f]* sur boite de
Pétri
  **~ exchanger** : échangeur *[m]* à
plaques
  **~ iron** : tôle *f*
  **~ warmer** : chauffe-assiettes *m*

**Plateau** : plateau *m* ; palier *m*

**Plateful** : assiettée *f*

**Platelet** : plaquette *f*
  **Blood ~** : plaquette sanguine

**Platerack** : égouttoir *m*

**Platinum** : platine *m*
  **Spongy ~** : mousse *[f]* de platine

**Plot** : lot *[m]* de terrain
  **Vegetable ~** : coin *[m]* de légumes ;
carré *[m]* de légumes

to **Plough** : labourer

**Plough** : charrue *f*

**Ploughing** : labourage *m*

**Ploughland** : terre *[f]* labourable

**Ploughshare** : soc *[m]* de charrue

to **Plow** : labourer

**Plowing** : labourage *m*

**Plowman** : laboureur *m*

**Plowshare** : soc *[m]* de charrue

**Plug** : bouchon *m*

**Plum** : prune *f*
  **French ~** : pruneau *[m]* d'Agen

**Plumage** : plumage *m* ; plumes *f pl*

**Plumaged** *a* : à plumes *(animal)*

**Plumbic** *a* : plombique
  **~ poisoning** : saturnisme *m*

**Plumbism** : saturnisme *m*

**Plumbous** *a* : plombeux

**Plume, Plumelet** : plumule *f*

**Plumula, Plumule** : plumule *f*

**Pluricellular** *a* : pluricellulaire

**Pluripara** : multipare *f*

**Plurivalence** : polyvalence *f*

**Plurivalent** *a* : polyvalent

**Pneumal** *a* : pulmonaire

**Pneumatic** *a* : pneumatique

to **Poach** : pocher *(cooking)* ; braconner
*(game)*
  **Poached eggs** : œufs *[m pl]* pochés

**Pod** : cosse *f* ; gousse *f (bean)* ; écale
*f (nut)* ; silique *f*

**Podagra** : goutte *f (pathology)*

**Podagric, Podagrous** *a* : goutteux

**Podded** *a* : à cosse ; à gousse

**Podding** : écossage *m*

**Poecilotherm, Poecilothermal** : poecilotherme *m*

**Poecilothermic** *a* : poecilotherme

**Poikilotherm, Poikilothermal** : poikilotherme *m*

**Poikilothermic** *a* : poikilotherme

**Point** : point *m* ; pointe *f* ; aiguille *f*
  **Boiling ~** : point d'ébullition
  **Flashing ~** : point d'inflammation
  **Freezing ~** : point de congélation
  **Ignition ~** : point d'inflammation
  **Melting ~** : point de fusion
  **Triple ~** : triple point
  **Vaporization ~** : point de vaporisation
  **~ of inflexion** : point d'inflexion

**Poise** : poise *f*

**Poison** : poison *m*

**Poisoned corn** : blé *[m]* empoisonné

**Poisoning** : empoisonnement *m* ;
intoxication *f*
  **Mercurial ~** : intoxication mercurielle
  **Occupational ~** : intoxication *[f]* pro-
fessionnelle
  **Plumbic ~** : saturnisme *m*

**Poisonous** *a* : toxique ; venimeux *(animal)* ; vénéneux *(vegetal product)*

**Polar** *a* : polaire

**Polarimeter** : polarimètre *m*

**Polarimetry** : polarimétrie *f*

**Polarity** : polarité *f*

**Polarizable** *a* : polarisable

**Polarization** : polarisation *f*

to **Polarize** : polariser

**Polarized** *a* : polarisé
~ **light** : lumière *[f]* polarisée

**Polarography** : polarographie *f*

**Pole** : pôle *m*

**Polenske number** : indice *[m]* de Polenske

**Policy** : politique *f* ; règlementation *f*
**Agricultural** ~ : politique agricole
**Economic** ~ : politique économique

to **Polish** : polir ; raffiner ; se raffiner

**Polished** *a* : poli *(grain)*

**Polishing** : polissage *m* ; glaçage *m* *(rice)*

**Politics** : politique *f*

**Pollack** : lieu *m*
**Green** ~ : colin *m*

**Pollen** : pollen *m*

**Pollenosis** : rhume *[m]* des foins

**Pollinated** *a* : pollinisé

**Pollination, Pollinization** : pollinisation *f*

**Pollutant** : polluant *m*

**Pollution** : pollution *f*

**Polony** : cervelas *m* ; petit saucisson *m*

**Polyacrylamide** : polyacrylamide *m*

**Polyamide** : polyamide *m*

**Polychlorinated biphenyl** : biphényle *[m]* polychloré

**Polycotyledonous** *a* : polycotylédoné

**Polycyclic** *a* : polycyclique
~ **aromatic hydrocarbon** : hydrocarbure *[m]* aromatique polycyclique

**Polyene** : polyène *m*

**Polyenic** *a* : polyénique

**Polyester** : polyester *m*

**Polyethylene** : polyéthylène *m*

**Polymer** : polymère *m*

**Polymeric** *a* : polymère

**Polymerization** : polymérisation *f*

to **Polymerize** : polymériser

**Polymerous** *a* : polymère

**Polymorphism** : polymorphisme *m*

**Polynuclear** *a* : polynucléaire

**Polyol** : polyol *m*

**Polypeptide** : polypeptide *m*

**Polyphenol** : polyphénol *m*

**Polyphenolase** : polyphénolase *f*

**Polyphenoloxidase** : polyphénoloxydase *f*

**Polyphosphate** : polyphosphate *m*

**Polyploid** : polyploïde *m*

**Polypropylene** : polypropylène *m*

**Polysaccharide** : polysaccharide *m*

**Polystyrene** : polystyrène *m*

**Polytocous** *a* : multipare

**Polyunsaturated** *a* : polyinsaturé

**Polyurethane** : polyuréthane *m*

**Polyvalency** : polyvalence *f*

**Polyvalent** *a* : polyvalent

**Polyvinyl** : polyvinyle *m*
**Polyvinylpyrrolidinone** : polyvinylpyrrolidinone *m*

**Pomace** : pulpe *f* ; marc *[m]* de pomme

**Pome** : fruit *[m]* à pépin

**Pomegranate** : grenade *f*

**Pompelmoose** : pamplemousse *m*

**Pond** : étang *m* ; réservoir *m* ; vivier *m* *(fish)*

**Ponderal** *a* : pondéral
~ **analysis** : analyse *[f]* gravimétrique

**Ponderous** *a* : lourd ; pesant

**Pony** : poney *m*

**Pool** : réserve *f* ; réservoir *m*

**Pop-corn** : maïs *[m]* grillé ; maïs éclaté ; pop-corn *m*

**Pope's eye** : noix *f (veal)*

**Pope's nose** : croupion *m (fowl)*

**Poppy** : pavot *m* ; œillette *f* ; coqueli-cot *m*
  ~ **seed** : graine *[f]* de pavot

**Populating** : peuplement *m*

**Population** : population *f*

**Porcelain** : porcelaine *f*

**Porcine** *a* : porcin

**Porcupine** : porc-épic *m*

**Pore** : pore *m*

**Pork** : porc *m (meat)*
  **Salt** ~ : petit salé *m*
  ~ **barrel** : saloir *m* ; baril *[m]* de porc salé
  ~ **chop** : côtelette *[f]* de porc ; côte *[f]* de porc
  ~ **pie** : pâté *[m]* de porc en croûte
  ~ **rind** : couenne *f*
  ~ **sausage** : saucisse *[f]* de porc *(for frying)* ; saucisson *m (cooked, dried or smoked)*

**Porker** : porc *[m]* gras destiné à la bou-cherie

**Porkling** : porcelet *m*

**Porose** *a* : poreux

**Porosity** : porosité *f*

**Porous** *a* : poreux

**Porousness** : porosité *f*

**Porphyrin** : porphyrine *f*

**Porpoise** : marsouin *m*

**Porridge** : bouillie *[f]* d'avoine ; por-ridge *m*

**Port** : porto *m (wine)*

**Porta** : hile *m*

**Portal vein** : veine *[f]* porte

**Porter** : portefaix *m* ; porteur *m*

**Portion** : portion *f* ; part *f*

**Portwine** : porto *m*

**Positive** *a* : positif

**Posology** : posologie *f*

**Postcibal** *a* : postprandial

**Posterior** *a* : postérieur

**Post mortem** : post mortem
  ~ **change** : modification *[f]* post mor-tem
  ~ **dissection** : autopsie *f*

**Post partum** : post partum

**Postprandial** *a* : postprandial

to **Pot** : mettre en pot ; conserver *(food)*

**Potted** *a* : mis en pot ; mis en terrine *(food)*

**Pot** : pot *m* ; fait-tout *m* ; casier *m (fish)*
  **Pots and pans** : batterie *[f]* de cuisine

**Potash** : potasse *f*
  **Caustic** ~ : potasse caustique

**Potassemia** : kaliémie *f*

**Potassic** *a* : potassique

**Potassium** : potassium *m*
  **Blood** ~ **level** : kaliémie *f*

**Potato** : pomme de terre *f*
  **Boiled** ~ : pomme vapeur
  **Indian** ~ : igname *m*
  **Mashed** ~ : pomme de terre en purée ; purée *f*
  **Sweet** ~ : patate *f* ; patate douce
  ~ **flour** : fécule *[f]* de pomme de terre
  ~ **starch** : fécule *[f]* de pomme de terre
  ~ **starch manufactury** : féculerie *f*

**Potential** *a* : potentiel

**Potentiometer** : potentiomètre *m*

**Potentiometry** : potentiométrie *f*

**Potting** : mise *[f]* en terrine *(meat)*

**Pouch** : sachet *m* ; petit sac *m*

**Poulard** : poularde *f*

**Poultry** : volaille *f* ; oiseau *[m]* de basse cour
  ~ **breeding** : aviculture *f*
  ~ **coop** : poulailler *m*
  ~ **farmer** : aviculteur *m*
  ~ **farming** : aviculture *f*
  ~ **husbandry** : aviculture *f*

~ **man** : aviculteur *m*
~ **run** : basse-cour *f*
~ **yard** : basse-cour *f*

**Pounding** : pilage *m*

to **Pour** : verser ; couler ; jeter

to **Pour out** : déverser

**Pouring out** : déversement *m*

to **Powder** : pulvériser ; saupoudrer *(cake)*

**Powdered** *a* : pulvérisé ; pulvérulent ; en poudre

**Powder** : poudre *f*
  **Baking** ~ : poudre levante ; poudre à lever
  **Coarse-grained** ~ : poudre à gros grains ; poudre à grosse granulométrie
  **Face** ~ : poudre de riz
  **Fine-grained** ~ : poudre fine ; poudre à fine granulométrie
  **Large-grained** ~ : poudre à gros grains ; poudre à grosse granulométrie
  **Small-grained** ~ : poudre fine ; poudre à fine granulométrie
  **Talcum** ~ : talc *m*

**Powdery** *a* : pulvérulent *(matter)* ; poudreux

**Practice** : pratique *f* ; exercice *m*
  **Good manufacturing practice** : bonnes pratiques de fabrication

**Praline** : praline *f*

**Prawn** : crevette *[f]* rose ; bouquet *m* *(crustacean)*

**Precipitability** : caractère *[m]* précipitable

**Precipitable** *a* : précipitable

**Precipitant** : précipitant *m* ; facteur *[m]* de précipitation

to **Precipitate** : précipiter ; floculer ; s'insolubiliser

**Precipitated** *a* : précipité

**Precipitate** : précipité *m* ; résidu *[m]* insoluble *(chemistry)*

**Precipitating** *a* : précipitant

**Precipitation** : précipitation *f* ; insolubilisation *f*

~ **tank :** bassin *[m]* de décantation ; bassin de précipitation

**Precise** *a* : précis ; juste *(phenomenon)*

**Precision** : précision *f* ; exactitude *f*
  ~ **balance** : balance *[f]* de précision
  ~ **scales** : balance *[f]* de précision

**Precocious** *a* : précoce

**Precocity** : précocité *f*

to **Pre-cook** : pré-cuire

**Pre-cooked** *a* : pré-cuit ; tout-cuit

**Pre-cooking** : pré-cuisson *f*

to **Pre-cool** : préréfriger ; prérefroidir

**Pre-cooling** : refroidissement *[m]* préalable

**Precursor** : précurseur *m*

**Predacious** *a* : prédateur ; rapace

**Predator** : prédateur *m* *(animal)*

**Predatory** : prédateur *m* *(insect)*

**Predominance** : prédominance *f*

**Predominant** *a* : prédominant

to **Predominate** : prédominer

**Pregnancy** : gestation *f* ; grossesse *f* *(woman)*

**Pregnant** *a* : gravide ; enceinte *(woman)* ; pleine *(animal)*

to **Preheat** : préchauffer

**Preheater** : réchauffeur *m*

**Preheating** : préchauffage *m*

**Prehensible** *a* : extensible

**Prejudice** : préjudice *m*

**Prejudicial** *a* : nuisible ; préjudiciable

**Preliminary** *a* : préliminaire

**Premature** : prématuré *m a*

**Premelanoïdin** : prémélanoïdine *f*

**Premium** : prime *f* ; récompense *f*
  **Quality** ~ : prime à la qualité

**Premix** : prémélange *m*

**Premixing** : prémélange *m*

**Premolar** : prémolaire *f*

**Prenatal** *a* : prénatal

to **Prepare** : apprêter *(meal)*

to **Prerefrigerate** : préréfrigérer

**Preruminant** *a* : préruminant

**Preservable** *a* : conservable

**Preservation** : conservation *f*
  **Food** ~ : mise *[f]* en conserve

**Preservative** : agent *[m]* de conservation ; conservateur *m*

to **Preserve** : conserver ; confire *(fruit)* ; mettre en conserve

**Preserved** : conservé *a* ; conserve *f* *(food)*
  ~ **foods** *pl* : conserves *[f pl]* alimentaires
  ~ **product** : conserve *[f]* alimentaire

**Preserve** : confiture *f*

**Preserves** *pl* : conserve *f*
  **Semi-**~ : semi-conserve *f*
  ~ **factory** : fabrique *[f]* de conserves alimentaires
  ~ **glass** : bocal *[m]* pour conserves
  ~ **jar** : bocal *[m]* pour conserves
  ~ **tin** : boite *[f]* de conserve

**Preserving** : mise *[f]* en conserve ; conservation *f* *(food)*
  ~ **glass** : bocal *[m]* pour conserves

**Presoaking** : prétrempage *m*

to **Press** : presser

**Pressed** *a* : pressé
  ~ **cheese** : fromage *[m]* à pâte pressée
  ~ **cold** : pressé à froid

**Press** : presse *f* ; pressoir *m*
  **Cider** ~ : presse à cidre
  **Filter** ~ : filtre-presse *m*
  **Hay** ~ : presse à foin *f*
  **Hydraulic** ~ : presse hydraulique *f*
  **Oil** ~ : presse à huile *f*
  **Straw** ~ : presse à paille *f*
  **Wine** ~ : pressoir *m*

**Pressing** : foulage *m* *(grape)*

**Pressor amine** : amine *[f]* biogène

to **Pressure-cook** : autoclaver ; cuire sous pression

**Pressure-cooker** : autoclave *m* ; marmite *[f]* à pression

**Pressure** : pression *f*
  **Arterial** ~ : tension *[f]* artérielle
  **Atmospheric** ~ : pression atmosphérique
  **Back** ~ : contre-pression *f*
  **Blood** ~ : pression sanguine ; tension *f*
  **Capillary pression** : pression capillaire
  **Counter-**~ : contre-pression *f*
  **Differential** ~ : différence *[f]* de pression
  **High blood** ~ : hypertension *f*
  **Low blood** ~ : hypotension *f*
  **Negative** ~ : contre-pression *f*
  **Osmotic** ~ : pression *[f]* osmotique
  **Vapour** ~ : tension *[f]* de vapeur
  **Venous blood** ~ : tension *[f]* veineuse
  ~ **gauge** : manomètre *m*

**Preterm** : prématuré *m a*

**Pretreating** : prétraitement *m*

**Pretreatment** : prétraitement *m*

**Pretzel** : bretzel *m*

to **Prevail** : prédominer ; répandre *(disease)*

**Prevailing** *a* : répandu *(disease)* ; usuel ; dominant ; régnant

**Prevalence** : fréquence *f* ; prédominance *f*

**Prevalent** *a* : prédominant ; fréquent ; répandu

to **Prevent** : prévenir ; empêcher
  ~ **fermentation** : empêcher une fermentation

**Prevention** : précaution *f* ; prophylaxie *f*

**Preventive** *a* : préventif ; protecteur

**Price** : prix *m* ; cours *m*
  **At cost** ~ : à prix coûtant
  **Buying** ~ : prix d'achat
  **Cash** ~ : prix au comptant
  **Change in** ~ : changement *[m]* de prix
  **Closing** ~ : dernier prix
  **Consumer** ~ : prix à la consommation
  **Controlled** ~ : prix bloqué
  **Cost** ~ : prix de revient ; prix coûtant
  **Current** ~ : prix courant ; prix actuel
  **Factory** ~ : prix d'usine

**Fixed** ~ : prix bloqué ; prix fixe
**Gross** ~ : prix brut
**Initial** ~ : premier prix
**Intervention** ~ : prix d'intervention
**Lastest** ~ : dernier prix
**List** ~ : prix du catalogue
**Listed** ~ : prix courant
**Lowest** ~ : dernier prix
**Market** ~ : prix du marché
**Middle** ~ : cours moyen
**Net** ~ : prix net
**Opening** ~ : premier cours
**Purchase** ~ : prix d'achat
**Retail** ~ : prix de détail
**Selling** ~ : prix de vente
**Standard** ~ : prix courant
**Wholesale** ~ : prix de gros
~ **control** : contrôle *[m]* des prix
~ **freeze** : blocage *[m]* des prix ; gel *[m]* des prix
~ **increase** : augmentation *[f]* des prix
~ **index** : indice *[m]* des prix
~ **list** : prix courant
~ **policy** : politique *[f]* des prix
⇨ **Average** *(cost)*

**Prickle** : épine *f* ; piquant *m*

**Prickly** *a* : épineux
~ **pear** : figue *[f]* de Barbarie

**Primary** *a* : primaire

**Primate** : primate *m*

**Primipara** : primipare *f*

**Primiparous** *a* : primipare

**Primitive** *a* : primitif ; originel

**Principle** : principe *m*

**Probability** : probabilité *f*

**Probable** *a* : probable

**Procedure** : mode *[m]* opératoire ; procédé *m* ; méthode *f*

**Proceeding** : méthode *f* ; procédé *m* ; opération *f*

**Process** : procédé *m* ; méthode *f* ; processus *m* ; technique *f*

**Processing** : traitement *m* ; transformation *f* ; opération *[f]* de transformation
**Batch** ~ : traitement par lot ; traitement en discontinu
**Chemical** ~ : procédé *[m]* chimique
**Data** ~ : traitement des données

~ **industry** : industrie *[f]* de transformation

to **Produce** : produire

**Produce** : produit *m* ; matière *m*

**Producer** : producteur *m*

**Product** : produit *m*
**Factory** ~ : produit manufacturé
**Manufactured** ~ : produit manufacturé
**Mineral** ~ : matière minérale
**Specialty** ~ : produit de luxe

**Production** : production *f*

**Productive** *a* : productif

**Productiveness** : rendement *m* ; débit *m*

**Proenzyme** : proenzyme *f m*

**Progeny** : progéniture *f* ; descendance *f*

**Progesterone** : progestérone *f*

**Prognosis** : pronostic *m*

**Project** : projet *m*

**Prolactin** : prolactine *f*

**Prolamin** : prolamine *f*

to **Proliferate** : proliférer

**Proliferation** : prolifération *f*

**Proliferative** *a* : prolifère

**Prolific** *a* : prolifique ; fécond ; fertile

**Prolificity** : prolificité *f*

**Proline** : proline *f*
**Hydroxyproline** : hydroxyproline *f*

**Prolymphocyte** : monocyte *m*

to **Promote** : amorcer ; provoquer

**Promoting** : amorçage *m (reaction)*

**Propagation** : multiplication *f* ; propagation *f* ; reproduction *f*

**Property** : propriété *f (physico-chemical)*

**Prophylaxis** : prophylaxie *f*

**Propional, Propionaldehyde** : propionaldéhyde *m* ; aldéhyde *[m]* propionique ; propional *m*

**Propionic** *a* : propionique

to **Proportion** : doser *(component)*

**Proportion** : partie *f* ; proportion *f* ; rapport *m*

**Proportional** *a* : proportionnel

**Proportionality** : proportionnalité *f*

**Proportioning** : dosage *m (component)*

**Propyl** *a* : propylique

**Propylene glycol** : propylène glycol *m*

**Prostaglandin** : prostaglandine *f*

**Prosthetic** *a* : prosthétique

**Protamine** : protamine *f*

**Protease, Proteinase** : protéase *f*

**Protein** : protéine *f*
**Animal** ~ : protéine d'origine animale
**Crude** ~ : protéine brute ; protéine totale
**Microbial** ~ : protéine d'origine microbiologique
**Unconventional** ~ : protéine non conventionnelle
**Vegetable** ~ : protéine d'origine végétale
~ **efficiency ratio** : coefficient *[m]* d'efficacité protidique

**Proteinemia** : protéinémie *f*

**Proteinuria** : protéinurie *f* ; albuminurie *f*

**Proteolysis** : protéolyse *f*

**Proteolytic, proteolytical** *a* : protéolytique

**Proteopepsis** : digestion *[f]* des protéines

**Proteose** : protéose *f*

**Protoplasm** : protoplasme *m*

**Protoplast** : protoplaste *m*

**Prototype** : prototype *m*

**Protozoal** *a* : protozoaire

**Protozoan** : protozoaire *m a*

**Protozoon** : protozoaire *m*

**Protuberance** : protubérance *f* ; renflement *m*

**Protuberant** *a* : protubérant ; enflé

**Proven** *a* : éprouvé

to **Provide** : acheter ; livrer ; fournir

**Provided** *(with)* *a* : muni de

**Provisions** *pl* : vivres *m pl* ; provisions *f pl* ; produits *[m pl]* alimentaires ; approvisionnement *m*
**Dainty** ~ : comestibles *[m pl]* fins
**Preserved** ~ : conserves *[f pl]* alimentaires

**Provitamin** : provitamine *f*

**Proximad** : vers l'extrêmité la plus proche

**Proximal** *a* : proximal

**Proximate** *a* : globale *(analysis)* ; proximal *(anatomy)*

to **Prune** : tailler ; écimer ; émonder *(tree)*

**Prune** : pruneau *m*

**Pruning** : taille *f (tree)*

**Pseudo-** : pseudo-

**Psicose** : psicose *m*

**Psychrotroph** : psychrotrophe *m*

**Psychrotropic** *a* : psychrotrope

**Psychrophile** : psychrophile *m*

**Psychrophilic, Psychrophilous** *a* : psychrophile

**Pteridine** : ptéridine *f*

**Pterin** : ptérine *f*

**Ptyalin** : ptyaline *f*

**Puberal** *a* : pubère

**Puberty** : puberté *f*

**Pubescence** : puberté *f*

**Pubescent** *a* : pubère

**Pudding** : pudding *m* ; pouding *m*

**Puff** : feuilleté *m (pastries)*
**Butter** ~ : feuilleté au beurre

**Puffed** *a* : soufflé ; gonflé
~ **wheat** : blé *[m]* soufflé

**Puffing** : gonflement *m* ; expansion *f*
(*produce*)

**Pullet** : poulette *f* ; poulet *[m]* de grain

**Pullulanase** : pullulanase *f*

**Pulmonary** *a* : pulmonaire

**Pulp :** pulpe *f* ; chair (*fruit*)
  **Drying** ~ : séchage *[m]* des pulpes

**Pulpy** *a* : pâteux

**Pulse** : gousse *f* (*vegetal*) ; légumineuse *f* (*botany*)

**Pulse** : pouls *m* (*biology*)

**Pulverized** *a* : pulvérisé

**Pulverizing** : mise *[f]* en poudre

**Pulverulent** *a* : pulvérulent ; en poudre

**Pumice** : pierre-ponce *f*

**Pump** : pompe *f*
  **Filter** ~ : trompe *[f]* à vide
  **Vacuum** ~ : pompe à vide

**Pumpkin** : citrouille *f* ; potiron *m* ;
courge *f*

**Puncheon** : fût *m* ; tonneau *[m]* de fermentation

**Puncture** : ponction *f*

**Pungent** *a* : piquant (*botany*) ; fort ;
âcre ; irritant (*taste*)

**Pupa** : chrysalide *f* ; nymphe *f* ; pupe *f*

**Pupal** *a* : relatif à la chrysalide, à la
pupe

to **Purchase** : acheter

**Purchase** : achat *m* ; approvisionnement *m*
  ~ **cost** : prix *[m]* d'achat

**Purchasing** : achat *m*
  ~ **power** : pouvoir *[m]* d'achat

**Pure** *a* : pur ; natif

**Pureed** *a* : en purée

**Pureness** : pureté *f* (*chemistry*)

**Purification** : purification *f* ; décantation
*f* ; épuration *f* ; raffinage *m*
  ~ **plant** : installation *[f]* d'épuration

**Purifier** : purificateur *m* ; épurateur *m*

to **Purify** : purifier ; épurer ; déféquer
(*chemistry*)

**Purifying plant** : installation *[f]* d'épuration

**Purine** : purine *f* ; base *[f]* purique

**Purity** : pureté *f*

**Purple** : pourpre *m*
  **Visual** ~ : pourpre rétinien

**Purslain, Purslane** : pourpier *m*

**Pustule** : pustule *f*

to **Put out** : éteindre

**Putrefaction** : putréfaction *f*

**Putrefactive** *a* : putréfiant ; putride
  ~ **bacteria** : bactérie *[f]* putréfiante

**Putrefiable** *a* : putréfiable

to **Putrefy** : putréfier ; pourrir

**Putrefying** *a* : en putréfaction ; en pourriture

**Putrescence** : putrescence *f*

**Putrescent** *a* : en putréfaction ; en
pourriture

**Putrescible** *a* : putrescible

**Putrescine** : putrescine *f*

**Putrid** *a* : putride

**Putridity** : putréfaction *f*

**Putridness** : pourriture *f* ; putréfaction *f*

to **Putrify** : se putréfier

**Pyloric** *a* : pylorique

**Pylorus** : pylore *m*

**-pyranose** : -pyranose

**Pyrazine** : pyrazine *f*

**Pyretic** *a* : pyrétique

**Pyrexial** *a* : fébrile

**Pyridine** : pyridine *f*

**Pyridoxal** : pyridoxal *m*

**Pyridoxamine** : pyridoxamine *f*

**Pyridoxol** : pyridoxol *m*

**Pyridoxine** : pyridoxine *f* ; vitamine B6 *f*

**Pyrimidine** : pyrimidine *f* ; base *[f]* pyrimidique

**Pyrocatechin** : pyrocatéchine *f*

**Pyrolysis** : pyrolyse *f*

**Pyrolytic** *a* : pyrolytique

**Pyrolyzate** : pyrolysat *m*

**Pyrophosphate** : pyrophosphate *m*

**Pyrrole** : pyrrole *m*

**Pyruvaldehyde** : pyruvaldéhyde *m* ; aldéhyde *[m]* pyruvique

**Pyruvic** *a* : pyruvique

Q

**Quadrivalence** : tétravalence *f*

**Quadrivalent** *a* : tétravalent

**Quail** : caille *f*

**Qualification** : capacité *f* ; qualification *f* ; aptitude *f*

**Qualitative** *a* : qualitatif

**Quality** : qualité *f*
 **Average** ~ : qualité moyenne
 **High** ~ : qualité supérieure
 **Medium** ~ : qualité moyenne ; qualité courante
 **Standard** ~ : qualité courante
 **Superior** ~ : qualité supérieure
 **Usual commercial** ~ : qualité courante
 ~ **guaranted** : qualité garantie

**Quantitative** *a* : quantitatif
 ~ **analysis** : dosage *m (chemistry)*

**Quantity** : quantité *f* ; grandeur *f (mathematics)*

to **Quarter** : équarrir *(carcass)*

**Quarter** : quartier *m*

**Quartening** : équarissage *m*

**Quartz** : quartz *m*

**Quaternary** *a* : quaternaire

**Quebracho** : quebracho *m*

**Queen** : reine *f* ; mère *f (insect)*

to **Quench** : éteindre *(fluorescence)* ; refroidir rapidement

**Quenching** : extinction *f (fluorescence)*

**Quercetin** : quercétine *f*

**Quercite** : quercitol *m*

**Quercitin** : quercitine *f*

**Quick** *a* : rapide
 ~ **freezing** : congélation *[f]* rapide ; surgélation *f*

**Quicklime** : chaux *[f]* vive

**Quickness** : rapidité *f*

**Quiescence** : repos *m (physiology)* ; dormance *f (botany)*

**Quiescent** *a* : quiescent ; en dormance

**Quince** : coing *m*

**Quinine** : quinine *f*

**Quinone** : quinone *f*

**Quintessence** : quintessence *f*

**Quota** : contingent *m* ; quota *m*

**Quotation** : cote *f* ; cours *m (commercial)*

**Quotidian** *a* : quotidien ; journalier

**Quotient** : quotient *m*
 **Respiratory** ~ : quotient respiratoire

# R

**Rabbet** : feuillure *f* ; rainure *f*

**Rabbit** : lapin *m*
**Doe** ~ : lapine *f*
**Meat** ~ : lapin de chair
**Wild** ~ : lapin de garenne

**Rabid** *a* : enragé *(animal)*

**Rabies** : rage *f*

**Race** : race *f*

**Racemic** *a* : racémique

**Racemization** : racémisation *f*

to **Racemize** : racémiser

**Racemizing** *a* : racémisant

**Rachitis** : rachitisme *m (pathology)*

**Rachitis** : rachitis *m (botany)*

to **Rack** : soutirer *(wine)*

**Rack** : claie *f (fruit, cheese)*

to **Radiate** : irradier ; rayonner

**Radiating source** : source *[f]* de rayonnement

**Radiation** : radiation *f* ; irradiation *f* ; rayonnement *m*
**Absorbed** ~ : radiation absorbée
**Ultraviolet** ~ : radiation ultraviolette
**Visible** ~ : radiation visible
~ **of heat** : rayonnement de la chaleur

**Radical** : radical *m*

**Radicel** : radicelle *f*

**Radicle** : radicule *f* ; radicelle *f*

**Radicular** *a* : radiculaire

**Radioactive** *a* : radioactif
~ **fall out** : retombée *[f]* radioactive
~ **isotope** : isotope *[m]* radioactif ; isotope *[m]* chaud
~ **matter** : matière *[f]* radioactive
~ **substance** : substance *[f]* radioactive

**Radioactivity** : radioactivité *f*

**Radioassay** : dosage *[m]* radioisotopique

**Radiochemistry** : radiochimie *f*

**Radiography** : radiographie *f*

**Radioimmunoassay** : dosage *[m]* radioimmunologique

**Radioisotope** : radioisotope *m*

**Radiology** : radiologie *f*

**Radionuclide** : radionucléide *m*

**Radioresistance** : radiorésistance *f*

**Radioscopy** : radioscopie *f*

**Radiosensitivity** : radiosensibilité *f*

**Radiotherapeutics** ; **Radiotherapy** : radiothérapie *f*

**Radish** : radis *m*
**Horse** ~ : raifort *m*
**Horse** ~ **sauce** : sauce *[f]* au raifort

**Radius** : rayon *m (circle)* ; radius *m (anatomy)*

**Radix** : racine *f*

**Radurization** : radurisation *f*

**Raffinose** : raffinose *m*

**Ragi** : éleusine *f*

**Ragout** : ragoût *m*

**Rail** : poule *[f]* d'eau

**Rainbow trout** : truite *[f]* arc-en-ciel

**Rainfall** : précipitation *f (atmosphere)*

**Rainy** *a* : pluvieux
~ **season** : saison *[f]* des pluies ; hivernage *m*

to **Raise** : élever *(infant, cattle)* ; cultiver *(plant)* ; ériger ; gonfler ; augmenter *(salary)*

**Raise** : augmentation *f*

**Raisin** : raisin sec *m*

**Raising** : élevage *m (cattle)* ; culture *f (plant)* ; augmentation *f* ; élévation *f*
~ **agent** : poudre *[f]* à lever

**Raisinseed oil** : huile *[f]* de pépin de raisin

**Ram** : bélier *m*

**Ramification** : ramification *f*

to **Ramify** : ramifier ; se ramifier

**Ramified** *a* : ramifié ; branchu *(mole-cule)*

**Rampancy** : exubérance *f (plant)*

**Rampant** *a* : luxuriant ; exubérant

**Ramus** : branche *f* ; rameau *m*

**Rancid** *a* : rance
to **Become** ~ : rancir

**Rancidity** ; **Rancidness** : rancissement *m* ; rancidité *f*

**Random** : hasard *m*
~ **distribution** : répartition *[f]* au hasard
~ **sample** : échantillon *[m]* prélevé au hasard

**Range** : marge *f* ; gamme *f* ; intervalle *m* ; aire *f* ; étendue *f*

**Range** : fourneau *m* ; cuisinière *f*
**Gas** ~ : cuisinière à gaz

to **Rank** : classer ; se ranger ; être classé

**Rank** *a* : luxuriant ; prolifique *(plant)* ; rance ; fétide *(smell)*

**Rape** : raffle *f* ; rafle *f* ; rape *f* ; marc *m (grape)*

**Rape** : navette *f* ; colza *m*
**Rapeseed** : graine *[f]* de navette ; graine de colza

**Rapid** *a* : rapide

**Rapidity** : rapidité *f*

**Rare earth** : terre *[f]* rare

**Rare gas** : gaz *[m]* rare

**Rarefaction** : raréfaction *f*

to **Rarefy** : raréfier

**Rarefied** *a* : raréfié

**Rareness** : rareté *f*

**Rarity** : rareté *f*

**Rasher** : tranche *[f]* de lard

to **Rasp** : râper

**Rasp** : râpe *f*

**Raspberry** : framboise *f*
**Black** ~ : mûre *f*
**Red** ~ : framboise *f*
~ **juice** : sirop *[m]* de framboise

**Rasping** : râpage *m* ; chapelure *f (bread)*

**Rat** : rat *m (male)* ; ratte *f (female)*

**Rate** : taux *m* ; vitesse *f* ; rythme *m* ; proportion *f*

**Raticide** : raticide *m*

**Ratio** : rapport *m* ; quotient *m* ; coefficient *m* ; indice *m*
**Dilution** ~ : taux *[m]* de dilution
**Protein efficiency** ~ : coefficient d'efficacité protidique

**Ration** : ration *f* ; régime *m (dietary)*
**Basal** ~ : ration de base
**Control** ~ : ration témoin
~ **bread** : pain *[m]* de soldat ; pain de munition

**Rationalization** : rationalisation *f* ; organisation *[f]* rationnelle

**Raven** : corbeau *m*

**Ravening** *a* : vorace ; rapace

**Raw** *a* : cru ; brut ; non raffiné
~ **cellulose** : cellulose *[f]* brute
~ **material** : matière *[f]* première ; matière brute

**Ray** : rayon *m*
**Actinic** ~ rayon actinique
**Broken** ~ : rayon réfracté
**Polarized** ~ : rayon polarisé
**Reflected** ~ : rayon réfléchi

**Ray** : raie *f (fish)*

to **React** : réagir ; produire une réaction

**Reacting** *a* : réactif ; agent *[m]* de réaction

**Reaction** : réaction f
  **Acid** ~ : réaction acide
  **Basic** ~ : réaction alcaline
  **Chief** ~ : réaction principale
  ~ **mixture** : mélange [m] réactif
  ~ **time** : temps [m] de réaction

to **Reactivate** : réactiver

**Reactivation** : réactivation f

**Reactive** a : réactif

**Reactivity** : réactivité f

**Reactor** : réacteur m

to **Read** : lire

**Read-out** : lecture f

**Readable** a : lisible

**Reading** : lecture f
  **Direct** ~ : lecture directe
  **Rough** ~ : lecture brute

**Ready cooked** : tout cuit (food)

**Ready made** : mets [m] à emporter

to **Reafforest** : reboiser

**Reafforestation** : reboisement m

**Reagent** : réactif m

**Real** a : réel

to **Reap** : moissonner ; faucher ; récolter

**Reaper** : moissonneur m (person) ;
  moissonneuse f ; faucheuse f (engine)

**Reaping** : moisson f ; fauchaison f
  ~ **machine** : moissonneuse f

**Rearing** : élevage m

**Rearrangement** : réarrangement m
  (chemistry)

**Rebate** : feuillure f

to **Reboil** : rebouillir

**Receiver** : récipient m ; bassin m ;
  réservoir m
  **High-pressure** ~ : réservoir [m] à
  haute pression
  **Stoneware** ~ : bonbonne [f] en grès

**Receptor** : récepteur m

**Recessive** a : récessif
  ~ **character** : caractère [m] récessif

**Recipe** : recette f (cooking)

**Recipient** : récipient m ; récepteur m

**Reciprocal** : réciproque f a ; inverse m

**Reciprocity** : réciprocité f

to **Recoil** : repousser ; reculer

**Recombinaison** : recombinaison f

to **Reconstitute** : reconstituer

**Reconstituted** a : reconstitué

to **Recontaminate** : recontaminer

**Recontamination** : recontamination f

**Recorder** : enregistreur m

to **Recover** : retrouver ; récupérer

**Recovering** : récupération f ; action de
  récupérer
  **Waste heat** ~ : récupération de la chaleur perdue

**Recovery** : récupération f
  ~ **of by-products** : récupération de
  sous-produits

**Recrystallization** : recristallisation f

to **Recrystallize** : recristalliser

**Rectal** a : rectal

**Rectification** : rectification f

**Rectifier** : appareil [m] à rectifier ; rectificateur m (chemistry) ; redresseur m
  (electricity)

to **Rectify** : rectifier (chemistry) ; redresser (electricity)

**Rectified** a : redressé (electricity) ; recti-
  fié (chemistry)

**Rectifying apparatus** : rectificateur m
  (chemistry) ; redresseur m (electricity)

**Rectilineal** ; **Rectilinear** a : rectiligne

**Rectum** : rectum m

**Recumbant** a : couché (position)

**Recurrence** : récurrence f ; retour m

**Recurrent** a : récurrent

**Recycling** : recyclage m

**Red** a : rouge
  **Bright** ~ : rouge vif

**Brown ~** : rouge brun
**Dark ~** : rouge sombre
**~ blood cell** : hématie f ; globule [m]
rouge ; érythrocyte m
**~currant** : groseille f
**~ dog** : remoulages m pl (cereal)
**~ herring** : hareng [m] saur ; hareng
fumé
**~ lead** : minium m
**~ mullet** : rouget [m] de roche

to **Redistil** ; to **Redistill** : redistiller ;
rectifier

**Redistillation** : redistillation f ; rectification f ; bidistillation f

**Redolence** : odeur [f] agréable

**Redolent** a : odorant

**Redox** : redox m
**~ potential** : potentiel redox m

to **Reduce** : réduire (chemistry, sauce,
fracture) ; diminuer ; rétrécir

**Reduced** a : réduit

**Reducible** a : réductible

**Reducing** : réducteur m a
**Non-sugar ~** : réducteur [m] non
sucre
**~ capacity** ; **~ power** : pouvoir [m]
réducteur
**~ scale** : échelle [f] de réduction
**~ sugar** : sucre [m] réducteur

**Reductase** : réductase f

**Reductibility** : réductibilité f ; caractère
[m] réductible

**Reducting agent** : réducteur m

**Reduction** : réduction f (chemistry) ;
diminution f ; modération f (price) ;
rabais m (price)
**~ product** : produit [m] de réduction ;
produit réduit (chemistry)
**~ of strength** : appauvrissement m

**Reductive** : agent [m] de réduction

**Reductone** : réductone f

to **Reel up** : enrouler ; ramener (fishing
line)

**Refection** : collation f ; rafraîchissements m pl

**Refectory** : réfectoire m

**Refeeding** : réalimentation f

to **Refine** : épurer ; raffiner

**Refinement** : raffinage m ; purification f
(chemistry)

**Refinery** : raffinerie f

**Refining** : raffinage m
**~ process** : procédé [m] de raffinage

**To reflect** : réfléchir

**Reflected** a : réfléchi (light)
**~ ray** : rayon [m] réfléchi

**Reflux** : reflux m
**with ~** : à reflux

to **Reforest** : reboiser

**Reforestation** : reboisement m

**Reform** : réforme f (animal)

to **Refract** : réfracter (ray)
**Refracted ray** : rayon [m] réfracté

**Refracting** a : réfringent
**~ power** : pouvoir [m] réfringent

**Refraction** : réfraction f
**~ index** : indice [m] de réfraction

**Refractive** a : réfringent
**~ index** : indice [m] de réfraction
**~ power** : réfringence f ; pouvoir [m]
réfringent

**Refractometer** : réfractomètre m

**Refractoriness** : qualité [f] réfractaire
(heat)

**Refractory** : réfractaire m a
**~ clay** : terre [f] réfractaire
**~ stone** : brique [f] réfractaire ; pierre
[f] réfractaire

**Refreshment** : rafraîchissement m
**~ room** : buvette f

**Refreshments** pl : rafraîchissements
m pl

**Refrigerant** a : réfrigérant ; mélange
[ml] frigorifique

to **Refrigerate** : réfrigérer ; refroidir

**Refrigerated boat** : bateau [m] frigorifique

**Refrigerating** a : réfrigérant ; frigorifique ; réfrigération f

~ **industry** : industrie *[f]* frigorifique

~ **medium** : agent *[m]* de réfrigération

~ **mixture** : mélange *[m]* réfrigérant

~ **plant** : installation *[f]* frigorifique ;
usine *[f]* frigorifique

**Refrigeration** : réfrigération *f*

**Refrigerative** *a* : réfrigérant

**Refrigerator** : réfrigérateur *f* ; appareil
*[m]* frigorifique

**Refringent** *a* : réfringent

**Refusal** : refus *m (bolting)*

to **Refuse** : refuser ; écarter ; rejeter

**Refuse** : rebut *m* ; déchet *m* ; détritus
*m* ; épluchures *f pl(vegetable)* ; refus
*m (bolting)*
**Animal** ~ : déchet *[m]* d'animaux
~ **burning** : incinération *[f]* des
ordures

to **Regenerate** : régénérer ; récupérer

**Regenerating** ; **Regeneration** : régénération *f* ; récupération *f*

**Regenerative** *a* : régénérant ; relatif à
la régénération

**Regenerator** : régénérateur *m*

**Regimen** : régime *m (medicine)*

**Region** : région *f* ; zone *f*

**Registration** : état-civil *m (animal)*

to **Regorge** : vomir ; refluer

**Regression** : régression *f*
**Linear** ~ : régression linéaire
**Stepwise** ~ : régression progressive

**Regressive** *a* : régressif

**Regular** *a* : régulier

**Regularity** : régularité *f*

to **Regulate** : régler

**Regulating** : réglage *m* ; régulateur *m*

**Regulation** : réglementation *f* ; règlement *m* ; réglage *m (machine)* ; régu-
lation *f (physiology)*
**Sanitary** ~ : règlement sanitaire

**Regulator** : régulateur *m*

to **Regurgitate** : régurgiter ; dégorger

**Rehabilitation** : réadaptation *f* ; réalimentation *f*

to **Reheat** : réchauffer

**Reheat** ; **Reheating** : réchauffage *m*

**Rehydration** : réhydratation *f*

**Reindeer** : renne *m*

to **Reinfect** : réinfecter

**Reinfection** : réinfection *f*

to **Reinforce** : renforcer

**Reinforcement** : renforcement *m* ; renflement *m* ; bourrelet *m*

**Reinsurance** : réassurance *f*

to **Reject** : rejeter ; refuser

**Rejections** *pl* : marchandises *[f pl]* de
rebut ; marchandises refusées

to **Relate** : rapporter ; rattacher ; appa-
renter

**Related** *a* : apparenté ; voisin

**Relation** : relation *f*
**In relation to** : par rapport à- ; relativement à-

**Relationship** : relation *[f]* réciproque ;
rapport *m* ; quotient *m*
**Cause-and-effect** ~ : relation *[f] de*
cause à effet

**Relative** *a* : relatif
~ **humidity** : humidité *[f]* relative

**Relativity** : relativité *f*

to **Relax :** déserrer ; relâcher

**Relaxation** : relâchement *m* ; décon-
traction *f*

**Relaxin** : relaxine *f*

to **Release** : relâcher ; lâcher ; libérer
*(compound)* ; dégager *(gas)*

**Release** : dégagement *m (gas)* ; libération *f* ; mise en liberté *f*

**Released** *a* : dégagé ; libéré

**Releasing** *a* : action de libérer, de
dégager

**Reliability** : certitude *f* ; sûreté *f* ; solidité *f*

**Reliable** *a* : éprouvé ; certain

**Relish** : goût *m* ; saveur *f (taste)* ; condiment *m (food)*

**Relishable** *a* : savoureux

to **Remain** : rester ; demeurer

**Remains** *pl* : restes *m pl* ; débris *m pl* ; résidus *m pl*

**Remainder** : solde *m* ; reliquat *m*

**Remanance** : rémanance *f*

**Remanent** *a* : rémanent

**Remedy** : médicament *m*

**Remission** : rémission *f (pathology)*

**Remnant** : reste *m* ; résidu *m*

**Removal** : ablation *f*

to **Remove** : enlever ; extirper

**Renal** *a* : rénal

**Rendering** : purification *f (product)*

**Renewal** : renouvellement *m*

**Rennet** : reinette *f (apple)*

to **Rennet** : emprésurer

**Rennet** : présure *f*
~ **casein** : caséine-présure *f*

**Renneting** : empresurage *m*

**Rennin** : présure *f (pure enzyme)*

to **Repaste** : retartiner

**Repeatibility** : reproductibilité *f* ; répétabilité *f (analysis)*

**Repellent** *a* : répulsif

**Replacer** : produit *[m]* de remplacement ; produit de substitution

**Repletion** : réplétion *f*

**Repopulation** : repeuplement *m*

to **Report** : faire un rapport ; rapporter *(meeting)*

**Report** : rapport *m* ; exposé *m*
**Market** ~ : rapport du marché

**Reporter** : rapporteur *m (congress)* ; journaliste *m*

to **Reprint** : réimprimer

**Reprint** : réimpression *f* ; tiré à part *m*

to **Reproduce** : reproduire ; proliférer ; se reproduire

**Reproductibility** : reproductibilité *f*

**Reproducible** *a* : reproductible

**Reproduction** : reproduction *f*

**Reproductive** *a* : reproducteur

**Repulsive** *a* : répulsif

to **Require** : demander ; exiger

**Requirement** : demande *f* ; exigence *f* ; besoin *m (nutrition)*
**Maintenance** ~ : besoin d'entretien
**Nutritional** ~ : besoin nutritionnel

to **Research** : chercher

**Research** : recherche *f*
**Scientific** ~ : recherche scientifique
~ **laboratory** : laboratoire *[m]* de recherche
~ **purpose** : but *[m]* d'une recherche
~ **work** : travail *[m]* de recherche ; enquête *f*

**Researcher** : chercheur *m*

**Resectable** *a* : résecable

**Resection** : résection *f* ; ablation *f*

**Reserpine** : réserpine *f*

**Reserve** : réserve *f (piece of land)*

**Reservoir** : réservoir *m* ; bassin *m*

**Residual** : résidu *m*

**Residual** ; **Residuary** *a* : résiduaire ; résiduel

**Residue** : résidu *m* ; reste *m*

**Residues** *pl* : résidus *m pl*

**Residuum** : résidu *m* ; dépôt *m (oil)*

**Resin** : résine *f*
**Ion exchange** ~ : résine échangeuse d'ion

**Resinous** *a* : résineux ; riche en résine *(vegetal)*

to **Resist** : résister

**Resistance** : résistance *f*
**High** ~ : haute résistance

~ **against shocks** : résistance aux chocs
~ **to heat** : thermorésistance ; résistance à la chaleur

**Resistant** a : résistant

**Resistivity** : résistivité f

to **Resolve** : résoudre ; décomposer (chemistry)

**Resonance** : résonance f

**Resorption** : résorption f

**Resource** : ressource f

**Respiration** : respiration f

**Respiratory** a : respiratoire
~ **quotient** : quotient respiratoire

**Response** : réponse f ; réaction f

**Result** : résultat m

**Resultant** : résultante f

**Resulting** a : résultant

to **Ret** : rouir

**Retting** : rouissage m

**Retail** : détail m (retailing)
~ **price** : prix [m] de détail
~ **trade** : commerce [m] de détail

**Retailing** : vente [f] au détail

to **Retain** : retenir (matter)
~ **the water** : élever le niveau des eaux

to **Retard** : inhiber (chemistry)

**Retardation** : action de retarder ; action de freiner

**Retention** : rétention f

**Reticle** : réticule m

**Reticular** a : réticulaire

**Reticulate** ; **Reticulated** a : réticulé ; tricoté

**Reticulocyte** : réticulocyte m

**Reticulum** : réseau m ; bonnet m (polygastric)

**Retina** : rétine f

**Retinal** : rétinal m

**Retinoic** a : rétinoïque

**Retinol** : rétinol m

**Retorting** : cornue f (chemistry)

**Retrogradation** : rétrogradation f (starch)

**Retrogression** : régression f

**Retrogressive** a : régressif

**Reversal** : renversement m

to **Reverse** : renverser (mechanics)

**Reverse** : inverse m
~ **order** : contre-ordre m
~ **osmosis** : osmose [f] inverse

**Reverser** : inverseur m

**Reversibility** : réversibilité f

**Reversible** a : réversible

**Review** : revue f

**Revolution** : révolution f ; tour m

**Revulsion** : dégoût m

**Reward** : récompense f

**Rhamnose** : rhamnose m

**Rhenish** : vin [m] du Rhin

**Rheological** a : rhéologique

**Rheology** : rhéologie f

**Rhesus** : rhésus m (facteur)

**Rheum** : rhubarbe f

**Rhizobium** : rhizobium m

**Rhizome** : rhizome m

**Rhizophagous** a : rhizophage

**Rhodopsin** : rhodopsine f

**Rhubarb** : rhubarbe f

**Rhythm** : rythme m

**Rib** : nervure f (loaf) ; côte f (anatomy ; meat)

**Ribbed** a : nervuré ; à nervures (loaf)

**Ribbing** : nervure f (loaf)

**Ribbon** : ruban m

**Riboflavin** : riboflavine f ; vitamine $B_2$ f

**Ribonuclease** : ribonucléase *f*

**Ribonucleic** *a* : ribonucléique

**Ribonucleotide** : ribonucléotide *m*

**Ribose** : ribose *m*

**Ribosome** : ribosome *m*

**Ribulose** : ribulose *m*

**Rice** : riz *m*
  **Broken** ~ : brisures *[f pl]* de riz
  **Brown** ~ : riz rouge ; riz complet
  **Husked** ~ : riz décortiqué
  **Milled** ~ : riz usiné ; riz blanchi
  ~ **crispies** : grains *[m pl]* de riz souf-
  flés
  ~ **field** : rizière *f*
  ~ **growing** : riziculture *f*
  ~ **pudding** : riz au lait
  ~ **wine** : saké *m*

**Rich** *a* : riche ; abondant ; gras *(soil)*

**Richness** : richesse *f* ; abondance *f* ;
  fertilité *f (soil)* ; générosité *f (wine)* ;
  richesse *f (feeding)*

**Ricin** : ricine *f*

**Ricinoleic** *a* : ricinoléique

**Rick** : meule *f (hay)*

**Rickets** : rachitisme *m*
  **Acute** ~ : scorbut *[m]* infantile
  **Hemorrhagic** ~ : scorbut *[m]* infantile

**Rickettsiosis** : rickettsiose *f*

to **Rid** : se débarrasser ; écouler
  *(goods)*

**Rigid** *a* : rigide

**Rigidity** : rigidité *f*
  **Cadaveric** ~ : rigidité cadavérique
  **Post mortem** ~ : rigidité cadavérique

**Rigor mortis** : rigor mortis ; rigidité *[f]*
  cadavérique

**Rime** : givre *m*

to **Rince** : rincer ; laver

**Rincer** : laveur *m (person)*

**Rind** : écorce *f* ; peau *(fruit)* ; pelure *f*
  *(fruit)* ; croûte *f (cheese)* ; couenne *f*
  *(fat of pig)*

**Ring** : anneau *m* ; cycle *m* ; noyau *m*
  *(chemistry)*

**Rinsing** : rinçage *m*
  ~ **machine** : machine *[f]* à laver ; rinceuse *f*
  ~ **water** : eau *[f]* d'arrosage

**Ripe** *a* : mûr *(harvest)*

to **Ripen** : mûrir ; faire mûrir *(harvest)* ;
  affiner *(cheese)*

**Ripeness** : maturité *f*

**Ripening** : maturation *f* ; affinage *m*
  *(chesse)*
  ~ **room** : mûrisserie *f*

**Ripening** *a* : mûrissant

to **Rise** : se lever ; faire lever *(dough,
  pheasant)*

**Rise** : montée *f* ; élévation *f* ; crue *f*
  *(river)* ; flux *m (sea)* ; levée *f (dough)*

**Risen** *a* : levé *(bread)*

to **Risk** : risquer *m*

**Risk** : risque *m*

**RNA** : ARN
  **Transfer** ~ : ARN de transfert
  **Messenger** ~ : ARN messager
  **Ribosomal** ~ : ARN ribosomique

**Roach** : gardon *m (fish)*

to **Roast** : rôtir ; griller ; torréfier *(coffee)*

**Roaster** : grilloir *m* ; brûloir *m (coffee)*

**Roasting** : grillage *m* ; torréfaction *f*
  *(coffee)* ; cuisson *[f]* au four
  ~ **in heaps** : grillage en tas
  ~ **oven** : grilloir *m* ; rôtissoire *f*
  ~ **pan** : poêle *[f]* à frire ; sauteuse *f*

**Rock** : sucre *[m]* d'orge *(sweet)* ; rocher
  *m* ; roche *f (geology)*

**Rod** : tige *f* ; canne *f* ; baguette *f* ;
  bâtonnet *m (bacteria)*
  **Fishing** ~ : canne à pêche
  **Stirring** ~ : agitateur *m (laboratory)*

**Rodent** : rongeur *m*

**Rodenticide** : raticide *m a* ; rodenticide *m a*

**Rodlike** *a* : bacilliforme
  ~ **layer** : pourpre *[m]* rétinien *(eye)*

**Roe** : chevreuil *m (generic)*
  **Roebuck** : chevreuil mâle *m*

**Roe** : œuf [m] de poisson
  **Soft** ~ : laitance f

**Roll** : petit pain m ; coquille [f] de beurre
  **Swiss** ~ : roulé [m] à la confiture

**Roll** : cylindre m ; rouleau m
  **Break** ~ : cylindre de broyage ;
  broyeur m
  **Engraved** ~ : cylindre gravé
  **Fluted** ~ : cylindre cannelé
  **Reduction** ~ (coarse) : claqueur m
  **Reduction** ~ (fine) : convertisseur m
  **Tailings** ~ : claqueur m
  ~ **flute** : cannelure f
  ~ **scraper** : racloir m

**Rolled pudding** : roulé [m] à la confiture

**Roller** : roulette f ; galet m ; cylindre m ;
  rouleau m
  ~ **drier** : séchoir [m] à cylindre ; séchoir
  hatmaker

**Rolling** : laminage m ; action d'écraser
  par laminage

**Room** : salle f ; local m ; pièce f
  **Store** ~ : cellier m ; réserve f

to **Root** : enraciner (plant) ; fouiller avec
  le groin (swine)

to **Root about** : fouiller

to **Root up** : déraciner ; déterrer

**Root** : racine f
  **Adventitious** ~ : racine adventice
  **Edible** ~ : racine comestible
  **Tap** ~ : racine pivotante
  ~ **cutter** : coupeuse [f] de racines
  (engine)
  ~ **bruiser** : coupeuse [f] de racines
  (engine)
  ~ **for foraging** : racine fourragère

**Rootlet** : radicelle f ; radicule f

**Rootstalk** ; **Rootstock** : rhizome m

**Rope** : corde f ; tresse f ; graisse f
  (beer)
  ~ **of onions** : chapelet [m] d'oignons

**Ropey** a : visqueux

**Ropiness** : caractère [m] visqueux ;
  caractère gras d'un vin

**Ropy** a : gras ; filant (beer)

**R.Q.** : Q.R.

**Rosemary** : romarin m

to **Rot** : pourrir ; se décomposer ; se
  putréfier ; avarier (food)

**Rotted** a : pourri ; carié

**Rot** : pourriture f ; putréfaction f
  **Dry** ~ : pourriture sèche
  **Wet** ~ : pourriture humide

**Rotary** a : rotatif ; rotatoire
  ~ **press** : rotative f

**Rotation** : rotation f

**Rotatory power** : pouvoir [m] rotatoire

**Rotten** a : pourri ; carié (tooth) ; avarié
  (food)

**Rotting** : pourriture f ; putréfaction f ;
  carie f

**Rough** a : rugueux ; brut ; tout-venant
  ~ **average** : moyenne [f] approximative

**Roughage** : fourrage [m] grossier ;
  déchet [m] alimentaire
  **Green** ~ : fourrage vert

**Roughing** ; **Rough-hewing** ;
  **Roughing-out** : dégrossissage m ;
  affinage m

**Roundworm** : nématode m

**Rowanberry** : sorbe f ; fruit [m] du sor-
  bier

**Rubber** : caoutchouc m

**Rubbery** a : élastique ; caoutchouteux

**Rubbish** : ordures f pl ; détritus m pl

**Rudimentary** a : rudimentaire

to **Rule** : régler

**Rule** : règle f (thing) ; norme f ; formule f (mathematics)

**Rules** pl : instructions f pl ; règlements m pl

**Ruler** : règle f (thing)
  **Graduated** ~ : règle graduée

**Rum** : rhum m

**Rumen** : rumen m ; panse f

**Ruminant** : ruminant m ; polygas-
  trique m

to **Ruminate** : ruminer

**Ruminating** : ruminant *m* ; rumination *f*

**Rumination** : rumination *f*

**Rump** : croupe *f (animal)* ; croupion *m (bird)*
  ~ **roast** : culotte *[f]* de bœuf

to **Run** : couler ; dégoutter *(liquid)*

to **Run out** : s'épuiser

**Rural** *a* : rural

**Rusk** : biscotte *f*
  ~ **industry** : biscotterie *f*

**Russet** : reinette *[f]* grise

to **Rust** : rouiller ; se rouiller ; s'oxyder

**Rusted** *a* : rouillé

**Rust** : rouille *f*
  **Black** ~ : nielle *f* ; charbon *[m]* des céréales
  ~-**preventing** *a* : antirouille
  ~ **preventative** ; ~-**preventive** : antirouille *m*

**Rustic** *a* : campagnard ; champêtre ; paysan

**Rusticity** : rusticité *f*

**Rustiness** : rouille *f* ; caractère de ce qui est rouillé

**Rusting** : rouille *f* ; action *[f]* de rouiller

**Rustless** *a* : inoxydable

**Rustlessness** : caractère *[m]* inoxydable

**Rustproof** *a* : inoxydable *(steel)*

**Rustproofing** : antirouille *m*

**Rusty** *a* : rouillé ; plein de rouille

to **Rut** : être en rut *(male)*

**Rut** : rut *m (male)*

**Rutabaga** : chou-navet *m* ; rutabaga *m*

**Rutinose** : rutinose *m*

**Rutting** : saison *[f]* du rut
  to **Be** ~ : être en rut *(male)*

**Rye** : seigle *m*
  **Spurred** ~ : seigle avec ergot ; seigle ergoté
  ~ **bread** : pain *[m]* de seigle
  ~ **crispbread** : cracker *[m]* de pain de seigle ; pain *[m]* croustillant de seigle
  ~ **flour** : farine *[f]* de seigle

# S

**Sac** : sac *m* ; poche *f* ; vésicule *f (anatomy)*
**Amniotic ~** : amnios *m*
**Embryo ~** : sac embryonnaire
**Yolk ~** : membrane *[f]* vitelline

**Saccharase** : saccharase *f*

**Saccharic** *a* : saccharique

**Saccharide** : saccharide *m* ; glucide *m*

**Sacchariferous** *a* : saccharifère

**Saccharification** : saccharification *f*

to **Saccharify** : saccharifier

**Saccharimeter** : saccharimètre *m*

**Saccharin** : saccharine *f*

**Saccharopine** : saccharopine *f*

**Saccharose** : saccharose *m*

**Saccus** : sac *m*

**Sachet** : sachet *m*

**Sack** : sac *m*

**Safe** : coffre-fort *m*

**Safe** *a* : sain ; digne de confiance ; sûr

**Safeguarding** : garantie *f* ; sécurité *f* ; sûreté *f*
**As a safeguard against** : en garantie de

**Safety** : sûreté *f* ; sécurité *f (employment)*
**~ bottle** : flacon *[m]* de garde
**~ coefficient** : coefficient *[m]* de sécurité
**~ factor** : facteur *[m]* de sécurité
**~ lamp** : lampe *[f]* de sécurité
**~ mask** : masque *[m]* de sécurité
**~ spectacles, ~ glasses** *pl* : lunettes *[f pl]* de sécurité
**~ valve** : soupape *[f]* de sûreté

**Safflower** : carthame *m*

**Saffron** : safran *m*

**Safrol** : safrole *m*

**Sage** : sauge *f*

**Sago** : sagou *m*
**~ pudding** : sagou au lait

**Sake** : saké *m*

**Sal** : sel *m*
**~ ammoniac** : sel d'ammoniaque

**Salad** : salade *f*
**Bean ~** : salade de haricot ; haricots *[m pl]* en salade
**Fruit ~** : salade de fruits ; fruits *[m pl]* en salade
**Mixed ~** : salade composée
**~ dressing** : sauce *[f]* de salade
**~ oil** : huile *[f]* de table

**Salami** : salami *m*

**Salary** : salaire *m* ; appointements *m* *pl* ; traitement *m*

**Sale** : vente *f*
**Liquidation ~** : vente totale
**Retail ~** : vente au détail

**Salesman** : vendeur *m* ; courtier *m* ; commis *m*

**Salicylic** *a* : salicylique

**Salifiable** *a* : salifiable

**Saline** : saline *f*

**Saline** *a* : salin

**Salinity** : salinité *f*

**Salinous** *a* : salin ; salé

**Saliva** : salive *f*

**Salival, Salivary** *a* : salivaire

**Salivation** : salivation *f*

**Salivin** : ptyaline *f*

**Salmon** : saumon *m*
**Smoked ~** : saumon fumé
**Young ~** : saumonneau *m*

**Salmonid** : salmonidé *m*

**Salsify** : salsifis *m*

to **Salt** : saler

to **Salt down** : conserver dans le sel ; saler

**Salt, Salted** *a* : salé ; salin

**Salt** : sel *m* ; sel de cuisine
  **Acid** ~ : sel acide
  **Alkaline** ~ : sel alcalin
  **Bile** ~ : sel biliaire
  **Common** ~ : sel de cuisine ; chlorure *[m]* de sodium
  **Cooking** ~ : sel de cuisine
  **Feed** ~ : sel nutritif
  **Neutral** ~ : sel neutre
  **Rock** ~ : sel gemme ; chlorure *[m]* de sodium
  ~ **beef** : bœuf *[m]* salé
  ~ **brine** : saumure *f*
  ~ **garden** : marais *[m]* salant
  ~ **maker** : salinier *m* ; saunier *m*
  ~ **marsh** : marais *[m]* salant
  ~ **meat** : viande *[f]* salée
  ~ **mine** : mine *[f]* de sel
  **Saltpetre** : salpêtre *m* ; nitre *m*
  ~ **pond** : marais *[m]* salant
  ~ **pork** : porc *[m]* salé
  ~ **provisions** *pl* : provisions *[f pl]* de campagne ; salaison *f*
  ~ **refinery** : raffinerie *[f]* de sel
  ~ **shed** : grenier *[m]* à sel ; magasin *[m]* à sel
  ~ **spring** : source *[f]* salée
  ~ **water** : eau *[f]* salée
  ~ **water fish** : poisson *[m]* de mer
  ~ **workman** : saunier *m*

**Saltiness** : ⇨ Saltness

**Salting** : salage *m* ; salaison *f*
  ~ **tub** : saloir *m*

**Saltness** : salinité *f* ; caractère *[m]* salé ; salure *f*

**Salty** *a* : salé

**Saltworks** *pl* : saline *f* ; saunerie *f*

to **Sample** : échantillonner

**Sample** : échantillon *m* ; spécimen *m*
  **Average** ~ : échantillon moyen

**Sampling** : prélèvement *[m]* d'échantillon ; échantillonnage *m*

**Sand** : sable *m*

**Sandiness** : texture *[f]* sableuse

**Sandlike** *a* : sableux

**Sandy** *a* : sableux *(texture)* ; sablonneux *(earth)*

**Sandwich** : sandwich *m, pl* : sandwiches
  **Ham** ~ : sandwich au jambon
  **Open** ~ : canapé *m*
  **Party** ~ : canapé *m*

**Sanguineous** *a* : sanguinolent

**Sanitary** *a* : sanitaire ; hygiénique

**Sanitations** : installations *[f pl]* sanitaires ; hygiène *[f]* publique

to **Sanitize** : aseptiser ; désinfecter

**Sanitizer** : désinfectant *m*

**Sap** : sève *f* ; suc *m (plant)*

**Sapid** *a* : sapide ; savoureux

**Sapidity** : sapidité *f*

**Sapless** *a* : désséché *(plant)*

**Sapogenin** : sapogénine *f*

**Saponifiability** : aptitude *[f]* à la saponification ; caractère *[m]* saponifiable

**Saponification** : saponification *f*
  ~ **number**, ~ **value** : indice *[m]* de saponification

to **Saponify** : saponifier

**Saponin** : saponine *f*

**Sappy** *a* : plein de sève *(tree)*

**Saprophile, Saprophilous, Saprophyte** *a* : saprophyte

**Saprophytic** *a* : saprophyte ; saprophytique

**Sarcoderm** : sarcoderme *m*

**Sarcolemma** : sarcolemme *m*

**Sarcoma** : sarcome *m*

**Sarcomere** : sarcomère *m*

**Sarcoplasm** : sarcoplasme *m*

**Sarcoplast** : myoblaste *m*

**Sarcosin** : sarcosine *f*

**Sardine** : sardine *f*
  **Gilt** ~ : sardinelle *f*

**Sardinella** : sardinelle f

to **Satiate** : rassasier

**Satiation, Satiety** : satiété f

**Satisfactory** a : satisfaisant (work)

to **Saturate** : saturer

**Saturated** a : saturé
~ **steam** : vapeur [f] saturée

**Saturation** : saturation f

**Saturnism** : saturnisme m

**Sauce** : sauce f ; assaisonnement m ;
condiment m
**Bread** ~ : sauce à la mie de pain
**Brown** ~ : sauce rousse
**Caper** ~ : sauce aux câpres
**Cheese** ~ : sauce au fromage
**Mint** ~ : sauce à la menthe
**Onion** ~ : sauce à l'oignon
**Tomato** ~ : sauce à la tomate
**White** ~ : sauce blanche ; sauce
béchamelle
~ **boat** : saucière f
~ **pan** : casserole f

**Sauerkraut** : choucroute f

**Sausage** : saucisse f (fresh, wet) ; sau-
cisson m (dry, hard)
**Dry hard** ~ : saucisson
**Frankfurt** ~ : saucisse de Frankfort
**Paris** ~ : chipolata f
**Slicing** ~ : saucisson
**Small** ~ : chipolata f
~ **meat** : chair [f] à saucisse
~ **roll** : friand [m] à la viande

**Sauteed** a : frit ; sauté (cooking)

**Saveloy** : cervelas m

**Savings** pl : épargne f ; économies f pl

**Savory** : sarriette f

**Savoury** : mets [m] non sucré ; canapé
[m] chaud

**Savoury** a : savoureux ; appétissant
(flavour)

to **Saw** : scier (wood)

**Sawdust** : sciure f

**Sawing** : tronçonnage m ; sciage m

**Scabby** a : galeux (sheep) ; croûteux
(skin) ; scabieux (medicine)

**Scabious** a : scabieux

**Scad** : carangue f ; saurel m

to **Scald** : échauder ; ébouillanter (teapot, tomatoes) ; pasteuriser
~ **milk** : chauffer le lait

**Scaldfish** : fausse limande f

**Scalding** : ébouillantage f : blanchiment
m (vegetable)
~ **room** : échaudoir m

to **Scale** : desquamer ; se desquamer
(skin) ; détartrer ; décrasser (industry) ; écailler (fish) ; entartrer (boiler)

to **Scale down** : réduire (production)

to **Scale up** : augmenter

**Scale** : bascule f ; balance f ; échelle [f]
graduée ; appareil [m] de pesage

**Scale** : écaille f (fish) ; tartre m ; calcaire
m (boiler)

**Scaling** : détartrage m ; décapage m
(industry) ; écaillage m (fish)

**Scallion** : échalotte f

to **Scallop** : faire cuire des coquillages ;
canneler le bord d'une tarte

**Scallop** : peigne m ; coquille [f] Saint-
Jacques ; coquille f (meat, fish)

to **Scalp** : décortiquer

**Scalpel** : scalpel m

**Scalper** : décortiqueuse f (machine)

**Scalping** : décorticage m

**Scaly** a : écailleux (fish) ; squameux
(skin) ; entartré (boiler)

**Scampi** : langoustine f

**Scanty** a : insuffisant (meal, harvest)

**Scarce** a : rare

**Scarceness, Scarcity** : rareté f ; pénurie f ; disette f ; renchérissement m

**Scatophagous** a : coprophage

**Scatophagy** : coprophagie f ; scatophagie f

**Scattering** : dispersion f

**Scent** : odeur f (animal) ; parfum m

**Scented** *a* : parfumé *(air)* ; odorant *(plant)*

**Scentless** *a* : inodore

**Schema** : schéma *m*

**Science** : science *f*
   **Natural** ~ : sciences *[f pl]* naturelles

**Scientific** *a* : scientifique
   ~ **glassware** : verrerie *[f]* scientifique
   ~ **research** : recherche *[f]* scientifique
   ~ **work** : travaux *[m pl]* scientifiques

**Scientifically** : scientifiquement

**Scientist** : scientifique *m* ; homme de science

to **Scintillate** : scintiller

**Scintillation** : scintillation *f*

**Scission** : scission *f* ; division *f*

**Sclerenchyma** : sclérenchyme *m*

**Scleroprotein** : scléroprotéine *f*

**Scone** : petit pain *[m]* au lait

**S-containing** *a* : soufré

**Scoop** : pelle *f* ; cuiller *f* ; cuillère *f (meal)*

**Scorbutus** : scorbut *m*

to **Scorch** : brûler *(on surface)* ; rôtir; déssécher

**Scorched** *a* : brûlé

**Scorch** : roussissement *m* ; brûlure *[f]* superficielle

**Scotch broth** : soupe *[f]* de mouton

**Scotch egg** : œuf *[m]* dans une boulette de viande

**Scotch pancake** : crêpe *[f]* écossaise

**Scotch woodcock** : œufs *[m pl]* aux anchois

to **Scour** : nettoyer à grande eau

**Scraggy** *a* : décharné *(animal)*

**Scratch** : écorchure *f* ; fissure *f*

to **Screen** : tamiser ; cribler ; passer au crible ; trier ; sasser *(cereal)*

**Screen** : crible *m* ; tamis *m* ; sasseur *m* *(cereal)*
   ~ **analysis** : granulométrie *f*

**Screening** : criblage *m* ; séparation *f* ; sassage *m* ; classement *m* ; détermination *f (brewery)* ; sélection *f* ; échantillonnage *m* ; tri *m*
   ~ **machine** : machine *[f]* à tamiser *(cereal)* ; machine à dégermer *(brewery)*

**Screenings** *pl* : refus *[m]* de criblage ; remoulage *m (cereal)*

**Screw** : vis *f*
   **Archimedean** ~ : vis d'Archimède ; vis sans fin ; transporteur *[m]* à vis
   **Conveying** ~, **Endless** ~, **Perpetual** ~, **Worm** ~ : ⇨ **Archimedean** ~

**Scum** : mousse *f (water, soup)*

**Scurfy** *a* : pelliculeux ; dartreux *(skin)*

**Scurvy** : scorbut *m*

**Scutellum** : scutellum *m*

**Sea** : mer *f*
   ~ **bass** : loup *m* ; bar *m*
   ~ **biscuit** : biscuit *[m]* de mer ; biscuit de soldat
   ~ **bream** : brème *f* ; daurade *f*
   ~ **fish** : poisson *[m]* de mer
   ~ **fisherman** : marin-pêcheur *m*
   ~ **fishing** : pêche *[f]* en mer
   ~ **food** : aliment *[m]* d'origine marine
   ~ **grass** : ⇨ **Sea weed**
   ~ **kale** : chou *[m]* marin
   ~ **lamprey** : lamproie *f*
   ~ **perch** : perche *f*
   ~ **salt** : sel *[m]* de mer
   ~ **salt work** : marais *[m]* salant
   ~ **salt workman** : saunier *m*
   ~ **trout** : truite *[f]* saumonée
   ~ **urchin** : oursin *m*
   ~ **water** : eau *[f]* de mer
   ~ **weed** : goémon *m* ; varech *m*

to **Seal** : sceller ; imperméabiliser ; saisir *(grilled meat)* ; chasser le phoque

**Seal** : joint *[m]* étanche ; cachet *m (bottle)* ; obturateur *m* ; phoque *m*

**Sealed** *a* : scellé
   **Heat** ~ : scellé à chaud

**Sealer** : vérificateur *[m]* des poids et mesures

to **Search** : chercher ; rechercher

**Search** : recherche *f*

**Searcher** : chercheur *m*

**Searching** : recherche f ; action [f] de rechercher

to **Season** : assaisonner ; apprêter (meal)

**Season** : saison f ; campagne f (agriculture)
**Out of** ~ : à contre-saison

**Seasonal** a : saisonnier

**Seasoning** : assaisonnement m

**Secalin** : sécaline f

**Second** : seconde f

**Secondary** a : secondaire

to **Secrete** : sécréter

**Secretin** : sécrétine f

**Secreting** a : sécréteur

**Secretion** : sécrétion f

**Secretory** a : sécréteur ; sécrétoire

**Section** : coupe f (histology)
**Cross** ~ : coupe transversale
**Longitudinal** ~ : coupe longitudinale

**Security** : caution f ; sécurité f

**Sediment** : sédiment m ; dépôt m ; lie f (wine)

**Sedimental, Sedimentary** a : sédimentaire

**Sedimentation** : sédimentation f ; décantation f, floculation f

to **Seed** : semer ; ensemencer ; monter en graine ; s'égrener

**Seed** : grain m ; graine f ; semence f ; pépin m (fruit)
~ **bed** : semis m ; pépinière f
~ **corn** : semailles f pl
~ **crops** pl : graines de semence
~ **dressing** : désinfection [f] des semences
~ **plot** : semis m
~ **tray** : germoir m
**Vegetable seeds** pl : graines maraîchères

**Seeder** : semoir m

**Seeding** : semis m ; ensemencement m ; grenaison f (cereal)
~ **machine** : semeuse f ; semoir m

**Seedless** a : sans pépins (fruit)

**Seedling** : plantule f ; jeune plante f ; semis m
**Row** ~ : semis en ligne
~ **crop** : semis

to **Seep** : suinter ; filtrer
~ **away** : s'écouler

**Seepage** : suintement m (water, blood)

to **Seethe** : bouillir ; bouillonner

**Seething** : bouillonnement m

to **Segment** : se fragmenter

**Segment** : segment m ; fragment m

**Selachian** a : sélacien

to **Select** : choisir ; sélectionner

**Selection** : choix m (food) ; sélection f

**Selenium** : sélénium m

**Selenosis** : intoxication [f] sélénique

**Self-fertile** a : autofertile

**Self-fertilization** : autofécondation f

**Self-fertilizing** a : autofertile

**Self-infection** : autoinfection f

**Self-pollination** : autofécondation f

**Self-regulation** : autorégulation f ; auto-contrôle m

**Self-sufficiency** : autosuffisance f ; autarcie f

to **Sell** : vendre

**Selling** : vente f
~ **off** : vente totale
~ **price** : prix [m] de vente
~ **by retail** : vente au détail
~ **weight** : poids [m] vénal

**Semen** : sperme m

**Seminal** a : séminal

**Semipermeable** a : semiperméable

**Semolina** : semoule f

**Senescence** : sénescence f ; vieillissement m

**Senescent** a : sénescent

**Sense** : sens *m*

**Sensitive** *a* : sensible

**Sensitiveness, Sensitivity** : sensibilité *f*
  **Luminous ~** : photosensibilité *f*
  **~ to light** : photosensibilité *f*

to **Sensitize** : sensibiliser

**Sensor** : capteur *m (industry)*

**Sensorial** *a* : sensoriel

**Sensory *(evaluation)*** : sensoriel *(analysis)*

to **Separate** : séparer ; trier ; calibrer
  **~ by eliquation** : ressuer
  **~ out** : éliminer

**Separating** : action *[f]* de séparer
  **~ machine** : trieuse *f* ; nettoyeuse *f (machine)*

**Separation** : séparation *f* ; triage *m* ; calibrage *m* ; fractionnement *m*
  **Dry ~** : triage par voie sèche
  **Wet ~** : triage par voie humide

**Separator** : séparateur *m* ; écrémeuse *f (dairy)* ; trieur *m*

to **Sequester** : séquestrer ; chelater

**Sequestering** *a* : séquestrant ; chélateur

**Sequestrant** : séquestrant *m* ; chélateur *m*

**Sera** *pl* : sérum *m*

**Serine** : sérine *f*

**Serious** *a* : grave ; sérieux *(pathology)*

**Serology** : sérologie *f*

**Serosity** : sérosité *f*

**Serotonin** : sérotonine *f*

**Serotoxin** : sérotoxine *f*

**Serum** : sérum *m*

**Serumal** *a* : sérique

**Service, Serving** : monte *f* ; saillie *f (animal)*

**Sesame** : sésame *m*

to **Settle** : se clarifier ; décanter ; déposer *(liquid)*

**Settling** : décantation *f* ; clarification *f* ; débourbage *m*

**Sewage** : eau *[f]* résiduaire ; égout *m*
  **~ farm** : champ *[m]* d'épandage
  **~ filter** : bassin *[m]* de décantation
  **~ purification :** clarification *[f]* des eaux d'égout

**Sewer** : égout *m*
  **~ canals** : canalisation *[f]* d'égout
  **~ drains** : canalisation *[f]* d'égout

**Sewerage** : canalisation *f (sewer)*

**Sex** : sexe *m*
  **~ hormone** : hormone *[f]* sexuelle
  **~ ratio** : sexe ratio ; pourcentage *[m]* de mâles

**Sexual** *a* : sexuel

**Shad** : alose *f* ; sardinelle *f*

**Shallow** *a* : peu profond
  **~ frying** : friture *[f]* plate
  **~ pan ; ~ casserole** : friteuse *f*

**Sham** : simulacre *m*
  **~ feeding** : repas *[m]* fictif *(medicine)*

**Shank** : jarret *m (dish)* ; gigot *m (mutton)*

**Shape** : forme *f*

**Shaping** : façonnage *m* ; formage *m (plastics)*

to **Share** : partager

**Share** : portion *f* ; cotisation *f* ; soc *[m]* de charrue

**Shark** : requin *m* ; squale *m*
  **Basking ~** : requin pelerin
  **Blue ~** : requin bleu
  **Hammerhead ~** : requin marteau
  **Tiger ~** : requin tigre
  **White ~** : grand requin

**Sharp** *a* : tranchant ; affilé ; aigu

to **Sharpen** : aiguiser ; affûter

**Sharpened** *a* : aiguisé ; affûté

**Sharpener** : aiguiseur *m*

**Sharpening** : affûtage *m* ; aiguisage *m*

**Sharpness** : tranchant *m (knife)* ; acidité *f (fruit)* ; piquant *m (sauce)*

**Shatting** : égrenage *m (pod)*

**Shea-butter** : beurre *[m]* de karité

**Shea-nut** : karité *m*

**Shea-oil** : beurre *[m]* de karité *(commercial product)*

**Sheaf** : botte *f* ; balle *f (hay)*

to **Shear** : couper ; tondre ; cisailler

**Shear, Shearing** : cisaillement *m (mechanics)* ; tonte *f (grass, sheep)* ; coupe *f*

**Sheath** : gaine *f (anatomy)*
  **Myelin** ~ : gaine de myéline

**Sheathed** *a* : gainé ; entouré d'une gaine

**Shed** : hangar *m* ; étable *f (cattle)*

**Shedding** : mue *f (animal)*

**Sheep** : mouton *m*
  ~ **farmer,** ~ **owner** : éleveur *[m]* de moutons
  ~ **farming** : élevage *[m]* de moutons
  ~ **fold** : parc *[m]* à moutons ; bergerie *f*
  ~ **pen** : parc *[m]* à moutons
  ~ **raising** : élevage *[m]* de moutons
  ~ **shearing** : tonte *[f]* des moutons

**Shelf-life** : vie *[f]* en étalage ; qualité commerciale d'un produit exposé en étalage

to **Shell** : égrener ; écosser *(vegetable)* ; décortiquer

**Shelled** *a* : décortiqué *(grain)* ; écossé *(pea)* ; épluché *(vegetable)*
  **Half** ~ **walnut** : cerneau *m*

**Shell** : coquille *f* ; carapace *f* ; écaille *f (marine animals)* ; coque *f (fruit)* ; gousse *f* ; cosse *f (vegetable)*
  ~-**fish** : coquillage *m* ; crustacé *m* ; mollusque *m*

**Shelling** : épluchage *m (vegetable)* ; égrenage *m* ; écossage *m (pea, bean)* ; décorticage *m (nut)* ; écaillage *m (oyster)*

to **Shepherd** : garder ; soigner *(sheep)*

**Shepherd** : berger *m*

**Sherbet** : sorbet *m*

**Sherry** : vin *[m]* de Xérès ; sherry *m*

**Shin** : tibia *m*

**Shipment** : cargaison *f*

**Shock** : choc *m*
  **Heat** ~, **Thermal** ~ : choc thermique

to **Shoe** : ferrer *(horse)*

to **Shoot** : germer ; bourgeonner

to **Shoot up** : jaillir *(water)* ; monter *(price)* ; pousser vite *(plant)*

**Shoot** : pousse *f* ; rejet *m (plant)*

**Shop** : boutique *f* ; magasin *m* ; commerce *m* ; atelier *m*
  **Butcher** ~ : boucherie *f*
  **Travelling** ~ : magasin ambulant
  **Wine** ~ : cave *f* ; magasin de vins

**Short** *a* : court

**Shortage** : pénurie *f* ; manque *m* ; disette *f* ; étroitesse *f*

**Shortbread** : sablé *m*

**Shortcrust pastry** : pâte *[f]* sablée

to **Shorten** : raccourcir

**Shortening** : graisse *[f]* concrète foisonnée ; shortening *m*

**Shoulder** : épaule *f* ; palette *f (meat)*

**Shovel** : pelle *f*
  **Manure** ~ : louche *[f]* à purin

to **Show** : exposer ; montrer

**Show** : exposition *f* ; foire *f* ; concours *m* ; comices *m pl*

to **Shower** : arroser
  **Shower cooling** : refroidissement *[m]* par arrosage en pluie

**Shrimp** : crevette *[f]* grise

to **Shrink** : rétricir ; se contracter

**Shrinkage, Shrinking** : rétrécissement *m (tissue)* ; diminution *f* ; contraction *f (muscle)*

to **Shrivel** : se rider ; se flétrir *(apple, skin)*

**Shrub** : arbrisseau *m*

**Shuck** : écale *f (chestnut)*

**Sialic** *a* : sialique

**Siblings** *pl* : enfants *m pl* ; descendance *f* ; parenté *f*

**Sibship** : fratrie *f*

**Siccative** *a* : siccatif

to **Sick** : tomber malade

**Sick** : malade *m f*
  **To become ~** : tomber malade

**Sickness** : maladie *f*

**Side** : côté *m* ; flanc *m (animal)*

**Sideropenia** : sidéropénie *f* ; carence *[f]* en fer

to **Sieve :** tamiser ; cribler ; passer au crible ; sasser ; bluter *(cereal)*

**Sieve** : tamis *m* ; crible *m* ; sasseur *m (milling)* ; cribleur *m* ; passoire *f*

**Sieving** : tamisage *m*

to **Sift** : tamiser ; passer au crible ; cribler ; vanner ; bluter *(cereal)* ; sasser *(flour)* ; saupoudrer

**Sifted** *a* : classé ; tamisé

**Sifter** : sasseur *m (cereal)* ; bluteur *m (cereal)*
  **~ loft** : salle *[f]* de blutage

**Sifting** : tamisage *m*
  **~ machine** : appareil *[m]* à tamiser ; tamis *m*

**Siftings** *pl* : criblure *f*

**Sight** : vue *f*

**Sign** : signe *m*

**Signal** : signal *m*

**Silage** : ensilage *m*

**Silica** : silice *f*

**Silicagel** : silicagel *m* ; gel *[m]* de silice

**Silicate** : silicate *m*

**Silicium, Silicon** : silicium *m*

**Silicone** : silicone *f*

**Siliqua** : silique *f*

**Silo** : silo *m*
  **~ compartment :** compartiment *[m]* de silo

**Silt** : dépôt *[m]* de limon ; dépôt de vase

**Silting** : colmatage *m*

**Silty** *a* : vaseux ; limoneux *(ground)*

**Silver-smelt** : éperlan *m*

**Silviculture** : sylviculture *f*

**Similar** *a* : similaire

**Similarity** : similitude *f*

**Simmer, Simmering** : faible ébullition *f* ; frémissement *m (water)* ; mijotage *m* ; cuisson *[f]* à petit bouillon

**Simple** *a* : simple

to **Simplify** : simplifier

**Simulation** : modélisation *f*

**Simultaneous** *a* : simultané

to **Singe** : flamber *(poultry)*

**Single cell protein** : protéine *[f]* d'origine microbiologique

**Single-crop** : monoculture *f*

**Sinigrin** : sinigrine *f*

**Sink** : évier *m*

**Sire** : taureau *m* ; géniteur *[m]* mâle

**Sirloin** : aloyau *m*

**Sisal** : sisal *m*

to **Sit :** couver *(fowl)*

**Sitomania** : boulimie *f*

**Sitosterol** : sitostérol *m*

**Sitting** : couvaison *f*

to **Size** : classer par taille ; classer par dimension ; calibrer

**Size** : grandeur *f* ; dimension *f* ; taille *f* ; grosseur *f* ; volume *m* ; format *m* ; calibre *m* ; effectif *m (herd)*

**Sizing** : calibrage *m* ; classification *f* ; triage *m* ; criblage *m*

to **Sizzle** : grésiller

**Sizzling** : grésillement *m*
  **~ hot** : tout chaud

**Skate** : raie *f (fish)*

**Skeleton** : squelette *m*

to **Skewer** : embrocher *(fowl)*

**Skewer** : brochette *f (meat)*

to **Skim** : écumer ; écrémer *(milk)*

**Skimmed** *a* : écrémé
~ **milk** : lait *[m]* écrémé

**Skimming** : écrémage *m*

to **Skin** : dépouiller *(animal)*

**Skinned** *a* : dépouillé *(animal)* ; épluché *(fruit)* ; écorcé *(tree)*

**Skin** : peau *f* ; peau d'un animal
  **Dressed** ~ : cuir *m*
  **Inner** ~ : derme *m*
  **Outer** ~ : épiderme *m*
  **Tanned** ~ : cuir *m*

**Skinless** *a* : sans peau

**Skinner** : écorcheur *m*

**Skip** : benne *f (container)*

to **Slake** : décomposer par l'eau
  **Slaked lime** : chaux *[f]* éteinte

to **Slaughter** : abattre *(butchery animal)*

**Slaughter** : abattage *m (cattle)*

**Slaughterhouse** : abattoir *m*

**Slaughtering** : abattage *m*

to **Slice** : trancher ; couper en tranches

**Slice** : tranche *f (bread, meat)*

**Slicer** : machine *[f]* à trancher

**Slicing** : action de couper en tranches ; tranchage *m*

**Slide** : diapositive *f* ; lame *f (microscope)*

**Slime** : vase *f* ; boue *f* ; limon *m (soil)* ; mucosité *f (animal)*

**Slimy** *a* : visqueux ; gluant ; vaseux *(soil)*

**Sloe** : prunelle *f*

**Slop** : eaux *[f pl]* sales ; bouillon *m* ; aliment *[m]* liquide ; patée *f (for pig)*

**Slot** : rainure *f* ; cannelure *f* ; entaille *f*

**Slough** : mue *f*

**Sludge** : boue *f* ; vase *f* ; bourbe *f*
  **Actived** ~ : boue activée

**Slurry** : empois *m (starch)* ; crème *f (industry)* ; lisier *m (pig)*
  ~ **pit** : fosse *[f]* à lisier

**Smear** : frottis *m (laboratory)*

to **Smell** : sentir *(odour)*

**Smell** : odorat *m* ; olfaction *f* ; odeur *f* ; relent *m* ; fumet *m (cooking)*
  **Bad** ~ : odeur désagréable
  **Good** ~ : odeur agréable

**Smelt** : éperlan *m*

to **Smelt** : fondre

**Smelted** *a* : fondu

**Smelting** : fusion *f* ; fonte *f*
  ~ **point** : point *[m]* de fusion

**Smog** : brouillard *[m]* de région industrielle *(atmosphere)*

to **Smoke** : fumer ; boucaner *(meat)*

**Smoked** *a* : fumé
  ~ **meat** : viande *[f]* fumée

**Smoke** : fumée *f* ; brouillard *m*
  ~ **point** : point *[m]* de fumée

**Smoking** : fumage *m* ; boucanage *m (meat)*

**Smoky** *a* : fuligineux

**Smut** : nielle *f* ; charbon *m (cereal)* ; ergot *m (rye)* ; suie *f (charcoal)*

**Snack** : petit produit *[m]* alimentaire ; biscuit *[m]* d'apéritif

**Snail** : escargot *m*

to **Snare** : prendre au lacet

**Snare** : lacet *m*

**Snout** : groin *m (pig)* ; museau *m* ; mufle *m*

to **Snow** : neiger

**Snow** : neige *f*
  **Dry** ~ : neige carbonique

to **Soak** : tremper ; détremper ; imbiber ; imprégner ; faire macérer *(pickle)* ; faire dessaler *(meat)*
  ~ **malt** : encuver le malt

**Soak, Soaking** : trempage *m* ; trempe *f* ; lavage *m* ; imbibition *f* ; macération *f*
  ~ **tank** : bac *[m]* de trempage

to **Soap** : savonner

**Soap** : savon *m*
  ~ **factory** : savonnerie *f*

**Soaping** : savonnage *m*

**Soapstone** : stéatite *f*

**Soapy** *a* : moussant ; mousseux ; savonneux *(taste)*

**Socket** : cavité *f* ; alvéole *f (bone, tooth)*

**Soda** : soude *f* ; carbonate *[m]* de soude
 **Caustic ~** : soude caustique
 **~ water** : eau *[f]* de Seltz ; eau bicarbonatée

**Sodium** : sodium *m*
 **~ hydroxide** : soude *[f]* caustique

**Soft** *a* : mou ; doux ; sucré
 **~ drink** : boisson *[f]* sucrée, gazeuse
 **~ water** : eau *[f]* douce

to **Soften** : ramollir ; adoucir ; attendrir

**Softener** : adoucisseur *m*

**Softening** : adoucissement *m* ; ramollissement *m*

**Softness** : douceur *f (food)*

**Software** : logiciel *m*

**Soggy** *a* : détrempé ; pâteux ; mal cuit ; saturé d'eau

**Soil** : sol *m* ; terre *f*
 **Clayey ~** : sol argileux
 **Crumbly ~** : sol friable
 **Flaky ~** : sol friable
 **Poor ~** : sol pauvre
 **Rich ~** : sol riche
 **Sandy ~** : sol sablonneux
 **Top ~** : couche *[f]* superficielle du sol
 **Vegetable ~** : terreau *m* ; humus *m*
 **~ conditioning** : amélioration *[f]* du sol ; amendement *[m]* du sol

**Solanaceous** *a* : solané

**Solanin ; Solanine** : solanine *f*

**Sole** : sole *f (fish)* ; sole *f (oven)* ; âtre *m* ; sol *m* ; fonds *m*

**Solid** : solide *m a*

**Solids** *pl* : matière *[f]* solide ; solide *m*
 **~ non-fat** : extrait *[m]* sec dégraissé

**Solidification** : solidification *f* ; prise *[f]* en masse
 **Point of ~** : point *[m]* de solidification

to **Solidify** : solidifier ; se solidifier ; se figer *(oil)*

**Solidifying** : solidification *f*
 **~ point** : point *[m]* de solidification

**Solubility** : solubilité *f*

**Soluble** *a* : soluble

**Solute** *a* : dissous ; en solution

**Solute** : soluté *m*

**Solution** : solution *f*
 **Heat of ~** : chaleur *[f]* de dissolution
 **Isotonic ~** : sérum *[m]* physiologique

**Solvability** : solubilité *f*

**Solvable** *a* : soluble

**Solvation** : solvatation *f (colloïd)*

to **Solve** : dissoudre

**Solvent** : solvant *m* ; dissolvant *m*

**Soot** : suie *f*

**Sooty** *a* : fuligineux

**Sop** : pain *[m]* trempé ; soupe *f*

**Sorb apple** : sorbe *f*

**Sorbet** : sorbet *m*

**Sorbic** *a* : sorbique

**Sorbite, Sorbitol** : sorbitol *m*

**Sorbose** : sorbose *m*

**Sore** : plaie *f* ; ulcère *m*

**Sorghum, Sorgo** : sorgho *m*

**Sorption** : sorption *f*

**Sorrel** : oseille *f*

to **Sort** : trier ; éplucher ; classer

**Sorter** : trieuse *f (apparatus)*
 **Wheat ~** : trieuse de blé

**Sorting** : triage *m* ; tri *m* ; classement *m* ; épluchage *m (vegetable)*
 **~ machine** : appareil *[m]* à tamiser ; tamis *m*

**Soup** : soupe *f* ; consommé *m*

to **Sour** : acidifier ; aigrir ; surir

**Soured** *a* : acidifié ; aigre *(milk)*

**Sour** *a* : aigre *(food)* ; acide ; vert *(wine, fruit)* ; sur *(milk, food)*
 **~ cream** : crème *[f]* acide

**Souring** : acidification *f*

**Sourish** *a* : aigrelet ; suret

**Sourness** : acidité *f (fruit)* ; aigreur *f*

**Souse** : marinade *f* ; saumure *f*

**Sousing** : action *[f]* de faire mariner, de tremper dans une préparation culinaire

**Sow** : truie *f*
  **Nursing** ~ : truie allaitante
  **Wild** ~ : laie *f*

to **Sow** : semer ; ensemencer

**Sower** : semeur *m* ; semeuse *f* *(engine)* ; semoir *m*

**Sowing** : semis *m* ; ensemencement *m* ; semailles *f pl*
  ~ **in furrows** : semis en sillons
  ~ **in lines** : semis en lignes
  ~ **machine** : semeuse *f* ; semoir *m*

**Soy, Soybean** : soya *m* ; soja *m*

**Spa** : station *[f]* thermale ; source *[f]* minérale

to **Spade** : bêcher

**Spade** : bêche *f* ; pelle *f*

**Spagetti, Spaghetti** : spaghetti *m*

to **Sparkle** : pétiller ; mousser *(wine)*

**Sparkling** *a* : mousseux ; pétillant *(wine)*

**Sparrow** : passereau *m* ; moineau *m*

to **Spatter** : gicler ; jaillir ; éclabousser

**Spatula** : spatule *f*

to **Spawn** : frayer *(fish)*

**Spawn, Spawning** : frai *m*
  ~ **breeding** : alevinage *m*
  ~ **time** : époque *[f]* du frai

**Spear** : pointe *f (asparagus)*

**Special** *a* : spécial

**Specialist** : spécialiste *m*

**Speciality** : spécialité *f (pharmacy)*

**Specialization** : spécialisation *f* ; adaptation *f*

to **Specialize** : spécialiser ; se différencier

**Species** *pl* : espèce *f*

**Specific** *a* : spécifique
  ~ **density** : densité *[f]* spécifique
  ~ **gravity** : poids *[m]* spécifique
  ~ **heat** : chaleur *[f]* spécifique

**Specificity** : spécificité *f*

**Specimen** : échantillon *m* ; spécimen *m*

**Speckled** *a* : tacheté ; moucheté ; tavelé *(fruit)*

**Spectral** *a* : spectral

**Spectrofluorimetry** : spectrofluorométrie *f*

**Spectrograph** : spectrographe *m*

**Spectrometer** : spectromètre *m*

**Spectrometric** *a* : spectrométrique

**Spectrophotometer** : spectrophotomètre *m*

**Spectrophotometric** *a* : spectrophotométrique

**Spectrophotometry** : spectrophotométrie *f*

**Spectropolarimetry** : spectropolarimétrie *f*

**Spectroscope** : spectroscope *m*

**Spectroscopic** *a* : spectroscopique

**Spectroscopy** : spectroscopie *f*

**Spectrum** : spectre *m*
  **Absorption** ~ : spectre d'absorption
  **Continuous** ~ : spectre continu
  **Diffraction** ~ : spectre de diffraction
  **Emission** ~ : spectre d'émission
  **Fluorescence** ~ : spectre de fluorescence
  **Grating** ~ : spectre de diffraction
  **Infra-red** ~ : spectre infra-rouge
  **Visible** ~ : spectre visible
  ~ **apparatus** : spectroscope *m*
  ~ **line** : raie *[f]* du spectre

to **Speculate** : spéculer *(money)*

**Speed** : vitesse *f*
  **Lowest** ~ : vitesse minimale
  **Maximum** ~ : vitesse maximale
  **Minimum** ~ : vitesse minimale
  **Proper** ~ : vitesse normale
  **Regular** ~ : vitesse normale
  ~ **of diffusion** : vitesse de diffusion

**Spelt** : épeautre *m*

**Spending** : dépenses *f pl*

**Spent grains** *pl* : drèches *f pl (brewery)*

**Sperm** : sperme *m*
~ **whale** : cachalot *m*

**Spermaceti** : blanc *[m]* de baleine
~ **oil** : huile *[f]* de baleine

**Spermary** *a* : séminal

**Spermatocyte** : spermatocyte *m*

**Spermatogenesis, Spermatogeny** :
spermatogénèse *f*

**Spermatozoid, Spermatozoon** : spermatozoïde *m*

**Spermidine** : spermidine *f*

to **Spew** : vomir

**Spherical** *a* : sphérique

**Sphincter** : sphincter *m*

**Sphingomyelin** : sphingomyéline *f*

**Spica** : épi *m*

**Spicated** *a* : épié ; spiciforme

**Spice** : épice *f* ; aromate *m*

**Spicule** : épillet *m*

**Spicy** *a* : épicé ; relevé *(meal)*

**Spike** : épi *m*

**Spikelet** : épillet *m*

**Spiky** *a* : hérissé de pointes

to **Spin** : filer

**Spinach** : épinard *m*

**Spinal** *a* : spinal
~ **cord** : moelle *[f]* épinière
~ **column** : colonne *[f]* vertébrale

**Spine** : épine *f (animal, plant)* ; épine
dorsale *(spineds)*

**Spined** : épineux *a* ; vertébré *m a*

**Spinneret** : filière *f (industry)*

**Spinning** : filage *m (protein)* ; filature *f*
*(textile)*

**Spiny** *a* : épineux ; couvert d'épines

**Spirit** : alcool *m* ; essence *f* ; esprit *m*
**Adulteration of** ~ : dénaturation *[f]* de
l'alcool
**Methylated** ~ : alcool dénaturé *m*
~ **distiller** : distillateur *[m]* d'alcool
~ **distillery** : distillerie *[f]* d'alcool
~ **gauge** : pèse-alcool *m*
~ **manufacture** : fabrication *[f]* d'alcool
~ **poise** : alcoolomètre *m*
~ **rectification** : rectification *[f]* d'alcool
~ **of salt** : acide *[m]* chlorhydrique
~ **of wine** : alcool *m* ; éthanol *m*

**Spirits** *pl* : spiritueux *m pl* ; alcools *m pl*
**Ardent** ~ : alcool *[m]* fort ; eau *[f]* de vie
**Fruit** ~ : eau de vie *[f]* de fruit ; alcool
*[m]* de fruit
**Manufacture of** ~ : fabrication *[f]* de
spiritueux
**Raw** ~ : alcool *[m]* sans eau ; alcool
sec

**Splanchnic** *a* : hépatique

**Spleen** : rate *f (organ)*

**Splenetic, Splenic** *a* : splénique

**Splenomegaly** : splénomégalie *f*

to **Split** : fendre ; couper ; se fendre ; se
crevasser ; se désintégrer

**Split** *a* : crevassé ; fendu

**Split** : coupure *f* ; fente *f* ; crevasse *f* ;
brisure *f*

**Splitting** : fission *f* ; désintégration *f* ;
action *[f]* de fendre, de fissurer, de
couper, de diviser

to **Spoil** : altérer ; détériorer ; endommager ; gâter *(food)*
**To become spoiled** : s'altérer

**Spoilable** *a* : périssable

**Spoilage** : altération *f* ; déchets *m pl*

**Spoiling** : détérioration *f* ; altération *f*

**Spoilt** *a* : abimé ; gâché

**Sponge** : éponge *f*
~ **cake** : biscuit *[m]* de Savoie ; gâteau
*[m]* mousseline

**Spongious, Spongy** *a* : spongieux ;
poreux

**Spontaneous** *a* : spontané
~ **fermentation** : fermentation *[f]*
spontanée

**Spoon** : cuiller *f* ; cuillère *f* ; spatule *f*
  **Soup** ~ : cuillère à soupe ; grande cuillère
  **Table** ~ : cuillère à soupe ; grande cuillère
  **Tea** ~ : cuillère à café ; petite cuillère
  **Wooden** ~ : cuillère en bois

**Sporation** : sporulation *f*

**Spore** : spore *f*
  ~ **formation** : sporulation *f*
  ~ **forming** *a* : sporulant

to **Sporulate** : sporuler

**Sporulation** : sporulation *f*

**Spot** : tache *f*

**Spotted** *a* : taché ; tacheté

**Spout** : trombe *f (water, wind)* ; pousse *f* ; bourgeon *m* ; germe *m*

**Spouting** : jaillissement *m* ; bourgeon-nement *m*

**Sprat** : sprat *m*

to **Spray** : pulvériser ; atomiser ; asperger
  ~ **dried** *a* : atomisé ; séché par atomi-sation
  ~ **drier** : atomiseur *m*
  ~ **drying** : séchage *[m]* par atomisa-tion
  ~ **tower** : tour *[f]* d'atomisation

**Sprayer** : pulvérisateur *m* ; atomiseur *m* ; vaporisateur *m*

to **Spraying** : pulvériser ; vaporiser ; atomiser

**Spraying** : arrosage *m* ; pulvérisation *f* ; atomisation *f*
  ~ **nozzle** : gicleur *m* ; tuyère *f*
  ~ **machine** : pulvérisateur *m*

to **Spread** : étendre ; épandre ; répandre ; s'étaler ; s'étendre

**Spread** : pâte *[f]* à tartiner
  **Anchovy** ~ : pâte d'anchoix
  **Cheese** ~ : fromage *[m]* à tartiner

**Spread** : régal *m* ; festin *m*

**Spreader** : étendeur *m (apparatus)* ; arroseur *m (apparatus)*
  **Manure** ~ : étendeur *[m]* de fumier

**Spreading** : étalement·*m* ; dispersion *f* ; expansion *f*

**Spring** : printemps *m*
  ~ **cereal** : céréale *[f]* de printemps

**Spring** : source *f (water)*
  ~ **water** : eau *[f]* de source

**Springiness** : élasticité *f*

to **Sprinkle** : saupoudrer *(solid)* ; asper-ger *(liquid)* ; répandre

**Sprinkling** : saupoudrage *m* ; arro-sage *m*

to **Sprout** : germer ; bourgeonner *(botany, microbiology)*

**Sprouted** *a* : germé

**Sprouting** : germination *f* ; bourgeonne-ment *m (botany, microbiology)*

**Sprue** : diarrhée *f* ; sprue *f*

**Spud** : pomme de terre *f* ; bêche *f* *(implement)*

**Spur** : ergot *m (cock)*

**Spurious** *a* : faux ; falsifié

**Squab** : pigeonneau *m*

**Squalene** : squalène *m*

**Squama** : squame *m (skin)* ; écaille *f*

to **Squander** : gaspiller

**Squandering** : gaspillage *m*

**Square** : barre *f (candy)*
  **Apple** ~ : barre au pommes
  **Raisin** ~ : barre aux raisins
  **Peanut** ~ : barre à l'arachide

**Squash** : courge *f (vegetable)* ; gourde *f (bottle)*
  **Drink** ~ : sirop *m (drink)*
  **Winter** ~ : potiron *m*

**Squeaker** : pigeonneau *m*

to **Squeeze** : presser ; compresser

**Squeezed** *a* : pressé ; comprimé

**Squid** : calmar *m*

**Stabile** *a* : stable *(object)*

**Stability** : stabilité *f*

**Stabilization** : stabilisation *f*

to **Stabilize** : stabiliser

**Stabilizer** : stabilisant *m (chemistry)* ; stabilisateur *m (electricity)*

**Stabilizing *(agent)*** : stabilisant *m*

**Stable** : écurie *f* ; étable *f*
~ **boy** : palefrenier *m (horse)*
~ **manure** : fumier *m*

**Stable** *a* : stable
~ **in the air** : stable à l'air
~ **when boiling** : stable à l'ébullition
~ **equilibrium** : équilibre *[m]* stable
~ **under heat** : stable à chaud
~ **to light** : stable à la lumière

**Stabled cattle** : bétail *[m]* en stabulation

**Stabling** : stabulation *f*

**Stachyose** : stachyose *m*

**Stack** : meule *f (hay)*

**Stag** : cerf *m* ; bœuf *m* ; jeune coq *m*

**Stage** : période *f* ; étape *f* ; degré *m*

**Stagnant** *a* : stagnant *(water)*

to **Stagnate** : être stagnant ; croupir *(water)*

to **Stain** : tacher ; souiller ; salir ; teindre ; teinter

**Stained** *a* : taché ; souillé

**Stain** : tache *f*

**Stainable** *a* : qui prend la couleur ; gram positif *(microbiology)*

**Staining** : souillure *f* ; coloration *f*

**Stake** : échalas *m (vine)*

to **Stale** : uriner *(cattle)*

**Stale** : urine *f (cattle)*

**Stale** *a* : rassis *(bread)* ; plat ; éventé *(wine)* ; pas frais *(egg)* ; renfermé *(smell)*
**To become** ~ : rassir *(bread)*

**Staleness** : rassissement *m (bread)* ; event *m (beer)* ; relent *m (food)*

**Staling** : rassissement *m (bread)*

**Stalk** : tige *f (cereal)* ; trognon *m (chou)*
~ **fibre** : fibre *[f]* de la tige

**Stall** : box *m (animal)*

**Stalling** : stabulation *f*

**Stallion** : étalon *m (horse)*

**Stamen** : étamine *f (botany)*

**Stand** : stand *m (exhibition)*

**Standard** : norme *f* ; étalon *m (measure)* ; bâti *m*

**Standard** *a* : normal
~ **deviation** : déviation *[f]* standard
~ **solution** : solution *[f]* normale

**Standardization** : normalisation *f* ; standardisation *f* ; étalonnage *m (scale)*

to **Standardize** : normaliser ; standardiser ; étalonner *(apparatus)*

**Standardizing** : normalisation *f* ; standardisation *f*

**Stannic** *a* : stannique

**Stannous** *a* : stanneux

**St Antony's disease** : feu *[m]* de St Antoine ; ergotisme *m*

**Star anise** : anis *[m]* étoilé

to **Starch** : amidonner

**Starch** : amidon *m*
**Corn** ~ : amidon de maïs *(US)*
**Gelatinized** ~ : amidon gélatinisé
**Modified** ~ : amidon modifié
**Potato** ~ : fécule *[f]* de pomme de terre
**Tapioca** ~ : tapioca *m*
**Wheat** ~ : amidon de blé
~ **factory** : amidonnerie *f* ; féculerie *f*
~ **gum** : dextrine *f*
~ **manufacture** : amidonnerie *f*

**Starchy** *a* : féculent ; amylacé *(food)*

**Starter** : levain *m* ; inoculum *m*
~ **culture** : levain *m*

**Starvation** : inanition *f* ; famine *f* ; privation *f*

to **Starve** : mourir de faim ; manquer de nourriture

**Starved** *a* : affamé ; famélique

**Stasis** : stase *f*

**State** : état *m*

**Statement** : exposé *m* ; rapport *m*

**Static** *a* : statique

**Station** : station *f (building)*
  **Research** ~ : station de recherches ;
  centre *[m]* de recherches
  **Testing** ~ : station d'essais ; centre
  d'essais

**Stationary** *a* : stationnaire

**Statistical** *a* : statistique

**Statistician** : statisticien *m*

**Statistics** *pl* : statistique *f*

to **Stay** : demeurer

**Steady state** : état *[m]* d'équilibre

to **Steam** : cuire à la vapeur ; passer à
  la vapeur ; fumer *(dish)*

**Steam** : vapeur *[f]* d'eau ; buée *f*
  **Dry** ~ : vapeur sèche
  **High pressure** ~ : vapeur à haute
  pression
  **Low pressure** ~ : vapeur à basse
  pression
  **Wet** ~ : vapeur humide
  **To raise** ~ : faire monter la vapeur
  *(machine)*
  ~ **bath** : étuve *[f]* à vapeur
  ~ **boiler** : chaudière *[f]* à vapeur
  ~ **boiling** : cuisson *[f]* à la vapeur
  ~ **coil** : serpentin *[m]* de vapeur
  ~ **consumption** : consommation *[f]* de
  vapeur
  ~ **cooker** : cuiseur *m*
  ~ **distillable** : entraînable à la vapeur
  d'eau
  ~ **distillation** : entraînement *[m]* à la
  vapeur ; distillation *[f]* à la vapeur
  ~ **engine** : machine *[f]* à vapeur
  ~ **gauge** : manomètre *m*
  ~ **generator** : chaudière *[f]* à vapeur ;
  générateur *[m]* de vapeur
  ~ **heating** : chauffage *[m]* à la vapeur
  ~ **room** : étuve *f*
  ~ **sterilizer** : autoclave *m* ; stérilisateur
  *[m]* à vapeur

**Steamer** : marmite *[f]* à vapeur ; étu-
  veuse *f* ; autoclave *m*

**Steaming** : étuvage *m* ; cuisson *[f]* à la
  vapeur

**Steaming** *a* : fumant *(water vapour)*

**Stearic** *a* : stéarique

**Stearin** : stéarine *f*

**Steatorrhea** : stéatorrhée *f*

**Steatosis** : stéatose *f*

**Steel** : acier *m*

to **Steep** : tremper ; imbiber ; infuser
  *(herb)* ; macérer *(pickle)*

**Steeped** *a* : trempé ; mouillé

**Steep** : macération *f* ; trempage *m* ;
  trempe *f* ; rouissage *m* ( *flax)* ; infusion *f*

**Steep** : cuve *f* ; auge *f (for soaping)*

**Steeping** : trempage *m* ; rouissage *m*

**Steer** : bouvillon *m (GB)* ; bœuf *m (US)* ;
  taureau *m (US)*

**Stem** : tige *f (tree, blossom)* ; queue *f*
  *(fruit)*
  **Climbing** ~ : sarment *m*
  **Main** ~ : tronc *m*
  **Twining** ~ : sarment *m*
  ~ **cell** : lymphoblaste *m*

**Stenosis** : sténose *f*

**Step** : mesure *f* ; échelon *m* ; graduation *f* ; pas *m* ; démarche *f* ; étape *f* ;
  stade *m*

**Stercovorin** : coprostanol *m*

**Stercovorous** *a* : coprophage

**Stercus** : fèces *m pl* ; excréments *m pl* ;
  selles *f pl (human)*

**Stereochemistry** : stéréochimie *f*

**Stereoisomer** : stéréoisomère *m*

**Steric** *a* : stérique

**Sterigmatocystin** : stérigmatocystine *f*

**Sterile** *a* : stérile

**Sterility** : stérilité *f*

**Sterilization** : stérilisation *f*

to **Sterilize** : stériliser

**Sterilized** *a* : stérilisé

**Sterilizer** : désinfectant *m* ; stérilisateur *m*

**Sterilizing** : action *[f]* de stériliser
  ~ **agent** : désinfectant *m*

**Steroid** : stéroïde *m*

**Sterol** : stérol *m*

to **Stew** : faire cuire en ragoût ; cuire à la casserole *(meat)*
~ **beef** : faire un bœuf en daube
~ **mutton** : faire un ragoût de mouton
~ **rabbit** : fricasser un lapin
~ **pan**, ~ **pot** : casserole *f* ; faitout *m*
**Stewed apples** : compote *[f]* de pommes
**Stewed fruit** : fruits *[m pl]* en compote
**Stewed prunes** : pruneaux *[m pl]* au jus
**Stewed tea** : thé *[m]* trop infusé

**Stickiness** : viscosité *f* ; adhésivité *f*

**Sticky** : ligneux *(vegetal)* ; collant ; visqueux ; gluant

**Stiffness** : rigidité *f* ; raideur *f*

**Stigmasterol** : stigmastérol *m*

**Stilboestrol** : stilboestrol *m*

**Still** : appareil *[m]* à distiller ; alambic *m* ; distillateur *[m]* d'alcool
**Secondary** ~ : appareil *[m]* de redistillation
**Water** ~ : appareil *[m]* à eau distillée
~**-born** : mort-né *m*
~ **lemonade** : limonade *[f]* non gazeuse ; citronnade *f*

**Stillage** : vinasse *f (distillery)*

**Stillion** : fût *[m]* de fermentation

**Stillman** : distillateur *m*

**Stimulant** : stimulant *m a*

to **Stimulate** : stimuler ; pousser

**Stimulation** : stimulation *f*

**Stimulus** : stimulus *m*

to **Stir** : agiter ; remuer ; brasser *(liquid)* ; malaxer *(pastry)*

**Stir** : agitation *f* ; brassage *m* ; mouvement *m* ; malaxage *m*

**Stirrer** : agitateur *m*
**Wooden** ~ : spatule *[f]* en bois
~ **rod** : agitateur *m (laboratory)*

**Stirring** : agitation *f* ; brassage *m* ; malaxage *m* ; barbottage *m*

to **Stock** : engranger ; conserver ; stocker ; mettre en magasin

**Stock** : provision *f* ; approvisionnement *m* ; marchandises *f pl* ; stock *m* ; matières premières *f pl* ; souche *f (genetics)*
**Meat** ~ : bouillon *[m]* de viande
**Soup** ~ : consommé *m*
**Vegetable** ~ : bouillon *[m]* de légumes
~ **keeping** : stockage *m*
~ **diet** : régime *[m]* de base

**Stocking** : peuplement *m* ; empoissonnement *m (fishing)* ; alevinage *m (fishing)*

**Stockman** : garçon *[m]* d'étable

**Stoichiometric, Stoicheiometric** *a* : stoechiométrique

**Stomach** : estomac *m*

**Stomachal** *a* : stomacal

to **Stone** : égrener *(pea)* ; dénoyauter *(fruit)*

**Stone** : pierre *f* ; calcul *m (kidney)* ; noyau *m (fruit)* ; pépin *m (fruit)*
**Kidney** ~ : calcul rénal
~ **cell** : noyau *(fruit)*
~ **fruit** : fruit *[m]* à noyau ; drupe *f*

**Stoneware** : faience *f* ; grès *m*

**Stoning** : dénoyautage *m (fruit)*

**Stool** : fèces *m pl* ; matières *[f pl]* fécales ; selles *f pl (human)*
**Fatty** ~ : stéatorrhée *f*

to **Stop** : boucher

to **Stopper** : boucher *(flask)*

**Stopper** : bouchon *m (glass)*
**To put a** ~ **into a bottle** : boucher une bouteille

**Storable** *a* : conservable

**Storage** : emmagasinage *m* ; accumulation *f* ; stockage *m* ; entrepôts *m pl*
~ **basin** : réservoir *m*
~ **cellar** : cave *[f]* de garde

to **Store** : approvisionner ; stocker ; emmagasiner ; entreposer

to **Store up** : amasser

**Store** : magasin *m* ; boutique *f* ; dépôt *m* ; entrepôt *m* ; réserve *f (physiology)* ; provision *f* ; approvisionnement *m (goods)*
**Department** ~ : grand magasin

**Cold ~** : entrepôt frigorifique
**~ cask** : foudre *m*
**~ clerk** : magasinier *m*
**~ house** : dépôt *m* ; magasin *m*
**~ keeper** : magasinier *m*
**~-room** : halle *f* ; soute *f* ; magasin *m*

**Stores** *pl* : vivres *m pl* ; provisions *f pl*

**Storing** : emmagasinage *m* ; garde *f* ;
conservation *f* ; approvisionnement *m*

**Stout** : bière *[f]* brune forte

**Stover** : fourrage *m*

to **Strain** : filtrer ; soutirer *(liquid)* ; faire
égoutter

**Strain** : souche *f (microbiology)*

**Strainer** : filtre *m* ; tamis *m* ; passoire *f*
*(tea)*

**Strand** : fibre *f* ; fibrille *f*

**Stratum** : couche *f (tissue)*

**Straw** : paille *f (cereal)*

**Strawberry** : fraise *f*

**Strawberry tree** : arbousier *m*

to **Stream** : ruisseler ; laisser couler
*(liquid)*

**Stream** : cours *[m]* d'eau ; torrent *m* ;
courant *m (water)*
**Ingoing ~** : courant d'entrée *(electri-city)*
**With the ~** : dans le sens du courant

**Strength** : solidité *f* ; force *f* ; résistance *f*
**Alcoholic ~** : teneur *[f]* en alcool
**Full ~ solution** : solution *[f]* concentrée *(chemistry)*
**~ of a solution** : titre *[m]* d'une solution *(chemistry)*

to **Strengthen** : renforcer

**Stress** : tension *f* ; stress *m*

**Stretch** : extension *f (muscle)* ; étendue
*f (geography)*

**Stria** : strie *f (anatomy)*

**Striated** *a* : strié *(muscle)*

**Stringy** *a* : fibreux *(vegetable)* ; filandreux *(meat)* ; tendineux

**Stripping** : égrapage *m (grape)* ; égouttage *m (liquid)*

**Stroma** : stroma *m*

**Strong** *a* : fort
**~ ale** : bière *[f]* forte

**Strontium** : strontium *m*

**Structural** *a* : structural
**~ formula** : formule *[f]* développée
**~ water** : eau *[f]* de constitution

**Structure** : structure *f*

**Stubble** : chaume *m*

to **Stuff** : fourrer ; garnir *(food)* ; bourrer

**Stuffed** *a* : farci ; fourré

**Stuffing** : farce *f (meat)*

to **Subculture** : repiquer *(microbiology)*

**Subculture** : sous-culture *f (microbiology)*

**Subculturing** : repiquage *m (microbiology)*

**Subcutaneous** *a* : sous-cutané

**Subject** : sujet *m*

to **Sublimate** : sublimer

**Sublimate** : sublimé *m*

**Sublimated** *a* : sublimé

**Sublimation** : sublimation *f*

to **Sublime** : sublimer

**Subnutrition** : dénutrition *f* ; sous-nutrition *f*

**Subset** : sous-ensemble *m*

**Subsidy** : subvention *m*

**Substance** : substance *f* ; matière *f* ;
produit *m*
**pure ~** : produit *[m]* pur

**Substandard** *a* : non conforme aux
normes

**Substituent** : substituant *m (chemistry)*

to **Substitute** : remplacer ; substituer

**Substitute** : remplaçant *m (person)* ;
succédané *m (food)* ; substitut *m*
*(product)* ; substituant *m (chemistry)* ;
vicariant *m*

**Substitution** : substitution *f* ; remplacement *m*

**Substrate** : substrat *m*

**Subterranean, Subterraneous** *a* : souterrain

**Subvitaminosis** : hypovitaminose *f*

**Succinic** *a* : succinique

**Succulent** *a* : succulent ; délicieux

to **Suck** : aspirer ; sucer *(liquid)*

to **Suck up** : aspirer

**Suck** : action de sucer ; succion *f*

**Sucker** : rejet *m (plant)*
**Stem** ~ : bouture *f*

to **Suckle** : allaiter ; donner à têter

**Suckling** : nourrisson *m* ; jeune à la mamelle ; allaitement *m* ; lactation *f*

**Suckling** *a* : allaité
~ **bottle** : biberon *m*
~ **calf** : veau *[m]* de lait
~ **child** : enfant *[m]* à la mamelle ; nourrisson *m*

**Sucrase** : sucrase *f*

**Sucrate** : saccharate *m*

**Sucrose** : saccharose *m*

**Suction** : aspiration *f* ; succion *f*
~ **bottle** : fiole *[f]* à vide

**Sudation** : sudation *f*

**Sudatory** *a* : sudorifique

**Sudor** : sueur *f*

**Sudoriferous** *a* : sudoripare

**Sudorific** *a* : sudorifique

**Sudoriparous** *a* : sudoripare

**Suet** : graisse *[f]* animale ; suif *m* ; graisse de rognon

to **Sugar** : sucrer ; chaptaliser *(wine)*

**Sugar** : sucre *m* ; saccharose *m*
**Beet** ~ : sucre de betterave
**Brown** ~ : sucre brun ; cassonade *f*
**Cane** ~ : sucre de canne
**Candy** ~ : sucre candi
**Caster** ~ : sucre en poudre
**Crystal** ~ : sucre cristallisé
**Cube** ~ : sucre en morceaux
**Granulated** ~ : sucre cristallisé

**Invert** ~ : sucre inverti
**Lump** ~ : sucre en morceaux
**Pounded** ~ : sucre râpé
**Raw** ~ : sucre brut
**Refined** ~ : sucre raffiné
**White** ~ : sucre blanc
~ **beet** : betterave *[f]* sucrière
~ **candy** : sucre candi
~ **cane** : canne *[f]* à sucre
~ **factory** : sucrerie *f*
~ **goods** *pl* : sucreries *f pl*
~ **loaf** : pain *[m]* de sucre
~ **refinement** : raffinage *[m]* de sucre
~ **works** *pl* : sucrerie *f*

**Sugaring** : sucrage *m* ; chaptalisation *f* *(wine)*

**Sugary** *a* : sucré

**Suint** : suint *m*

**Suitable** *a* : convenable ; conforme ; adapté

**Sulfamide** : sulfamide *m*

**Sulfatase** : sulfatase *f*

to **Sulfate** : sulfater

**Sulfate** : sulfate *m*

**Sulfating** : sulfatage *m*

**Sulfhydryl** : sulfhydrique *a* ; thiol *m*

**Sulfide** : sulfure *m*

**Sulfite** : sulfite *m*
~ **waste liquor** : liqueur *[f]* bisulfitique *(paper industry)*

**Sulfone** : sulfone *f*

**Sulfonic** *a* : sulfonique

**Sulfur** : soufre *m*
**To treat with** ~ : soufrer

**Sulfuric** *a* : sulfurique

to **Sulfurize** : sulfuriser

**Sulfurous** *a* : sulfureux

**Sulfuryl** : sulfuryle *m*

**Sullage** : eaux *[f pl]* usées ; eaux résiduaires

**Sultanas** *pl* : raisin sec *[m]* de Smyrne

**Sum** : somme *f*

**Summary** *a* : sommaire *m* ; résumé *m*

**Summation** : sommation *f*

**Summer** : été *m*

**Sun** : soleil *m*
~-**dried** *a* : séché au soleil

**Sunflower** : tournesol *m*

**Sunlight** : lumière *[f]* solaire

**Sunshine** : soleil *m*

**Superficial** *a* : superficiel *(surface)*

**Superficies** : surface *f* ; superficie *f*

**Superheated** *a* : surchauffé

**Superheater** : surchauffeur *m (steam)*

**Superheating** : surchauffe *f*

**Superior** *a* : supérieur

**Superiority** : supériorité *f*

**Supermarket** : supermarché *m*

**Supernatant** : surnageant *m*

**Supersaturated** *a* : sursaturé

**Superoxide** : superoxyde *m*

**Superphosphate** : superphosphate *m*

**Sulph-** : sulf-

**Supplier** : fournisseur *m*

to **Supply** : fournir ; livrer ; munir ;
approvisionner *(goods)* ; ravitailler
*(food)* ; alimenter *(engine)* ; amener
*(water)*
~ **food** : alimenter

**Supply, Supplying** : provision *f* ; fourniture *f* ; approvisionnement *m* ; livraison
*f* ; distribution *f (electricity)* ; offre *f*
**Food** ~ : ravitaillement *[m]* en vivres ;
approvisionnement *[m]* en nourriture
~ **and demand** : l'offre et la demande

**Suprarenal** *a* : surrénal

to **Surcharge** : surcharger
~ **steam** : surchauffer la vapeur

**Surety** : garantie *f* ; caution *f*

**Surface** *f* : superficie *f* ; surface *f*
**Active** ~ : surface active
~-**active** : tensioactif *a m*
~-**active agent** : substance *[f]* tensioactive

~ **cooler** : réfrigérant *[m]* à ruissellement de surface
~ **tension** : tension *[f]* superficielle
~ **of water** : surface de l'eau ; niveau
*[m]* de l'eau

**Surfactant** : surfactant *m*

**Surge** : décharge *f (physiology)*
**Hormonal** ~ : décharge hormonale

**Surgeon** : chirurgien *m*
**Veterinary** ~ : vétérinaire *m*

**Surgery** : chirurgie *f*

**Surgical** *a* : chirurgical

**Surplus** *a* : excédant ; en trop

**Surrenal** *a* : surrénal

to **Survey** : examiner ; rendre compte ;
étudier

**Survey** : exposé *m* ; examen *m* ;
aperçu *m*

**Survival** : survivance *f* ; survie *f*

to **Suspend** : mettre en suspension ;
disperser *(matter)*

**Suspended** *a* : dispersé ; en suspension *(particle)*

**Suspension** : suspension *f*

to **Swab** : essuyer
~ **test** : frottis *m*

to **Swallow** : déglutir

**Swallow** : gosier *m (animal)* ; gorge *f* ;
gorgée *f (amount)*

**Swallowing** : déglutition *f*

**Swamp** : marais *m* ; vase *f*

**Swampy** *a* : marécageux ; bourbeux ;
vaseux

to **Sweat** : suer ; transpirer ; perspirer ;
étuver ; ressuer ; faire fermenter
*(tobacco)*

**Sweat** : sueur *f* ; transpiration *f* ; suée *f* ;
perspiration *f*

**Sweating** : sudation *f* ; étuvage *m* ; ressuage *m* ; suintement *m*
~ **room** : étuve *f* ; étuvoir *m*

**Swede** : rutabaga *m* ; chou-navet *m*,
*pl :* choux-navets

**Sweet** *a* : sucré ; doux
~ **basil** : basilic *m*
**Sweetbread** : ris *[m]* de veau
~ **corn** : maïs *[m]* sucré
~ **orange** : orange *[f]* douce
~ **potato** : patate *f*
~ **sorghum** : sorgho *[m]* sucré
~ **water** : eau *[f]* douce
~ **wine** : vin *[m]* doux

**Sweets** *pl* : bonbons *m pl* ; confitures
*f pl* ; sucreries *f pl* ; dragées *f pl*

to **Sweeten** : sucrer ; édulcorer ; assainir ; adoucir *(water)*

**Sweetened** *a* : sucré

**Sweetener** : édulcorant *m*
**Bulk** ~ : édulcorant de charge
**Intense** ~ : édulcorant intense
**Non-nutritive** ~ : édulcorant acalo-
rique

**Sweetening** : sucrage *m* ; édulcorant *m*

**Sweetner** : édulcorant *m*

**Sweetness** : douceur *f* ; caractère *[m]*
sucré ; sucrosité *f*

to **Swell** : gonfler *(dough)* ; foisonner
*(cream, white egg)* ; enfler *(medicine)*

**Swollen** *a* : gonflé *(produce)* ; enflé ;
turgide *(medicine)*

**Swell** : gonflement *m (physics)* ; bombage *m (can)* ; renflement *m (anatomy)*

**Swelling** : gonflement *m* ; foisonnement
*m (white egg)* ; tuméfaction *f* ; turgescence *f (medicine)*

**Swine** : porc *m* ; cochon *m* ; ⇨ pork
~ **plague** : peste *[f]* porcine

**Swordfish** : espadon *m*

**Symbiosis** : symbiose *f*

**Symbiotic** *a* : symbiotique

**Symbol** : symbole *m (chemistry)*

**Symmetrical** *a* : symétrique

**Symmetry** : symétrie *f*

**Symptom** : symptôme *m*

**Symptomatology** : symptomatologie *f*

**Synapse, Synapsis** : synapse *f*

**Synchronical** *a* : synchrone

**Synchronism** : synchronisme *m*

**Synchronization, Synchronizing** : synchronisation *f*

**Synchronous** *a* : synchrone

**Syndrome** : syndrome *m*

**Syneresis** : synérèse *f*

**Synergia** : synergie *f*

**Synergic** *a* : synergique

**Synergism** : synergie *f*

**Synergist** *a* : synergiste

**Synergy** : synergie *f*

**Synopsis** : aperçu *m* ; résumé *m* ; précis *m*

**Synthesis** : synthèse *f*

**Synthetic, Synthetical** *a* : synthétique

to **Synthetize** : synthétiser

**Syrian plum** : mirabelle *f*

**Syringe** : seringue *f*
**Glass** ~ : seringue en verre

**Syrup, Syrupus** : sirop *m*
**Corn** ~ : sirop de maïs
**Cough** ~ : sirop pectoral ; sirop contre
la toux
**Golden** ~ : sirop de sucre
**Maple** ~ : sirop d'érable

**System** : système *m* ; appareil *m (phy-
siology)*
**Central nervous** ~ : système nerveux
central
**Digestive** ~ : appareil digestif
**Metric** ~ : système métrique
**Peripheral nervous** ~ : système ner-
veux périphérique
**Vascular** ~ : système vasculaire
~ **of cristallization** : système cristallin

**Systematic** *a* : méthodique ; systématique

**Systole** : systole *f*

**Systolic** *a* : systolique

# T

**Table** : table f

**Tablet** ; **Tabloid** : comprimé m (pharmaceuticals)

**Tachycardia** : tachycardie f

**Tackle** : matériel [m] de pêche

**Tactile** a : tactile

**Tadpole** : têtard m

**Tagadose** : tagadose m

**Tail** : queue f (animal)
~-**fin** : nageoire [f] caudale

to **Taint** : se gâter ; corrompre ;
s'abîmer ; s'altérer (food) ; altérer ;
abîmer ; infecter
to **Become tainted** : s'altérer ;
s'abîmer

**Taint** : trace [f] d'altération, de dégradation, de putréfaction, d'infection

**Tainting** : dégradation f ; altération f

**Taking** : prise [f] d'essai ; prélèvement m

**Talc** : talc m

**Tallow** : suif m
**Raw** ~ : suif en branches
**Rendered** ~ : suif fondu
**Smelted** ~ : graisse [f] alimentaire
**Unmelted** ~ : suif de boucher
~ **melting house** : fondoir m

**Tallowy** a : graisseux

**Talon** : griffe f ; serre f

**Talose** : talose m

**Tamarind** : tangerine f ; mandarine f

**Taminy** : étamine f

**TAN** (Total Acid Number) : indice [m]
d'acidité

to **Tan** : tanner

**Tanned** a : tanné

**Tan** : tan m
~ **yards** pl : fabrique [f] de tan

**Tangent** : tangent a ; tangente f

**Tangential** a : tangentiel

**Tangerine** : mandarine f

**Tangle** : enchevêtrement m

**Tank** : réservoir m ; citerne f ; cuve f ;
bac m (industry)
**Fish**~ : vivier m
**Water** ~ : citerne f
~ **truck** : camion-citerne m, pl :
camions-citernes

**Tankard** : chope f (beer)

**Tanker** : bateau-citerne m, pl : bateaux-
citernes ; camion-citerne m

**Tannage** : tannage m

**Tanner** : tanneur m

**Tannery** : tannerie f

**Tannic** a : tannique

**Tannin** : tannin m ; tanin m
**Condensed** ~ : tannin condensé
**Hydrolysable** ~ : tannin hydrolysable
**Coffee** ~ : tannin du café

**Tanning** : tannage [m] aux écorces ;
foulage m (hide)
**Bark** ~ : tannage m
**Chrome** ~ : tannage au chrome

to **Tap** : mettre en perce (cask) ; percer ;
couler

**Tap** : mise [f] en perce (cask)

**Tapioca** : tapioca m

**Tapping off** : soutirage m (wine)

**Tar** : goudron m

to **Tare** : tarer

**Tare** : tare *f*

**Target** : cible *f (biology)*

**Taring** : tarage *m*

**Taro** : taro *m*

**Tarragon** : estragon *m*

**Tart** : tarte *f*

**Tart** *a* : âpre ; piquant *(taste)* ; acide *(fruit)* ; vert *(fruit, wine)*

**Tartar** : tartre *m* ; crème *[f]* de tartre

**Tartaric** *a* : tartrique

**Tartness** : âpreté *f (taste)* ; acidité *f* ; verdeur *f (fruit), wine)*

**Tartrate** : tartrate *m*

to **Taste** : goûter ; déguster ; percevoir une saveur

**Taste** : goût *m* ; saveur *f*
  **Strong** ~ : goût fort
  **Unpleasant** ~ : mauvais goût
  ~ **panel** : jury *[m]* de dégustation
  ~ **tester** : membre *[m]* d'un jury de dégustation

**Tasteful** *a* : savoureux ; de bon goût

**Tasteless** *a* : fade ; sans goût ; insipide

**Tastelessness** : fadeur *f*

**Taster** : dégustateur *m*

**Tasting** : dégustation *f*

**Tasty** *a* : savoureux

**Tautomer** : tautomère *m*

**Tautomeral** ; **Tautomeric** *a* : tautomère

**Tautomerism** ; **Tautomery** : tautomérie *f*

to **Taw** : mégisser

**Tawed** *a* : mégissé

**Tawery** ; **Tawing** : mégisserie *f*

**Tax** : impôt *m* ; taxe *f* ; droits *m pl (customs)*
  ~-**free** *a* : exempt de taxe

**Taxation** : estimation *f* ; taxation *f*

**Taxinomy** ; **Taxonomy** : taxinomie *f* ; taxonomie *f*

**Tea** : thé *m*
  **High** ~ : goûter *[m]* dînatoire
  **Lemon** ~ : thé au citron
  **Mint** ~ : thé à la menthe
  **Stewed** ~ : thé infusé
  ~ **cake** : brioche *[f]* plate
  ~ **in leaves** : thé en feuilles
  **Lime blossom** ~ : infusion *[f]* de tilleul

**Teacupful** : tasse *[f]* de thé *(measure)*

**Teacher** : enseignant *m* ; professeur *m*

**Teaching** : éducation *f* ; enseignement *m*

**Teal** : sarcelle *f*

**Teapot** : théière *f*

**Tear** : larme *f*

**Teat** : trayon *m* ; mamelon *m* ; tétine *f*

**Technical** *a* : technique

**Technic** ; **Technique** ; **Technics** ; **Techniques** : technique *f*

**Technician** : ingénieur *m* ; technicien *m*

**Technological** *a* : technique ; technologique

**Technologist** : technologue *m*

**Technology** : technologie *f*

to **Ted** : faner *(hay)*

**Tedder** : faneuse *f (engine)*

**Tedding** : fenaison *f* ; fanage *m*

to **Teem** : fourmiller ; pulluler

**Teeming** *a* : fourmillant
  ~ **rain** : pluie *[f]* diluvienne

**Teething** : dentition *f*

**Tegument** : tégument *m*

**Tegumental** ; **Tegumentary** *a* : tégumentaire

**Temperate** *a* : tempérent ; sobre

**Temperateness** : sobriété *f*

**Temperature** : température *f*
  **Ambiant** ~ : température ambiante
  **Average annual** ~ : température annuelle moyenne
  **Inlet** ~ : température d'admission
  **Kilning** ~ : température de touraillage
  **Mean annual** ~ : température annuelle moyenne

**Outer ~** ; **Outdoor ~** : température extérieure
**Room ~** : température intérieure
**At room ~** : à la température ambiante

**Temple orange** : clémentine *f*

**Temporary** *a* : temporaire

**Tenant** : locataire *m*
**~-farmer** : métayer *m*
**~-farming** : métayage *m* ; fermage *m*

**Tench** : tanche *f*

to **Tend** : soigner ; panser *(ill)* ; surveiller *(children)* ; garder *(sheep)*

**Tendancy** : tendance *f*

**Tenderization** : attendrissement *m* *(meat)*

**Tenderloin** : filet *m* *(meat)*

**Tenderness** : tendreté *f* *(meat)*

**Tendinous** *a* : tendineux *(meat)*

**Tendon** : tendon *m*

**Tensioactive** *a* : tensio-actif

**Tension** : tension *f* ; pression *f*

**Teratogen** *a* : tératogène

**Teratogenesis** : tératogénèse *f*

**Teratology** : tératologie *f*

**Term** : terme *m* ; limite *f* ; période *f ;* durée *f*
**Long ~** : long terme
**Short ~** : court terme

**Terminal** *a* : terminal ; distal *(anatomy)*

**Ternary** *a* : ternaire

**Terpene** : terpène *m*

**Terpenic** *a* : terpénique

**Terrace** : terrasse *f*
**~ cultivation** : culture *[f]* en terrasse

**Terracotta** : terre *[f]* cuite

**Terrine** : terrine *f*

**Territory** : territoire *m*

**Tertiary** *a* : tertiaire

**Tervalence** : trivalence *f*

**Tervalent** *a* : trivalent

to **Test** : essayer ; vérifier ; rechercher ; éprouver ; contrôler

**Tested** : éprouvé ; contrôlé

**Test** : essai *m* ; contrôle *m* ; recherche *f* ; mesure *f*, examen *m* ; test *m*
**Blank ~** : essai à blanc
**Blind ~** : test en aveugle
**Dry ~** : essai par voie sèche
**Endurance ~** : test d'endurance ; test d'effort
**Pressure ~** : essai de pression
**Wet ~** : essai par voie humide
**~ lamp** : lampe *[f]* témoin
**~ meal** : repas *[m]* d'épreuve
**~ method** : méthode *[f]* de contrôle
**~ quantity** : prise *[f]* d'essai
**~ tube** : tube *[m]* à essai

**Tester** : contrôleur *m*

**Testicle** : testicule *m*

**Testing** : contrôle *m* , essai *m* ; épreuve *f*
**Cow ~** : contrôle laitier
**Dairy ~** : contrôle laitier

**Testis** : testicule *m*

**Testosterone** : testostérone *f*

**Tetania** : tétanie *f*

**Tetanus** : tétanos *m*

**Tetany** : tétanie *f*

**Tetraploid** : tétraploïde *m a*

**Tetravalence** : tétravalence *f*

**Tetravalent** *a* : tétravalent

**Textural** *a* : tissulaire ; relatif à la texture

**Texture** : texture *f*
**Fibrous ~** : texture fibreuse
**Granular ~** : texture granuleuse
**Homogeneous ~** : texture homogène

**Textured** *a* : texturé
**~ vegetable protein** : protéine végétale texturée

**Texturing agent** : agent *[m]* de texture

**Texturization** : texturisation *f*

to **Thaw** : dégeler

**Thaw** ; **Thawing** : fonte *f* ; décongélation *f*
**~ point** : point *[m]* de rosée ; point *[m]* de décongélation

**Theobromine** : théobromine f

**Theophilline** : théophilline f

**Theoretical** ; **Theoric** ; **Theorical** a :
théorique

**Theorics** ; **Theory** : théorie f (part)

**Therapeutic** a : thérapeutique

**Therapeutics** : thérapeutique f

**Therapy** : thérapie f

**Thermal** ; **Thermic** a : thermique
~ **conductivity** : conductibilité [f] thermique
~ **efficiency** : rendement [m] thermique
~ **non-conductor** : calorifuge m
~ **water** : eau [f] thermale

**Thermisation** : thermisation f

**Thermocouple** : thermocouple m

**Thermoduric** a : thermorésistant (bacteria)

**Thermodynamic** a : thermodynamique

**Thermodynamics** : thermodynamique f

**Thermo-electric** a : thermo-électrique

**Thermogenesis** : thermogénèse f

**Thermolabile** a : thermolabile

**Thermolysis** : thermolyse f

**Thermometer** : thermomètre m

**Thermophil** ; **Thermophilic** a : thermophile

**Thermoplastic** a : thermoplastique

**Thermoregulation** : thermorégulation f

**Thermos flask** : bouteille [f] thermos ;
bouteille isotherme

**Thermostabile** ; **Thermostable** a : thermostable

**Thermostat** : thermostat m

**Thermostatic** a : thermostatique

**Thiamin** : thiamine f ; vitamine B1 f

**Thiazole** : thiazole m

**Thick** a : épais ; large ; visqueux
(liquid)
~-**walled** : à paroi épaisse

to **Thicken** : épaissir ; concentrer
(sauce) ; empâter (organism)

**Thickener** : épaississant m

**Thickening** : épaississement m ;
concentration f

**Thickness** : épaisseur f

to **Thin down** : maigrir ; allonger
(sauce)

to **Thin out** : éclaircir (seedlings) ;
réduire (population)

**Thin** a : mince
~ **layer** : couche [f] mince
~ **liquid** : très liquide
~ **skinned** : à peau mince ; à écorce
mince
~ **walled** : à paroi mince

**Thinly** a : en tranches [f] minces

**Thinner** : diluant m

**Thinning** : dilution f (product) ; amaigrissement m (medicine)
~ **down** : dilution f

**Thio-** : thio-

**Thiocyanate** : thiocyanate m

**Thioglycoside** : thioglycoside m

**Thiol** : thiol m

**Thiosulfate** : thiosulfate m

**Thixotropic** a : thixotrope ; thixotropique

**Thixotropy** : thixotropie f

**Thoracic** a : thoracique

**Thorax** : thorax m

**Thorn** : épine f (plant) ; piquant m
~ **hook** : épinette f (fish)

**Thornback** : raie f (fish) ; araignée [f] de
mer

**Thornless** a : sans épine

**Thorny** a : épineux

**Thread** : filament m

**Thread** a : filamenteux

**Thread-like** a : filiforme

**Threadworm** : nématode m

**Threonine** : thréonine *f*

**Threose** : thréose *m*

**Threpsology** : science *[f]* de la nutrition

to **Thresh** : battre *(wheat)*

**Thresher** : batteuse *f (machine)*

**Threshing** : battage *m*
~ **flail** : fléau *m*
~ **floor** : aire *[f]* de battage
~ **machine** : batteuse *f*
~ **manager** : entrepreneur *[m]* de battage

**Threshold** : seuil *m*
**Stimulus** ~ : seuil de l'excitation
~ **of sensitivity** : seuil de sensibilité

**Thrifty** *a* : économe ; économique

**Throat** : gosier *m* ; gorge *f*

**Thrombin** : thrombine *f*

**Thrombocyte** : thrombocyte *m* ; plaquette *[f]* sanguine

**Thrombokinase** : thrombokinase *f*

**Thrombosis** : thrombose *f*

**Thromboxane** : thromboxane *m*

to **Throw off** : se débarrasser *(infection)*

to **Throw out** : rejeter ; écarter *(goods)*

to **Throw up** : rejeter ; vomir

**Throw outs** *pl* : rebuts *m pl*

**Throwing out** : élimination *[f]* d'articles défectueux

**Thrush** : grive *f*

**Thyme** : thym *m*

**Thymine** : thymine *f*

**Thymus** : thymus *m (anatomy)* ; ris *m (cooking)*

**Thyrocalcitonin** : thyrocalcitonine *f*

**Thyroglobulin** : thyroglobuline *f*

**Thyroid** : thyroïde *f*
~ **gland** : glande *[f]* thyroïde

**Thyroidism** : thyroïdisme *m*

**Thyroxin** ; **Thyroxine** : thyroxine *f*

**Tibia** : tibia *m*

to **Tie** : attacher ; nouer ; faire un nœud

**Tie** : attache *f* ; nœud *m* ; nouage *m (fishing)*

**Tight** *a* : étanche

to **Tighten** : rendre étanche ; imperméabiliser ; étanchéifier

**Tightened** *a* : étanchéifié

**Tightening** : étanchéification *f*

**Tightness** : étanchéité *f*

to **Till** : labourer

**Tilled land** : champ *m*

**Till** : tiroir-caisse *m, pl* : tiroirs-caisses *(money)*

**Tillage** : labourage *m*

**Tiller** : laboureur *m*

**Tilling** : labourage *m* ; labour *m*

**Time** : temps *m*
**Decay** ~ : temps de décroissance *(radioactivity)*
**Latent** ~ : temps de latence *(microbiology)*
**Reaction** ~ : temps de réaction
**Turnover** ~ : temps de renouvellement *(physiology)*

**Timer** : compte-minutes *m*

to **Tin** : étamer

**Tinned** : conservé ; mis en boîte de conserve
~ **food** : conserves *[f pl]* alimentaires

**Tin** : étain *m* ; boîte *[f]* de fer-blanc ; boîte de conserve
**Cake** ~ : moule *[m]* à gâteau
~ **opener** : ouvre-boîte *m (for tin box)*
~ **plate** : fer-blanc *m*
~ **plate can** ; ~ **plate container** : boîte *[f]* en fer-blanc
~ **plating** : étamage *m*

**Tincture** : teinture *f*

**Tinman** : ferblantier *m*

**Tinning** : étamage
~ **industry** : conserverie *f* ; industrie *[f]* de la conserve

**Tinny** *a* : métallique

to **Tint** : teindre

**Tint** : teinte *f*

**Tip** : pointe *f (asparagus)*

**Tissual** *a* : tissulaire

**Tissue** : tissu *m*
  **Adipose ~** : tissu adipeux
  **Bony ~** : tissu osseux
  **Connective ~** : tissu conjonctif
  **Fatty~** : tissu adipeux
  **Formative ~** : cambium *m*
  **Nervous ~** : tissu nerveux
  **Scar ~** : tissu cicatriciel

**Titanium** : titane *m*

**Titer** : titre *m (chemistry)*

**Titratable** *a* : titrable *(chemistry)*

to **Titrate** : titrer *(chemistry)*

**Titration** : titration *f (chemistry)*

**Titre** : titre *m* ; concentration *f*

**Titrimetric** *a* : titrimétrique

**Titrimetry** : titrimétrie *f*

**TCL** : CCM

**Toad in the hole** : viande *[f]* cuite dans de la pâte ; pâté *[m]* de viande

**Toadstool** : champignon *[m]* vénéneux

**To-and-fro** : va et vient

**Toast** : pain *[m]* grillé

**Toaster** : grille-pain *m*

**Toasting** : toastage *m (bread)* ; grillage *m (meat)*

**Tobacco** : tabac *m*

**Tocopherol** : tocophérol *m*

**Tocotrienol** : tocotriénol *m*

**Toddy** : grog *m*

**Toffee** : caramel *[m]* au beurre

**Tolerance** : tolérance *f*
  **~ dose** : dose *[f]* admissibe

To **Tolerate** : supporter

**Tomatine** : tomatine *f*

**Tomato** : tomate *f*

**Ton** *(metric)* : tonne *(métrique)*

**Tone** : tonicité *f* ; tonus *m*

**Tongue** : langue *f*
  **Black ~** : langue noire ; glossophytie *f*

**Tonic** *a* : tonique *m*

**Tonicité** : tonus *m* ; tonicité *f*

**Tool** : outil *m*

**Tooth** : dent *f*
  **Baby ~** : dent de lait
  **Canine ~** : canine *f*
  **Deciduous ~** : dent de lait
  **Incisor ~** : incisive *f*
  **Milk ~** : dent de lait
  **Molar~** : molaire *f*
  **Wall ~** : molaire *f*
  **Wisdom ~** : dent de sagesse
  **~ decay** : carie *f*

**Toothless** *a* : édenté

to **Top** : écimer *(tree)*

**Top** : capsule *f (bottle)*

**Tops** *pl* : fanes *f pl (vegetable)*

**Topping** : crème *(covering a dessert)*

**Tornado** : tempête *f* ; cyclone *m*

**Tortilla** : tortilla *f* ; crêpe *f*

to **Toss hay** : faner

**Toughness** : fermeté *f* ; dureté *f*

**Toxic** *a* : toxique

**Toxicity** : toxicité *f*

**Toxicology** : toxicologie *f*

**Toxicosis** : toxicose *f*

**Toxi-infection** : toxi-infection *f*

**Toxin** : toxine *f*

**Toxis** : intoxication *f*

**Toxisterol** : toxistérol *m*

**Trace element** : oligoélément *m*

**Tracer** : traceur *m*

**Track** : piste *f (forest)* ; sentier *m*

**Tract** : appareil *m*; tube *m (biology)*
  **Digestive ~** : tube digestif
  **Respiratory ~** : appareil respiratoire

**Tractor** : tracteur *m*

to **Trade** : négocier ; faire le commerce ; faire le trafic

**Trade** : commerce *m* ; négoce *m* ; trafic *m* ; emploi *m*
**Domestic** ~ : commerce intérieur
**Foreign** ~ : commerce extérieur
**Free** ~ : libre-échange *m*
**Retail** ~ : commerce de détail
**Small** ~ : commerce de détail
**Wholesale** ~ : commerce de gros

**Trader** : négociant *m* ; commerçant *m* ; navire *[m]* de commerce

**Tradesman** : marchand *m* ; fournisseur *m*

**Trading** : commerce *m* ; négoce *m* ; trafic *m*

**Traffic** : trafic *m* ; commerce *m*

**Tragacanth** *a* : adragante *(gum)*

**Train oil** : huile *[f]* de baleine ; huile de poisson

**Training** : éducation *f* ; formation *f*

**Trainy flavour** : goût *[m]* d'huile de poisson

**Transacetylase** : transacétylase *f*

**Transaldolase** : transaldolase *f*

**Transaminase** : transaminase *f*

**Transesterification** : transestérification *f*

**Transferase** : transférase *f*

**Transferrin** : transferrine *f*

to **Transform** : transformer

**Transformation** : transformation *f*
**Molecular** ~ : déplacement *[m]* moléculaire ; réarrangement *[m]* moléculaire

**Transketolase** : transcétolase *f*

**Transition** : transition *f*

to **Translate** : traduire

**Translation** : traduction *f*

**Translucent** *a* : translucide

to **Transmit** : transmettre
~ **heat** : transférer la chaleur

**Transmitted light** : lumière *[f]* transmise

**Transmittance** : transmittance *f*

**Transparency** : transparence *f*

**Transparent** *a* : transparent
~ **positive** : diapositive *f*

to **Transpire** : transpirer

**Transplant** ; **Transplantation** : transplantation *f*

to **Transport** : transporter

**Transportable** *a* : transportable

**Transporter** : transporteur *m*

**Transversal** ; **Transverse** *a* : diagonal

**Transversely** *a* : transversalement ; en travers

to **Trap** : prendre au piège ; piéger *(animal)*

**Trap** : piège *m (animal)*

**Trapping** : piégeage *m*

**Trash** : ordures *f pl*

to **Trawl** : chaluter ; pêcher au chalut ; draguer

**Trawl** : chalut *m* ; drague *f*

**Trawler** : pêcheur *[m]* au chalut ; chalutier *m (ship)*

**Trawling** : pêche *[f]* au chalut

**Tray** : plateau *m (column)*

**Treacle** : mélasse *f*

to **Treat** : traiter ; offrir *(meal)*

**Treating** ; **Treatment** : traitement *m*
**Chemical** ~ : traitement chimique
**Dry** ~ : traitement par voie sèche
**Method of** ~ : mode *[m]* de traitement
**Thermal** ~ : traitement thermique
**Wet** ~ : traitement par voie humide

**Treaty** : traité *m (trade)*

**Tree** : arbre *m*
**Standing** ~ : bois *[m]* sur pied
~ **nursery** : pépinière *f*
~ **resin** : résine *f* ; poix *f*
~ **stump** : tronc *[m]* d'arbre

**Trefoil** : trèfle *m*

**Trehalase** : tréhalase *f*

**Trehalose** : tréhalose *m*

**Trend** : tendance *f*

**Trial** : essai *m* ; épreuve *f* ; recherche *f*
~ **station** : station *[f]* d'essais

**Triangular** *a* : triangulaire

**Triarachidin** : triarachidine *f*

**Trichloracetic** *a* : trichloracétique

**Trichlorethylene** : trichhloréthylène *m*

**Trifle** : diplomate *m* *(pudding)*

to **Trigger** : déclencher

**Trigerring** : induction *f* ; déclenchement *m*

**Triglyceride** : triglycéride *m*

**Trigonelline** : trigonelline *f*

to **Trim** : émonder *(tree)* ; parer *(meat)* ;
arranger ; mettre en état ; garnir

**Trimethylamine** : triméthylamine *f*

**Trimming** : dégrossissage *m* ; parage
*m (meat)* ; écimage *m (tree)*

**Triose** : triose *m*

**Tripe** : tripes *f pl*

**Tripeptide** : tripeptide *m*

**Trisaccharide** : trisaccharide *m*

**Tristearin** : tristéarine *f*

**Tritiated** *a* : tritié

**Triticale** : triticale *m*

to **Triturate** : triturer

**Trituration** : trituration *f*

**Trivalence** : trivalence *f*

**Trivalent** *a* : trivalent

**Trolley** : chariot *m* ; table *[f]* roulante

**Troop** : bande *[f]* d'animaux

**Tropic** : tropique *m*

**Tropical** *a* : tropical

**Tropism** : tropisme *m*

**Tropocollagen** : tropocollagène *m*

**Trotter** : pied *m (cooking)*

**Trouble** : difficulté *f*

**Trough** : auge *f* ; cuve *f* ; bac *m* ;
abreuvoir *m (cattle)*
**Drinking** ~ : abreuvoir *m*
**Feeding** ~ : mangeoire *f* ; baquet *m*
**Grindstone** ~ : auge de meule *(mil-
ling)*
**Mercury** ~ : cuve à mercure
**Rearing** ~ : bassin *[m]* d'alevinage
**Watering** ~ : abreuvoir

**Trout** : truite *f*
**Rainbow** ~ : truite arc-en-ciel
**Salmon** ~ : truite saumonnée
**Sea** ~ : truite de mer
**Yearling** ~ *pl* : estivaux *m pl*
~ **farming** : truiticulture *f* ; truitticul-
ture *f*

**Truck** : troc *m* ; échange *m* ; légumes
*m pl (in market)*
~ **gardening** : culture *[f]* maraîchère

**Truck** : wagon *m* ; camion *m* ; chariot
*m* ; benne *f*
**Hand** ~ : diable *m*

**True** *a* : vrai ; net ; réel *(nutritional
balance)*

**Truffle** : truffe *f*

**Truffled** *a* : truffé

**Trunk** : tige *f* ; tronc *m* ; souche *f (tree)*
**Baulked** ~ : tronc dégrossi

**Truth** : exactitude *f* ; régularité *f*

to **Try** : vérifier ; examiner ; éprouver ;
essayer

**Trying** : essai *m*

**Trypsin** : trypsine *f*

**Trypsinogen** : trypsinogène *m*

**Tryptamin** : tryptamine *f*

**Tryptophan** : tryptophane *m*

**Tub** : bac *m* ; benne *f*

**Tuber** ; **Tubercle** : tubercule *m*

**Tuberculin** : tuberculine *f*

**Tuberculosis** : tuberculose *f*

**Tuberculous** *a* : tuberculeux

**Tuberization** : tubérisation *f*

**Tuberose** *a* : tubéreux

**Tuberosity** : tubérosité *f*

**Tuberous** *a* : tubéreux ; tubérisé

**Tubular** *a* : tubulaire

**Tubule** ; **Tubulus** : tubule *m*

**Tumescence** : tumescence *f*

**Tumescent** *a* : tumescent

**Tumid** *a* : enflé ; gonflé ; protubérant

**Tumidity** : renflement *m* ; protubérance *f* ; turgescence *f*

**Tumor** : ⇨ **Tumour**

**Tumorous** *a* : tumoral

**Tumour** : tumeur *f*
  **Benign** ~ : tumeur bénigne
  **Malignant** ~ : tumeur maligne

**Tuna** : thon *m*
  **Blue fin** ~ : thon rouge
  **Long fin** ~ : thon blanc ; albacore *m*
  **~fish** : thon

**Tungsten** : tungstène *m*

**Tungstic** *a* : tungstique

**Tunny** : thon *m*
  **Blue fin** ~ : thon rouge
  **Long fin** ~ : thon blanc ; albacore *m*
  **~ fish** : thon

**Tunny-egg** : poutargue *f*

**Turanose** : turanose *m*

**Turbid** *a* : trouble

**Turbidimeter** : néphélomètre *m*

**Turbidimetry** : néphélométrie *f*

**Turbidity** : turbidité *f* ; trouble *m (bacterial)* ; obscurcissement *m*

**Turbot** : turbot *m*

**Turbulence** : turbulence *f*

**Turgescence** : turgescence *f*

**Turgescent** *a* : turgescent

**Turgid** *a* : enflé ; gonflé ; turgide

**Turgidity** : turgescence *f*

**Turkey** : dindon *m (generic)*
  **~ cock** : dindon mâle

**~-hen** : dinde *f*
  **~ poult** : dindonneau *m*

**Turmeric** : curcuma *m* ; safran *[m]* des Indes

to **Turn hay** : faner

to **Turn on** : allumer ; faire marcher *(apparatus)*

**Turn** : tour *m* ; rotation *f* ; virage *m*
  **Bêta** ~ : feuillet *[m]* bêta *(protein)*

**Turning** : rotation *f* ; coude *m*

**Turnip** : navet *m*
  **~ cabbage** : chou-rave *m, pl* : choux-raves

**Turnover** : mouvement *m* ; circulation *f* ; renouvellement *m (metabolism)* ; chiffre d'affaires *m (economy)*

**Turpentine** : térébenthine *f*
  **~ oil** : essence *[f]* de térébenthine

**Turtle soup** : soupe *[f]* de tortue

**Twelfth night cake** : galette *[f]* des rois

**Twin screw extruder** : extrudeur *[m]* à double vis

to **Twist** : tordre

**Two-eyed** *a* : binoculaire (*(microscope)*

**Two-field system** : assolement *[m]* biennal

**Two-phase** *a* : biphasé *(electricity)*

**Two-pole** *a* : bipolaire

**Two-winged** : diptère *m*

**Two-year, Two-yearly** : biennal

**Tying** : nouage *m (fishing)*

**Tympanitis** : météorisation *f*

**Type** : type *m*
  **~ specimen** : échantillon *[m]* type

**Typical** *a* : caractéristique ; typique

**Typing** : détermination *f (biology)*
  **Blood** ~ : détermination du groupe sanguin

**Tyramine** : tyramine *f*

**Tyrosinase** : tyrosinase *f*

**Tyrosine** : tyrosine *f*

# U

Ubiquinone : ubiquinone f

Udder : mamelle f ; pis m (bovine)

Udometer : pluviomètre m

UHT : UHT

Ulcer : ulcère m

Ulceration : ulcération f

Ulcus : ulcère m

Ulmic a : humique

Ulon : gencive f

Ultimate a : ultime ; final

Ultracentrifugation : ultracentrifugation f

Ultracentrifuge : ultracentrifugeuse f

Ultrafiltrate : ultrafiltrat m

Ultrafiltration : ultrafiltration f

Ultra high temperature : ultra haute température f

Ultra-red a : infrarouge

Ultrasonic a : ultrasonique

Ultrasonics ; Ultrasound : ultrason m

Ultra-violet a : ultraviolet
~ irradiation : irradiation [f] ultraviolette
~ ray : rayon [m] ultraviolet

Umbilical cord : cordon [m] ombilical

Umbilicus : ombilic m (botany)

Unaltered a : intact ; non altéré ; inaltéré

Unbittering : désamérisation f

Unbound a : libre (water)

Unburnt a : non brûlé ; cru

Unchanged a : inaltéré ; inchangé ; intact

Unchanging a : invariable

Unclean a : malpropre ; sale

Uncleanliness ; Uncleanness : malpropreté f

Uncoagulable a : incoagulable ; non coagulable

Unconjugated a : non conjugé (unsaturated linking)

Uncooked a : cru

Underfeeding : sous-alimentation f

Undernourishment : dénutrition f ; sous-alimentation f

Undernutrition : sous-nutrition f ; dénutrition f

Underweight : déficit [m] pondéral

Undifferentiated a : indifférencié

Undulation : ondulation f

Unenclosed a : ouvert

Unequal ; Uneven a : inégal

Unevenness : inégalité f

Unexamined a : non examiné

Unfavourable a : défavorable

Unfermented a : non fermenté ; azyme (bread)

Unfinished a : inachevé ; imparfait

Unfit a : impropre

Unfractionated a : non fractionné

Ungulate : ongulé m a

Unhealthy a : malsain

Unicellular a : unicellulaire

Uniform a : uniforme

Uniformity : uniformité f

**Uniformly** : uniformément

**Unilateral** *a* : unilatéral

**Uninhabited** *a* : inhabité ; désert

**Uninterrupted** *a* : ininterrompu

**Unipara** : primipare *f*

**Uniparous** *a* : primipare

**Unit** ; **Unity** : unité *f*
  **Feed** ~ : unité fourragère
  **Fill** ~ : unité d'encombrement
  **Forage** ~ : unité fourragère
  **International** ~ : unité internationale

**Univalence** : monovalence *f* ; univalence *f*

**Univalent** *a* : monovalent ; univalent

**Universal** *a* : universel

**Unknown** *a* : inconnu

**Unleavened** *a* : non levé *(bread)*

**Unlike** *a* : dissemblable ; différent

to **Unload** : décharger ; débarquer

**Unmixed** *a* : pur ; sans mélange

**Unoxidizable** *a* : inoxydable

**Unpleasant** *a* : déplaisant ; désagréable *(taste)*

**Unripe** ; **Unripened** *a* : vert *(fruit, wine)* ; pas encore mûr *(fruit)* ; pas encore fait *(cheese)* ; immature

**Unripeness** : verdeur *(fruit, wine)* ; immaturité *f*

**Unroasted** *a* : non grillé ; cru

**Unsalted** *a* : non salé

**Unsaponifiable** : insaponifiable *m a*

**Unsaturate** ; **Unsaturated** *a* : insaturé *(chemistry)*

**Unsaturation** : insaturation *f*

**Unserviceable** *a* : inutilisable ; impropre

**Unshelled** *a* : en coques ; non décortiqué

**Unstable** *a* : instable

**Unstriated** *a* : lisse *(muscle)*

**Unsuccessful** *a* : sans succès ; sans résultat

**Unsweetened** *a* : non sucré

**Unsymmetrical** *a* : asymétrique ; dissymétrique

**Untamed** : sauvage *(animal)*

**Untanned** *a* : non tanné

**Untight** *a* : non étanche

**Untreated** *a* : non traité ; brut *(food)*

**Unusable** *a* : inutilisable

**Unvaried** *a* : uniforme

**Unwashed** *a* : non lavé

**Unwholesome** *a* : malsain ; insalubre

**Uperization** : upérisation *f*

**Uperizer** : upérisateur *m*

**Upkeep** : entretien *m (cost)*

**Upland** : région *[f]* montagneuse

**Upper** *a* : supérieur ; haut

to **Uproot** : déraciner ; déterrer

**Upset** : embarras *m (digestive)*

**Uracil** : uracile *m*

**Uraemia** : urémie *f*

**Uraemic** *a* : urémique

**Uragogue** *a* : diurétique

**Uranium** : uranium *m*

**Urase** : uréase *f*

**Urate** : urate *m*

**Uratic** *a* : goutteux

**Urea** : urée *f*

**Ureal** *a* : uréique

**Urease** : uréase *f*

**Uremia** ; uremic ⇨ **Uraem-**

**Urethra** : urètre *m*

**-uria** : -urie *f*

**Uric** *a* : urique

**Uricase** : uricase *f*

**Uricemia** : uricémie *f*

**Urina** : urine *f*

**Urinary** *a* : urinaire

**Urination** : miction *f*

**Urine** : urine *f*
  to **Void** ~ : uriner

**Urolithiasis** : urolithiase *f*

**-uronic** *a* : -uronique

**Ursine** : oursin *m*

**Urticaria** : urticaire *m*

**Usage** : usage *m*

to **Use** : utiliser ; employer
  ~ **carefully** : ménager *(resources)*
  ~ **sparingly** : ménager *(resources)*

**Use** : emploi *m* ; usage *m*
  **In** ~ : en usage
  **Ready for** ~ : prêt à l'emploi

**Useful** *a* : utile ; utilisable ; approprié

**Useless** *a* : inutile ; impropre

**User** : consommateur *m*

**Usual** *a* : usuel
  ~ **quality** : qualité *[f]* courante

**Utensil** : ustensile *m* ; outil *m*
  **Household** ~ : ustensiles de ménage
  **Kitchen** ~ : instruments *[m pl]* de cuisine
  **Farming** ~ : outils aratoires

**Uterine** *a* : utérin

**Uterus** : utérus *m*

**Utility** : utilité *f*

**Utilization** : utilisation *f*
  **Feed** ~ : efficacité alimentaire
  **Net protein** ~ *(NPU)* : utilisation protidique nette *(UPN)*

to **Utilize** : utiliser

**Utmost** *a* : extrême

**Uva** : raisin *m*

**Vaccenic** *a* : vaccénique

to **Vaccinate** : vacciner

**Vaccinating** ; **Vaccination** : vaccination *f* ; action *[f]* de vacciner

**Vaccine** : vaccin *m*

to **Vacuum** : aspirer

**Vacuum** : vide *m*
~ **air pump** : pompe *[f]* à vide
~ **bell jar** : cloche *[f]* à vide
~ **bottle** : bouteille *[f]* isolante ; thermos
~ **distillation** : distillation *[f]* sous-vide
~ **drier** : étuve *[f]* à vide
~ **drying** : séchage *[m]* sous-vide
~ **drying chamber** : étuve *[f]* à vide
~ **evaporator** : évaporateur *[m]* sous-vide
~ **filling** : remplissage *[f]* sous-vide
~ **flask** : bouteille *[f]* isolante ; thermos *m*
~ **gauge** : manomètre *m*
~ **package** : emballage *[m]* sous-vide
~ **packed** : emballé sous-vide
~ **pump** : pompe *[f]* à vide
~ **sealing** : soudure *[f]* sous-vide

**Vagina** : vagin *m*

**Vaginal** *a* : vaginal

**Vagotonin** : vagotonine *f*

**Valence** ; **Valency** : valence *f*

**-valent** : -valent

**Valerian** *a* : valériane *f (botany)* ; valérianique *(chemistry)*

**Valeric** *a* : valérique

**Valid** *a* : valable ; légal ; valide

**Validity** : authenticité *f* ; validité *f*

**Valine** : valine *f*

**Valuation** : évaluation *f*

**Value** : valeur *f*
~ **added tax** : taxe *[f]* à la valeur ajoutée (TVA)

to **Van** : transporter *(goods)*

**Van** : camion *m* ; fourgon *m* ; wagon *m* ; van *m (bolting)*
**Livestock** ~ : wagon à bestiaux
**Refrigerated** ~ ; **Refrigerator** ~ : wagon frigorifique

**Vanila** ; **Vanilla** : vanille *f*

**Vanillin** : vanilline *f*

**Vapor** : vapeur *f* ; ⇨ **Vapour**

**Vaporization** : vaporisation *f* ; pulvérisation *f*
~ **heat** : chaleur *[f]* de vaporisation
~ **point** : point *[m]* de vaporisation

to **Vaporize** ; vaporiser ; évaporer ; se vaporiser

**Vaporizer** : vaporisateur *m* ; pulvérisateur *m* ; atomiseur *m*

to **Vapour** : s'évaporer ; se vaporiser

**Vapour** : vapeur *f*
**Dry** ~ : vapeur sèche
**Water** ~ : vapeur d'eau
**Wet** ~ : vapeur humide
~ **pressure** : pression *[f]* de vapeur
~ **tension** : tension *[f]* de vapeur

**Varech** : varech *m*

**Variability** : variabilité *f*

**Variable** : variable *f a*

**Variance** : variance *f*
**Analysis of** ~ : analyse *[f]* de la variance

**Variation** : variation *f* ; différence *f* ; variété *f (botany)*

**Varicated** ; **Variceal** ; **Varicose** *a* : variqueux

**Varietal** *a* : variétal

**Variety** : variété *f*

**Various** *a* : différent ; divers

to **Varnish** : vernir

**Varnish** : vernis *m*

to **Vary** : présenter une variation

**Vas** : vaisseau *m* ; canal *m* ; tube *m* (*anatomy*)

**Vascular** *a* : vasculaire

**Vascularization** : vascularisation *f*

**Vasculose** : vasculose *m*

**Vasoconstriction** : vasoconstriction *f*

**Vasodilation** : vasodilatation *f*

**Vat** : bassin *m ;* cuve *f* ; cuveau *m*

**VAT** : TVA

**Veal** : veau *m*

**Vector** : vecteur *m*

**Vegetable** : légume *m* ; végétal *m*; plante *f* ; plant *m*
  **Early** ~ : primeur *m*
  ~ **cutter** : coupe-légumes *m*
  ~ **hot-house** : serre *[f]* pour légumes
  ~ **peeler** : éplucheuse *[f]* de légumes
  ~ **picking** : épluchage *[m]* de légumes
  ~ **seeds** *pl* : graines *[f pl]* maraîchères

**Vegetables** *pl* : légumes *m pl*
  **Canned** ~ : conserves *[f pl]* de légumes
  **Green** ~ : légumes verts
  **Tinned** ~ : conserves *[f pl]* de légumes
  **Culture of** ~ : culture *[f]* maraîchère

**Vegetal** : végétal *m a*
  ~ **humus deposit** : humus *[m]* végétal
  ~ **matter** : substance *[f]* végétale
  ~ **mould** : humus *m* ; terreau *m*
  ~ **soil** : humus *m* ; terreau *m*
  ~ **wax** : cire *[f]* végétale

**Vegetarian** : végétarien *m*

**Vegetarism** : végétarisme *m*

**Vehicle** : véhicule *m*

**Vein** : veine *f (animal)* ; nervure *f (leaf)*
  **Portal** ~ : veine porte

**Veined** *a* : veiné *(stone)* ; nervuré *(leaf)*

**Veining** : veinure *f* ; veines *f pl* ; nervures *f pl*

**Veinlet** : veinule *f*

**Veiny** *a* : veineux *(blood)* ; veiné *(stone)*

**Vells** *pl* : caillette *f (ruminant)*

**Velocity** : vitesse *f*

**Velvety** *a* : velouté *(wine)*

**Vena** : veine *f*

**Venate** *a* : veiné

**Venison** : venaison *f* ; gibier *m*

**Venom** : venin *m*

**Venomous** *a* : vénéneux *(vegetal)* ; venimeux *(animal)*

**Venous** *a* : veineux

to **Ventilate** : ventiler ; aérer

**Ventilation** : ventilation *f*

**Ventilator** : ventilateur *m*

**Venule** : veinule *f*

**Verdigris** : vert-de-gris *m*

**Verification** : vérification *f* ; examen *m* ; essai *m*

to **Verify** : vérifier ; examiner

**Verifying** : ⇨ **Verification**

**Vermicelli** : vermicelle *m*

**Vermicidal** *a* : vermicide

**Vermicide** : vermicide *m*

**Vermicule** : vermisseau *m* ; larve *f* ; asticot *m*

**Vermifugal** *a* : vermifuge

**Vermifuge** : vermifuge *m*

**Vermin** : vermine *f*

**Vermouth** : vermouth *m*

**Vernacular** *a* : vernaculaire

**Vertebrate** : vertébré *m a*

**Vesical** *a* : vésical

**Vesicle** : vésicule *f*

**Vessel** : récipient *m* ; vase *m* ; navire *m* ; bateau *m*
  **Blood** ~ : vaisseau *[m]* sanguin

**Cristallizing** ~ : cristallisoir *m*
**Enamelled** ~ : récipient émaillé
**Graduated** ~ : récipient gradué

to **Vet** : examiner ; traiter *(animal)*

**Vet** : ⇨ **Veterinarian**

**Vetch** : vesce *f*

**Vetchling** : gesse *[f]* des prés

**Veterinarian** : vétérinaire *m*

**Veterinary** *a* : vétérinaire
~ **surgeon** : vétérinaire *m*

**VFA** *(Volatile Fatty Acid)* : AGF *(Acide Gras Volatil)*

**Viability** : viabilité *f*

**Viable** *a* : viable

**Vial** : fiole *f*

**Vibrio** : vibrion *m*

**Vicarious** *a* : vicariant ; remplaçant ; substitutif

**Vicillin** : vicilline *f*

**View** : vue *f* ; opinion *f*

**Vigorous** *a* : vigoureux

**Village** *a* : village *m*

**Villosity** ; **Villus** : villosité *f*

**Vine** : vigne *f*
~ **cultivation** ; ~ **culture** : viticulture *f*
~ **dresser** : vendangeur *m*
~ **harvest** : vendange *f*
~ **land** : vignoble *m* ; région *[f]* viticole
~ **plant** : cep *[m]* de vigne
~ **pole** ; ~ **prop** : échalas *m*
~ **sprayer** : pulvérisateur *m* ; sulfateuse *f*
~ **sulphuring** : sulfatage *m*

**Vineyard** : vignoble *m* ; vigne *f*
**Syringue for** ~ : sulfateuse *f* ; pulvérisateur *m*

**Vinegar** : vinaigre *m*
**Radical** ~ : acide *[m]* acétique cristallisable
**Tarragon** ~ : vinaigre à l'estragon
**Wine** ~ : vinaigre de vin
~ **brewer** : vinaigrier *m*
~ **fly** : mouche *[f]* du vinaigre
~ **maker** : vinaigrier *m*

**Vinegarish** *a* : aigrelet

**Vinosity** : caractère *[m]* vineux ; vinosité *f*

**Vinous** *a* : vineux ; relatif au vin

**Vintage** : cru *m (wine )* ; millésime *m* ; année *f*
**Great** ~ : grand cru

**Vintager** : viticulteur *m* ; vendangeur *m*

**Vinyl** : vinyle *m*

**Violaxanthin** : violaxantine *f*

**Viosterol** : calciférol *m*

**Virgin** *a* : vierge *(oil)*

**Virological** *a* : virologique

**Virology** : virologie *f*

**Virose** *a* : fétide *(smell)* ; vénéneux *(plant)*

**Virulence** : virulence *f*

**Virus** : virus *m*

**Viscera** *pl* : viscères *m pl*

**Visceral** *a* : viscéral

**Viscid** *a* : visqueux ; gluant

**Viscidity** : viscosité *[f]* forte

**Viscoelasticity** : viscoélasticité *f*

**Viscometer** ; **Viscosimeter** : viscosimètre *m*

**Viscosimetry** : viscosimétrie *f*

**Viscosity** : viscosité *f*

**Viscous** *a* : visqueux ; pâteux

**Viscus** : viscère *m*

**Visibility** : visibilité *f*

**Visible** *a* : visible
~ **radiation** : radiation *[f]* dans le visible

**Vision** : vision *f*

**Visual** *a* : visuel
~ **cell** : cellule *[f]* de la rétine
~ **nerve** : nerf *[m]* optique
~ **purple** : pourpre *[m]* rétinien
~ **receptor** : photorécepteur *m*

**Vitamin** : vitamine *f*

**Vitaminized** *a* : vitaminisé

**Vitellenin** : vitellénine *f*

**Vitellin** : vitelline *f*

**Vitelline** *a* : vitellin

**Vitellus** : vitellus *m*

**Viticulture** : viticulture *f*

**Viticulturist** : viticulteur *m*

**Vitreous** *a* : vitreux *(cereal)* ; vitré
~ **humour** : humeur *[f]* vitreuse

**Vitreum** : corps *[m]* vitré

**Vitrified malt** : malt *[m]* vitreux

**Vivarium** : vivier *m*

**Vividiffusion** : hémodialyse *f*

**Viviparous** *a* : vivipare

to **Void** : évacuer *(urine, faeces)*
~ **urine** : uriner

**Void** : vide *m a*

**Voidage** ; **Voidange** : porosité *f*

**Volatile** *a* : volatil
~ **fatty acid** : acide gras *[m]* volatil

**Volatility** : volatilité *f*

**Volatilizable** *a* : volatilisable

**Volatilization** : volatilisation *f*

to **Volatilize** : volatiliser ; se volatiliser

**Volume** : volume *m (physics)* ; tome
*m (book)*
**Per cent by** ~ : pour cent en volume

**Volumetric** *a* : volumétrique
~ **analysis** : analyse *[f]* volumétrique

**Volution** : circonvolution *f*

to **Vomit** : vomir

**Vomit** : vomissement *m* ; vomitif *m*
~ **nut** : noix *[f]* vomique

**Vomiting** ; **Vomition** : vomissement *m*

**Vomitive** *a* : vomitif ; émétique

**Vomitory** : vomitif *m* ; émétique *m*

**Vomitoxin** : vomitoxine *f*

**Vortex** : tourbillon *m* ; remous *m*
*(water)*

**Vortical** *a* : tourbillonnaire

**Vorticity** : turbulence *f*

to **Vulnerate** : blesser

**Vulnus** : blessure *f*

**W**

**Wad** : ouate *[f]* de cellulose

**Wafer** : gaufrette *f* ; pain *[m]* azyme

**Waffle** : gaufre *f*
~ **iron** : moule *[m]* à gaufre ; gaufrier *m*

**Wages** *pl* : gages *m pl* ; paye *f* ; paie *f* *(worker)*

**Wagon** : wagon *m*
**Cattle** ~ : wagon à bestiaux
**Tank** ~ : wagon-citerne *m, pl* : wagons-citernes ; wagon-foudre *m*

**Wall** : paroi *f* ; membrane *f*
**Cellular** ~ : paroi cellulaire

**Walnut** : noix *f*
~ **juice** : brou *[m]* de noix
~ **stain** : brou *[m]* de noix

**Ware** : marchandise *f*

to **Warehouse** : emmagasiner

**Warehouse** : magasin *m* ; entrepôt *m* *(goods)* ; hangar *m*

**Warehouseman** : magasinier *m*

to **Warm** : réchauffer

**Warm** *a* : chaud

**Warmblooded** : à sang chaud *(animal)* ; homéotherme *m*

**Warming** : échauffement *m* ; chauffage *m*

to **Wash** : laver ; rincer ; lessiver
~ **away** : éliminer à l'eau courante
~ **down** : laver à grande eau

~ **off** : éliminer par lavage
~ **out** : laver ; rincer ; nettoyer

**Wash** : lavage *m* ; savonnage *m* ; badigeon *m* ; eau *[f]* de vaisselle *(cooking)* ; vinasse *f (distillery)* ; limon *m* ; alluvion *f (soil)*
~ **bottle** : pissette *f (laboratory)*
~ **tub** : baquet *m* ; cuvier *m*
~ **water** : eau *[f]* de lavage

**Washer** : machine *[f]* à laver ; laverie *f* *(room)* ; laveur *m (person)*

**Washery** : lavoir *m* ; laverie *f*

**Washing** : lavage *m*
**Dry** ~ : lavage à sec
**Wet** ~ : lavage par voie humide
~ **bottle** : flacon *[m]* laveur
~ **machine** : machine *[f]* à laver
~ **soda** : soude *f*

**Waste** : déchet *m* ; résidu *m* ; rebut *m* ; perte *f*
**Agricultural** ~ : déchet agricole
**Liquid** ~ : eau *[f]* usée
~ **gas** : gaz *[m]* brûlé
~ **heat** : chaleur *[f]* perdue
~ **products** *pl* : déchets *m pl*
~ **water** : eau *[f]* résiduaire ; eau usée, eau d'égout ; eau de condensation
~ **water purifier** : épurateur *[m]* d'eau ; épurateur d'égout

**Waster** : rebut *m*

**Wasting** : usure *f* ; gaspillage *m*

**Watch glass** : verre *[m]* de montre *(chemistry)*

to **Water** : arroser ; abreuver

**Watered** *a* : arrosé

**Water** : eau *f*
**Bound** ~ : eau liée
**Brackish** ~ : eau saumâtre
**Capillary** ~ : eau capillaire
**Carbonated** ~ : eau gazeuse
**Chalky** ~ : eau calcaire
**Chalybeate** ~ : eau ferrugineuse
**Constitutional** ~ : eau de constitution
**Distilled** ~ : eau distillée
**Drinkable** ~ ; **Drinking** ~ : eau potable ; eau de boisson
**Feed** ~ : eau de consommation ; eau d'alimentation
**Free** ~ : eau libre
**Fresh** ~ : eau de source ; eau de rivière ; eau douce

**Gazeous** ~ : eau gazeuse
**Ground** ~ : nappe *[f]* d'eau ; nappe *[f]* phréatique
**Hard** ~ : eau dure ; eau calcaire
**Heavy** ~ : eau lourde
**Mineral** ~ : eau minérale
**Muddy** ~ ; **Murky** ~ : eau boueuse
**Muriated** ~ : eau salée
**Rain** ~ : eau de pluie
**River** ~ : eau de rivière
**Running** ~ : eau courante
**Salt** ~ : eau de mer
**Sea** ~ : eau de mer
**Seltzer** ~ : eau de Seltz
**Soft**~ : eau douce
**Thermal spring** ~ : eau thermale
~ **balance** : métabolisme *[f]* hydrique
~ **bath** : bain *[m]* d'eau ; bain-marie *m*
~ **binding** : absorbtion *[f]* d'eau
~ **of constitution** : eau de constitution
~ **content** : teneur *[f]* en eau ; taux *[m]* d'humidité
~ **cooling** : refroidissement *[m]* par l'eau
~ **of crystallization** : eau de cristallisation
~ **distiller** : appareil *[m]* à eau distillée
~-**free** : anhydre
~ **hardness** : dureté *[f]* d'eau
~ **inlet** : arrivée *[f]* d'eau
~ **level** : niveau *[m]* d'eau
~ **mill** : moulin *[m]* à eau
~ **outlet** : sortie *[f]* d'eau
~ **plant** : plante *[f]* aquatique
~ **under pressure** : eau sous pression
~ **repellent** *a* : hydrophobe
~ **soluble** : hydrosoluble
~ **tower** : château *[m]* d'eau
~ **vapour** : vapeur *[f]* d'eau

**Waters** *pl* : liquide *[m]* amniotique ; eaux *f pl (delivery)*

**Watercress** : cresson *[m]* de fontaine

**Waterfowl** : gibier *[m]* d'eau ; oiseau *[m]* d'eau

**Wateriness** : fadeur *f (after boiling)* ; sérosité *f*

**Watering** : arrosage *m* ; mouillage *m (milk)* ; dilution *f*

**Waterish** *a* : aqueux

**Waterless** *a* : anhydre *(chemistry)*

**Watermelon** : pastèque *f*

**to Waterproof** : rendre étanche à l'eau ; étanchéifier ; imperméabiliser

**Waterproof** *a* : étanche à l'eau ; imperméable

**Waterproofing** : étanchéification *f* ; imperméabilisation *f*

**Waterproofness** : étanchéité *f*

**Watery** *a* : aqueux ; humide ; insipide ; fade *(after boiling)*

**Wave** : onde *f*
**Cold** ~ : vague *[f]* de froid
**Heat** ~ : vague *[f]* de chaleur

**Wavelength** : longueur *[f]* d'onde

**Wavy** *a* : ondulé

to **Wax** : cirer ; paraffiner

**Wax** : cire *f*
**Beeswax** : cire d'abeille
**Bleached** ~ : cire blanche
**Sealing** ~ : cire à cacheter
**Unbleached** ~ : cire jaune
**Vegetable** ~ : cire végétale
**Virgin** ~ : cire vierge
**Yellow** ~ : cire jaune
~ **bean** : haricot *[m]* ordinaire
~ **cake** : cire en pain
~ **in combs** : cire en rayons

**Waxing** : paraffinage *m* ; cirage *m* ; encaustiquage *m*

**Waxy** *a* : cireux

to **Wean** : sevrer

**Weaning** : sevrage *m*
~ **food** : aliment *[m]* de sevrage

to **Weed** : sarcler ; désherber

**Weed** : mauvaise herbe *f*
~-**killer** : désherbant *m*

**Weeding** : sarclage *m* ; désherbage *m*

**Weever** : vive *(fish)*

**Weevil** : charançon *m*
**Fly** ~ ; **Grain** ~ : charançon du blé
**Pea** ~ : bruche *f*

**Weeviled ; Weevilled ; Weevily ; Weevily** *a* : charançonné

To **Weigh** : peser ; charger avec des poids

**Weigh house ; Weigh station** : bascule *[f]* publique

**Weigher** : appareil *[m]* de pesage ; bascule *f*

**Weighing** : pesée *f* ; pesage *m*
  **Double ~** : double pesée *f*
  **~ machine** : bascule *f*

**Weight** : poids *m*
  **Birth ~**  poids à la naissance
  **Body ~** : poids corporel ; poids vif
  **Counter balance ~** : contrepoids *m*
  **Dry ~** : poids sec
  **Effective ~** : charge *[f]* utile
  **Empty ~** : charge *[f]* à vide
  **Extra ~** : surcharge *f*
  **Fresh ~** : poids frais
  **Gross ~**  : poids brut
  **Live ~** : poid vif
  **Net ~** : poids net
  **Precision ~** : poids de précision
  **Real ~** : charge *[f]* utile
  **Rough** : poids approximatif
  **Specific ~** : poids spécifique
  **Standard ~** : poids étalon
  **Weaning ~** : poids au sevrage
  **~ of an atom** : poids atomique
  **~ of packing** : poids de l'emballage
  **~ reducing** : amaigrissement *(treatment)*
  **~ by volume** : poids par volume

**Weighty** *a* : pesant ; lourd

**Well** : puits *m*

**Well-being** : bien-être *m*

to **Wet** : humidifier ; mouiller ; imbiber d'eau ; humecter ; arroser

**Wet** : humidité *f* ; pluie *f*

**Wet** *a* : mouillé ; humide
  **~ process** : procédé *[m]* par voie humide
  **~ rot** : putréfaction *[f]* humide
  **~ separation** : séparation *[f]* par voie humide
  **~ vapour** : vapeur *[f]* humide
  **~ washing** : lavage *[m]* par voie humide
  **In the ~ way** : par voie humide

**Wetch** : vesce *f*

**Wether** : agneau *[m]* castré

**Wetness** : humidité *f*

**Wettability** : mouillabilité *f*

**Wetting** *(agent)* : mouillant *m*

**Wetting** : mouillage *m (milk)* ; trempage *m* ; trempe *f* ; arrosage *m* ; infusion *f* *(herb)*
  **Air ~** : humidification *[f]* de l'air

**Whale** : baleine *f*
  **~ fin** : fanon *[m]* de baleine
  **~ fishing** : pêche *[f]* à la baleine
  **~ oil** : huile *[f]* de baleine

**Whaleboat** : baleinière *f*

**Whalebone** : baleine *f*

**Whaler** : pêcheur *[m]* de baleine ; baleinier *m*

**Whaling** : pêche *[f]* à la baleine
  to **Go ~** : pêcher la baleine

**Wharf** : quai *m (port)* ; môle *m*

**Wheat** : blé *m*
  **Common soft ~** : blé tendre
  **Durum ~** : blé dur
  **Flint ~** : blé dur
  **German ~** : épeautre *m*
  **Hard ~** : blé dur
  **Soft ~** : blé tendre
  **~ brush** : brosse *[f]* à blé
  **~ cleaner** : nettoyeur *[m]* de blé
  **~ cleaning** : nettoyage *[m]* du blé
  **~ conditioner** : conditionneur *[m]* à blé
  **~ grader** : trieuse *[f]* de blé
  **~ growing area** : région *[f]* à blé ; région *[f]* céréalière
  **~ loft** : grenier *[m]* à blé
  **~ meal** : grosse farine *[f]* de blé
  **~ offal** : issues *f pl*
  **~ sheaf** : gerbe *[f]* de blé
  **~ stalk** : chaume *m*
  **~ straw** : paille *[f]* de blé
  **~ washing** : lavage *[m]* du blé

**Wheaten** *a* : relatif au blé
  **~ flour** : farine *[f]* de blé
  **~ mill** : moulin *[m]* à blé

**Wheel** : roue *f*
  **Toothed ~** : molette *f (industry)* ; engrenage *[m]* denté

to **Whet** : aiguiser

**Whetted** *a* : tranchant ; aigu ; aiguisé

**Whetting** : aiguisage *m*

**Whetstone** : pierre *[f]* à aiguiser

**Whey** : lactosérum *m* ; petit-lait *m*
  **Yeasted ~** : levure *[f]* de lactosérum

~ **protein** : protéine *[f]* soluble *(milk)* ;
protéine de lactosérum
~ **yeast** : levure *[f]* lactique ; levure de
lactosérum

to **Whip** : fouetter ; foisonner ; battre en
neige *(egg white)*

**Whipped cream** : crème *[f]* fouettée ;
crème Chantilly

**Whip** : fouet *m*

**Whipping** : foisonnement *m (egg
white)* ; fouettage *m*

**Whirlpool** : tourbillon *m*

**Whirlwind** : tourbillon *m*

**Whiskey** ; **Whisky** : whisky *m*

**White** *a* : blanc *m*
**Egg** ~ : blanc *[m]* d'œuf
**Beaten egg** ~ : blanc battu ; blanc
monté
**Stiff egg** ~ : blanc battu ; blanc monté
~ **bread** : pain blanc *m*
~ **cell** : leucocyte *m*
~ **cheese** : fromage *[m]* blanc
~ **corpuscle** : leucocyte *m*
~ **coffee** : café *[m]* au lait
~**fish** : poisson *[m]* à chair blanche
*(whiting, haddock)*
~ **iron** : fer-blanc *m*
~ **sauce** : béchamelle *f*
~ **sugar** : sucre *[m]* blanc ; sucre raffiné
~ **turnip** : navet *m*
~ **wine** : vin *[m]* blanc

**Whitebait** : poissons *[m pl]* pour petite
friture

**Whiteness** : blancheur *f*

to **Whitewash** : blanchir ; échauder

**Whitewashing** : badigeonnage *m* ;
blanchiment *m*

**Whiting** : merlan *m (fish)* ; carbonate
*[m]* de chaux

**Whitish** *a* : blanchâtre

to **Whizze** : centrifuger

**Whizzer** : essoreuse *f* ; centrifugeuse *f*

**WHO** *(World Health Organization)* :
OMS *(Organisation Mondiale de la
Santé)*

**Wholemeal bread** : pain *[m]* complet

**Wholemeal flour** : farine *[f]* complète

**Wholesale** *a* : en gros ; vente *[f]* en gros
~ **business** : commerce *[m]* en gros
~ **dealer** : négociant *[m]* en gros ;
grossiste *m*
~ **merchant** : ⇨ **Wholesale dealer**
~ **price** : prix *[m]* de gros
~ **and retail** : gros et détail

**Wholesaler** grossiste *m* ; négociant
*[m]* en gros

**Wholesome** *a* : sain *(food)* ; salubre
*(atmosphere)*

**Whortleberry** : myrtille *f* ; airelle *f*
**Red** ~ : airelle rouge

**Widening** : bombement *m* ; renflement *m*

**Width** : largeur *f*

**Wild** *a* : sauvage *(biology)*
~ **boar** : sanglier *m* ; laie *f*
~ **type** : génotype *m*

to **Wilt** : se flétrir ; se faner

**Wilting** : flétrissement *m*

**Winkle** : bigorneau *m (mollusc)*

**Wind** : vent *m*
**Windfall** : fruit *[m]* tombé
**Windmill** : moulin *[m]* à vent

**Wine** : vin *m*
to **Draw off** ~ : tirer du vin
**Acidy**~ : vin acide
**Aged** ~ : vieux vin
**Bordeaux** ~ : Bordeaux *m*
**Burgundy** ~ : Bourgogne *m*
**Dry** ~ : vin sec
**Fine** ~ : vin fin
**Great** ~ : grand cru *m*
**Harsh** ~ : vin vert
**Medicated** ~ : vin aromatisé
**Mulled** ~ : vin aromatisé ; vin chaud
**Processing of** ~ : vinification *f*
**Red** ~ : vin rouge
**Rhenish** ~ ; **Rhine** ~ : vin du Rhin
**Smooth** ~ : vin velouté
**Sparkling** ~ : vin mousseux
**Sweet** ~ : vin doux
**Table** ~ : vin de table
**Well seasoned** ~ : vieux vin
**White** ~ : vin blanc
**Wormwood** ~ : vermouth *m*

~ **barrel** : tonneau *m*
~ **bottle** : bouteille *[f]* à vin
~ **bottling** : mise *[f]* en bouteilles
~ **brandy** : eau de vie *[f]* de vin ; marc *m* ; cognac *m*
~ **cask** : tonneau *m*
~ **cellar** : cave *f*
~ **district** : vignoble *m* ; région *[f]* viticole
~ **dresser** : vigneron *m*
~ **dressing** : conservation *[m]* du vin
~ **glass** verre *[m]* à vin
~ **grower** : viticulteur *m* ; vigneron *m*
~ **growing** : viticulture *f*
~ **industry** : industrie *[f]* viticole
~ **lees** *pl* : lie *f*
~ **making** : vinification *f*
~ **press** : pressoir *m*
~ **production** : vinification *f*
~ **prop** : échalas *m*
~ **spirit** : eau-de-vie *[f]* de vin ; marc *m*
~ **stone** : tartre *m* ; crème *[f]* de tartre
~ **storage** : conservation *[f]* du vin ; entrepôts *[m]* de vin ; cave *[f]* à vin
~ **store** : chai *m*
~ **vaults** *pl* : cave *f (wine)*
~ **vinegar** : vinaigre *[m]* de vin
~ **yeast** : levure *[f]* de vinification ; lie *f (deposit)*

**Winey** *a* : vineux

**Winged bean** : haricot *[m]* ailé

to **Winnow** : vanner *(cereal)*

**Winnowing** : vannage *m (cereal)*
~ **basket** : van *m*

**Winter** : hiver *m*
~ **cereal** : céréale *[f]* d'hiver ; céréale d'automne

**Wintering** : hivernage *m*

**Winterization** : frigellisation *f (oil)*

to **Winterize** : frigelliser *(oil)*

**Winy** *a* : vineux

to **Wipe** : essuyer

**Wire** : fil *m*

**Withered** *a* : flétri ; fané

**Withering** : flétrissure *f*

**Wolfram** : tungstène *m*

**Womb** : utérus *m* ; matrice *f*

**Wood** : bois *m*
~ **alcohol** : alcool *[m]* méthylique
~ **in chips** : bois en copeaux
~ **cutting** : abattage *[m]* du bois ; sciage *m*
~ **spirit** : alcool *[m]* méthylique ; méthanol *m*

**Woodcock** : bécasse *f*

**Wooden** *a* : relatif au bois

**Woody** : ligneux *(texture)* ; boisé *(land)*

**Wool** : laine *f*
**Cleaned** ~ : laine lavée
**Grease** ~ : laine brute
**Raw** ~ : laine brute
**Untreated** ~ : laine brute
**Virgin** ~ : laine vierge
~ **grease** : suint *m*

**Woolly** *a* : laineux

to **Work** : travailler ; faire travailler

**Work** : travail *m* ; ouvrage *m*
**Agricultural** ~ : travaux agricoles
**Assembly line** ~ : travail à la chaîne
**Farm** ~ : travaux agricoles
**Manual** ~ : travail manuel
**Production line** ~ : travail à la chaîne
~ **clothes** ; vêtements *[m pl]* de travail
~ **dress** : vêtement *[m]* de travail

**Works** *pl* : fabrique *f* ; usine *f* ; atelier *m* ; établissement *m*
**Chemical** ~ : usine de produits chimiques
~ **committee** : comité *[m]* du personnel ; comité d'entreprise
~ **laboratory** : laboratoire *[m]* d'usine
~ **management** : direction *[f]* d'usine
~ **manager** : directeur *[m]* technique ; chef *[m]* de fabrication
~ **shop** : atelier *m*

**Workable** *a* : ouvrable *(day)*

**Worker** : ouvrier *m*

**Workers** *pl* : personnel *m*

**Working** : travail *m* ; action de travailler
**Manual** ~ : travail manuel
~ **agreement** : convention *[f]* du travail
~ **capital** : fonds *[m pl]* d'exploitation ; capital *[m]* d'exploitation
~ **clothes** *pl* : vêtements *[m pl]* de travail
~ **conditions** *pl* : conditions *[f pl ]* de travail

~ **costs** *pl* : frais *[m pl]* d'exploitation ; prix *[m]* de revient

~ **day** : jour *[m]* ouvrable

~ **expenses** *pl* : ⇨ **Working costs**

~ **hypothesis** : hypothèse *[f]* de travail

~ **material** : matériel *[m]* d'exploitation

~ **method** : mode *[m]* de fonctionnement

~ **organization** : organisation *[f]* de l'exploitation

~ **a patent** : exploitation *[f]* d'un brevet

~ **practice** : mode *[m]* de fonctionnement

~ **season** : campagne *f (industry)*

~ **glasses** ; ~ **spectacles** *pl* : lunettes *[f pl]* de protection ; lunettes de travail

~ **tun** : cuve *f (beer)*

**Workman** : ouvrier *m* ; manœuvre *m*
~**shop** : travail *[m]* d'atelier

**Workup** : bilan *m*

**World Health Organization** *(WHO)* : Organisation Mondiale de la Santé *(OMS)*

**Worm** : ver *m*
  **Endless ~ :** vis *[f]* sans fin ; vis d'Archimède
  **Intestinal ~** : ver *[m]* intestinal

~ **conveyer** ; ~ **conveyor** : vis *[f]* transporteuse

**Wormeaten** *a* : véreux *(fruit)*

**Wormwood** : absinthe *f*

**Wort** : moût *m (beer)*
  **New ~** : surmoût *m*

**Worthless** *a* : sans valeur

**Wound** : plaie *f*

**Wrack** : varech *m* ; goémon *m*

to **Wrap** : emballer ; envelopper ; empaqueter

**Wrapper** : matériel *[m]* d'enrobage ; matériau *[m]* d'emballage ; enveloppe *f*

**Wrapping** : enveloppement *m* ; emballage *m (parcel)* ; enrobage *m (product)*
  ~ **paper** : papier *[m]* d'emballage

to **Wring** : tordre ; exprimer *(liquid)*

to **Wring out** : tordre

**Wringer** : essoreuse *[f]* à rouleaux

X-axis : abscisse *f*

X-rays *pl* : rayons-X *m pl* ; rayons roentgen

Xanthan *a* : xanthane *(gum)*

Xanthine : xanthine *f*

Xanthophyll : xanthophylle *f*

Xanthoproteic *a* : xanthoprotéique

Xanthoprotein reaction : réaction *[f]* xanthoprotéique

Xanthydrol : xanthydrol *m*

Xanthyl : xanthyle *m*

Xenobiotic : xénobiotique *m a* ; substance *[f]* étrangère ; polluant *m*

Xerantic *a* : siccatif ; desséchant

Xeric *a* : xérophyte

Xerophilous *a* : xérophile

Xerophobous *a* : xérophobe

Xerophthalmia : xérophtalmie *f*

Xerophyte : xérophyte *m*

Xerophytic *a* : xérophyte

Xylan : xylane *m*

Xylitol : xylitol *m*

Xylogen : lignine *f*

Xylose : xylose *m*

Xylulose : xylulose *m*

Xylyl : xylyle *m*

Yam : igname *m*

Yarn : brin *m (wool)*

Year : année *f* ; an *m*
　Business ~ : exercice *[m]* civil
　Calendar ~ : année civile
　Civil ~ : année civile
　Financial ~ : exercice *[m]* civil

Yearbook : annuaire *m*

Yearling : animal *[m]* d'un an
　~ colt : poulain *m*
　~ trout : estivaux *m pl*

Yearly *a* : annuel ; annuellement

Yeast : levure *f*
　Baker's ~ : levure de boulangerie
　Brewer's ~ : levure de bière
　Distillery ~ : levure de distillerie
　Dry ~ : levure sèche
　Lactic ~ : levure de fermentation lactique ; levure lactique
　Pitching ~ : levain *m*
　Pressed ~ : levure pressée
　Whey ~ : levure de lactosérum
　Wine ~ : levure de fermentation alcoolique ; lie *[f]* de vin
　~ factory : levurerie *f*
　~ kiln : séchoir *[m]* de levure
　~ powder : levure en poudre
　~ works *pl* : levurerie *f*

Yeasty *a* : levuré ; de levure *(taste)*

Yellow *a* : jaune
　~ fever : fièvre *[f]* jaune
　~ enzyme : FAD *(flavine adénine dinucléotide)*

Yield : rendement *m* ; production *f* ; performance *f*
　Biomass ~ : biomasse *f* ; rendement *[m]* pondéral
　Fattening ~ : performance d'engraissement
　Milk ~ : performance laitière

Yieldingness : fertilité *f (soil)*

Yoghurt : yoghurt ; yoghourt *m*

Yolk : vitellus *m* ; jaune *[m]* d'œuf
　~ sac : sac *[m]* vitellin
　~ membrane : membrane *[f]* vitelline

Young *a* : jeune *m f*
　~ of the year : jeune de l'année

Youth : adolescence *f*

# Z

**Zeaxanthin** : zéaxanthine *f*

**Zein** : zéine *f*

**Zero** : zéro *m*
  ~ **energy** : énergie *[f]* nulle
  ~ **gas** : gaz *[m]* à la pression atmosphérique
  ~ **point** : origine *f (curve)*

**Zest** : zeste *m*

**Zinc** : zinc *m*

**Zincic** *a* : zincique

**Zincous** *a* : zingueux

**Zincum** : zinc *m*

**Zincy** *a* : zingueux

**Zoamylin** : glycogène *m*

**Zona, Zone** : zone *f* ; région *f*
  **Temperate** ~ : zone tempérée
  **Tropical** ~ : zone tropicale

**Zooblast** : cellule *[f]* animale

**Zoodynamics** : physiologie *[f]* animale

**Zoogonous** *a* : vivipare

**Zoological** *a* : zoologique

**Zoology** : zoologie *f*

**Zooplankton** : zooplancton *m*

**Zoosterol** : stérol *[m]* animal ; zoo-stérol *m*

**Zootechnical** *a* : zootechnique

**Zootechnics, Zootechny** : zootechnie *f*

**Zootoxin** : toxine *[f]* d'origine animale

**Zucchini** : courgette *f*

**Zwitterion** : zwitterion *m*

**Zygote** : zygote *m*

**Zymase** : zymase *f*

**Zymogen** : zymogène *m* ; proenzyme *f m*

**Zymogenic** *a* : zymogène

**Zymolyte** : substrat *m*

**Zymosis** : fermentation *f*

RÉALISÉ EN P.A.O. PAR STDI — ROUTE DE COUTERNE — LASSAY-LES-CHATEAUX

Imprimé par Jouve, 18, rue Saint-Denis, 75001 Paris — N° 12496. Dépôt légal : Décembre 1989